Risk assessment for the imported plants and their carried harmful insects and pathogens

引进植物及其携带有害生物风险评估

王 焱 叶建仁·主编

上海科学技术出版社

图书在版编目(CIP)数据

引进植物及其携带有害生物风险评估 / 王焱, 叶建仁主编. —上海: 上海科学技术出版社, 2017.5
ISBN 978-7-5478-3409-1

Ⅰ.①引… Ⅱ.①王…②叶… Ⅲ.①植物-侵入种-风险评价-中国 Ⅳ.①Q94②Q16

中国版本图书馆 CIP 数据核字(2016)第 327127 号

引进植物及其携带有害生物风险评估
王　焱　叶建仁　主编

上海世纪出版股份有限公司
上海科学技术出版社　出版
(上海钦州南路 71 号　邮政编码 200235)
上海世纪出版股份有限公司发行中心发行
200001　上海福建中路 193 号　www.ewen.co
浙江新华印刷技术有限公司印刷
开本 787×1092　1/16　印张 31.5　插页: 56
字数: 600 千
2017 年 5 月第 1 版　2017 年 5 月第 1 次印刷
ISBN 978-7-5478-3409-1/S·151
定价: 128.00 元

本书如有缺页、错装或坏损等严重质量问题，
请向工厂联系调换

内容提要

全书内容分四篇：第一篇，介绍引进植物入侵性风险分析与评估体系构建；第二篇，介绍引进植物可能携带有害生物分析与评估体系构建；第三篇和第四篇，具体介绍引进植物及其可能携带有害生物风险分析实例，分别介绍上海辰山植物园和上海迪士尼建设第一期工程与其他地区引进植物及可能携带有害生物风险评估。书末附录具体介绍引进林木种子、苗木检疫审批与监管规定，国际植物保护公约和区域植物保护组织名单。

本书以林业系统和植物检疫系统工作人员、科研工作者及高等林业院校师生为主要读者对象。

编写人员名单

主 编

　　王　焱　叶建仁

编 者

　　王　焱　叶建仁　韩阳阳　彭　冶　顾　慧
　　林司曦　高翔伟　李玉秀　吴广超　张岳峰
　　张洪良　樊斌琦　季　镭　冯　琛　黄卫昌
　　罗　萝　王　忠

主编简介

王　焱

博士,教授级高级工程师,现任上海市林业总站副站长,兼任农业部花卉产品质量监督检验测试中心(上海)主任、上海市林学会副理事长兼秘书长、上海市林业标准化委员会副主任兼秘书长,上海林业科技学报主编。

长期从事林业有害生物监测预警、检疫御灾、应急防控等科研和行业管理工作。先后主持国家林业局、上海市科委、上海市农委、上海市绿化和市容管理局等重大科研攻关项目20余项,荣获上海市科技进步二等奖一项、国家梁希林业科技进步二等奖一项,发表学术论文40余篇,出版专著3部,获国家发明专利2项。

先后被授予全国五一巾帼标兵、全国森林病虫害防治工作先进个人、全国优秀林业科技工作者、全国城乡妇女岗位建功先进个人,上海市三八红旗手,入选2008年上海领军人才、上海市新农村建设科技女精英,获第二届上海市五一巾帼创新奖和第三届上海市五一巾帼创新奖等荣誉10余项。

主编简介

叶建仁

  南京林业大学副校长、党委常委。森林病理学教授,博士生导师。国家重点学科森林保护学学科带头人,江苏省有害生物入侵预防与控制重点实验室主任,国家林业局全国危险性林业有害生物检测鉴定技术培训中心主任。兼任:中国林学会森林病理学分会主任委员,江苏省植物病理学会理事长,南京林业大学学报副主编。

  长期从事森林病理学的教学和科学研究。30多年来,先后致力于松针褐斑病、松树枯梢病、松材线虫病、樱花根癌病等重大森林病害研究。先后主持国家攻关项目、国家林业公益项目、国家自然科学基金、国家"948"项目、江苏省重点攻关项目等30余项省部级以上科研课题。已发表研究论文210余篇,主编教材3部;获国家科技进步二等奖1项,国家科技进步三等奖1项,教育部科技进步奖一等奖1项,林业部科技进步一等奖1项,上海市科技进步二等奖1项,梁希林业科技进步一等奖1项、二等奖3项;获国家发明专利26项,国家优秀专利奖1项。

  1994年被评为江苏省高校优秀青年骨干教师,林业部有突出贡献中青年科技专家,1996年被选为林业部跨世纪学术和技术带头人,1997年入选国家人事部"百千万人才"工程国家级人选,1998年入选江苏省"333"学术带头人培养工程第二层次,1998年获国务院政府特殊津贴,2000年入选教育部《跨世纪优秀人才培养计划》,2002年获教育部高等学校优秀教师奖,2006年入选江苏省"六大人才高峰",2010年获江苏省优秀科技工作者称号,2010年获全国优秀科技工作者称号,2013年入选江苏省"333"首席科学家(第一层次)。

前　言

随着全球经贸、运输等产业的高速发展，生物入侵与动植物栖息地丧失、全球气候变化已共同成为当今世界的三大环境问题，严重威胁着全球生物多样性，并且造成了巨大的经济损失，影响生态安全。

生物入侵，即原本不属于某一生态区域或地理区域的物种，通过不同的途径，被传播到一新的区域，并在新的栖息地定殖、建群、扩展和蔓延，同时对传入地的经济和生态带来一定的负面影响的过程。引起该入侵现象的物种即为新栖息地的外来入侵物种。主动人为引进、被动人为传入和自然扩散传入为生物入侵的三种方式。其中，主动人为引进是生物入侵的主要方式。据统计，在我国目前已知的外来生物入侵物种中，超过50%的物种是人为主动引进造成的。

在植物引进方面，近年来，我国城镇园林绿化的发展非常迅速，绿化植物种类不断丰富，其中引进了不少的外来植物。合适的外来植物是对乡土植物资源的有效补充，对于园林绿化建设起到促进作用，如目前在城镇园林绿化应用中常见的一品红（*Euphorbia pulehcrrima*）、三角梅（*Bougainvillea glabra*）、凤凰木（*Delonix regia*）、大王椰子（*Roystonea regia*）、酒瓶椰子（*Hyophorbe lagenicaulis*）、变叶木（*Codiaeum variegatum*）、合果芋（*Syngonium podophyllum*）等重要观赏植物最初都是从国外（含境外，下同）引进的。一些外来树种因为具有较强的抗逆性，已经成为立地条件较差地区的绿化先锋树种，如木麻黄（*Casuarina equisetifolia*）、湿地松（*Pinus elliottii*）等。此外，外来植物可满足人们对新奇植物的观赏需求，如仙人掌科、景天科、夹竹桃科、菊科等多种植物。引入的种类常常事先有选择性和目的性，因此引入的物种通常都能较好地适应当地环境；但是，当引入地缺乏某种制约因子时，就容易引发入侵危害。

目前，我国至少有380种入侵植物，40种入侵动物，23种入侵微生物。这些外来生物的入侵给我国社会经济造成了巨大损失。如水葫芦、薇甘菊、互花米草、松材线虫、美洲斑潜蝇、马铃薯甲虫、稻水象甲、美国白蛾等,我国因为外来物种入侵造成的直接和间接损失每年约达1 200亿元。在全世界濒危物种名录中的植物,有35%～46%是由外来生物入侵引起的。生物入侵已成为导致物种濒危和灭绝的第二位因素,仅次于生存环境的丧失。生物入侵不仅使生物多样性降低,还威胁着全球的生态环境和经济发展。外来种一旦入侵成功,要彻底根除往往极为困难,即使清除成功也会造成极大的损失,如上海因松材线虫病的疫点拔除造成上海佘山景区黑松的消失。

在从国外大量引进植物的过程中,必然涉及有害植物及其携带病原的潜在风险问题。根据联合国粮农组织(FAO,1996)制定的国际植物检疫措施标准,有害生物风险分析(Pest Risk Analysis,简称 PRA)包括两部分内容,即有害生物风险评估(Pest Risk Assessment)和有害生物风险管理(Pest Risk Management)。有害生物风险评估是指根据可能实施的动植物卫生检疫措施来评价有害生物在进口国(或地区)境内传入、定居和传播的可能性,以及相关的潜在生物和经济后果;有害生物风险管理则是为降低检疫性有害生物传入风险的决策管理过程。

在当今世界各国全球化发展的过程中,评估和预测外来植物及其携带的有害生物(病虫害等)的潜在的风险、外来物种的入侵性,有害或潜在有害的入侵物种的分类、原产地、入侵分布地、生理、生态、传播途径等相关详细内容,研究相应的防控对策,防止外来入侵性植物大面积扩散,防范生态风险等已显得日趋紧迫。

本书基于本人所主持的上海绿化和市容管理局重大科技攻关项目"上海辰山植物园引进植物的风险评估、检疫控制策略及技术研究"中的国外引进植物和所可能潜在携带有害生物的风险评估研究内容,以及上海重大工程"迪士尼"建设项目等

前言

所涉及国外引进植物和所携带的有害生物的风险评估和管理策略的内容,结合上海市的农林业资源,社会经济发展等实际情况,总结多指标体系风险评估体系的优缺点,围绕有害生物的传播是一个从入侵开始的动态、复杂、多因素影响的过程,建立符合华东地区引种外来植物入侵风险的多指标综合评价体系,对引种植物和其可能携带的有害生物进行系统评估与分析,并提出相应的管理策略。对引种植物开展引种风险评估,可以为林业生产、科研和城市绿化建设过程中的科学引进等提供参考和理论依据,真正做到在科学评估的基础上引进外来物种,这对于国土生态安全和促进生物多样性保护有重要意义。

书中系统介绍了引进植物和引进植物可能潜在携带有害生物的风险分析与评估体系框架构建的关键环节,综合考量物种的入侵性和地区的可入侵性,以物种生物学及生态特性、引种地环境状况、引种地的人类活动干扰状况,通过引进植物和可能潜在携带有害生物风险分析应用实例,科学分析、评价引进外来物种的安全性和风险性。本书的编写、出版是与南京林业大学副校长叶建仁教授及其团队的合作成果,同时得到国家林业局吴坚总工程师、王剑波副司长、赵宇翔处长的悉心指导和帮助,得到上海市林业局领导及上海市林业总站同仁们的支持和帮助,在此表示最衷心的感谢。

限于作者水平,书中不足和疏漏之处,恳请读者批评指正。

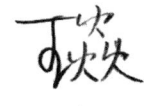

2017 年 3 月

目　录

第一篇　引进植物入侵性风险分析与评估体系构建

一、引进植物入侵性风险分析的方法步骤 ……………………………… 3
二、引进植物入侵性风险预评估的意义和方法 ………………………… 5
　（一）风险预评估的意义 ………………………………………………… 5
　（二）风险预评估方法 …………………………………………………… 5
三、风险评估体系框架与指标分级 ………………………………………… 7
　（一）构建风险评估体系框架的原则 …………………………………… 7
　　1. 系统性 ……………………………………………………………… 7
　　2. 可操作性 …………………………………………………………… 7
　　3. 准确性 ……………………………………………………………… 7
　（二）构建风险评估体系框架的考虑因素 ……………………………… 7
　　1. 物种本身特性与入侵性 …………………………………………… 8
　　2. 引种地自然环境与可入侵性 ……………………………………… 8
　　3. 人类活动干扰与可入侵性 ………………………………………… 9
　　4. 构建风险评估体系框架的其他考虑因素 ………………………… 9
　（三）风险评估体系各级指标框架的确立 ……………………………… 10
四、风险评估体系各层次指标权重的配比 ……………………………… 13
　（一）权重配比方法 ……………………………………………………… 13
　（二）权重值计算方法 …………………………………………………… 14
　　1. 建立递阶层次结构模型 …………………………………………… 14

1

  2. 构建矩阵 ……………………………………………………… 14
  3. 计算层次指标权重值 ………………………………………… 15
  4. 一致性检验 …………………………………………………… 15
  5. 计算组合权重 ………………………………………………… 16
 (三) 外来引种植物入侵风险评估体系 …………………………… 17
 (四) 评估缺陷处理办法 …………………………………………… 26
五、风险评估体系检验 ……………………………………………… 27
 (一) 体系检验方法 ………………………………………………… 27
 (二) "已存在"状态风险评估体系检验结果 …………………… 31
 (三) "未引入"状态风险评估体系检验结果 …………………… 34

第二篇 引进植物可能携带有害生物风险分析与评估体系构建

一、风险评估模型确立原则 ………………………………………… 42
 (一) 整体性 ………………………………………………………… 42
 (二) 层次性 ………………………………………………………… 43
 (三) 重要性 ………………………………………………………… 43
 (四) 客观性与实用性 ……………………………………………… 43
二、多指标综合评价体系构建 ……………………………………… 44
 (一) 指标因子定义和赋值原则 …………………………………… 48
  1. 进入的可能性(P_1) …………………………………………… 48
  2. 定殖的可能性(P_2) …………………………………………… 48
  3. 扩散的可能性(P_3) …………………………………………… 48
  4. 寄主经济重要性(P_4) ………………………………………… 49
  5. 危害性管理难度(P_5) ………………………………………… 49
 (二) 指标权重计算方法 …………………………………………… 50
  1. 绘制外来入侵物种结构模型 ………………………………… 50
  2. 确定判断矩阵 ………………………………………………… 50
  3. 计算层次指标权重值 ………………………………………… 51
 (三) 各准则层计算方法 …………………………………………… 51
  1. 叠加关系 ……………………………………………………… 51
  2. 替代关系 ……………………………………………………… 51

3. 连乘关系 ·· 51
　（四）多指标综合评价体系评价值量化计算 ······················· 52
　　　1. 指标层(P_{ij})量化计算 ··································· 52
　　　2. 准则层(P_i)量化计算 ···································· 52
　　　3. 目标层(R)量化计算 ·· 53
　（五）风险等级划分标准 ·· 53
　（六）多指标综合评价体系验证 ······································ 54

第三篇　上海辰山植物园引进植物及其可能携带有害生物风险评估

一、上海辰山植物园引种陆生植物入侵风险分析 ··················· 60
　（一）上海辰山植物园已引进植物入侵风险分析方法与步骤 ········ 61
　　　1. 评估物种筛选 ·· 61
　　　2. 对筛选物种进行系统风险评估 ································ 62
　（二）上海辰山植物园已引进48种植物入侵风险评估结果 ········· 62

大花金鸡菊 / 63	葵叶赛菊芋 / 111
堆心菊 / 66	马利筋 / 113
两色金鸡菊 / 69	挪威槭 / 116
橙黄山柳菊 / 72	美国白梣 / 119
欧蓍 / 74	柳叶马鞭草 / 121
柳枝稷 / 77	美国红梣 / 124
菊苣 / 80	起绒草 / 127
毛蕊花 / 83	竹叶菊 / 129
聚合草 / 85	黑矢车菊 / 132
绒毛狼尾草 / 88	欧白英 / 135
香根菊 / 91	小蔓长春花 / 138
肥皂草 / 94	戟叶马鞭草 / 141
荷兰菊 / 97	欧亚槭 / 143
欧洲山芥 / 100	葡萄十大功劳 / 146
黑心菊 / 102	美国紫菀 / 149
大麻叶泽兰 / 105	喀斯特十大功劳 / 152
洋常春藤 / 108	欧薄荷 / 154

鹰爪豆 / 157　　　　　　美国梓树 / 176
少花紫菀 / 160　　　　　伞房决明 / 179
美国皂荚 / 163　　　　　绵毛荚蒾 / 181
蛇鞭菊 / 165　　　　　　美洲朴 / 184
拟美国薄荷 / 168　　　　大花田菁 / 187
欧洲女贞 / 171　　　　　美洲椴 / 189
具翅千屈菜 / 173　　　　毛洋槐 / 192

- (三) 物种现状说明 ········· 197
- (四) 园区管理建议 ········· 198

二、上海辰山植物园 7 种引进植物在我国适生区分析 ········· 201
- (一) 适生区预测对象 ········· 201
- (二) 适生区分析方法 ········· 202
  - 1. 软件 ········· 202
  - 2. 数据 ········· 202
  - 3. 方法 ········· 203
- (三) 7 种引进植物在我国适生区分析结果 ········· 204

大花金鸡菊 / 204　　　　聚合草 / 211
橙黄山柳菊 / 206　　　　欧洲山芥 / 213
柳枝稷 / 208　　　　　　马利筋 / 214
毛蕊花 / 210

三、上海辰山植物园引进植物可能携带有害生物入侵风险分析与评估 ········· 218
- (一) 上海辰山植物园已引进植物可能携带有害生物种类的确定及预评估 ········· 218
  - 1. 材料 ········· 218
  - 2. 方法 ········· 218
  - 3. 结果与分析 ········· 218
- (二) 基于 Maxent 生态位模型 14 种有害生物在中国适生区预测 ········· 228
  - 1. 理论依据 ········· 228
  - 2. 研究对象 ········· 229
  - 3. 软件 ········· 229
  - 4. 环境变量数据 ········· 229

5. 地理数据 …………………………………………………………… 230
6. 方法 ……………………………………………………………… 230
7. 结果与分析 ……………………………………………………… 231

  无花果蜡蚧 / 231   蔗根象 / 237
  新菠萝灰粉蚧 / 232   苹果花象 / 238
  扶桑绵粉蚧 / 233   栗黑水疫霉 / 239
  荷兰石竹卷蛾 / 234   天竺葵锈病菌 / 241
  南洋臀纹粉蚧 / 235   葡萄皮尔斯病菌 / 242
  长林小蠹 / 236   番茄环斑病毒 / 243
  云杉树蜂 / 237   榆枯萎病菌 / 244

8. Maxent 模型预测能力验证 …………………………………… 245

(三) 14 种可能有较大风险有害生物风险分析与评估 ………… 247

1. 材料 ……………………………………………………………… 247
2. 方法 ……………………………………………………………… 247
3. 结果与分析 ……………………………………………………… 248

  无花果蜡蚧 / 248   蔗根象 / 267
  新菠萝灰粉蚧 / 251   苹果花象 / 269
  扶桑绵粉蚧 / 254   栗黑水疫霉 / 272
  荷兰石竹卷蛾 / 257   天竺葵锈病菌 / 275
  南洋臀纹粉蚧 / 259   葡萄皮尔斯病菌 / 277
  长林小蠹 / 261   番茄环斑病毒 / 280
  云杉树蜂 / 264   榆枯萎病菌 / 283

4. 结论 ……………………………………………………………… 286

第四篇 上海迪士尼建设第一期工程与其他地区引进植物及可能携带有害生物风险分析与评估

一、上海迪士尼建设第一期工程引种植物风险分析 ………………… 292
二、上海迪士尼建设第一期工程引种植物可能携带有害生物风险分析 …… 295
 (一) 上海迪士尼建设第一期工程引进软树蕨苗木风险评估报告 … 297
  1. 背景 …………………………………………………………… 297
  2. 软树蕨在中国适生区预测和上海引种风险分析 …………… 298

3. 上海地区引种软树蕨传带有害生物风险分析 ……………… 299
4. 从澳大利亚引进软树蕨苗木风险分析结论 ……………… 299
5. 风险管理措施 …………………………………………… 300

(二) 上海迪士尼建设第一期工程引进滨藜叶分药花苗木的风险评估 …… 302
1. 背景 ……………………………………………………… 302
2. 滨藜叶分药花上海引种风险分析 ……………………… 302
3. 上海地区引种滨藜叶分药花传带有害生物风险分析 … 303
4. 从意大利引进滨藜叶分药花苗木的风险分析结论 …… 303
5. 风险管理措施 …………………………………………… 303

(三) 上海迪士尼建设第一期工程引进柏科植物
（美国花柏、北美香柏、美西侧柏）风险评估报告 ……… 305
1. 背景 ……………………………………………………… 305
2. 有害生物风险评估结果 ………………………………… 307
  松唐盾蚧 / 308　　　　　美柏肤小蠹 / 313
3. 从德国引进柏科植物（美国花柏、北美香柏、美西侧柏）
   风险分析结论 …………………………………………… 318
4. 风险管理措施 …………………………………………… 318

(四) 上海迪士尼建设第一期工程引进槭树属植物（银白槭、自由人槭）
风险评估报告 ………………………………………………… 320
1. 背景 ……………………………………………………… 320
2. 有害生物风险评估结果 ………………………………… 322
  栗黑水疫霉 / 323　　　　胡桃圆盾蚧 / 337
  梨带蓟马 / 328　　　　　木质部难养细菌 / 342
  荷兰石竹卷蛾 / 332
3. 引进槭树属植物（银白槭、自由人槭）风险分析结论 … 347
4. 风险管理措施 …………………………………………… 347

(五) 上海迪士尼建设第一期工程引进蔷薇科植物风险评估报告 … 349
1. 背景 ……………………………………………………… 349
2. 有害生物风险评估结果 ………………………………… 352
  苹果绵蚜 / 354　　　　　荷兰石竹卷蛾 / 363
  草莓滑刃线虫 / 359　　　梨火疫病 / 364

  3. 引进蔷薇科植物风险分析结论 ·· 369
  4. 风险管理措施 ·· 369
(六) 上海迪士尼建设第一期工程引进大西洋雪松风险评估报告 ··· 371
  1. 背景 ··· 371
  2. 有害生物风险评估结果 ·· 372
    松异带蛾 / 373   雪松疫霉根腐病菌 / 378
  3. 引进大西洋雪松风险分析结论 ·· 382
  4. 风险管理措施 ·· 383

三、2014~2015 年上海引进植物及可能携带有害生物风险分析与评估 ··· 385
(一) 从巴基斯坦引进雪松苗木风险评估报告 ······························ 385
  1. 背景 ··· 385
  2. 雪松(*Cedrus deodara*)在上海引种风险分析 ················ 386
  3. 上海地区引种雪松(*Cedrus deodara*)传带有害生物风险分析 ··· 386
  4. 从巴基斯坦引进雪松苗木风险分析结论 ························· 389
  5. 风险管理措施 ·· 389
(二) 从荷兰引进美人蕉种球风险评估报告 ·································· 391
  1. 背景 ··· 391
  2. 美人蕉(*Canna indica*)在中国适生区预测和上海引种
    风险分析 ·· 392
  3. 上海地区引种美人蕉传带有害生物风险分析 ···················· 404
    菜豆黄花叶病毒 / 406
  4. 从荷兰引进美人蕉种球风险分析结论 ····························· 410
  5. 风险管理措施 ·· 411
(三) 从台湾地区引进台湾五针松苗木风险评估报告 ····················· 413
  1. 背景 ··· 413
  2. 引种台湾五针松苗木在大陆适生区预测和上海引种风险
    分析 ··· 414
  3. 上海地区引种台湾五针松传带有害生物风险分析 ············· 415
    松针褐枯病菌 / 420   松墨天牛 / 432
    松材线虫 / 427
  4. 引进五针松风险分析结论 ·· 438
  5. 风险管理措施 ·· 438

（四）从台湾地区引进真柏苗木风险评估报告 ·················· 441
    1. 背景 ··· 441
    2. 引种真柏苗木在上海引种风险分析 ·················· 441
    3. 上海地区引种真柏传带有害生物风险分析 ·········· 442
    4. 引进真柏风险分析结论 ································ 444
    5. 风险管理措施 ·· 445

参考文献 ·· 447

附录一　引进林木种子、苗木检疫审批与监管规定 ············ 456

附录二　国际植物保护公约 ·· 468

附录三　区域植物保护组织 ·· 479

图版目录

图版1　大花金鸡菊、聚合草
图版2　橙黄山柳菊、欧洲山芥
图版3　柳枝稷、马利筋
图版4　毛蕊花、欧蓍
图版5　美国白梣、柳叶马鞭草
图版6　香根菊、肥皂草
图版7　美国梓树、欧薄荷、拟美国薄荷
图版8　无花果蜡蚧、新菠萝灰粉蚧、扶桑绵粉蚧
图版9　荷兰石竹卷蛾、长林小蠹
图版10　云杉树蜂、蔗根象
图版11　苹果花象、天竺葵锈病菌
图版12　软树蕨、滨藜叶分药花、忍冬
图版13　草莓树、瓜子橡杨、紫药女贞
图版14　美国花柏、北美香柏、美西侧柏
图版15　松唐盾蚧、美柏肤小蠹
图版16　梨带蓟马、苹果绵蚜
图版17　欧洲火棘、石斑木、百合
图版18　西南栒子、山樱花、大西洋雪松
图版19　梨火疫病、松异带蛾
图版20　松墨天牛、合欢双条天牛、苹果壳色单隔孢溃疡病菌
图版21　松材线虫中国适生区预测
图版22　大花金鸡菊中国适生区预测
图版23　橙黄山柳菊中国适生区预测

图版 24　柳枝稷中国适生区预测
图版 25　毛蕊花中国适生区预测
图版 26　聚合草中国适生区预测
图版 27　欧洲山芥中国适生区预测
图版 28　马利筋中国适生区预测
图版 29　无花果蜡蚧中国适生区预测
图版 30　新菠萝灰粉蚧中国适生区预测
图版 31　扶桑绵粉蚧中国适生区预测
图版 32　荷兰石竹卷蛾中国适生区预测
图版 33　南洋臀纹粉蚧中国适生区预测
图版 34　长林小蠹中国适生区预测
图版 35　云杉树蜂中国适生区预测
图版 36　蔗根象中国适生区预测
图版 37　苹果花象中国适生区预测
图版 38　栗黑水疫霉中国适生区预测
图版 39　天竺葵锈病菌中国适生区预测
图版 40　葡萄皮尔斯病菌中国适生区预测
图版 41　番茄环斑病毒中国适生区预测
图版 42　榆枯萎病菌中国适生区预测
图版 43　软树蕨中国适生区预测
图版 44　松唐盾蚧中国适生区预测
图版 45　美柏肤小蠹中国适生区预测
图版 46　梨带蓟马中国适生区预测
图版 47　胡桃圆盾蚧中国适生区预测
图版 48　苹果绵蚜中国适生区预测
图版 49　草莓滑刃线虫中国适生区预测
图版 50　梨火疫病中国适生区预测
图版 51　松异带蛾中国适生区预测
图版 52　雪松疫霉根腐病菌中国适生区预测
图版 53　美人蕉中国适生区预测
图版 54　菜豆黄花叶病毒中国适生区预测
图版 55　松针褐枯病菌中国适生区预测
图版 56　松墨天牛中国适生区预测

图 版

图版 1

图版 1　大花金鸡菊、聚合草

大花金鸡菊　1. 生长状　2、3. 开花状　4. 叶片　聚合草　5. 生长状　6、7. 开花状

图版 2

图版 2　橙黄山柳菊、欧洲山芥

橙黄山柳菊　1. 生长状　2. 叶片　3、4. 开花状　**欧洲山芥**　5. 生长状　6. 开花状　7、8. 茎及叶片

图版 3 柳枝稷、马利筋

柳枝稷 1、2.生长状 3.种子 4.整株 **马利筋** 5.生长状 6、7.开花状

图版 4

图版 4 毛蕊花、欧蓍
毛蕊花 1、2.生长状 3、4.开花状 欧蓍 5.生长状 6.茎、叶 7、8.开花状

图版 5

图版 5　美国白梣、柳叶马鞭草
美国白梣　1.生长状　2.叶片　3.果枝　**柳叶马鞭草**　4.生长状　5.开花状

图版 6

图版 6　香根菊、肥皂草

香根菊　1.生长状　2.叶片　**肥皂草**　3.生长状　4.开花状　5.叶片　6.种子

图版 7

图版 7　美国梓树、欧薄荷、拟美国薄荷

美国梓树　1、2. 生长状　3. 蒴果　4. 开花状　**欧薄荷**　5. 生长状　6. 开花状　**拟美国薄荷**　7. 生长状　8. 开花状

图版 8

图版 8　无花果蜡蚧、新菠萝灰粉蚧、扶桑绵粉蚧

无花果蜡蚧　1. 危害状　2、3. 若虫　4. 雌成虫　**新菠萝灰粉蚧**　5. 雌成虫　**扶桑绵粉蚧**　6、7. 雌成虫和若虫　8. 若虫

图版 9

图版 9　荷兰石竹卷蛾、长林小蠹
荷兰石竹卷蛾　1、2.成虫　3.幼虫　4.蛹　**长林小蠹**　5.成虫危害状　6.幼虫　7.成虫

图版 10

图版 10　云杉树蜂、蔗根象

云杉树蜂　1. 危害状　2. 羽化孔　3. 蛀道　4. 雌成虫　5. 雄成虫　**蔗根象**　6. 危害状　7. 成虫　8. 卵　9. 幼虫

图版 11

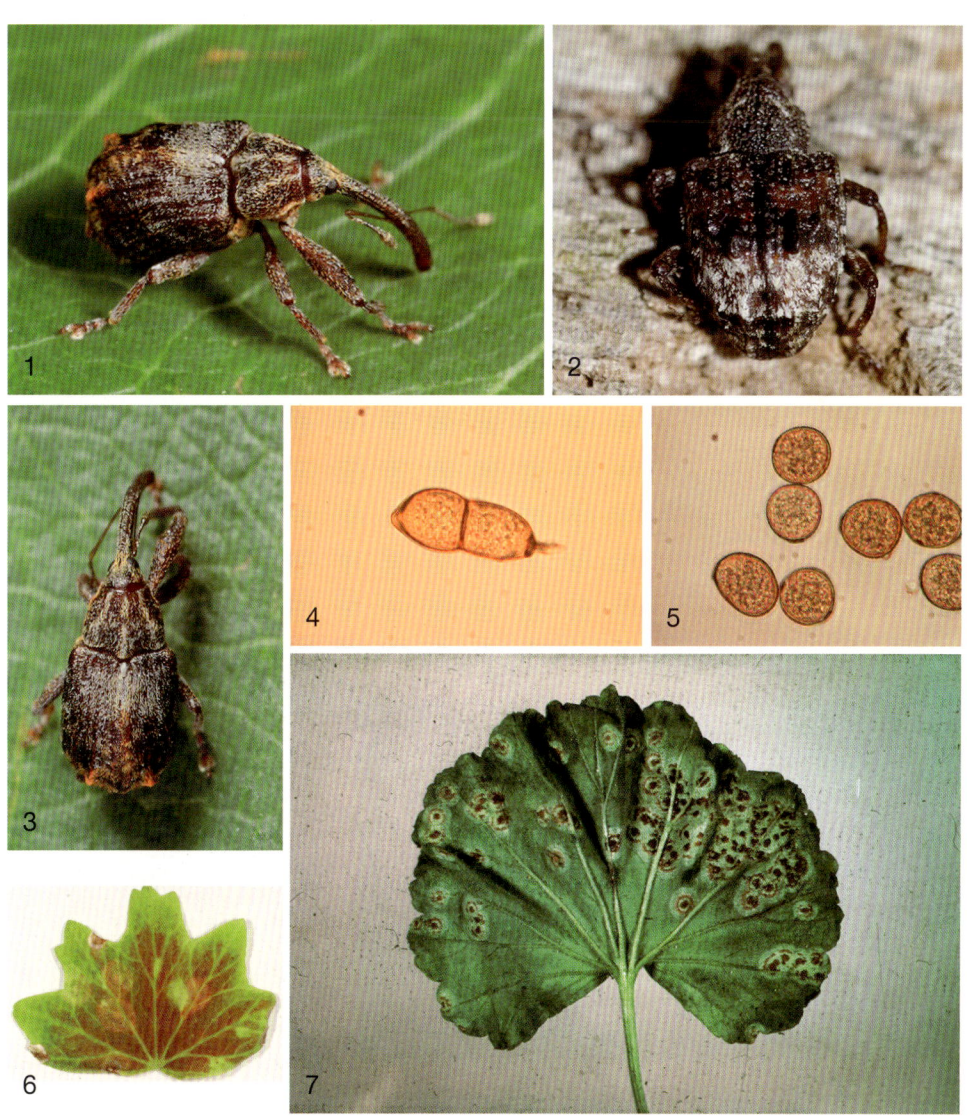

图版 11 苹果花象、天竺葵锈病菌
苹果花象 1~3.成虫 天竺葵锈病菌 4.冬孢子 5.夏孢子 6、7.危害状

图版 12

图版 12　软树蕨、滨藜叶分药花、忍冬
软树蕨　1.生长状　2、3.枝叶　**滨藜叶分药花**　4.生长状　**忍冬**　5.生长状

图版 13

图版 13　草莓树、瓜子黄杨、紫药女贞

草莓树　1. 生长状　2. 叶片　**瓜子黄杨**　3、4. 生长状　**紫药女贞**　5. 生长状

图版 14

图版 14　美国花柏、北美香柏、美西侧柏
美国花柏　1.植株　2.枝叶　北美香柏　3.植株　4.枝叶　美西侧柏　5.植株　6.枝叶

图版 15 松唐盾蚧、美柏肤小蠹
松唐盾蚧 1、2、3.危害状 4.雌成虫　美柏肤小蠹 5、6.成虫

图版 16

图版 16　梨带蓟马、苹果绵蚜

梨带蓟马　1.危害状　2.若虫　3、4.成虫　**苹果绵蚜**　5、6.危害状　7.成虫　8.成虫镜检

图版 17

图版 17　欧洲火棘、石斑木、百合

欧洲火棘　1.生长状　2.枝叶　3、4.结果状　**石斑木**　5.生长状　6.结果状　**百合**　7.生长状

图版 18

图版 18　西南栒子、山樱花、大西洋雪松

西南栒子　1. 生长状　2. 枝叶　**山樱花**　3. 开花状　4. 植株生长状　**大西洋雪松**　5. 植株生长状　6. 枝叶

图版 19 梨火疫病、松异带蛾

梨火疫病 1、2.危害状 3.危害状微拍 **松异带蛾** 4.危害状 5.成虫 6.蛹 7.幼虫

图版 20

图版20 松墨天牛、合欢双条天牛、苹果壳色单隔孢溃疡病菌
松墨天牛 1.危害状 2.幼虫 3.羽化孔 4.雄成虫 5.雌成虫 **合欢双条天牛** 6.成虫 **苹果壳色单隔孢溃疡病菌** 7.水曲柳原木 8.菌丝 9.分生孢子器 10.分生孢子

图版 21

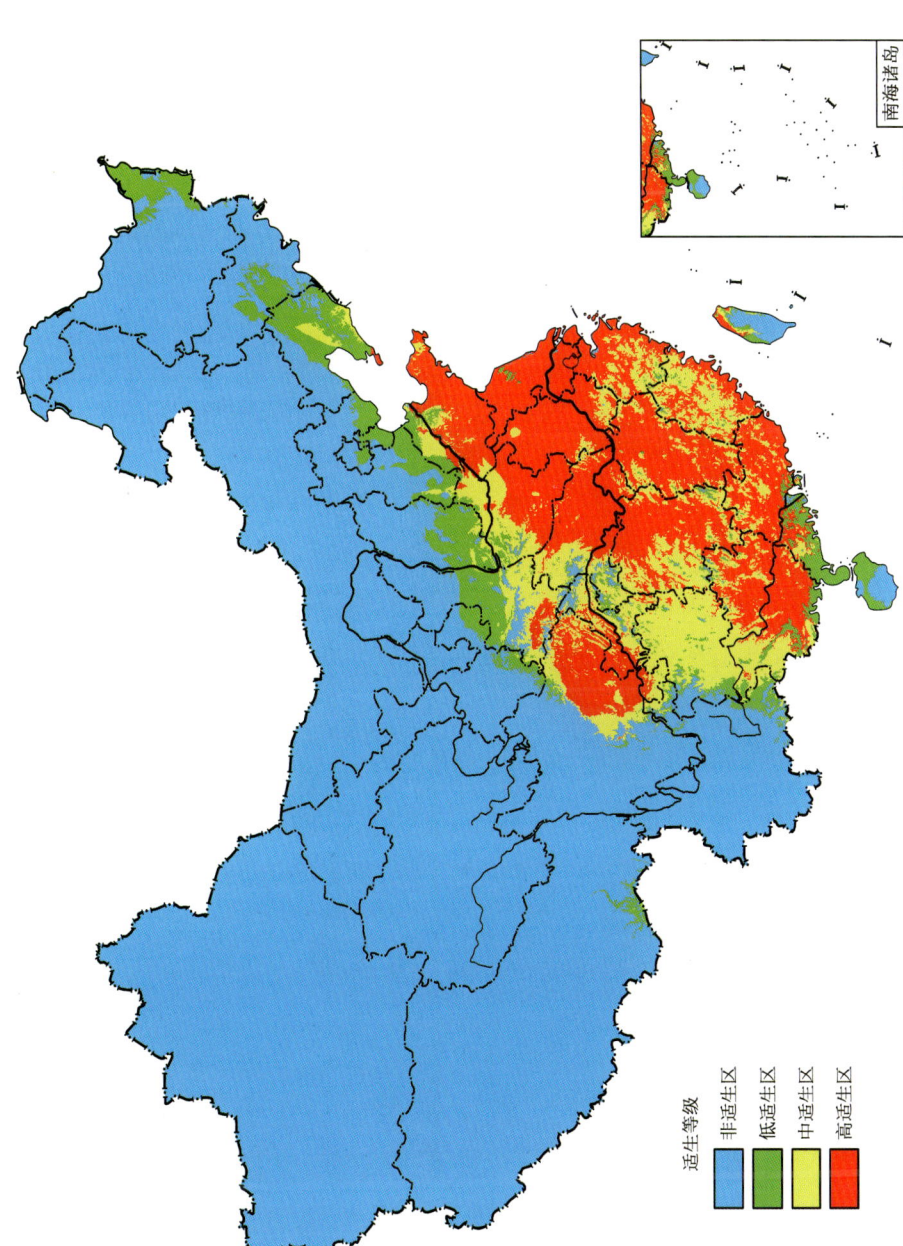

图版 21 松材线虫中国适生区预测

图版 22

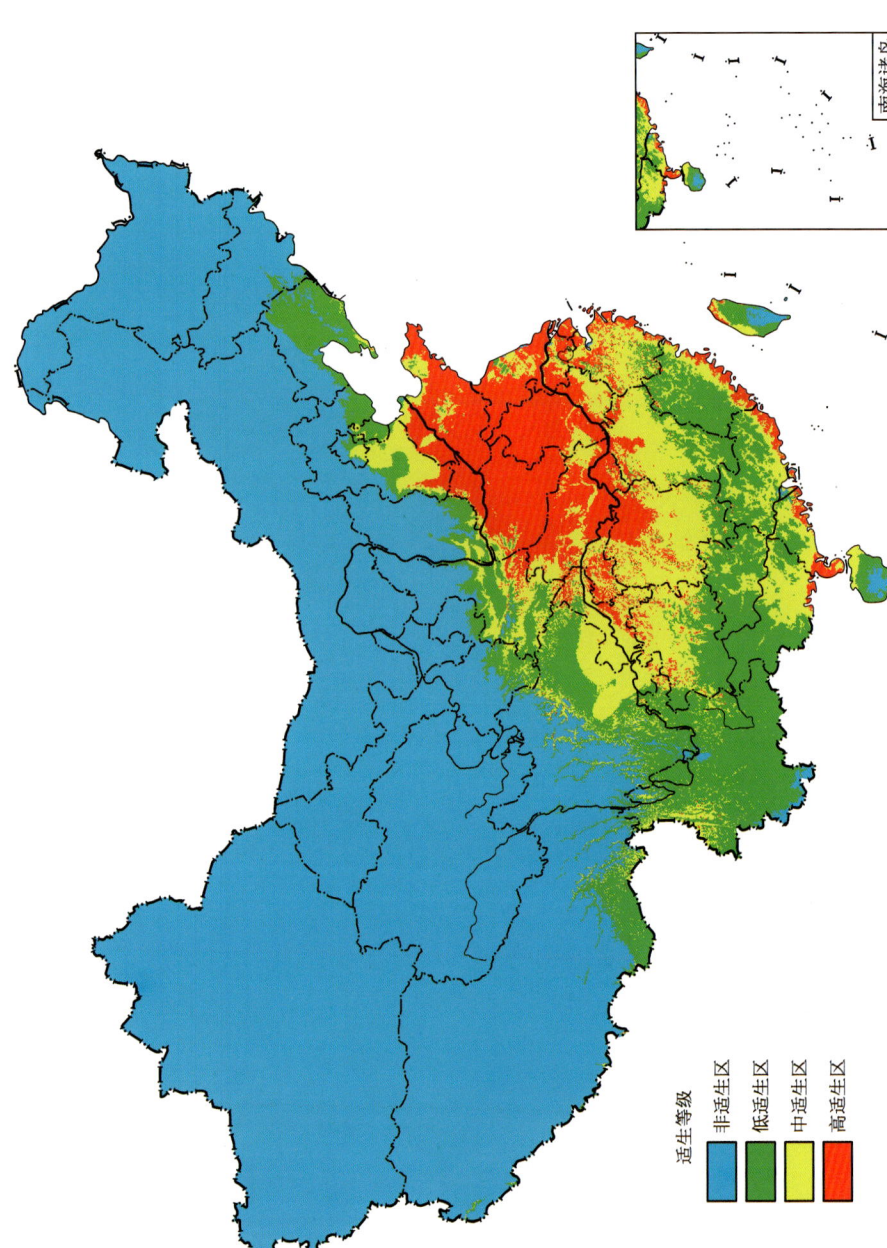

图版 22 大花金鸡菊中国适生区预测

图版 23

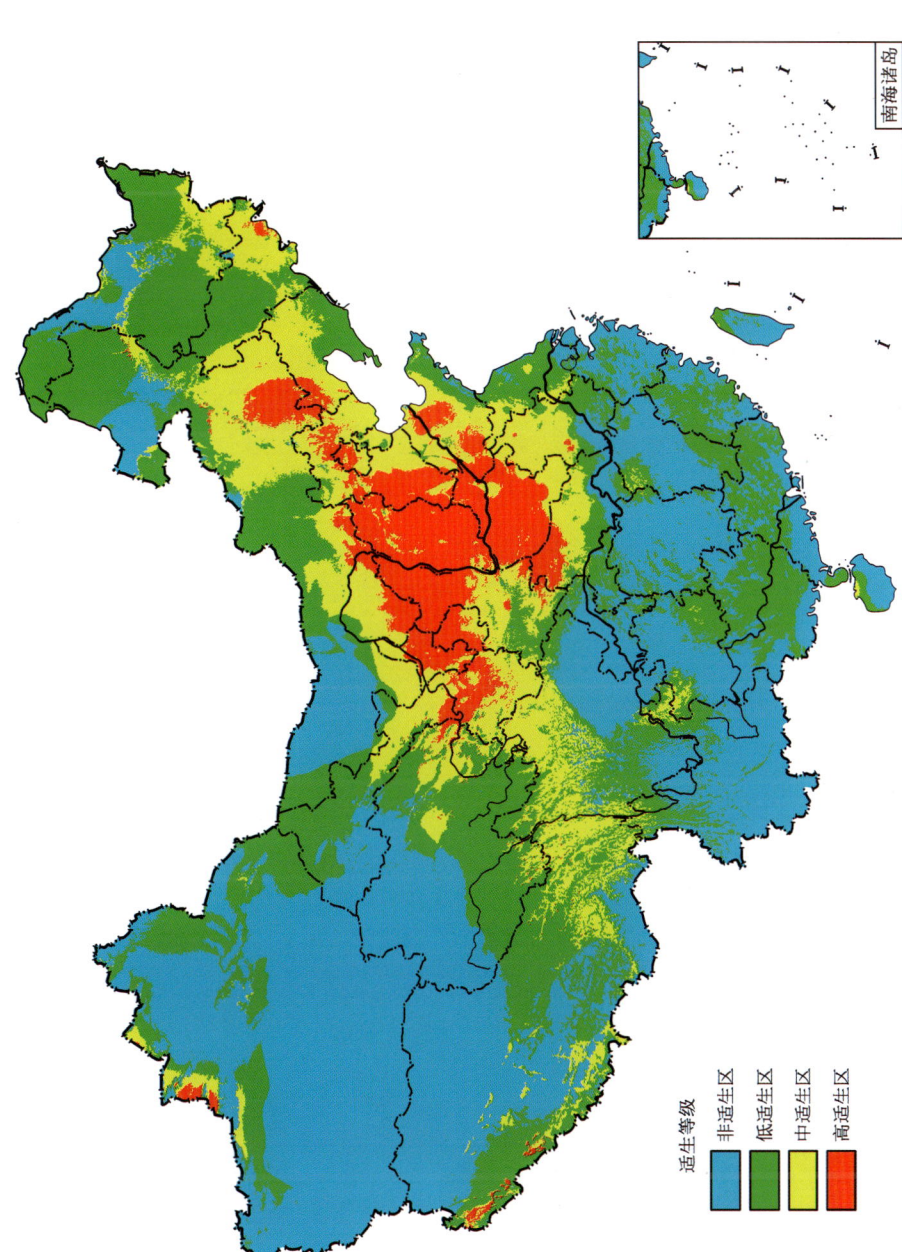

图版 23　橙黄山柳菊中国适生区预测

图版 24

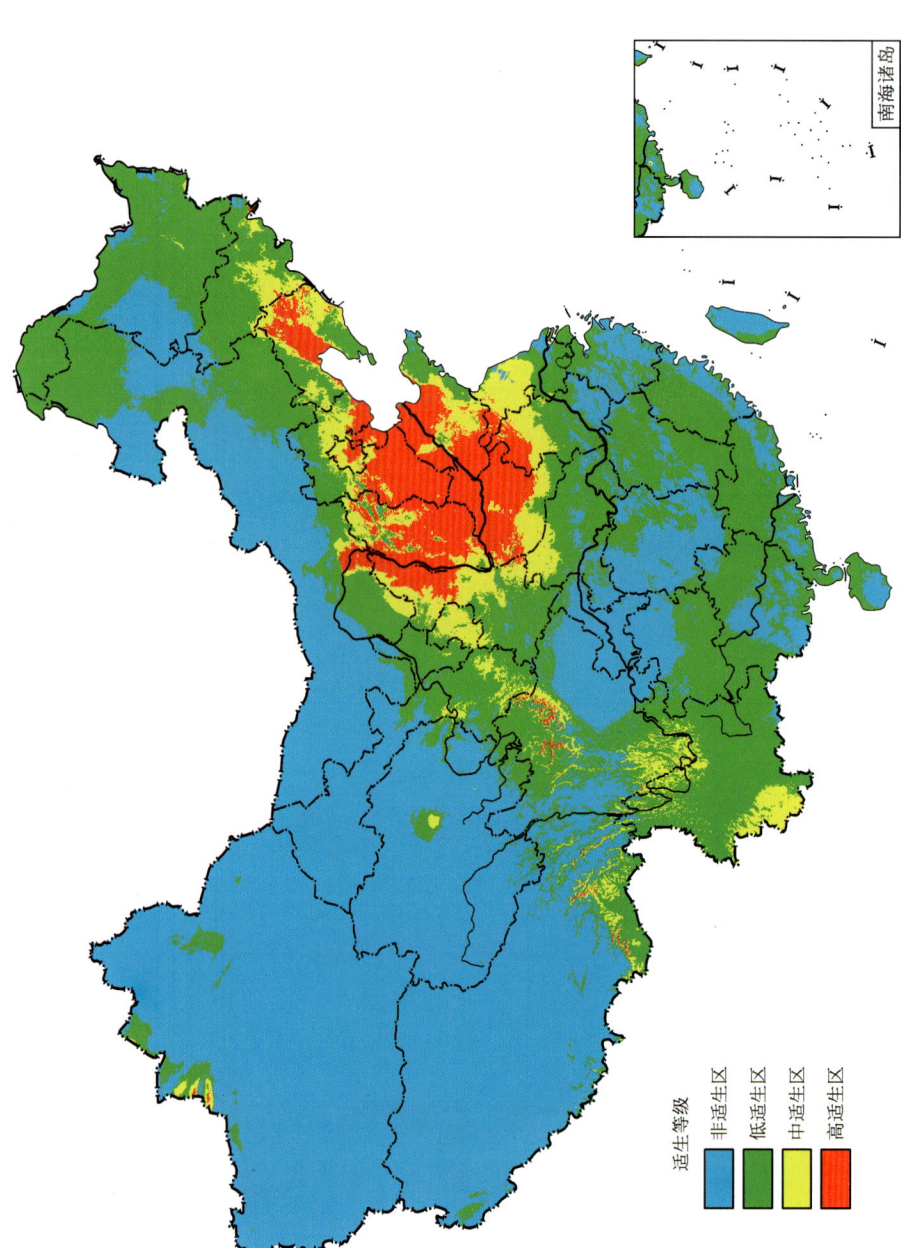

图版 24 柳枝稷中国适生区预测

图版 25

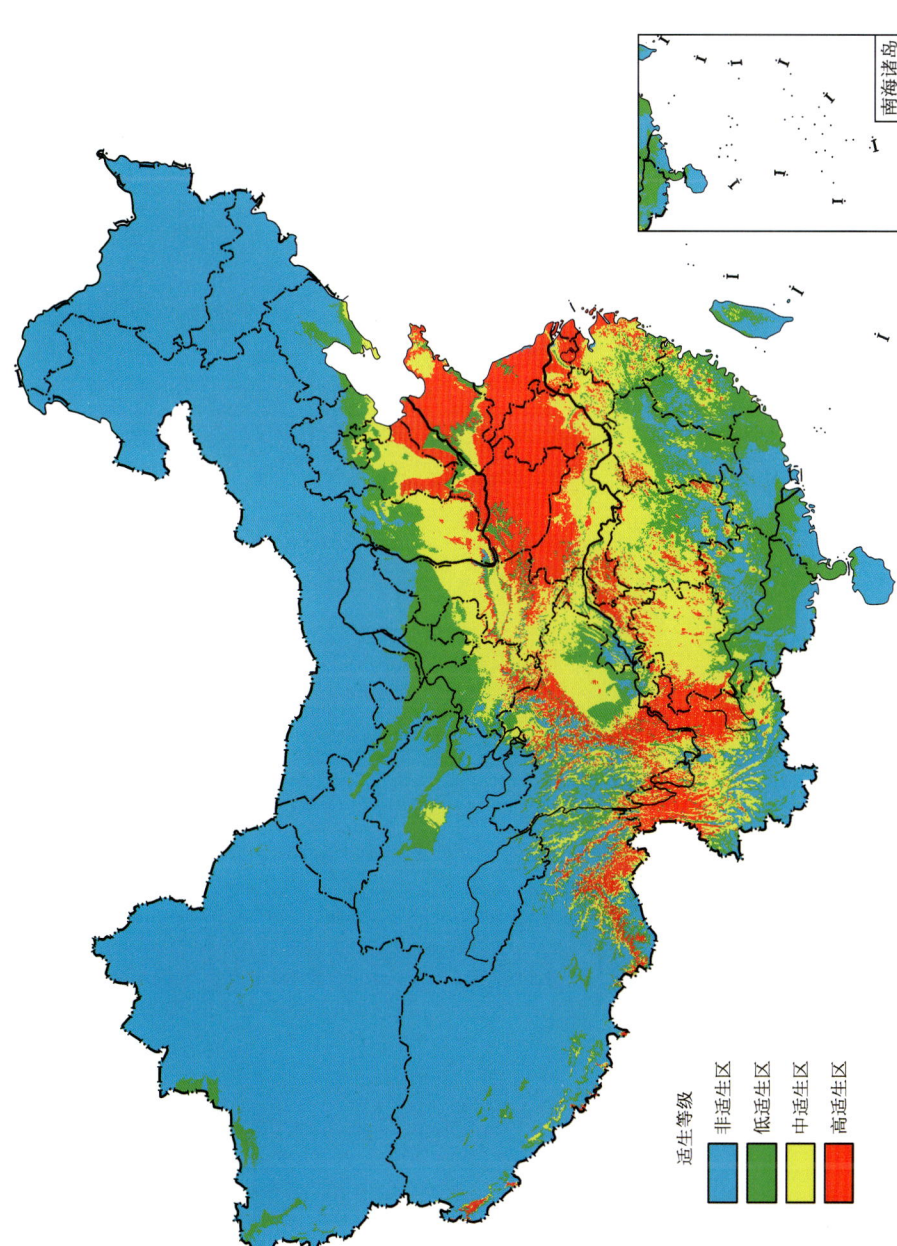

图版 25 毛蕊花中国适生区预测

图版 26

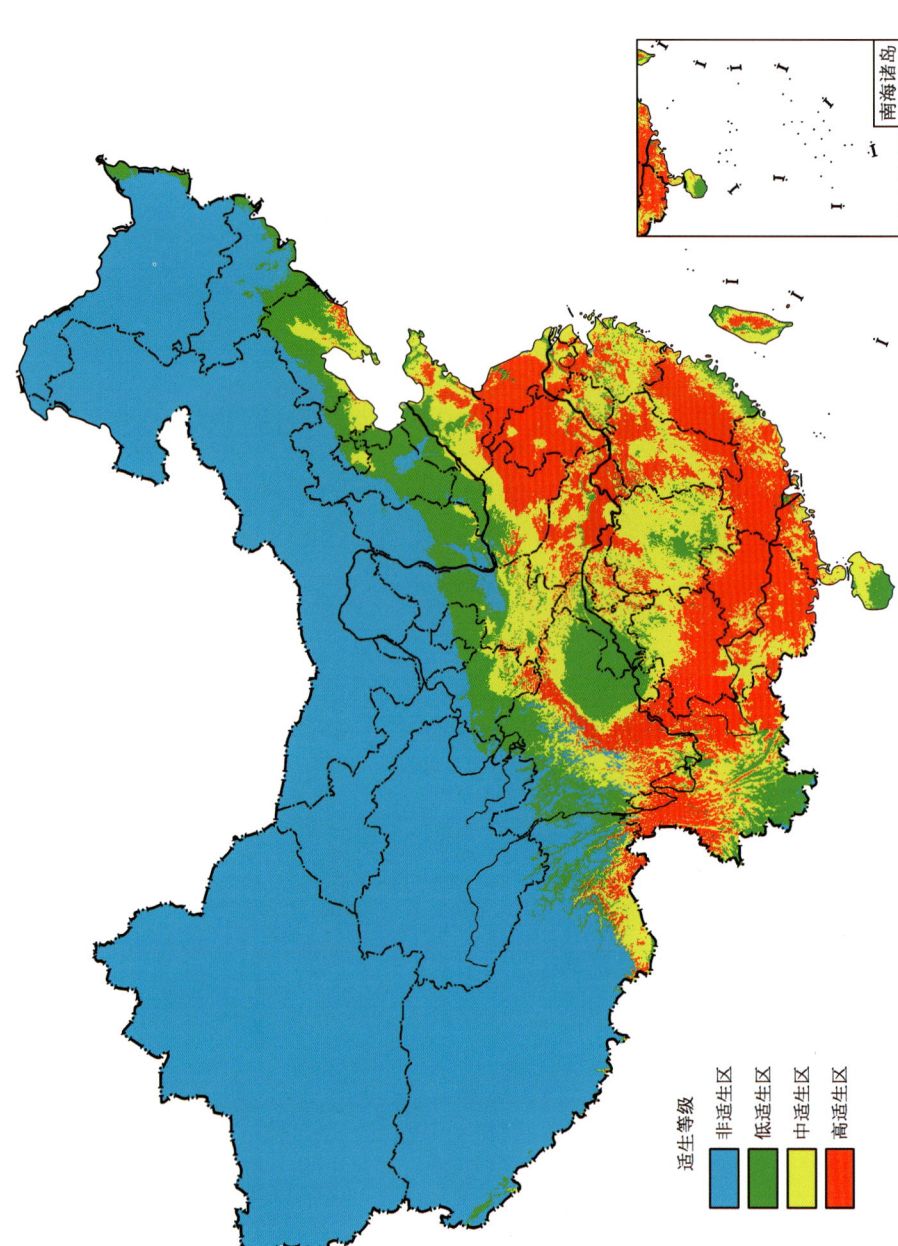

图版 26 聚合草中国适生区预测

图版 27

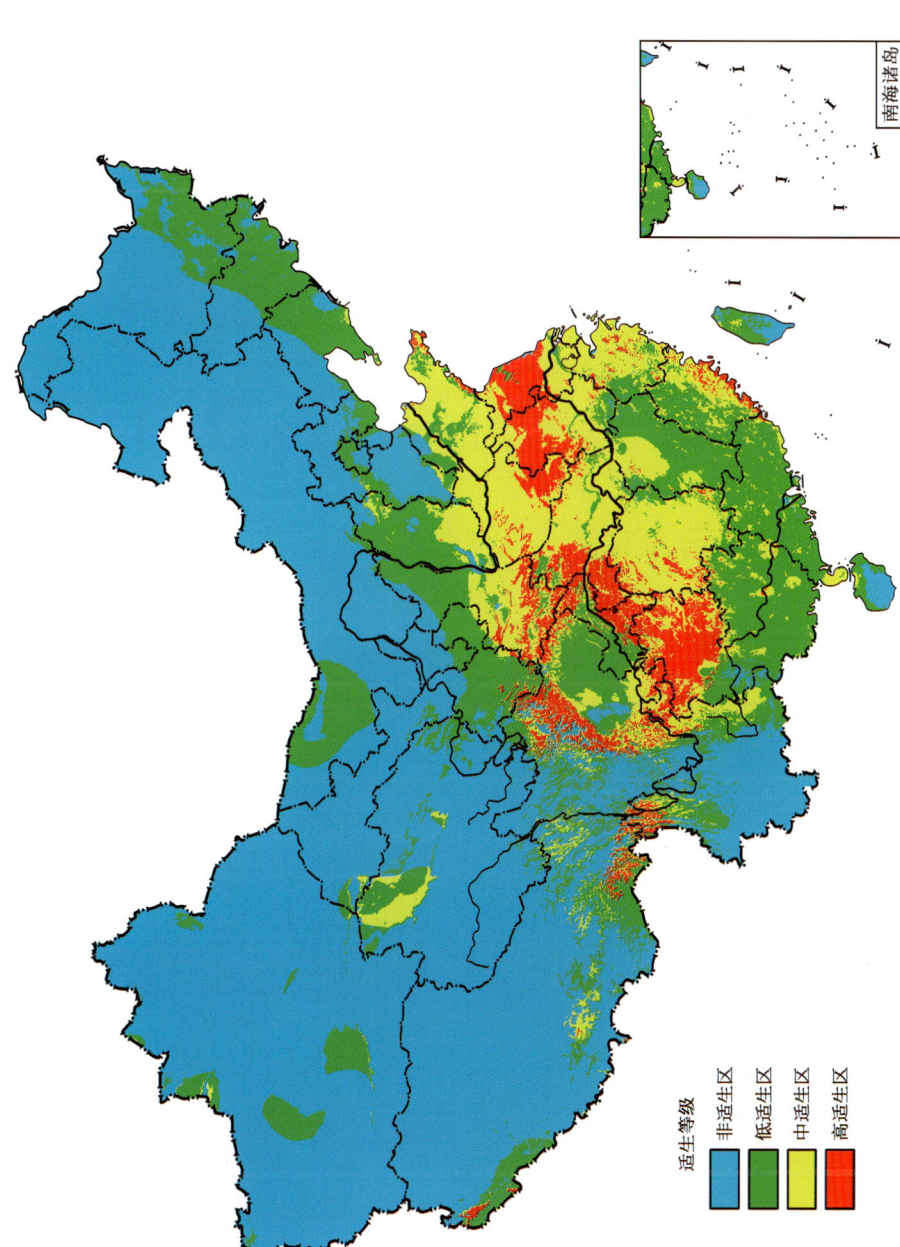

图版 27 欧洲山芥中国适生区预测

图版 28

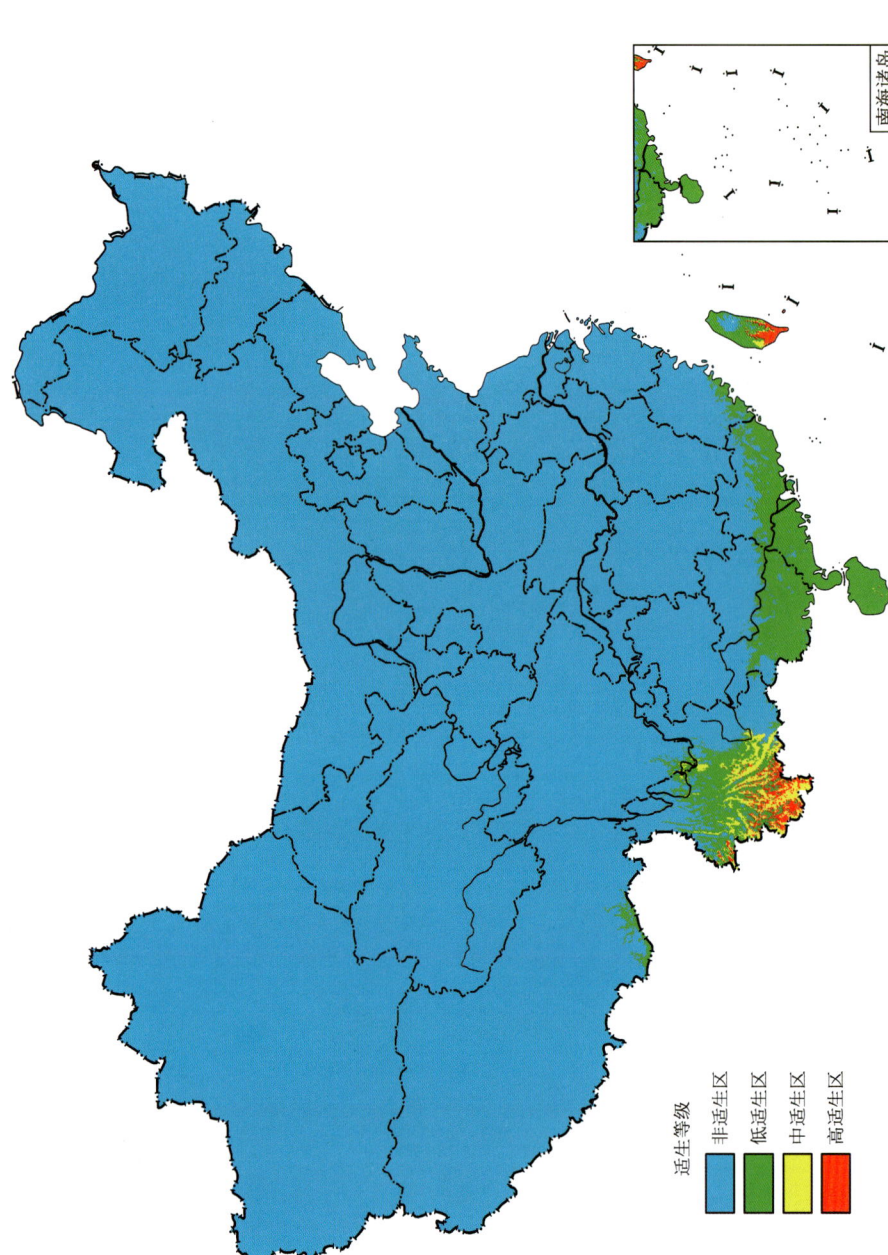

图版 28 马利筋中国适生区预测

图版 29

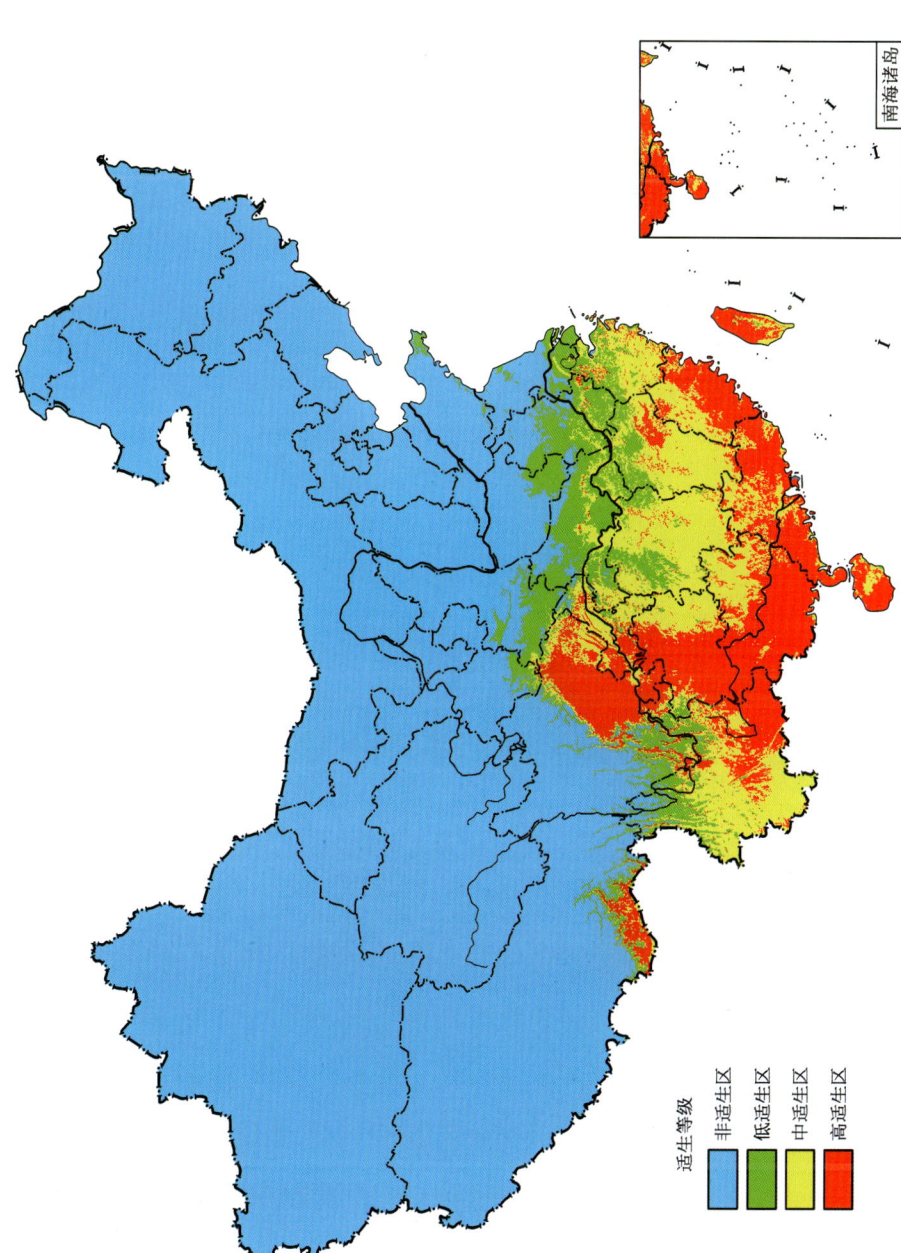

图版 29 无花果蜡蚧中国适生区预测

图版 30

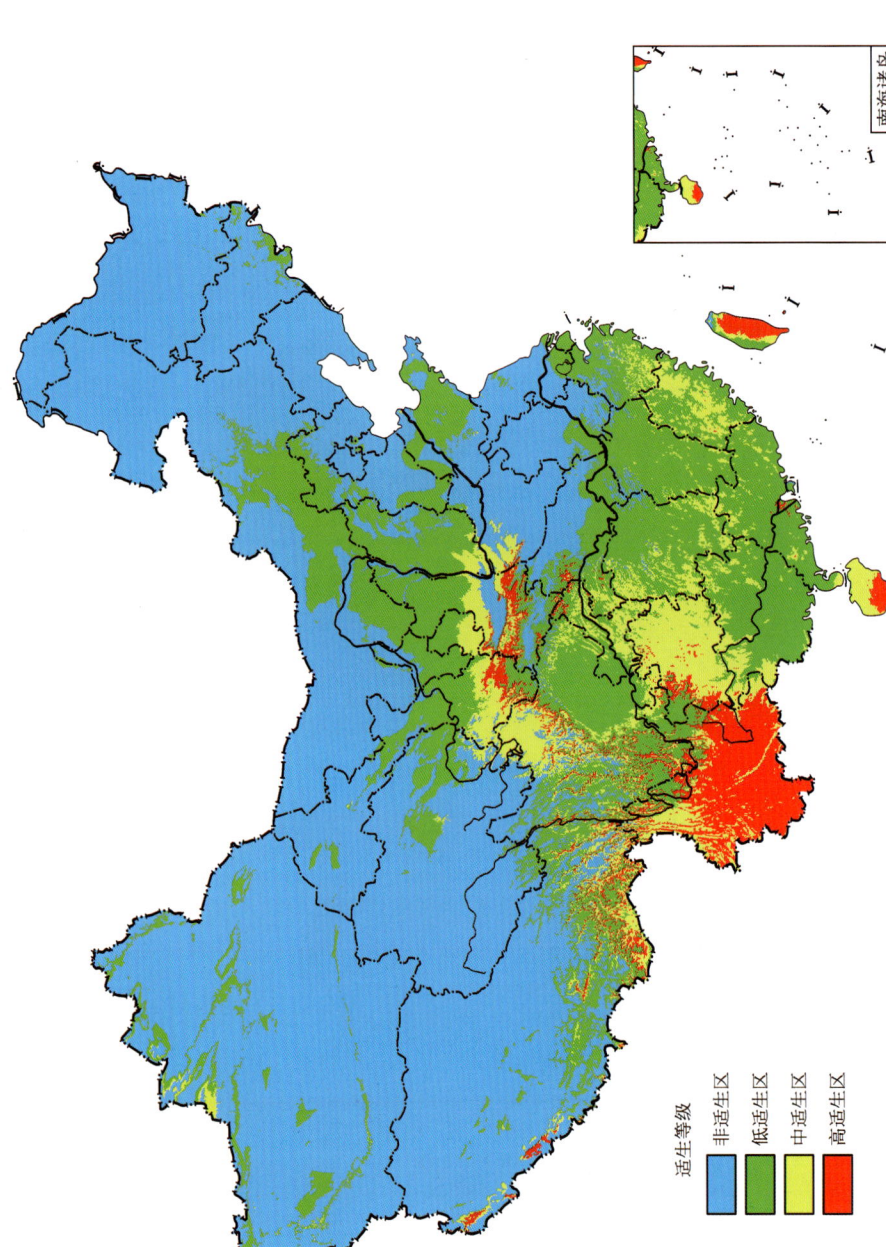

图版 30　新菠萝灰粉蚧中国适生区预测

图版 31

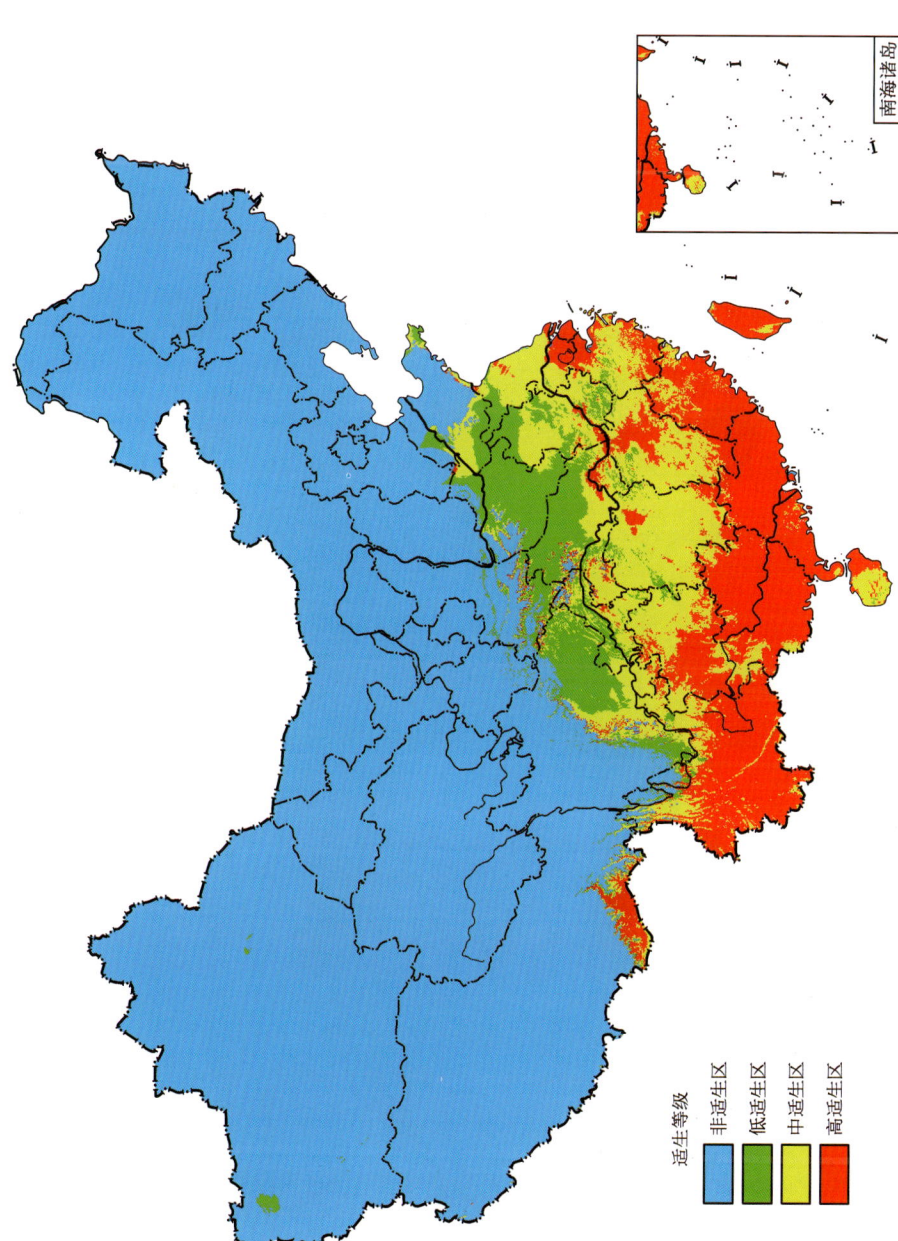

图版 31　扶桑绵粉蚧中国适生生区预测

图版 32

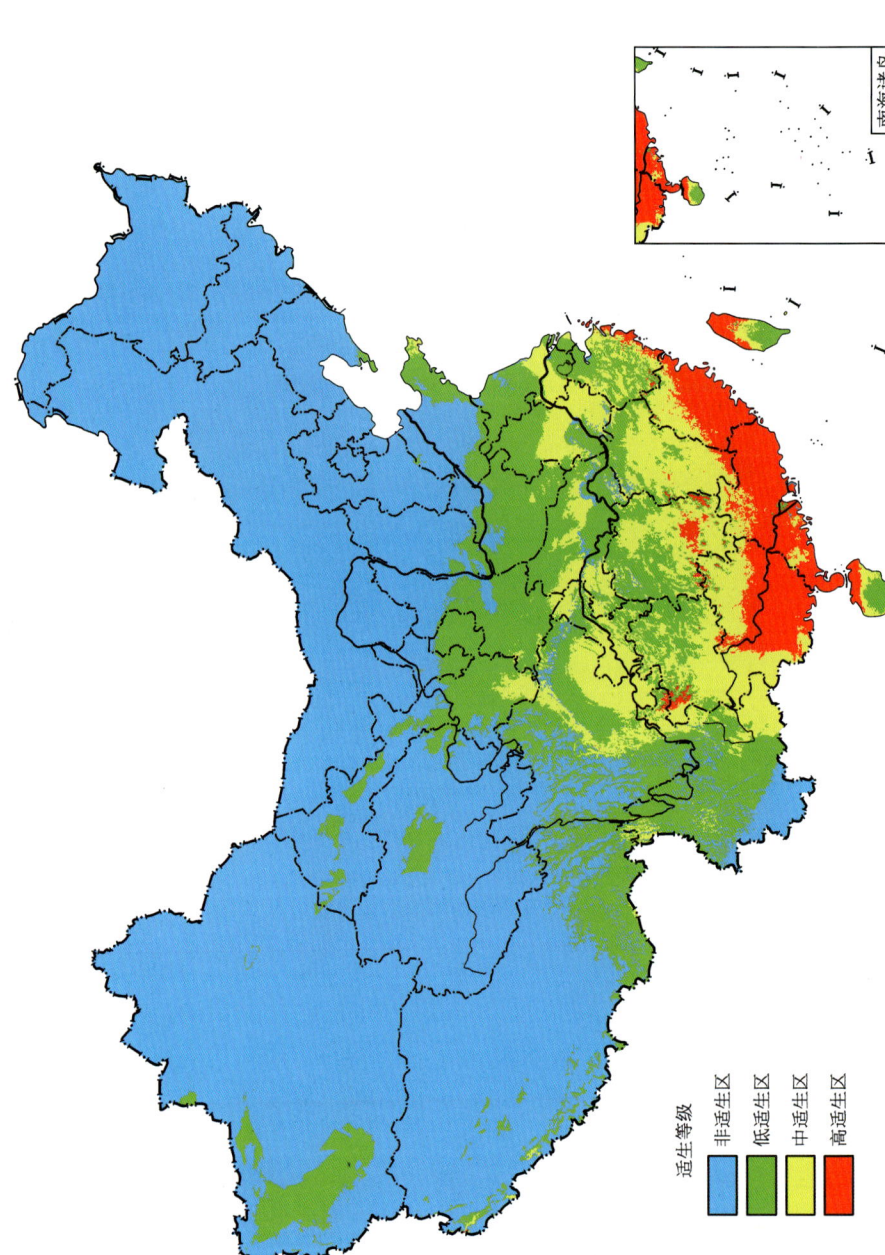

图版 32 荷兰石竹蓑蛾中国适生区预测

图版 33

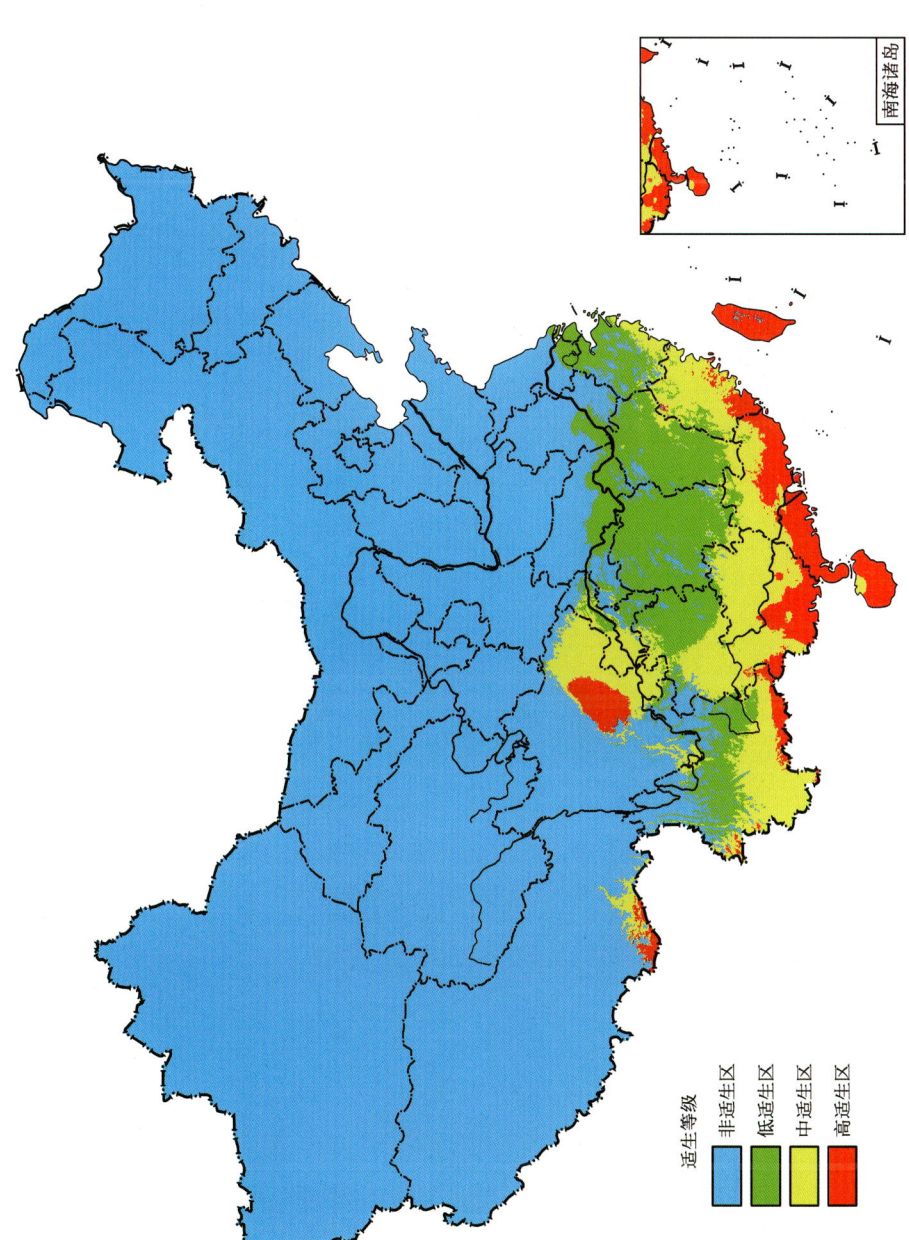

图版 33 南洋臀纹粉蚧中国适生区预测

图版 34

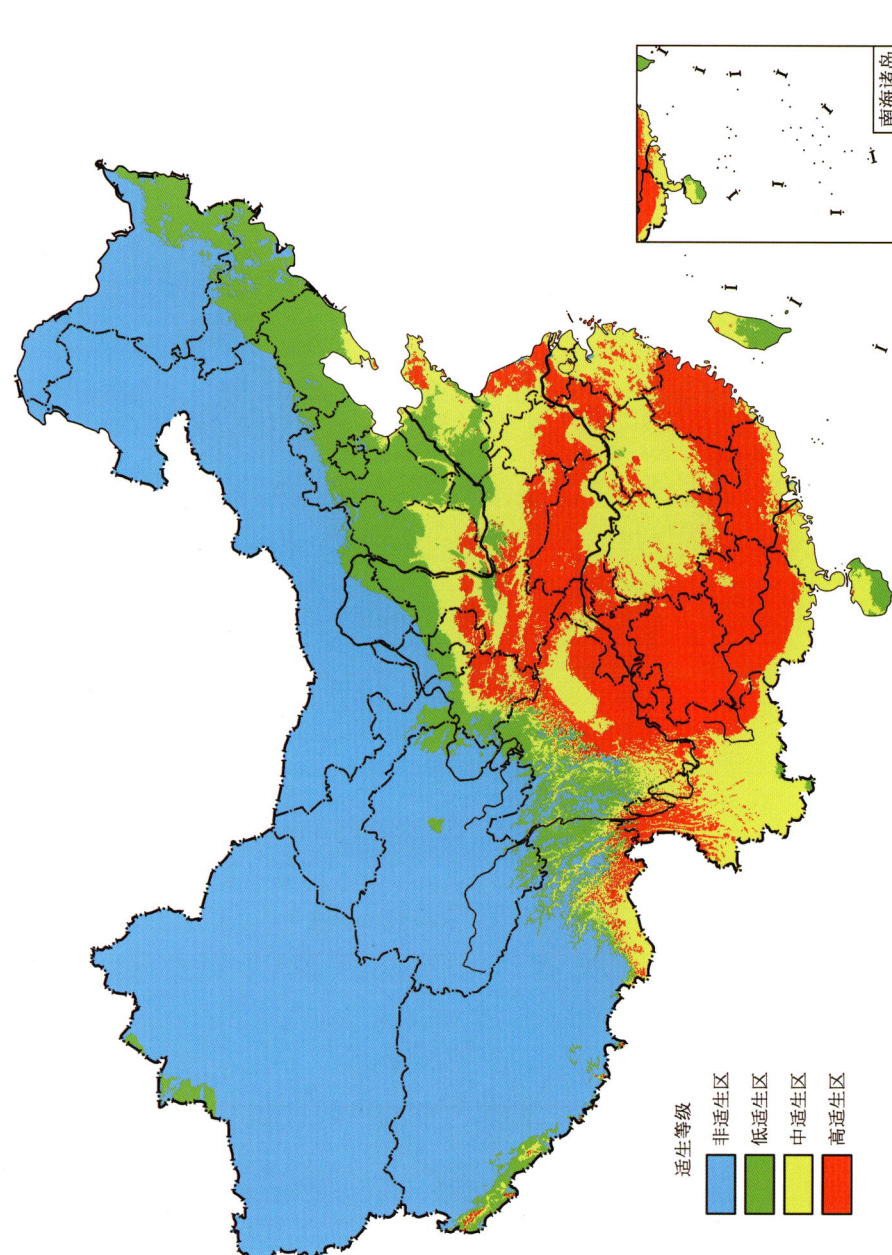

图版 34　长林小蠹中国适生区预测

图版 35

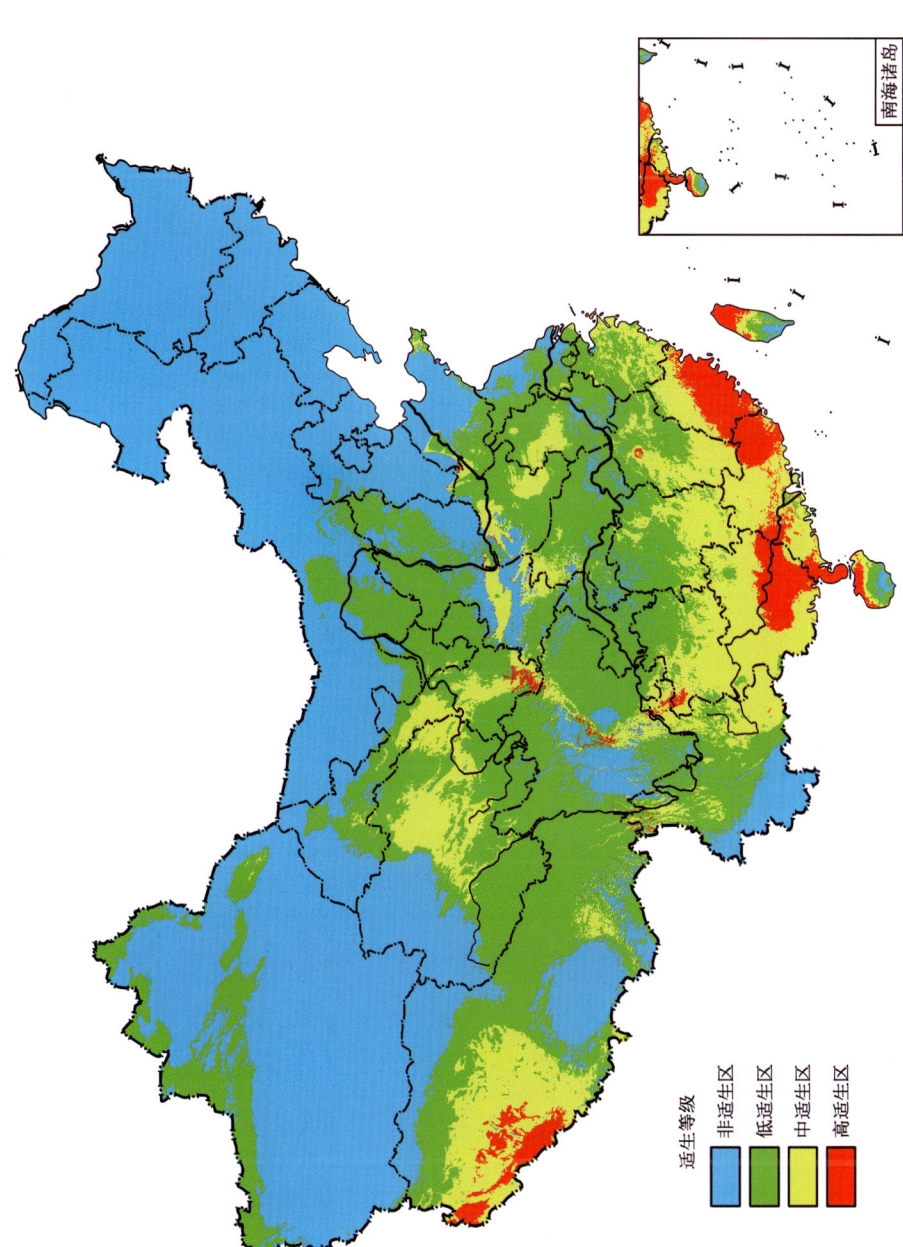

图版 35 云杉树蜂中国适生区预测

图版 36

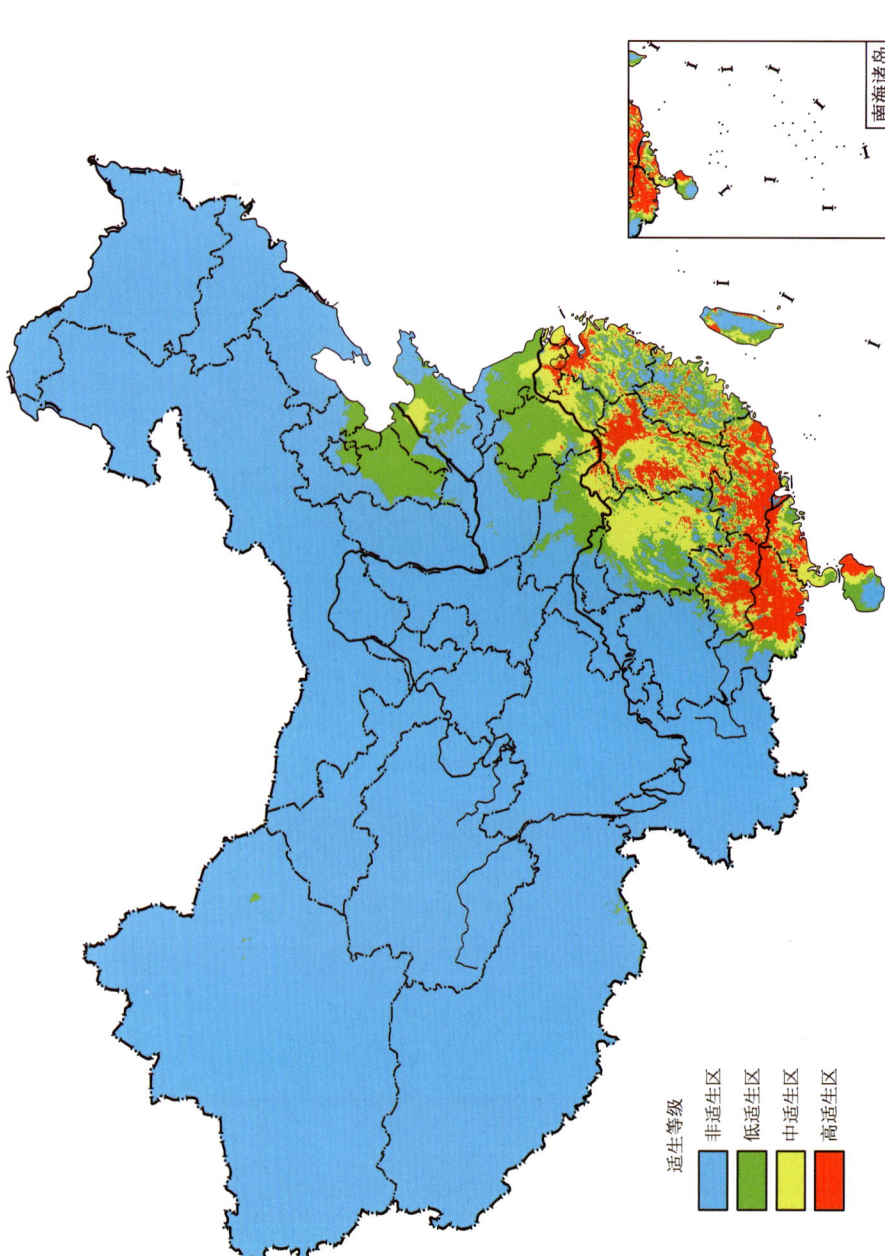

图版 36 蓖根象中国适生区预测

图版 37

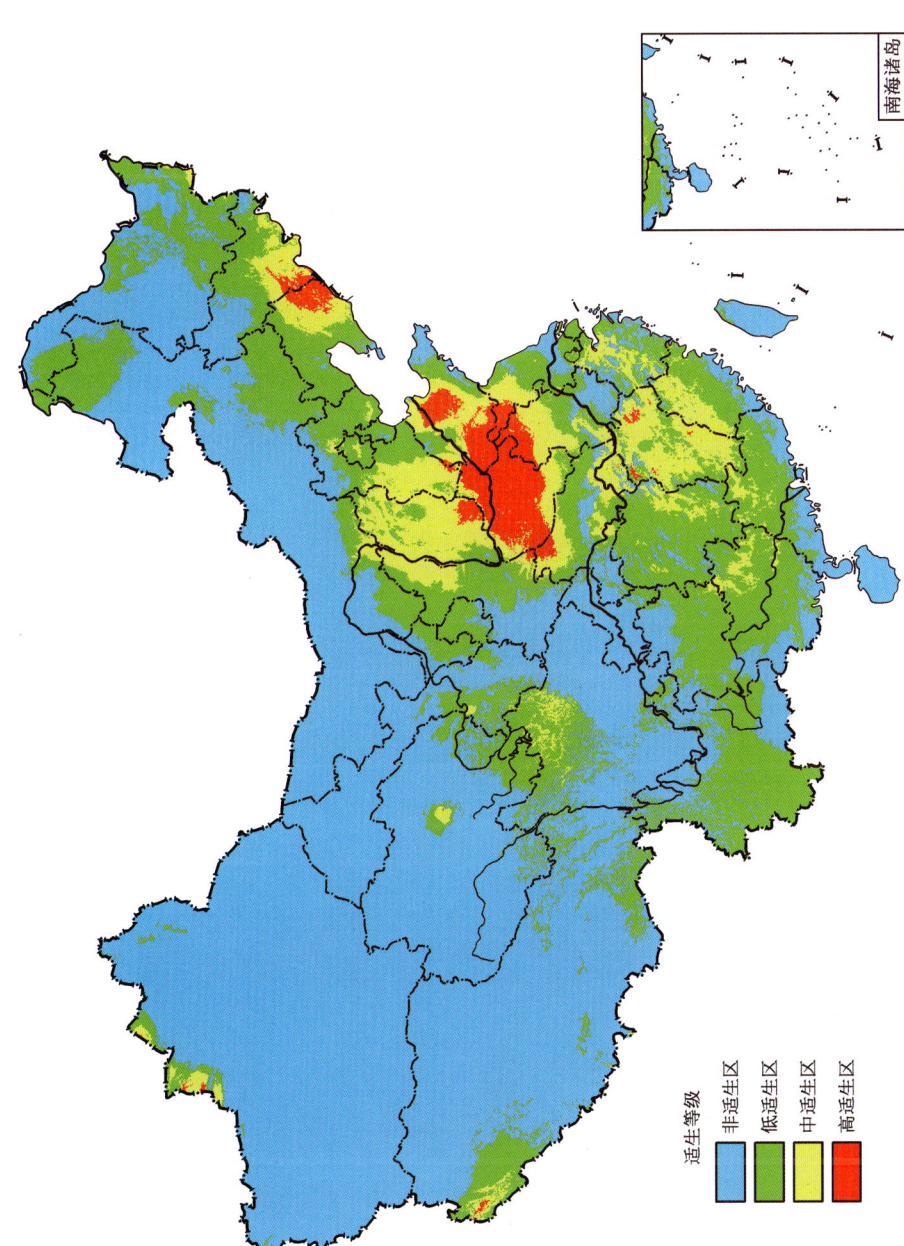

图版 37 苹果花象中国适生区预测

图版 38

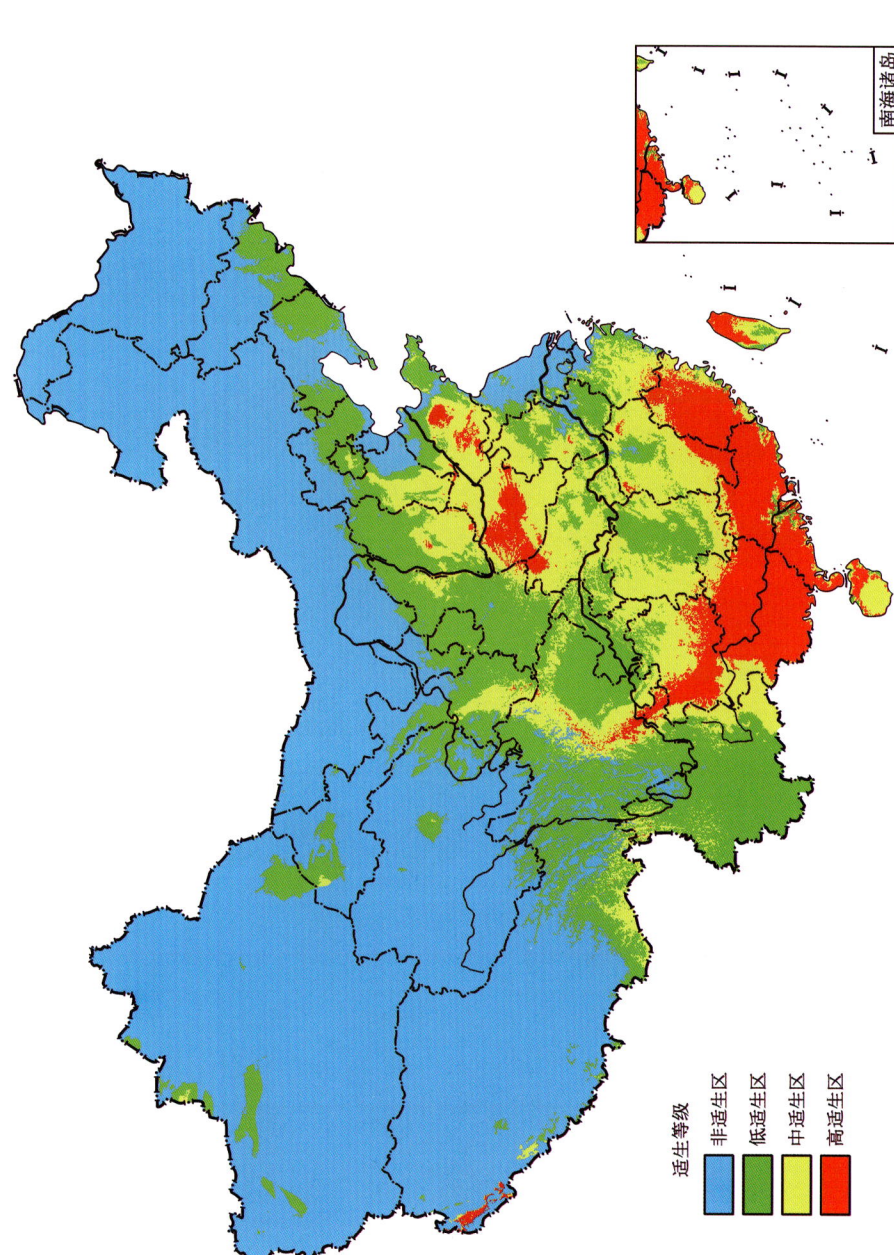

图版 38　栗黑水疫霉中国适生区预测

图版 39

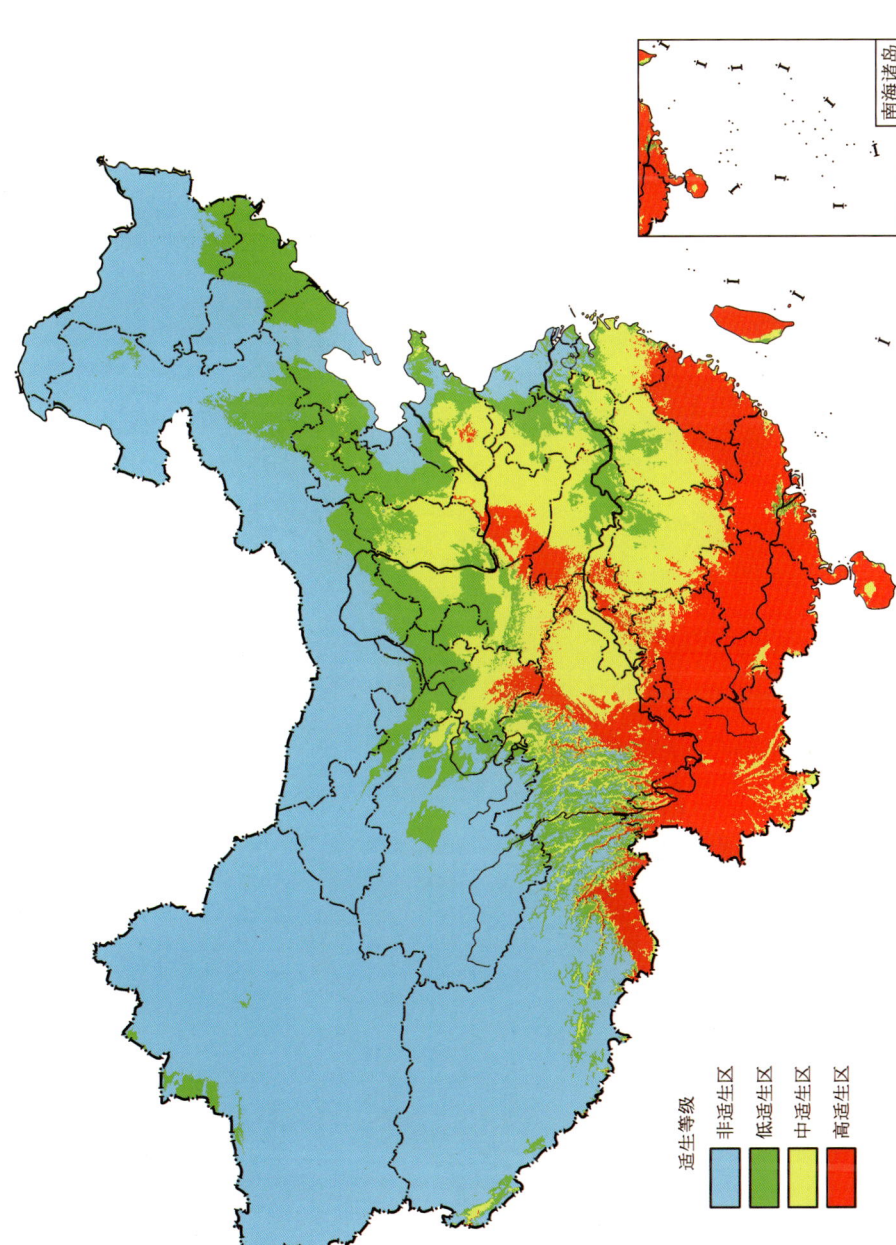

图版 39 天竺葵锈病菌中国适生区预测

图版 40

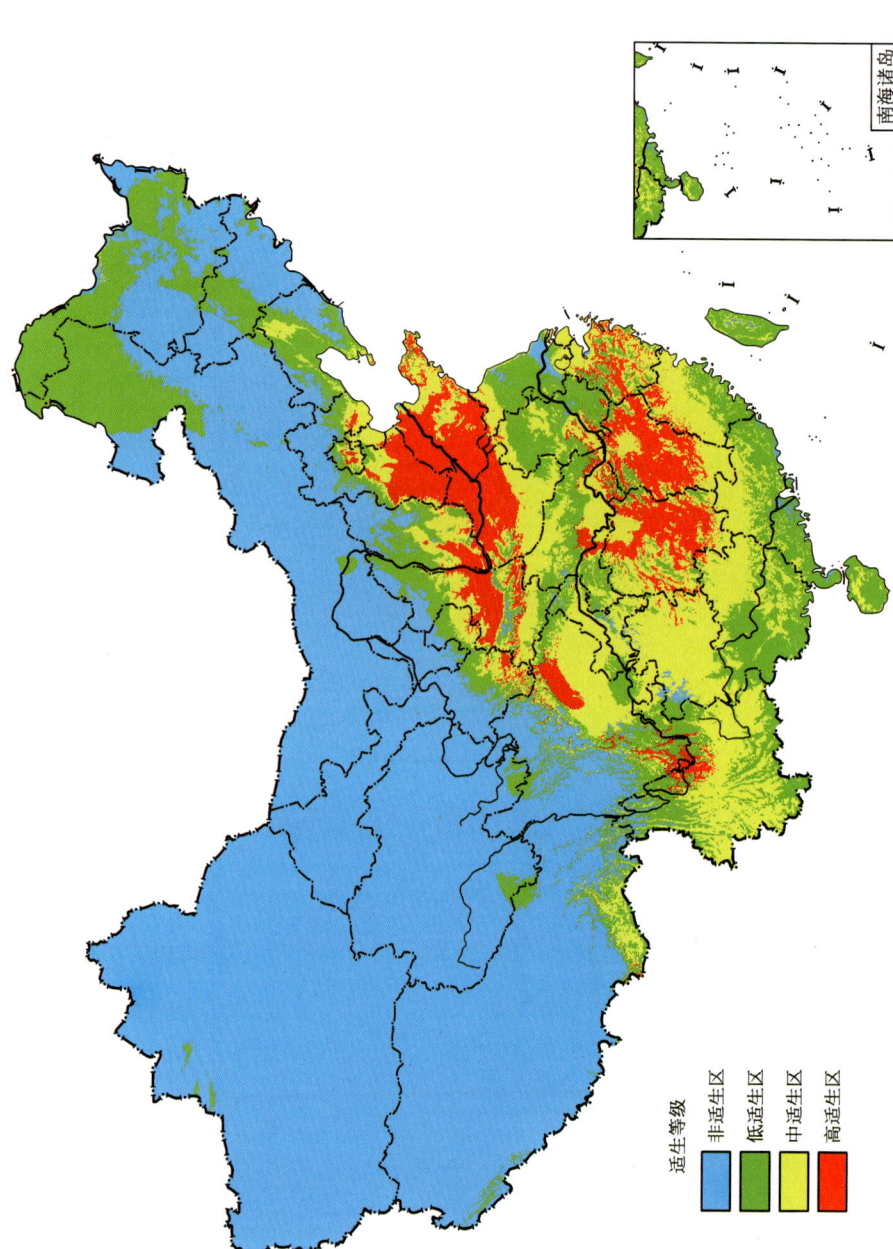

图版 40 葡萄皮尔斯病菌中国适生区预测

图版 41

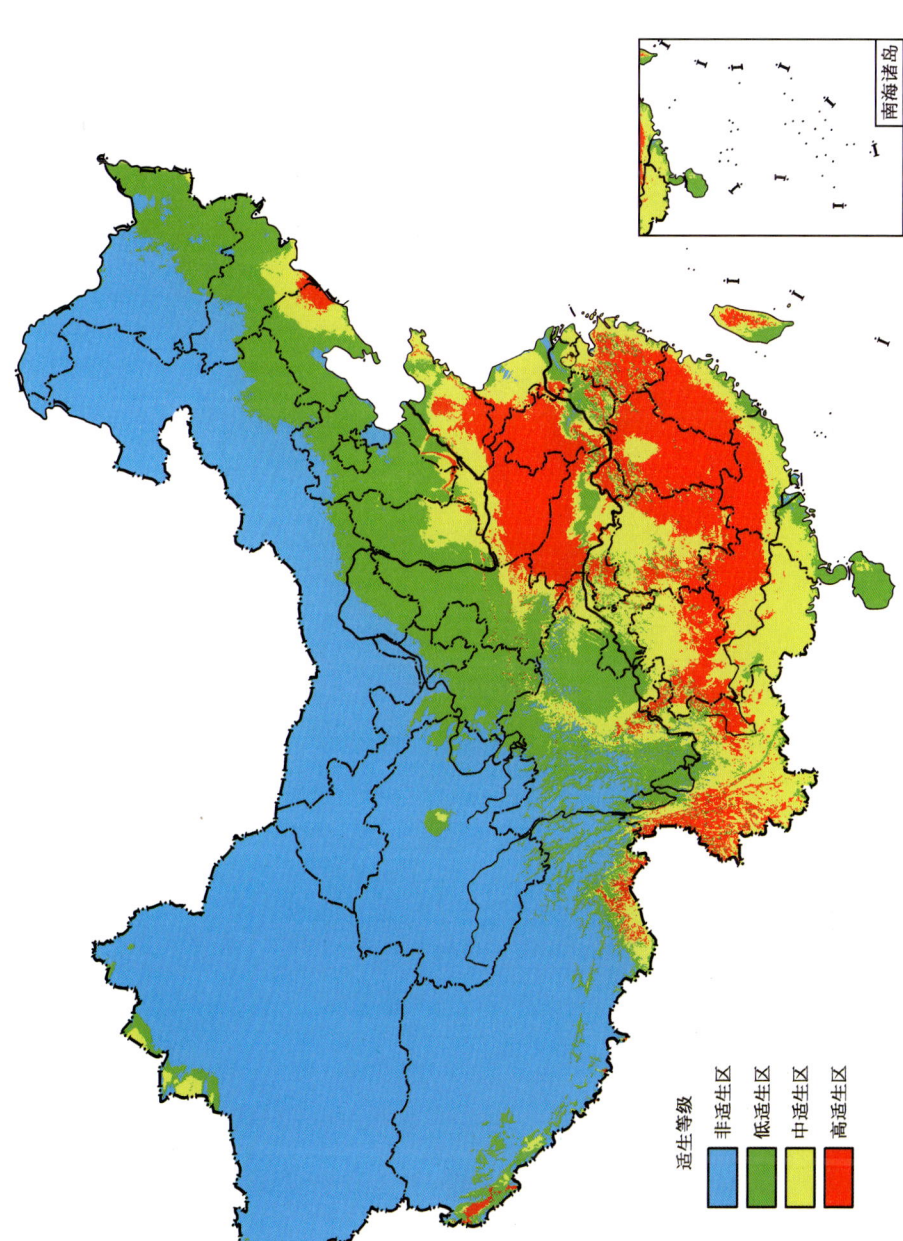

图版 41 番茄环斑病毒中国适生区预测

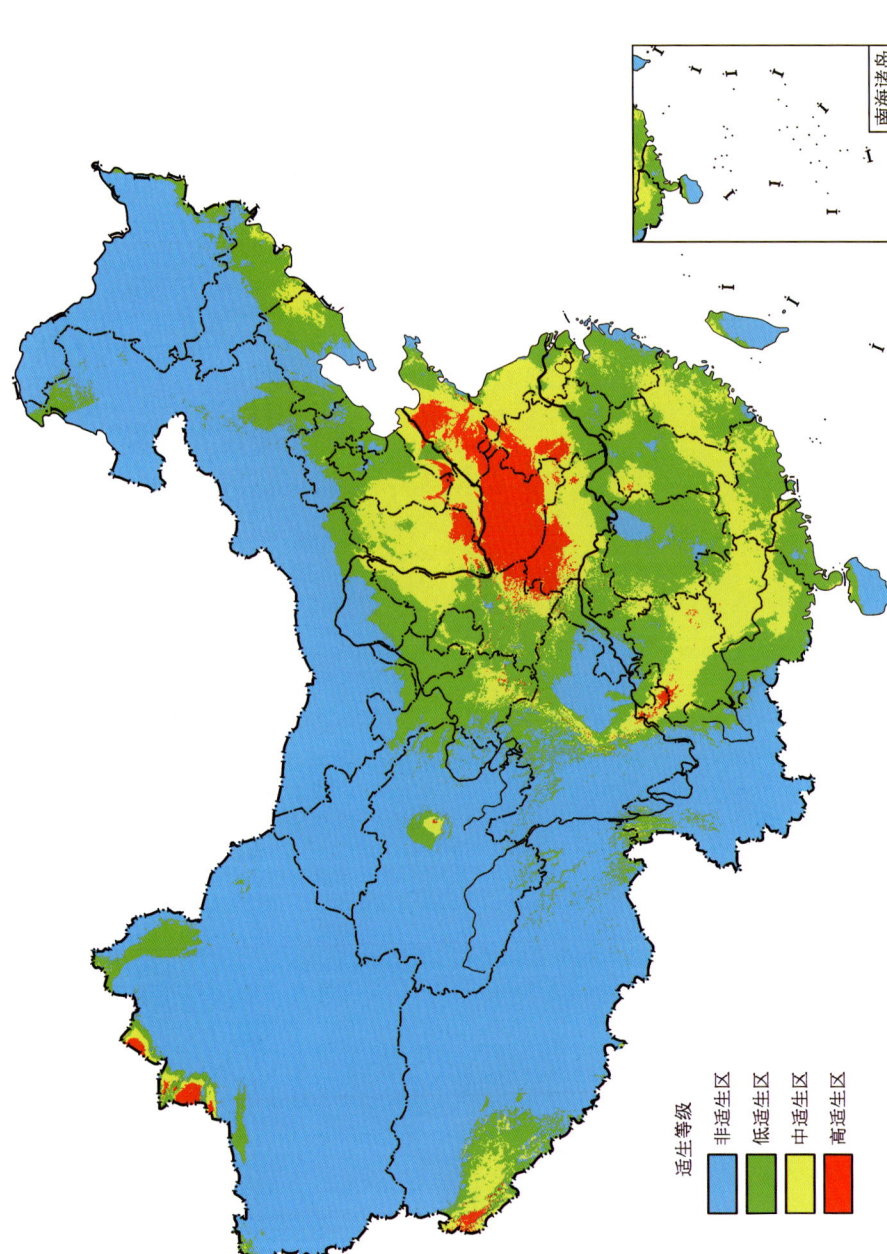

图版 42 榆枯萎病菌中国适生区预测

图版 43

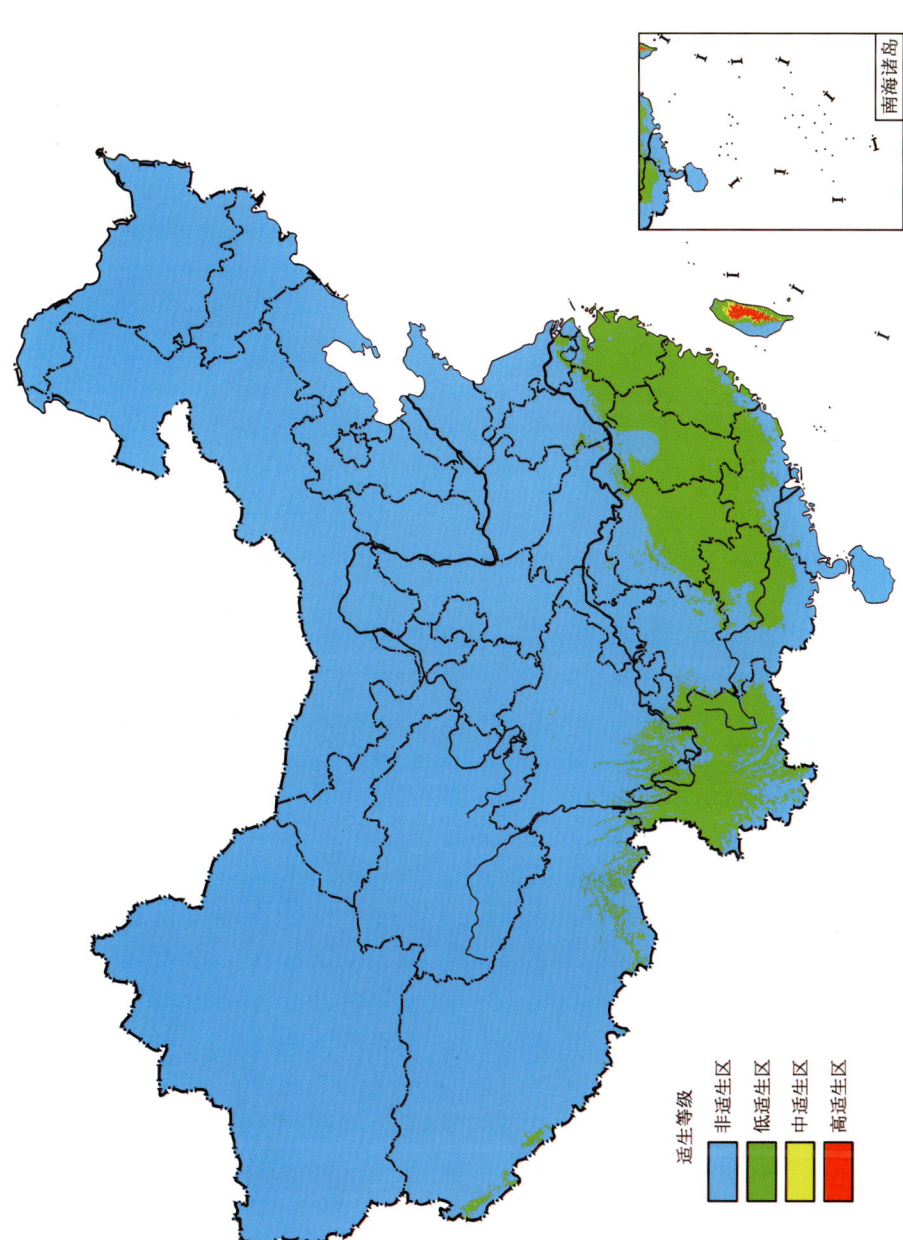

图版 43 软树蕨中国适生区预测

图版 44

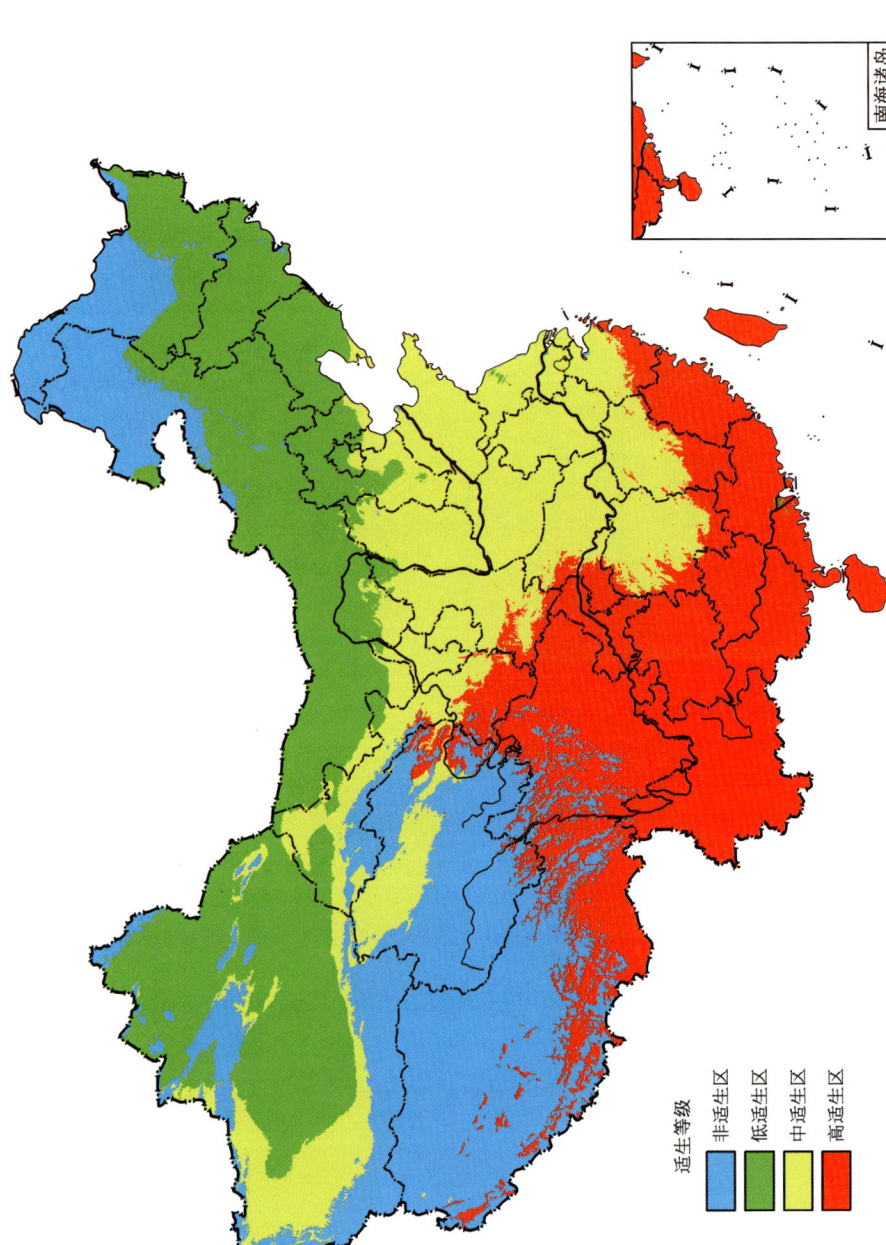

图版 44 松唐盾蚧中国适生区预测

图版 45

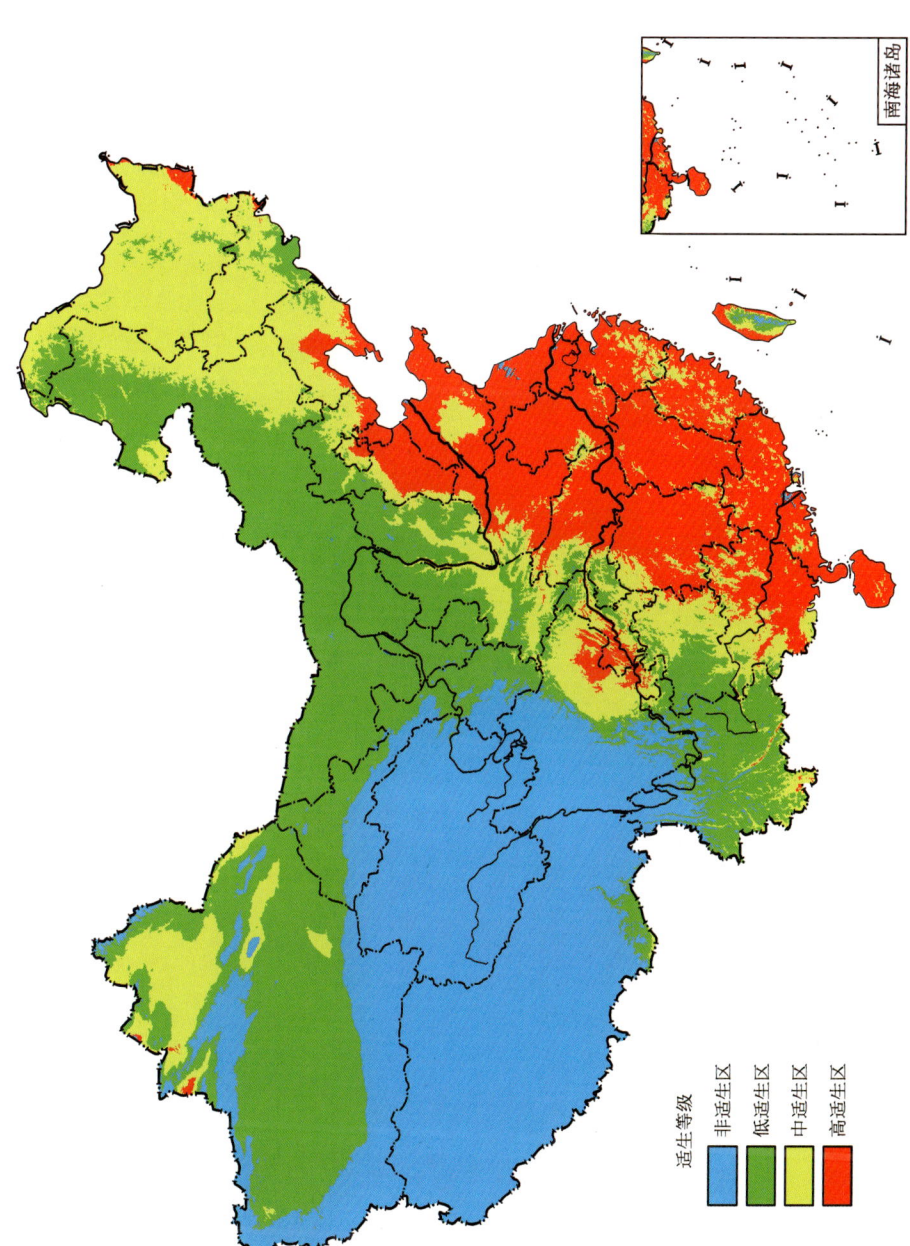

图版 45 美柏肤小蠹中国适生区预测

图版 46

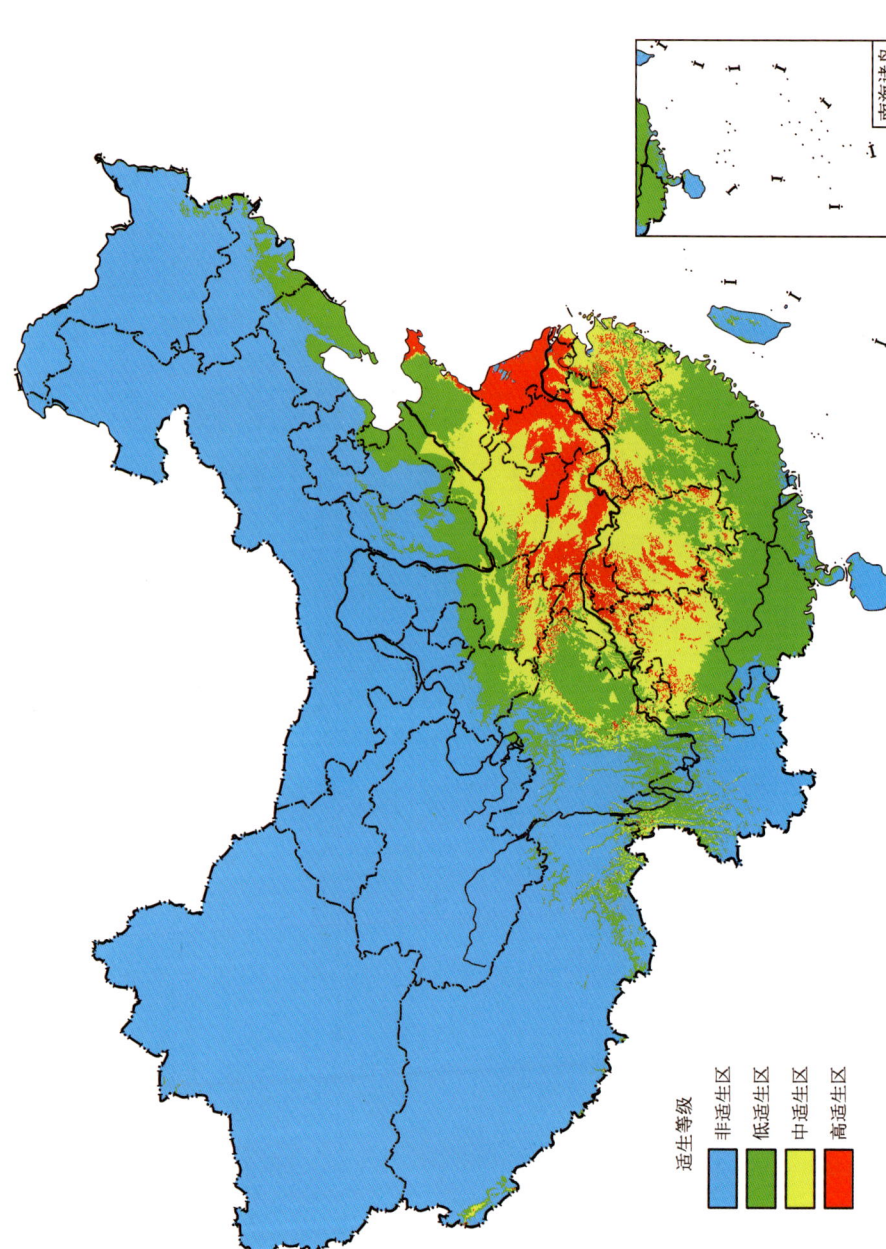

图版 46 梨带菌马中国适生区预测

图版 47

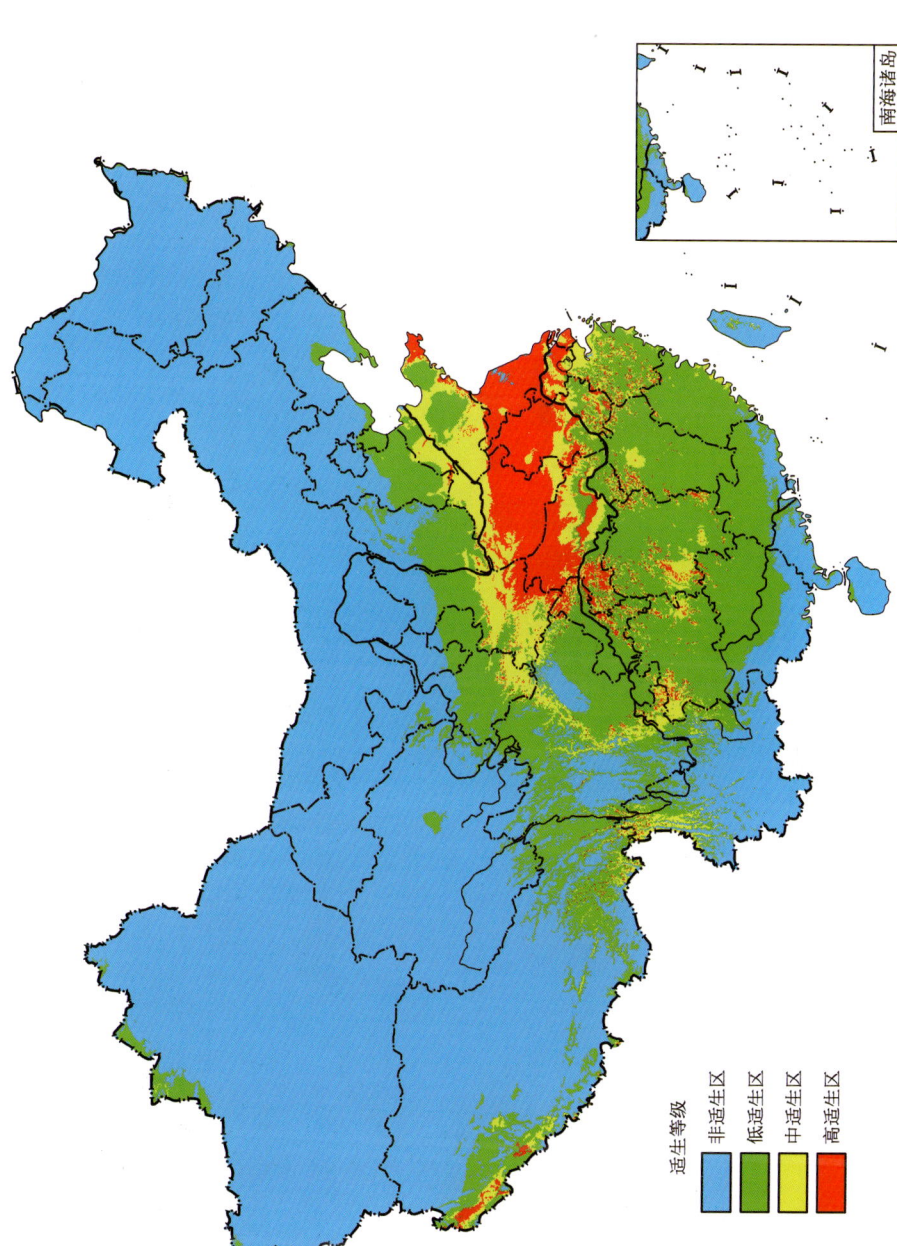

图版 47 胡桃楸中国适生区预测

图版 48

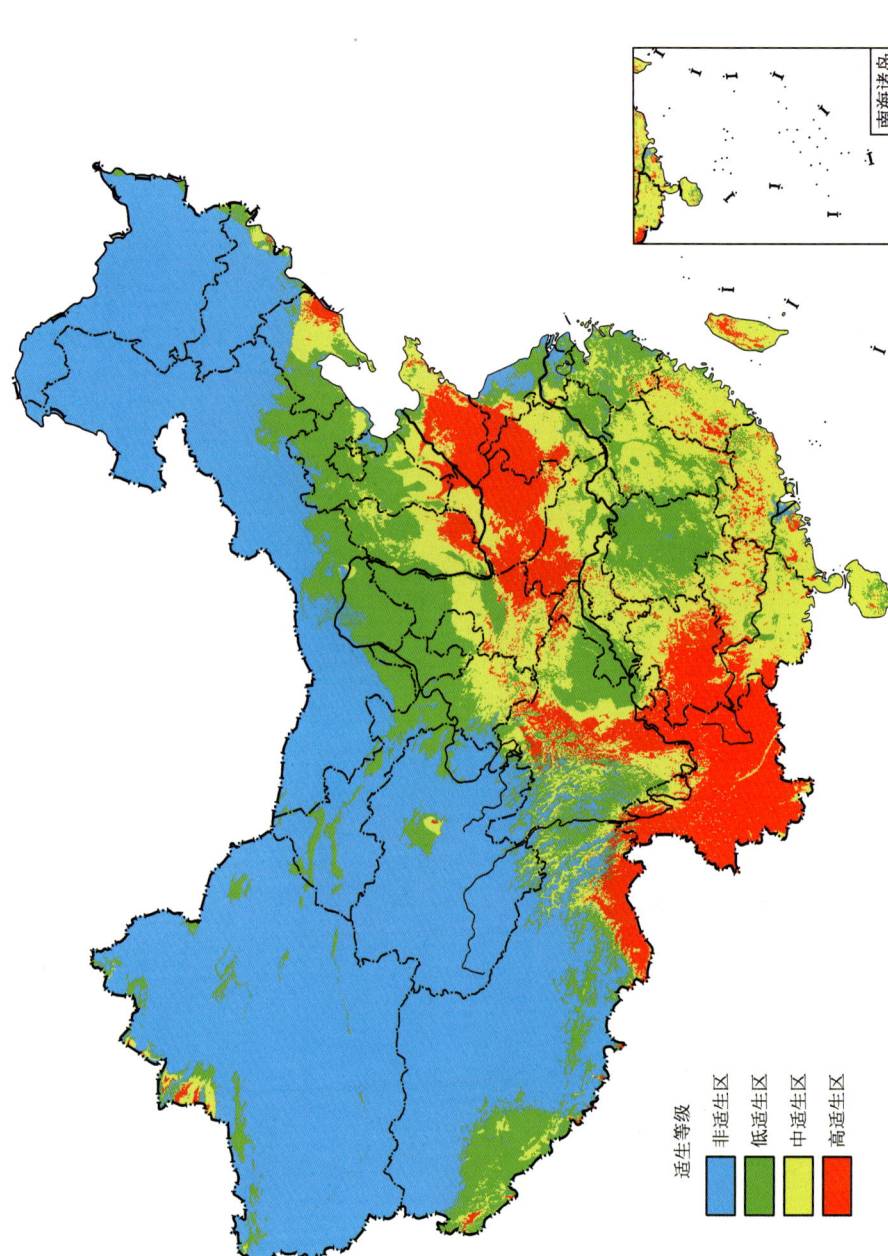

图版 48 苹果绵蚜中国适生区预测

图版 49

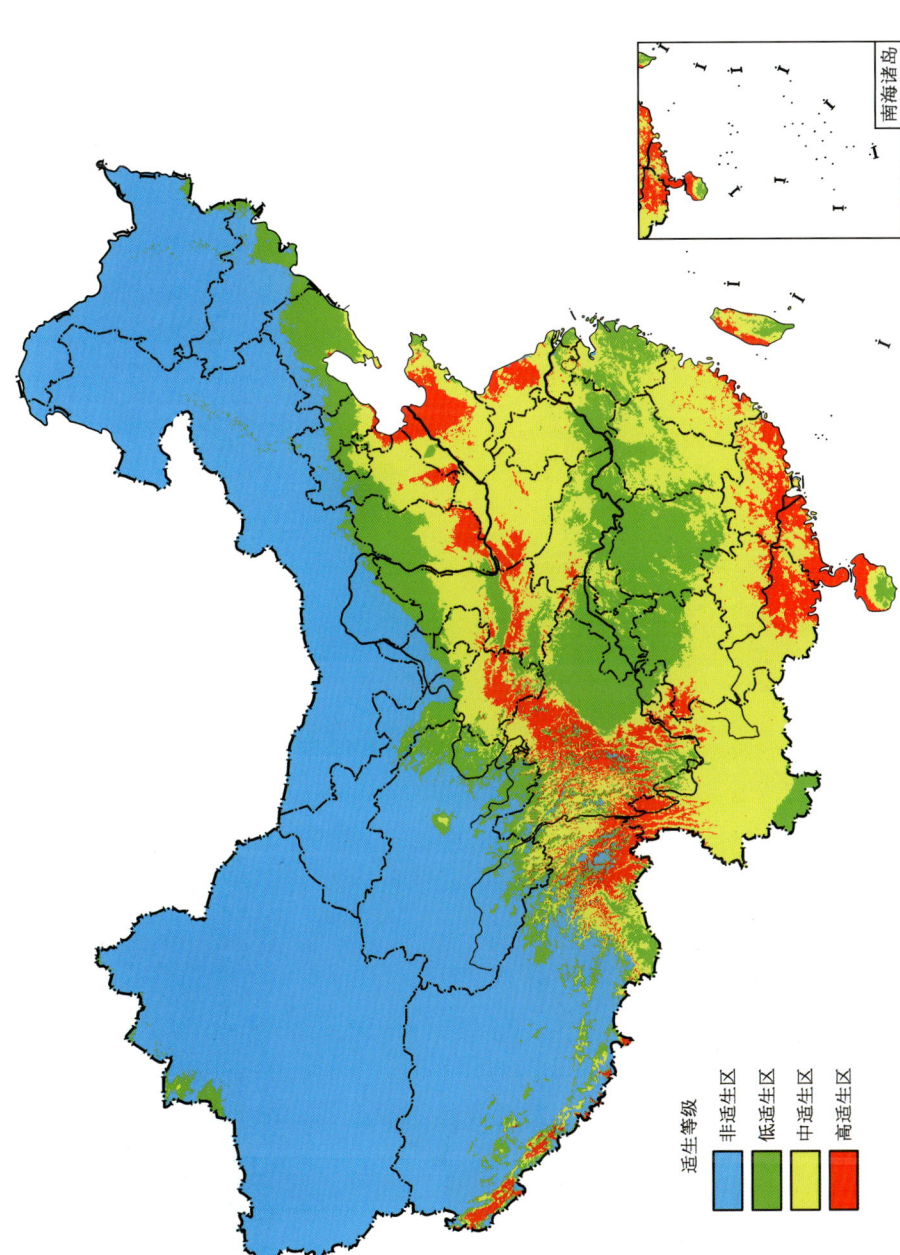

图版 49 草莓滑刃线虫中国适生区预测

图版 50

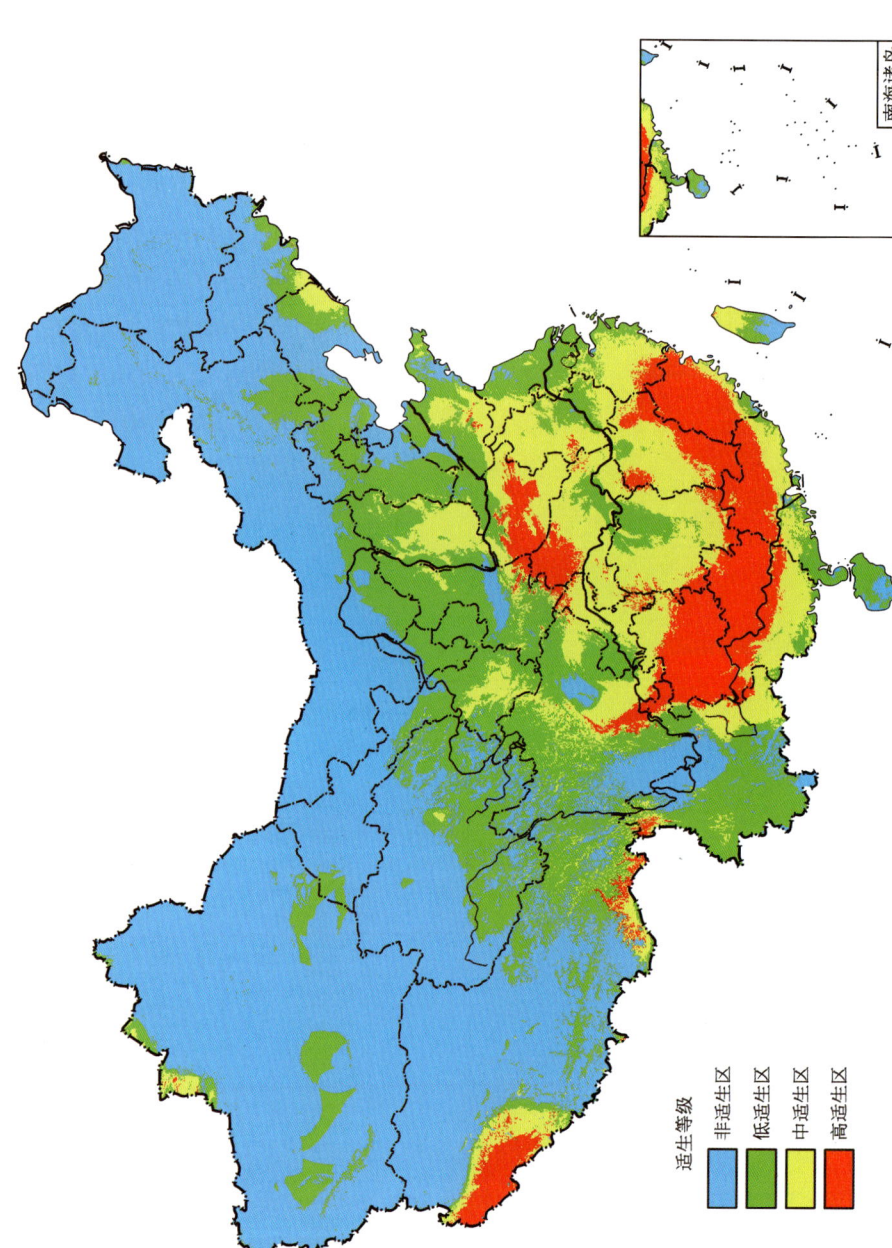

图版 50 梨火疫病中国适生区预测

图版 51

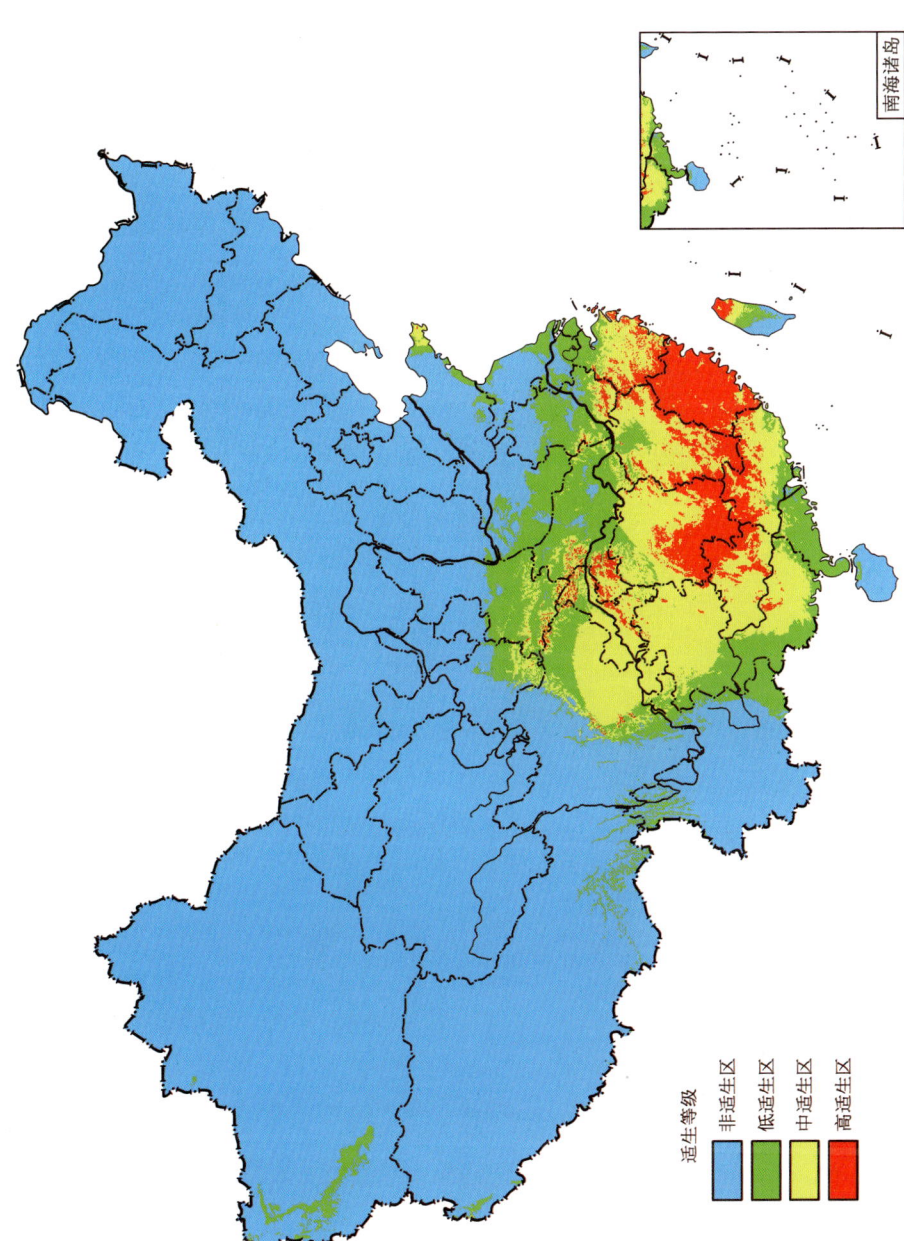

图版 51 松异带蛾中国适生区预测

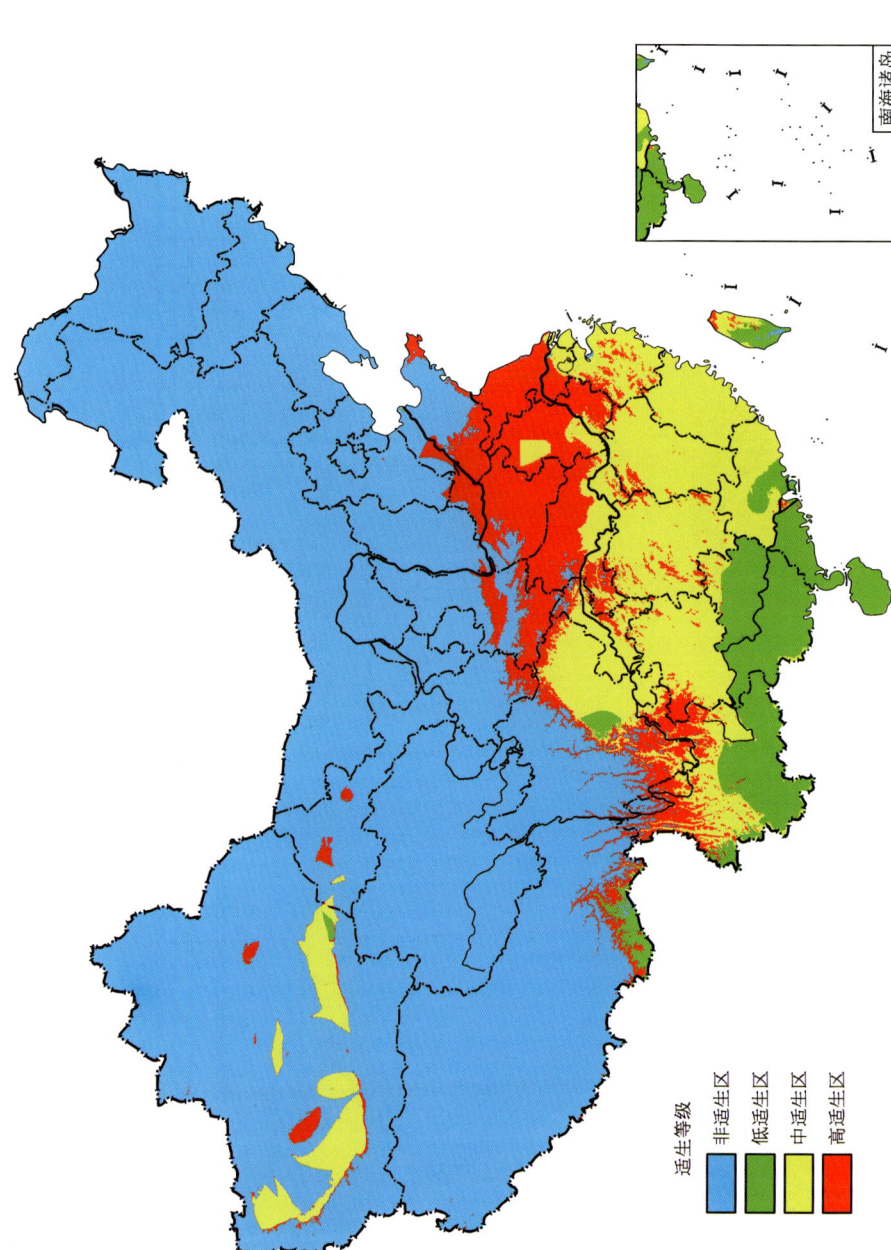

图版 52 雪松疫霉根腐病菌中国适生区预测

图版 53

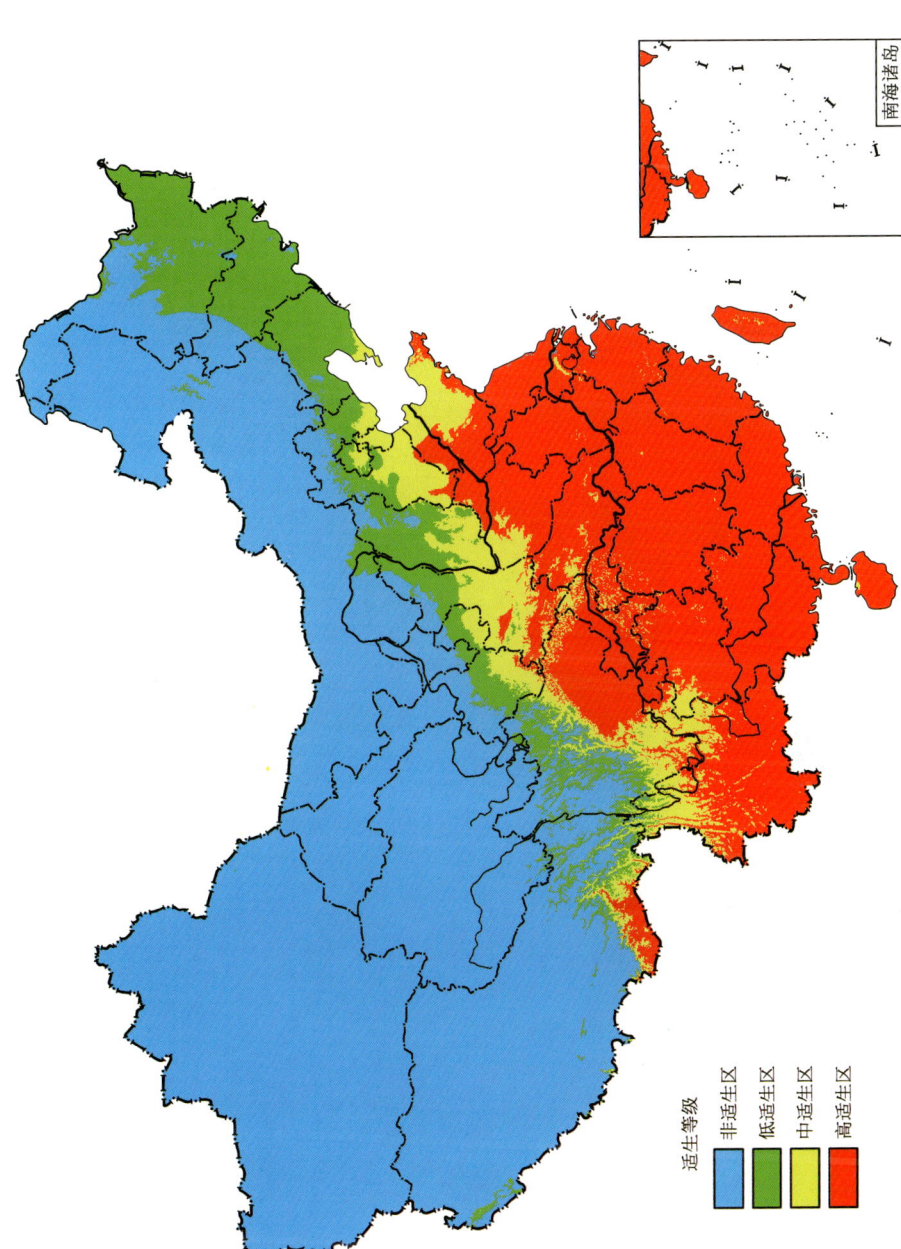

图版 53 美人蕉中国适生区预测

图版 54

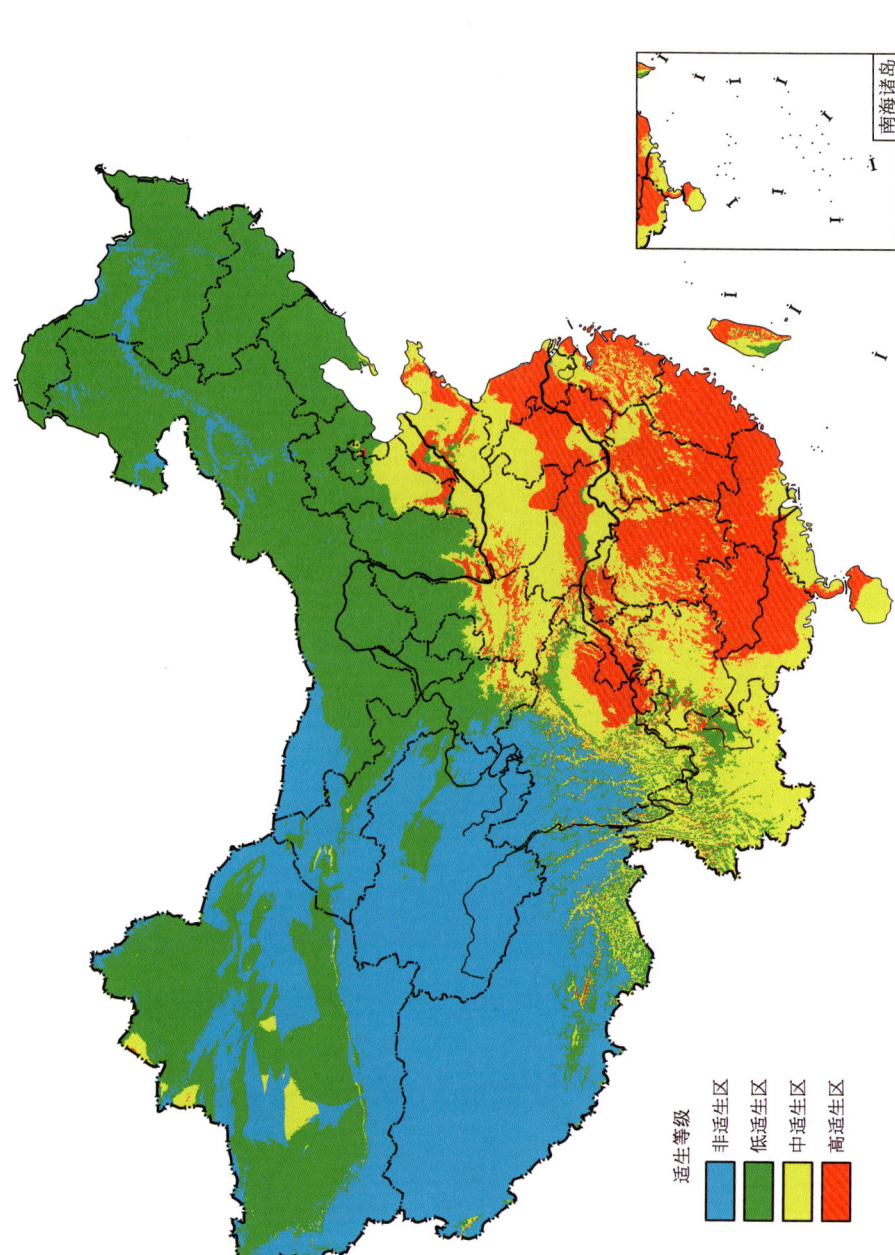

图版 54 菜豆黄花叶病毒中国适生区预测

图版 55

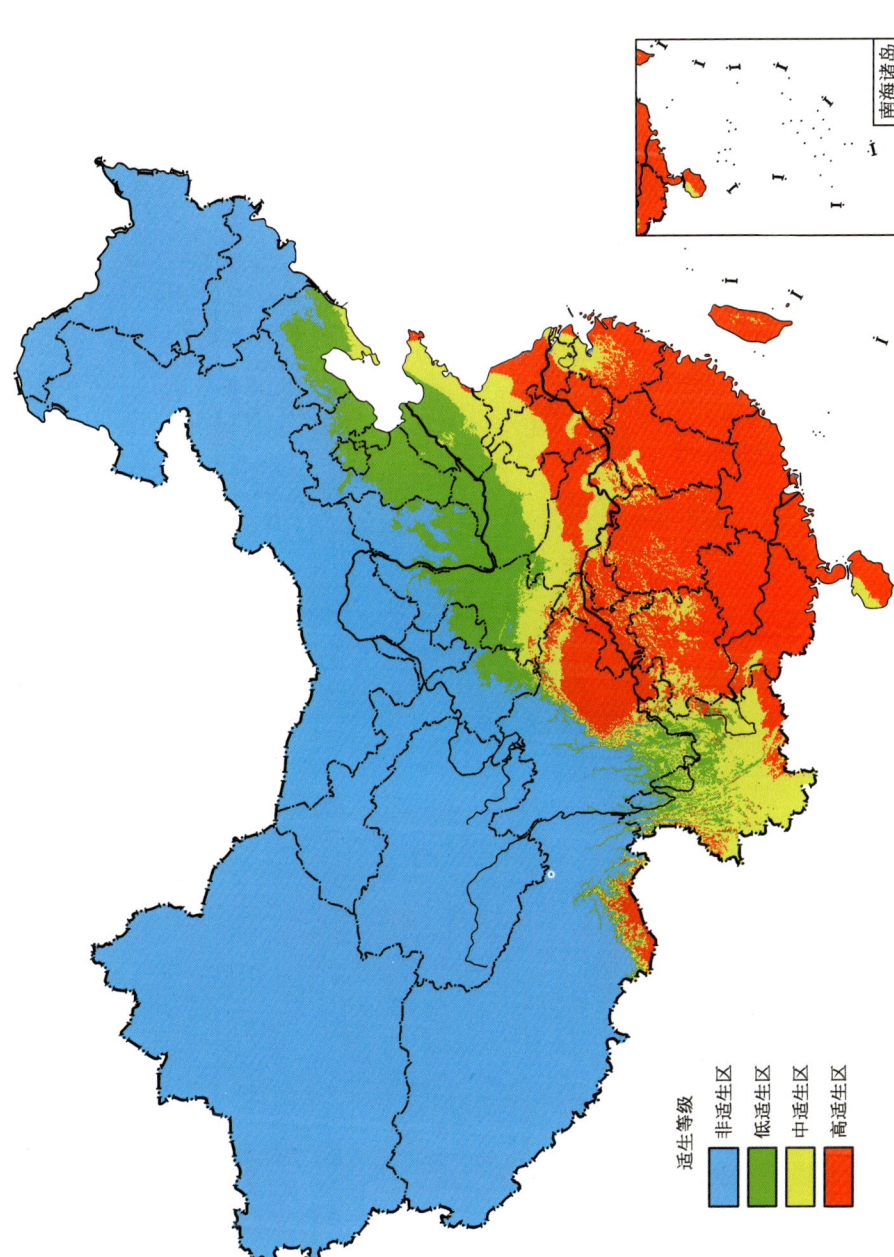

图版 55 松针褐斑病菌中国适生区预测

图版 56

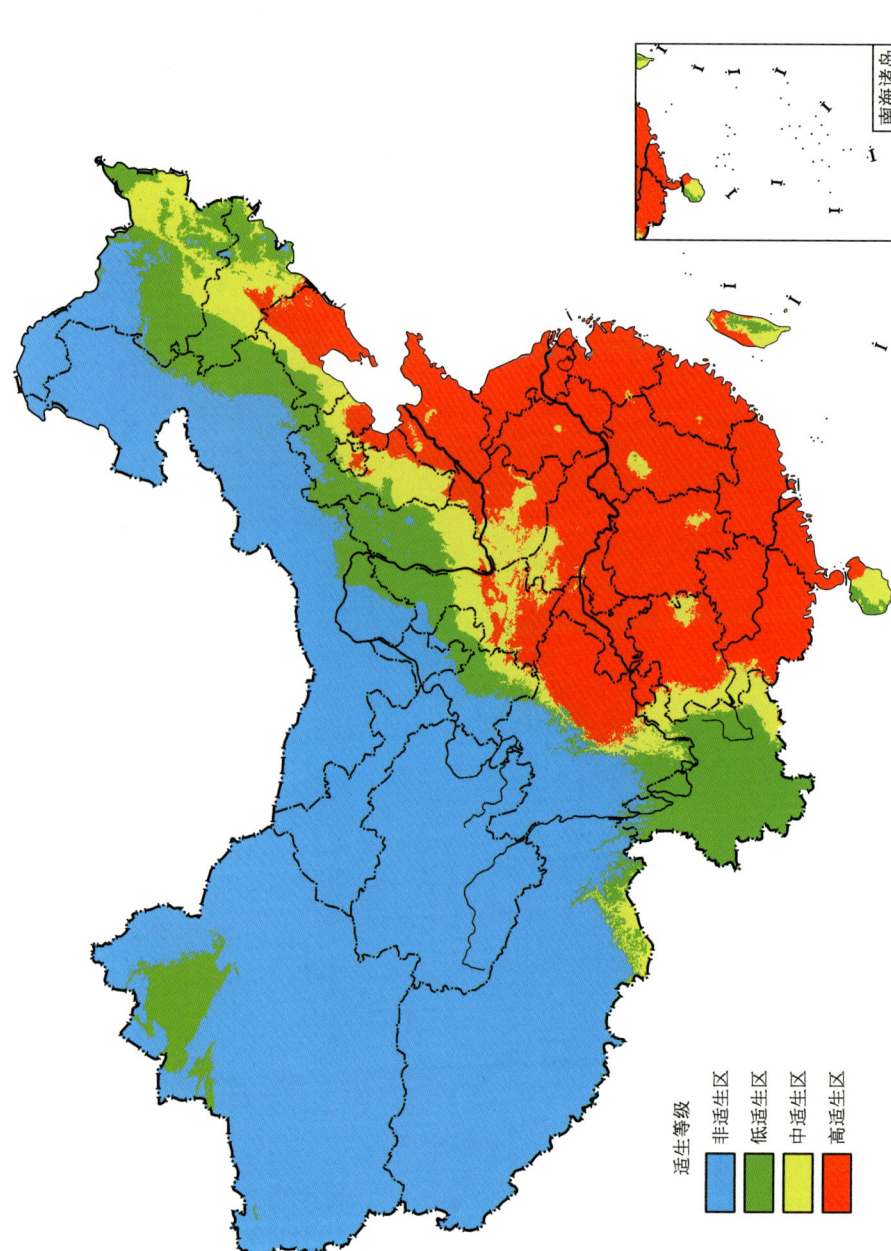

图版 56 松墨天牛中国适生区预测

第一篇

引进植物入侵性风险分析与评估体系构建

我国作为世界第二大经济体，经济活动和对外贸易十分活跃和频繁。在大量的物资进出口过程中，生物入侵事件频繁发生，许多具有高危险性的物种被传入并在传入地大量繁殖和扩散，造成巨大的经济损失。据报道，我国因外来生物入侵每年造成的经济损失就达 1 200 亿元。目前我国有 544 种外来入侵物种，其中大面积发生、危害严重的达 100 多种。我国防范外来生物入侵的形势十分严峻。

由于外来生物种类繁多，传入途径多样，传入地区环境因子又各不相同，决定传入风险的各主要因子在不同地区的重要性也不尽相同，因而很有必要针对不同的区域构建适应该地区入侵生物风险分析的评估体系。

华东地区是我国经济贸易最活跃的地区。本篇主要针对华东地区外来植物及其引种地的地域特点，构建相应的外来植物入侵风险评估体系，在有意引种外来植物时，在引入前进行准确的系统入侵风险综合评估，根据评估结果获得的入侵风险大小再决定引入与否，以及制定引入以后对应的管理防治措施。虽然华东地区区域内的气候、地貌、土壤类型等也有一定差异，评估体系可以在充分考虑这些差异存在的情况下，以地区内一些共有特征和影响因素为重要评估因子，建立适宜华东地区外来陆生植物风险分析的综合评估体系。

本研究参考国内外多个外来物种风险评估体系，结合中国华东地区的实际情况，构建外来引种植物入侵风险评估体系。体系中所涉及的"引种地"均对应外来陆生植物的引入地，包括具体引种地点与所在市（县）。该体系对非人为引种的外来陆生植物在传入地风险性的评估亦具有一定的参考性。

一、引进植物入侵性风险分析的方法步骤

目前国内外针对外来植物入侵风险等级评定的方法，最常见的有风险等级评估体系和多指标综合评价法。事实上，这两类方法属于同一类评估方法，主要是应用系统科学、生态学理论、专家决策系统的基本理论和方法，通过研究和分析影响外来物种的各种影响因素以及这些因素的重要性和相互之间的关系，来建立对外来物种的多层次、多指标综合风险评估体系。

多层次多指标风险评估体系主要从物种来源地与评估区域（引种地）相对比的适宜度、物种生活史和生物学特性、地理分布状况、危害程度、防治和管理难易等方面作为切入点，展开多层次、多指标的综合分析，从而对该外来物种入侵风险进行综合评价。也有研究者从入侵过程的时间顺序入手，从传入、定殖、扩散、危害影响、防控等各阶段的物种特性和入侵可能性来分析物种的入侵风险性。

本研究选择采用多层次、多指标的综合风险评估体系方法，以华东地区为主要引种地，构建国外（含境外，下同）引种植物入侵风险评估体系。由于不同生境中植物的生长、繁殖、扩散、适宜环境等不尽相同，因此本研究所建立的风险评估体系仅针对陆生的外来植物。

在构建外来引种植物入侵风险评估体系中，借鉴 Weber 和 Gut 构建的中欧地区外来杂草的评估方法，在体系中先设立一套预评估办法。通过预评估先除去一部分不存在入侵可能性的物种，经过预评估确定可能有入侵风险的物种才进入风险评估体系进行综合风险分析。这样在充分保证评估准确性的基础上，可大大提高风险评估的工作效率。

评估体系的构建要考虑体系的科学性和系统性、物种信息的可得性与准确性、操作的实用性等多方面，以确定指标的选择与定位。本研究构建的风险评估体系综合考量物种的入侵性和地区的可入侵性，以物种生物学及生态特性、引种地环境

状况、引种地人类活动干扰状况三方面为总目标,将这三个方面设为评估体系的一级指标层,在三项一级指标下各自设立对应的二级指标层,二级指标下再设立具体执行操作的三级指标,从而构成完整的评估体系。本体系针对外来物种是否已存在及未引种两种状态,在"已存在"状态下多设立一项"生长与逃逸状况"的二级指标层。

本体系的权重赋值采用管理学上常用的层次分析法(the analytic hierarchy process,AHP)对不同指标层中的指标进行权重赋值。该方法模拟思维过程中的基本特征,对问题进行分层次、拟定量、规范化的处理,同时加入统计检验的方法,用于多目标、多准则的决策。赋以权重值的评估体系可以进行具体的打分评估,每个指标累加所得的总分即为物种最后得分。

外来引种植物风险评估体系的构建将按照如下步骤进行:

(1) 确立预评估方法,主要在有大量待评估物种或待评估物种风险性明确存在较大差异的情况下使用。

(2) 构建风险评估体系的主体框架,确定指标层次与具体指标项内容。

(3) 使用层次分析法(AHP)对两种不同状态(已存在、未引入)下的评估体系各层次各项指标进行权重赋值。

(4) 选择一定数量且入侵风险性高低较为明确的外来陆生植物。这些植物包括已存在及尚未存在于华东地区的物种,使用两种状态的风险评估体系对这些植物进行评估,所得结果与实际情况比对,以验证所构建体系的准确性与可使用性。

(5) 根据体系检验结果,对体系进行一定的修正和处理,最后确定可行且准确的风险评估体系。

二、引进植物入侵性风险预评估的意义和方法

(一) 风险预评估的意义

当面对实际的外来物种风险评估时，会面对许多不同类型的待评估物种。这些物种所具有的特质或在本地的适应性都不尽相同。当待评估的物种数量较为庞大，或者待评估物种特质差异较大时，为了能够提高风险评估体系使用的效率和有效性，在进行风险评估之前，需要设立一定的风险预评估方法，将不同类型的物种导入不同状态的风险评估体系，更重要的是能够排除许多不需要或不适宜使用风险评估体系进行评估的物种。

国内外目前有不同的风险预评估方法，预评估的目的与方法都较为接近。本研究参考并简化已有的风险预评估方法，确定了适宜于华东地区外来陆生植物入侵风险的预评估方法。

(二) 风险预评估方法

本风险预评估方法，以筛选出适宜在所构建的风险评估体系进行风险评估的外来陆生植物为目标，并根据物种实际情况导入"已存在/未引入"两种不同状态的体系。而主要作用则是筛去没有必要或不适宜进行系统综合风险评估的物种。

本研究所确定的风险预评估方法见图1-1。

纵观当前多数入侵植物，可以发现几乎所有的入侵植物在入侵地都具有良好的适应性，同时具有较宽的生态位，多数在露天环境中可以进行大量繁殖并扩散。如果某外来物种在引入地缺乏良好的适应性，或者缺乏进行繁殖或扩散的条件，则该物种就可以被在引入地认为不具有入侵风险性。

因此，在风险预评估流程中，"在华东地区明确不具有逸生可能"的判断标准主

要包括：

（1）该物种在华东地区露天生长条件下，明显具有不适应性，如热带的兰科植物、高寒地区的报春花科植物等；

（2）该物种在华东地区不具备繁殖或扩散条件，如缺乏有性繁殖媒介等；

（3）该物种本身的繁殖或扩散能力非常弱，或在华东地区的繁殖或扩散能力非常弱，如大部分裸子植物、仙人掌科等的多肉植物。

当具备这些显著特征时，该外来植物便可直接排除具有入侵的可能性，在经过病虫害检验检疫后，便可允许引入。

经过风险预评估筛选所得的外来物种可以在风险评估体系中进行综合的风险评估，但前提需要保证该物种的信息是否完整及准确。

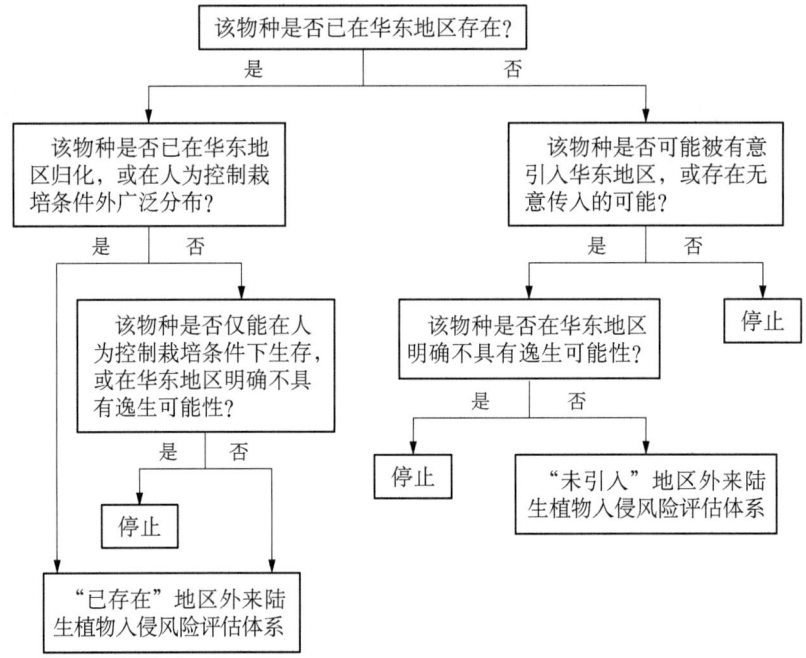

图1-1 华东地区外来引种陆生植物风险预评估方法

三、风险评估体系框架与指标分级

（一）构建风险评估体系框架的原则

在构建风险评估体系之前，首先需要构建体系的框架。体系的框架从构建原则入手，从主要考虑方面展开。体系框架包括层次的设置和各层次指标的确立。

构建风险评估体系的框架时，需要遵循以下原则。

1. 系统性

评估体系应完整地从各个方面铺展，全面而多层次地展现影响植物入侵的各类因素，并根据各因素之间的关系和重要性，将它们有机地结合在一起，串连成系统的整体。

2. 可操作性

评估体系所选择的各级指标应能保证待评估物种可获得充分且准确的信息，不仅适用于某一类特定的评估，还可复制于多种类型的评估。

3. 准确性

评估体系的各级指标应具有明确的指向性，表达方式应清晰而准确，各级指标直接不存在交叉内容。

（二）构建风险评估体系框架的考虑因素

造成外来植物入侵的原因多样且复杂。目前已有许多关于入侵机制的理论研究，然而究其根本，外来植物入侵不仅受到内在的物种特性影响，很大程度上更是受到了引入地环境的影响。

综合各种入侵机制的研究,本研究将决定外来植物入侵的因素分为内因和外因两方面。内因是指外来植物的潜在入侵性,外因是指引种地的可入侵性。内因主要针对外来植物本身的特性展开,外因则包括了引种地的自然环境和人类活动干扰两方面。

1. 物种本身特性与入侵性

从狭义层面来讲,物种本身特性往往指物种的生物学特性。许多关于入侵植物的研究也主要集中在入侵植物生物学领域内。大量的证据显示,入侵植物在入侵地区具有很强的环境适应性,同时也具备很强的繁殖和扩散能力,甚至相当一部分能够分泌化感物质。这些外来植物利用本身的这些能力,对入侵地区产生不同程度的生态影响,如造成生态系统结构的改变,生物多样性降低,营养物质循环的阻断,水土流失等。因此,从外来物种对于环境的反应和对生态的作用来看,物种本身特性除了自身的生物学特性,还广义地包括了在本地的环境适应性、在不同地域的分布情况、对本地生态系统的影响等。

所以,从外来植物本身的特性方面来看,不仅可以是外在表象型的特性,还包括内在的物种特质。

选择适宜用于体系框架构建的因素应包括:

(1) 环境适应性,包括其原产地、全球分布状况,在本地的适应度等;

(2) 在国内外的入侵记录;

(3) 生物学特征,包括有性及无性繁殖能力、生境类型、耐胁迫能力等与入侵性相关的多方面因素;

(4) 扩散方式与能力,包括物种的传播扩散方式、扩散能力强弱、扩散制约因素等;

(5) 潜在危害与影响,包括对生境的占领能力强弱,是否具有化感作用,以及对生态、经济、社会的潜在危害等。

2. 引种地自然环境与可入侵性

除了外来物种本身特性以外,物种所处的自然环境对物种的传入、定殖、扩散、危害、防治各阶段都有显著的影响。通常来说,岛屿、开阔的平原河谷地区具有相对较高的可入侵性,而植被覆盖率高且生物多样性较高的地区则很少会产生严重的外来植物入侵。关于引种地的生物多样性与生物入侵的关系,当前各类研究所持观点并不一致,争议的焦点在于地域尺度。生物多样性高低本身与不同地域尺度的气候类型、人类活动干扰有关；而人类活动干扰与生物多样性对外来植物的可入侵性都具有影响；外来植物入侵对生物多样性又具有显著的负面影响，因而其中的作用是相互交织的。但多数学者仍认为一个地区的物种丰富度高低与其可入侵程度具有一定的相关性。

所以，在引种地的自然环境状况方面，适宜用于体系评估的因素包括：

（1）引种地的地理概况，包括引种地的地区类型，以及引种地及周边的地貌类型；

（2）引种地的自然概况，包括引种地总体的植被覆盖率、植物种类丰富度、林地（湿地、草甸等）自然景观的面积比例。

3. 人类活动干扰与可入侵性

引种地的自然环境对外来物种的入侵固然有一定的影响，但引种地的人类活动对外来物种入侵的影响则显得更为重要。有数据显示，生物入侵与入侵地的经济发达程度、人口数量、交通发达程度等均有不同程度的正相关性。据统计，我国外来植物入侵最严重的省份基本集中在东部沿海发达地区，而且呈现由东部沿海向西部内陆递减的显著趋势。显然东部沿海高密度的人类活动对外来植物入侵具有非常重要的推进作用。

从人类活动对引种地可入侵性的影响角度来看，体系可以从引种地的这些方面入手选择体系指标：

（1）引种地人类活动的概况，需要考虑引种地的人口密度及城市化程度；

（2）引种地的交通概况，包括引种地的交通位置及其与周边的联系程度；

（3）引种地农林牧业概况，农田、牧场、苗圃、采伐林场等地区往往具有较高的可入侵性，而这些地区的经营（放牧、采伐）强度则对地区可入侵性有进一步的影响；

（4）引种方法及具体引种地点对引种植物的管理，包括对引种植物信息登记完善度、引种责任管理、隔离带设置、隔离带有效性几方面。

4. 构建风险评估体系框架的其他考虑因素

除了以上关于物种本身特性，以及外在的自然环境和人类活动干扰因素以外，构建风险评估体系时还需要考虑设置一定的矫正指标，主要用于客观指标之外的主观补充。矫正指标主要针对其他指标而设置，包括通过物种信息可得程度反应的物种入侵性识别难度，物种实际情况中的监控难度，以及根据物种特性与环境、科技手段反应的物种防治难度与成本。通过这几项评估，可以增强评估体系的灵活度,达到对其余客观指标的微调目的。由于这几项考虑因素均与物种相关,因而适宜归为物种特性方面。

在确立评估体系时,体系将分为两种状态,即"已存在"风险评估体系和"未引入"风险评估体系,分别针对已经存在于华东地区的待评估外来植物和尚未存在于华东地区的待评估外来植物。两种状态的体系基本构建思路一致,由于"已存在"风险评估体系的物种在本地已有具体的存在情况,因而在选择指标时,比"未引入"评估体系多一部分物种的生长与逸生状况内容,增加评估的准确性。

(三)风险评估体系各级指标框架的确立

综合考虑以上因素,本研究所要构建的外来引种陆生植物入侵风险评估体系框架可分为3个指标层,自上至下分别为一级指标层(总目标指标层)、二级指标层(分目标指标层)、三级指标层(操作指标层)。

一级指标层,包括物种本身特性、引种地自然环境、引种地人类活动3个总目标指标。

二级指标作为总目标指标的延伸,将对一级指标进行细化。在"已存在"状态下的评估体系,具体的二级指标有13个:物种本身特性下设二级指标7个,引种地自然环境下设二级指标2个,引种地人类活动下设二级指标4个。

二级指标下设具体的三级指标,即操作性指标,总共有45个。

在"未引入"状态下的评估体系,只比前者少一项物种本身特性下的"生长与逸逸状况"二级指标,因而"未引入"状态下的评估体系二级指标共有12个,三级操作指标为40个。

具体的外来引种植物入侵风险评估体系框架见表1-1。

表1-1 外来引种植物入侵风险评估体系框架

一级指标	二级指标	三级指标
1. 物种本身特性	(1) 环境适应性	① 原产地
		② 全球分布范围
		③ 主要自然分布区
	(2) 入侵史	① 国内是否有入侵记录
		② 国内是否有同属植物入侵记录
		③ 国外是否有入侵记录

(续表)

一级指标	二级指标	三级指标
1. 物种本身特性	*(3) 生长与逃逸状况	① 在引种地露天环境生长状况
		② 在引种地是否有逸生
		③ 在引种种植区域的逸生范围
		④ 在引种种植区域的逸生数量
		⑤ 是否能在引种地露天条件下进行自然的有性或无性繁殖
	(4) 生物学特征	① 生活型
		② 自然条件下的主要繁殖方式
		③ 自然条件下的无性繁殖能力
		④ 自然条件下的平均有性繁殖频率
		⑤ 单株种子量
		⑥ 种子萌发率(繁殖体出苗率)
		⑦ 适宜的生境类型
		⑧ 耐胁迫能力
	(5) 扩散方式与能力	① 种子(繁殖体)的主要传播方式
		② 种子(繁殖体)的传播扩散能力
		③ 种子(繁殖体)是否具有便于传播的附属器官或结构
		④ 是否具有扩散制约因素
	(6) 潜在危害与影响	① 占领生境能力
		② 是否具有化感作用
		③ 是否可能与当地农作物种子混杂,或引种地是否具有可能与之杂交的同属农作物(或珍稀植物)
		④ 是否具有毒性或为过敏原
	(7) 防控难度	① 识别难度
		② 监控难度
		③ 防治难度与成本

(续表)

一级指标	二级指标	三级指标
2. 引种地自然环境	（1）引种地地理概况	① 引种地及周边主要地区类型
		② 引种地及周边主要地貌类型
	（2）引种地自然概况	① 引种地总体植被覆盖率
		② 引种地植物物种丰富度
		③ 引种地及周边自然景观面积比例
3. 引种地人类活动	（1）引种地人类活动概况	① 引种地人口密度
		② 引种地城市化程度
	（2）引种地交通概况	① 引种地在华东的交通地位
		② 引种地与周边联系程度
	（3）引种地农林牧业概况	① 引种地农田、苗圃、牧场、采伐林场等所占面积比例
		② 引种地农牧采伐强度
	（4）引种方的管理	① 引种植物信息登记完善程度
		② 引种方对引种植物的责任管理
		③ 具体引种地周围是否有隔离带
		④ 具体引种地周围隔离带有效性

* 指该二级指标及其下属的三级指标为"已存在"状态时需进行评估的指标，"未引入"状态时不需评估。

为了使得评估具有一定的规范性，并增强体系的实际操作性，每个三级指标，即操作性指标，都会下设具体的选择项，每个选择项的内容给出一定的数据标准或程度范围，评估者按照物种及引种地情况进行选择。每个操作性指标下的选择项内容将在下文中赋予权重值后的评估体系中作详细说明。

四、风险评估体系各层次指标权重的配比

(一) 权重配比方法

作为多指标综合评估体系,各层次的不同指标的重要性不尽相同。为了保证评估体系的合理性,需要对不同重要性的指标赋予不同的权重值。目前国内外的综合评价方多达几十种,主要分为主观赋权评价法和客观赋权评价法两大类。前者包括层次分析法、模糊综合评判法等定性方法;后者则有灰色关联度法、TOPSIS法、主成分分析法等根据指标直接的相关关系或各项指标的变异系数确定权数的定量方法。

由于各风险评估指标的重要性往往存在一定的经验性,因而需要在客观的数学统计方法基础上,设置相应的主观评判方法,达到专家系统与统计方法的结合。因此,在华东地区外来引种陆生植物风险评估体系中,使用的是较为成熟且适宜用于体系指标赋值的层次分析法(the analytic hierarchy process,AHP)。

层次分析法(AHP)是在20世纪70年代由美国运筹学家托马斯·塞蒂(T L Saaty),为美国国防部研究"根据各个工业部门对国家福利的贡献大小而进行电力分配"课题时,应用网络系统理论和多目标综合评价方法而提出的一种层次权重决策分析方法。这种方法是在对复杂的决策问题的本质、影响因素及其内在关系等进行深入分析的基础上,利用较少的定量信息使决策的思维过程数学化,从而为多目标、多准则或无结构特性的复杂决策问题提供简便的决策方法。该方法将定量分析与定性分析结合起来,用决策者的经验判断各衡量目标能否实现的标准之间的相对重要程度,并合理地给出每个决策方案的每个标准的权数,利用权数求出各方案的优劣次序,比较有效地应用于那些难以用定量方法解决的课题。

层次分析法是一种兼顾逻辑性、灵活性、系统性、间接性的多准则决策方法,已

在各行各业得到多方面的应用。

(二) 权重值计算方法

用层次分析法计算风险评估体系各级指标的权重值,主要可分为五个步骤。

1. 建立递阶层次结构模型

进行 AHP 分析决策问题时,首先需要构建一个有层次的结构模型。通常模型层次分为三类:最高层(目标层)、中间层(准则层)、最底层(方案层)。具体的层次数并不受限制,只与目标问题的复杂程度及分析详细度有关,也可以仅有目标层和方案层,但每一层次中各元素所支配的元素一般不能够超过 9 个。

2. 构建矩阵

设同一层次内的不同指标为 A_1,A_2,……,A_n($n \leqslant 9$),将这些指标进行两两比较,比较相互之间的重要度,建立一个比较判断矩阵 $A = (a_{ij})_{n \times n}$(表 1-2)。进行各指标之间的两两比较时,参照 T L Saaty 的 1~9 比例标度法(表 1-3)。

表 1-2 比较判断矩阵

	A_1	A_2	……	A_j	……	A_n
A_1	1	a_{12}	……	a_{1j}	……	a_{1n}
A_2	a_{21}	1	……	a_{2j}	……	a_{2n}
……	……	……	……	……	……	……
A_i	a_{i1}	a_{i2}	……	a_{ij}	……	a_{in}
……	……	……	……	……	……	……
A_n	a_{n1}	a_{n2}	……	a_{nj}	……	1

表 1-3 比例标度法的标度含义

标度值	第 i 指标与第 j 指标比较的重要程度
1	A_i 与 A_j 同等重要
3	A_i 稍重要于 A_j
5	A_i 明显重要于 A_j
7	A_i 非常重要于 A_j

（续表）

标度值	第 i 指标与第 j 指标比较的重要程度
9	A_i 极端重要于 A_j
2,4,6,8	重要性在上述表述之间
上述各值的倒数	A_i 与 A_j 比较为 a_{ij}，则 A_j 与 A_i 比较为 $a_{ji}=1/a_{ij}$

3. 计算层次指标权重值

运用特征根法（eigenvalue method，EM）计算该权重系数，并将其归一化为同一层次中相应指标对上一层某个指标的权重向量。

计算判断矩阵 A 中每行指标的乘积 U_i：

$$U_i = \prod_{j=1}^{n} a_{ij}$$

式中：U_i——第 i 行共 j 个（$j=n$）指标标度值的乘积；a_{ij}——第 i 行第 j 个指标，$j=1,2,\cdots,n$。

所得乘积分别开 n 次方：

$$U'_i = \sqrt[n]{U_i}$$

式中：U'_i——U_i 的 n 次方根；$i=1,2,\cdots,n$。

将方根向量作归一化处理，得到排序权重向量 $W(A_i)$：

$$W_i = U'_i / \sum_{i=1}^{n} U'_i$$

式中：W_i——该层指标在上级指标支配下的权重值；$i=1,2,\cdots,n$。

4. 一致性检验

为保证所得权重值的合理性与正确性，需要在计算权重向量后，对每个判断矩阵进行一致性检验，通过检验的矩阵，其所得权重值方能使用。

计算判断矩阵的最大特征根 λ_{max}：

$$\lambda_{max} = \sum_{i=1}^{n} [(AW)_i / nW_i]$$

式中：$(AW)_i$——向量 AW 的第 i 个分量；$i=1,2,\cdots,n$。

计算一致性比率 CR:

$$CI = (\lambda_{\max} - n)/(n-1)$$
$$CR = CI/RI$$

式中:CI——一致性指标;$\lambda_{\max}$——矩阵的最大特征根;n——判断矩阵的阶数;RI——随机一致性指标,是大于 500 次重复随机判断矩阵特征值计算后取算术平均数所得值,是能够消除矩阵阶数影响所造成矩阵不一致性的修正系数(表 1-4)。

表 1-4 重复计算 1 000 次的 RI

阶数(n)	2	3	4	5	6	7	8	9	10	11
RI	0.00	0.52	0.89	1.12	1.26	1.36	1.41	1.46	1.49	1.52

当计算所得的 $CR < 0.1$ 时,一般认为该矩阵具有满意的一致性,若不满足此条件,应该适当调整矩阵比对的标度值,直至通过一致性检验为止。

表 1-5 一级指标的判断矩阵及其权重值

决策目标	物种本身特性	引种地自然环境	引种地人类活动	权重值 W_i
物种本身特性	1	6	4	0.701 0
引种地自然环境	1/6	1	1/2	0.106 1
引种地人类活动	1/4	2	1	0.192 9

表 1-5 为三项一级指标的判断矩阵及其权重值。根据指标的相对重要程度,对各指标进行两两对比。计算所得的权重值经过一致性检验,获得一致性比率 CR 为 0.008 8,满足 $CR < 0.1$ 的要求。为了便于操作,在不影响整体权重配比的条件下,对权重值进行微调。因此,三项一级指标的权重分值分别为 0.7、0.2、0.1。其余各级指标均按照此方法进行计算并检验,直至获得符合检验要求的权重分值。

经计算检验,外来引种植物入侵风险评估体系(包括"已存在"和"未引入"两种状态)的各层次权重配比所得 CR 值均小于 0.1,因而体系指标权重值满足一致性检验要求。

5. 计算组合权重

组合权重即为评估体系中各层次指标对总目标的权重系数,通过自上而下的简单换算即可以得到,最终各操作性指标的权重值和为 1。

为了便于评估体系的操作,故将体系总分设为100分,各级权重值相应乘以100,在不影响一致性的前提下,各权重值可根据实际使用情况进行微调。如第一层次的指标1对应总目标的权重值为0.7,第二层次的指标1.4对应于上一层次的权重值为0.266 7,进行换算可得指标1的权重分值为70分,指标1.4的权重分值为18.669分,为了便于操作,和其余指标进行微调之后,得到权重分值为18分。

经过计算和验证,获得两种状态下拥有各级指标权重值的完整评估体系,具体的体系操作性指标选择说明与权重说明在下文中详细展开陈述。

(三)外来引种植物入侵风险评估体系

经过权重赋值的外来引种植物风险评估体系见表1-6,表中带*为"已存在"状态下多设置的指标,在"未引入"状态下不需进行评估;括号及"赋分"项中的两个数字,前者代表"已存在"状态的权重分值,后者代表"未引入"状态的权重分值;若只有一个数值,则代表两种状态的分值一致(下同)。一级指标中的"物种本身特性"针对外来物种进行打分,每项操作指标所得的分值相加后获得该物种的入侵性得分,其余两项"引种地自然环境"与"引种地人类活动"则针对引种地进行打分,获得的得分为该引种地的可入侵性得分,最终将入侵性与可入侵性得分相加,计算结果即为某外来引种植物对该引种地的入侵风险评估分值。

表1-6 外来引种植物入侵风险评估体系

一级指标	二级指标	三级指标	赋 分	赋分标准
一、物种本身特性(70%)	1. 环境适应性(9%,12%)	(1)原产地(3%,4%)	3,4	① 美洲
			2	② 欧洲及地中海沿岸的其他地区
			1	③ 其他地区
		(2)全球分布范围(3%,4%)	3,4	① 广泛(主要分布地区≥4大洲)
			2	② 较广(主要分布地区为2~3大洲)
			1	③ 局部(主要分布地区仅在1大洲)
			0	④ 稀少

(续表)

一级指标	二级指标	三级指标	赋 分	赋分标准
一、物种本身特性(70%)	1. 环境适应性(9%, 12%)	(3)主要自然分布区(3%, 4%)	3, 4	①亚热带、暖温带有广泛分布,或热带至亚热带都有分布,或热带至寒温带都有广泛分布
			1.5	②主要分布于热带及亚热带地区
			0	③主要分布于气候较干旱、寒冷或者高海拔地区
	2. 入侵史(8%)	(1)国内是否有入侵记录(3%)	3	①是
			1.5	②未知
			0	③否
		(2)国内是否有同属植物入侵记录(2%)	2	①是
			1	②未知
			0	③否
		(3)国外是否有入侵记录(3%)	3	①是
			1.5	②未知
			0	③否
	*3. 生长与逃逸状况(10%)	(1)在引种地露天环境生长状况(2%)	2	①良好
			1	②一般
			0	③不良
		(2)在引种地是否有逸生(2%)	2	①是
			1	②未知
			0	③否
		(3)在引种种植区域的逸生范围(2%)	2	①距离种植区域≥50 m
			1	②距离种植区域10~50 m
			0.5	③距离种植区域≤10 m
			0	④无逸生
		(4)在引种种植区域的逸生数量(2%)	2	①逸生植株≥50株
			1	②逸生植株≤50株
			0	③无逸生

四、风险评估体系各层次指标权重的配比

(续表)

一级指标	二级指标	三级指标	赋 分	赋分标准
一、物种本身特性(70%)	*3. 生长与逃逸状况(10%)	（5）是否能在引种地露天条件下进行自然的有性或无性繁殖(2%)	2	① 是
			1	② 未知
			0	③ 否
	4. 生物学特征(18%, 22%)	（1）生活型(2%, 3%)	2, 3	① 草本（草质藤本）
			1, 1.5	② 半灌木、速生灌木、速生乔木、速生木质藤本
			0.5	③ 生长速率较慢的木本
		（2）自然条件下的主要繁殖方式(3%)	3	① 可以同时进行有性及无性繁殖
			1.5	② 以有性繁殖为主
			1.5	③ 以无性繁殖为主
		（3）自然条件下的无性繁殖能力(3%)	3	① 较强，能够使物种大量繁殖，种群数量迅速增加
			1.5	② 一般，仅在一定范围内进行无性繁殖，不会肆意扩张
			0	③ 缺乏无性繁殖能力
		（4）自然条件下的平均有性繁殖频率(2%)	2	① 一年中的有性繁殖期可长达4个月及以上，或一年可以进行两次及以上的有性繁殖
			1	② 繁殖期少于4个月，或一年只进行一次有性繁殖
			0	③ 多年才进行一次有性繁殖，或有性繁殖能力很弱
		（5）单株种子量(2%, 3%)	2, 3	① 单株平均种子量≥1 000粒
			1, 1.5	② 单株平均种子量10～1 000粒
			0	③ 单株平均种子量≤10粒，或几乎不结实

(续表)

一级指标	二级指标	三级指标	赋 分	赋分标准
一、物种本身特性（70%）	4. 生物学特征(18%, 22%)	(6) 种子萌发率（繁殖体出苗率）(2%)	2	① 在适宜的条件下,萌发率（出苗率）≥60%
			1	② 在适宜条件下,萌发率（出苗率）为25%～60%,或者比率浮动较大
			0	③ 在可萌发条件下,萌发率（出苗率）≤25%,或几乎无种子
		(7) 适宜的生境类型（2%, 3%）	2, 3	① 可见于各类生境类型（林地、湿地、路边、舍旁等）,对干湿条件、遮阳光照等没有特定要求,在不同的生境中都能生长繁殖良好
			1, 1.5	② 主要生长并繁殖于少数类型的生境中,对干湿条件、遮阳光照等有特定要求,或仅在人类活动干扰地区（农田、苗圃、荒地、林缘、牧场、路边、宅旁、堤岸、人造绿化带等）可大量生长及繁殖
			0	③ 只能生于特定的生境中,或需经过人工栽培养护方能生长繁殖
		(8) 耐胁迫能力(2%, 3%)	2, 3	① 对多种类型的胁迫具有较高的抗逆性
			1, 1.5	② 对某些特定类型的胁迫具有较强的抗逆性
			0	③ 耐胁迫能力较弱
	5. 扩散方式与能力(9%, 11%)	(1) 种子（繁殖体）的主要传播方式(3%)	3	① 主要通过风力传播或兼具多种传播方式
			2	② 主要通过自然散落、水流传播、动物携带等方式传播
			1	③ 主要通过人为采收、翻耕等传播

四、风险评估体系各层次指标权重的配比

(续表)

一级指标	二级指标	三级指标	赋 分	赋分标准
一、物种本身特性(70%)	5.扩散方式与能力(9%,11%)	(2)种子(繁殖体)的传播扩散能力(2%)	2	①种子(繁殖体)质量很轻,极易传播扩散,或具有其他极易传播的条件
			1	②种子(繁殖体)质量较轻,较易传播扩散,或具有其他较易传播的条件
			0	③种子(繁殖体)质量较重,较难传播扩散,或缺乏大量传播扩散的条件
		(3)种子(繁殖体)是否具有便于传播的附属器官或结构(2%,3%)	2,3	①是
			1,1.5	②未知
			0	③否
		(4)是否具有扩散制约因素(2%,3%)	0	①是
			1,1.5	②未知
			2,3	③否
	6.潜在危害与影响(10%,11%)	(1)占领生境能力(3%)	3	①很强,在生长季节能够高频率且高密度出现于适宜生境内
			2	②较强,在生长季节能够高频率出现于适宜生境内
			1	③一般,在生长季节会适量出现于适宜生境内
			0	④较弱,在生长季节只会少量出现于适宜生境内
		(2)是否具有化感作用(3%)	3	①是
			1.5	②未知
			0	③无
		(3)是否可能与当地农作物种子混杂,或引种地是否具有可能与之杂交的同属农作物(或珍稀植物)(2%,3%)	2,3	①是
			1,1.5	②未知
			0	③否

(续表)

一级指标	二级指标	三级指标	赋 分	赋分标准
一、物种本身特性(70%)	6.潜在危害与影响(10%,11%)	(4)是否具有毒性或为过敏原(2%)	2	① 是
			1	② 未知
			0	③ 否
	7.防控难度(6%)	(1)识别难度(2%)	2	① 较高,在短期内无法预测其入侵性,难以判断其在本地适应演变之后是否会具有危害,或可获得的物种信息量很有限
			1	② 一般,短期内能够初步判断其在本地的适应繁殖状况,但不明确是否会有潜在的进化演变可能及其他不良影响,或可获得的物种信息量较有限
			0.5	③ 较低,基本能够根据实际情况或现有信息判断其在本地的入侵性高低,或可获得的物种信息量较大
		(2)监控难度(2%)	2	① 较高,种子或繁殖体的传播途径较多,可传播距离较远,具有不确定性,不易受到监控
			1	② 一般,种子或繁殖体的传播途径和距离有限,较易受到监控
			0.5	③ 较低,种子或繁殖体的传播基本可以被监控
		(3)防治难度与成本(2%)	2	① 对当前或潜在的扩散入侵缺乏有效的防治手段,采取多种防治手段也较难抑制该物种的繁殖扩散,防治的成本较高;可依据的防治信息和经验较为有限;不排除需使用化学药剂(对其他物种及环境造成负面影响);若使用生物防治,则其副作用未知

四、风险评估体系各层次指标权重的配比

(续表)

一级指标	二级指标	三级指标	赋 分	赋分标准
一、物种本身特性(70%)	7.防控难度(6%)	(3)防治难度与成本(2%)	1	② 可根据实际情况采取较有效的应对措施,减少人为引种即可有效减少危害,防治成本一般;有一定的物种防治信息和经验可作为依据;不排除需使用化学药剂(对其他物种及环境造成负面影响)
			0.5	③ 使用简单无副作用的手段即可基本防治,可以避免使用化学药剂(不会对其他物种及环境造成负面影响)
			0	④ 不需防治,很容易通过人为手段对该物种进行生长繁殖的控制
二、引种地自然环境(10%)	1.引种地地理概况(4%)	(1)引种地及周边主要地区类型(2%)	2	① 城镇
			2	② 农田、牧场、苗圃、荒地、人工景观带等
			0.5	③ 森林、湿地、草甸等
		(2)引种地及周边主要地貌类型(2%)	2	① 平原、岛屿
			1	② 盆地、河谷
			0.5	③ 山地、丘陵
	2.引种地自然概况(6%)	(1)引种地总体植被覆盖率(2%)	0.5	① 植被覆盖率≥50%
			1	② 植被覆盖率 15%~50%
			2	③ 植被覆盖率<15%
		(2)引种地植物物种丰富度(2%)	0.5	① 较高,且本地物种占绝对优势
			1	② 一般,且有较多的外来物种
			2	③ 较低,且外来物种入侵现象普遍而严重
		(3)引种地及周边自然景观面积比例(2%)	0.5	① 自然景观面积比例≥40%
			1	② 自然景观面积比例 15%~40%
			2	③ 自然景观面积比例<15%

(续表)

一级指标	二级指标	三级指标	赋 分	赋分标准
三、引种地人类活动(20%)	1. 引种地人类活动概况(4%)	(1) 引种地人口密度(2%)	2	① 人口密度≥1 500 人/km²
			1	② 人口密度 500～1 500 人/km²
			0.5	③ 人口密度＜500 人/km²
		(2) 引种地城市化程度(2%)	2	① 程度较高,城市化不断推进,农牧业发达,林木采伐量大,土地及自然资源不断被开发
			1	② 程度一般,城市化推进速度一般,资源被不断开发但尚能保留部分原有天然生态系统
			0.5	③ 程度较低,城市化推进缓慢,农牧业强度较低,自然资源基本被保留
	2. 引种地交通概况(4%)	(1) 引种地在华东的交通地位(2%)	2	① 交通枢纽
			1	② 普通地区
			0.5	③ 交通较不发达地区
		(2) 引种地与周边联系程度(2%)	2	① 较高,每天有很多车次(船只)来往
			1	② 一般,有较便利的铁路、公路、水路,但来往频度一般
			0.5	③ 较低,交通不便,与周边的联系较少
	3. 引种地农林牧业概况(4%)	(1) 引种地农田、苗圃、牧场、采伐林场等所占面积比例(2%)	2	① 农林牧场等面积比例≥30%
			1	② 农林牧场等面积比例15%～30%
			0.5	③ 农林牧场等面积比例＜15%
		(2) 引种地农牧采伐强度(2%)	2	① 高强度使用当地土地,且趋于环境承载饱和
			1	② 农林牧业程度化较高,但未高强度使用当地土地,常进行作物轮作、林木间伐、放牧休整等手段缓解土地使用度

(续表)

一级指标	二级指标	三级指标	赋分	赋分标准
三、引种地人类活动(20%)	3. 引种地农林牧业概况(4%)	(2)引种地农牧采伐强度(2%)	0.5	③农林牧业程度化较低,使用土地强度较低
	4. 引种方的管理(8%)	(1)引种植物信息登记完善程度(2%)	0.5	①较高,具有较完善且准确的引种来源、物种登记信息
			1	②一般,具有简单且准确的引种及物种登记信息
			2	③较低,缺乏基本的引种及物种登记信息,或登记信息错误很多
		(2)引种方对引种植物的责任管理(2%)	0.5	①较完善,相应引种植物有对应的责任管理人,对引种植物会进行定期记录监控,并有一定的管理措施
			1	②一般,相应引种植物所对应的责任管理人不明确,对引种植物不定期进行简单记录和管理
			2	③较差,相应引种植物无对应的责任管理人,对引种植物的管理较为粗放,或基本无责任管理意识
		(3)具体引种地周围是否有隔离带(2%)	0.5	①是
			1	②部分隔离
			2	③否
		(4)具体引种地周围隔离带有效性(2%)	0.5	①较高,两至多层隔离带,且能够在一定程度上阻挡风力、水流、散落传播种子(繁殖体)的扩散
			1	②一般,一层隔离带,阻止风力、水流传播种子(繁殖体)扩散的作用有限
			2	③较低,隔离带形同虚设,或无隔离带

(四）评估缺陷处理办法

以上体系的大部分指标已经过尽可能的操作量化，但由于评估体系中部分指标确实缺乏可量化性，因而最终外来物种风险评估分值结果可能会随不同评估者的判断而稍有出入。为了保证评估体系的准确性和严谨性，可以考虑采用多专家评估方式，综合多位专家的评估结果，确定该物种在引种地的风险性大小。在关于珠海淇澳岛无瓣海桑入侵风险评估体系中，研究者对多位专家评分方法已有明确的阐述。

在进行外来物种风险评估时，往往会遇到信息缺失或不明确的情况。信息缺失是指某外来物种或某引种地的某一评估指标的信息无法获得，因而该指标无法做出判断。信息不明确是指某外来物种或某引种地的某一评估指标的信息不明确，往往存在不同来源的信息不统一或因主观判断而模糊不清的情况，或者是信息的来源具有不可靠性。

对于信息缺失情况，历来国内外许多评估体系都做出了不同的处理方法。Pheloung 等设计的澳大利亚杂草风险评估体系以加减分方法对物种进行评判，体系可信度随物种信息量大小而变化。这种方法基本不影响评估结果。厦门外来物种入侵风险评估体系中的处理方法是对不确定的指标信息赋予可能符合情况的最高分和最低分分值范围，根据总分分值差确定评估是否有效。而多数风险评估体系应对信息缺失或不明确时则选用了对该指标赋予平均值的方法。

由于外来物种或引种地信息缺失或不明确在本评估体系操作指标中很难进行分值上下限的划定，因而本研究仍采用多数评估体系使用的平均值法，即某一操作指标的信息缺失或不明确时，该指标的得分为分值的中间值。但若信息缺失或不明确达到三项指标以上时，则该体系的评估结果可信度会明显降低。因此，使用本体系进行打分评估时，信息缺失或不明确的指标大于三项时，则不建议继续进行风险评估，该风险评估结果也应列入待定状态。

五、风险评估体系检验

(一) 体系检验方法

所构建的外来引种植物风险评估体系是否具有实用性,评估所得的结果是否有效,这些都需要经过一定的检验方能确定体系最终是否可接受。

因此,需要选择不同危害程度的外来植物对评估体系进行检验,一方面用以验证评估体系是否可以辨别外来物种不同等级的危害性,另一方面可以验证体系是否可以评判出具有不同入侵特性的入侵种。除此之外,经过验证的结果可以作为物种风险等级划分的依据。

依据入侵植物的普遍特性,参考本节的评估体系指标,本节将用于检验的外来物种分为以下四大类。

Ⅰ类:在华东地区或者其他地区的入侵报道频率非常高,占领生境能力极强,繁殖扩散能力极强,对当地的生态、农业等已经造成了非常恶劣的影响,且防治难度很高。

Ⅱ类:在华东地区或者其他地区的入侵报道频率很高,虽不似Ⅰ类物种的极强占领扩散能力,但在生境内出现频率非常高,繁殖能力亦较强,尚未在当地造成极为恶劣的影响,通过一定的防治方法可以控制该类物种的蔓延。

Ⅲ类:在华东地区有较多的逸生报道,繁殖能力较强,但不具有强占领生境的能力,仅在某些地区产生了一定程度的不良影响,人为稍加控制即可抑制其扩散。

Ⅳ类:在华东地区露天环境生长良好的外来物种,逸生报道较少,繁殖扩散能力一般或较弱,未产生不良影响,仍可以进行大规模种植。

基于以上分类条件,本节选择了 52 种具有代表性的不同类型的外来陆生植物,对体系有效性进行检验。这 52 种外来陆生植物在我国已经长期存在,其中 46 种在华东地区已经广泛分布,其余 6 种则是尚未在华东地区分布的外来陆生植物。

这 52 种植物中的 6 种植物将在"未引入"状态的评估体系中评估,另外 46 种植物将在"已存在"状态的评估体系中进行评估。52 种外来陆生植物的信息与类型具体请见详表 1-7。

表 1-7 用于体系检验的四种类型 52 种外来植物

序号	种　名	拉丁学名	科　名	类　型
1	*紫茎泽兰	*Ageratina adenophora*	菊科	Ⅰ
2	加拿大一枝黄花	*Solidago canadensis*	菊科	Ⅰ
3	*薇甘菊	*Mikania micrantha*	菊科	Ⅰ
4	豚草	*Ambrosia artemisiifolia*	菊科	Ⅰ
5	三裂叶豚草	*Ambrosia trifida*	菊科	Ⅰ
6	三叶鬼针草	*Bidens pilosa*	菊科	Ⅰ
7	*飞机草	*Chromolaena odorata*	菊科	Ⅰ
8	藿香蓟	*Ageratum conyzoides*	菊科	Ⅰ
9	一年蓬	*Erigeron annuus*	菊科	Ⅰ
10	苏门白酒草	*Conyza sumatrensis*	菊科	Ⅰ
11	土荆芥	*Dysphania ambrosioides*	藜科	Ⅰ
12	假高粱	*Sorghum halepense*	禾本科	Ⅰ
13	野燕麦	*Avena fatua*	禾本科	Ⅰ
14	毒麦	*Lolium temulentum*	禾本科	Ⅰ
15	白车轴草	*Trifolium repens*	豆科	Ⅰ
16	空心莲子草	*Alternanthera philoxeroides*	苋科	Ⅰ
17	*落葵薯	*Anredera cordifolia*	落葵科	Ⅰ
18	长叶车前	*Plantago lanceolata*	车前科	Ⅱ
19	北美车前	*Plantago virginica*	车前科	Ⅱ
20	斑地锦	*Euphorbia maculata*	大戟科	Ⅱ
21	铺地黍	*Panicum repens*	禾本科	Ⅱ
22	*蒺藜草	*Cenchrus echinatus*	禾本科	Ⅱ
23	火炬树	*Rhus typhina*	漆树科	Ⅱ
24	野胡萝卜	*Daucus carota*	伞形科	Ⅱ

五、风险评估体系检验

(续表)

序号	种 名	拉丁学名	科 名	类 型
25	垂序商陆	*Phytolacca americana*	商陆科	II
26	野老鹳草	*Geranium carolinianum*	牻牛儿苗科	II
27	臭荠	*Lepidium didymium*	十字花科	II
28	北美独行菜	*Lepidium virginicum*	十字花科	II
29	波斯婆婆纳	*Veronica persica*	玄参科	II
30	婆婆纳	*Veronica polita*	玄参科	II
31	圆叶牵牛	*Ipomoea purpurea*	旋花科	II
32	裂叶牵牛	*Ipomoea nil*	旋花科	II
33	凹头苋	*Amaranthus blitum*	苋科	II
34	苘麻	*Abutilon theophrasti*	锦葵科	II
35	野西瓜苗	*Hibiscus trionum*	锦葵科	II
36	曼陀罗	*Datura stramonium*	茄科	II
37	铜锤草	*Oxalis debilis* var. *corymbosa*	酢浆草科	II
38	紫茉莉	*Mirabilis jalapa*	紫茉莉科	II
39	*三裂叶蟛蜞菊	*Sphagneticola trilobata*	菊科	II
40	秋英	*Cosmos bipinnatus*	菊科	II
41	长春花	*Catharanthus roseus*	夹竹桃科	III
42	万寿菊	*Tagetes erecta*	菊科	III
43	矢车菊	*Centaurea cyanus*	菊科	III
44	月见草	*Oenothera biennis*	柳叶菜科	III
45	含羞草	*Mimosa pudica*	豆科	III
46	决明	*Senna tora*	豆科	III
47	五叶地锦	*Parthenocissus quinquefolia*	葡萄科	III
48	王不留行	*Vaccaria hispanica*	石竹科	III
49	千日红	*Gomphrena globosa*	苋科	IV
50	厚萼凌霄	*Campsis radicans*	紫葳科	IV
51	一串红	*Salvia splendens*	唇形科	IV
52	美人蕉	*Canna indica*	美人蕉科	IV

*表示物种在华东地区尚未有分布。

评估时所使用的信息为物种信息和引种地信息的综合。由于这其中大部分植物并非人为引进，所以引种地应称为评估地，针对进行具体评估的地区展开。为了和本书第三篇的内容保持一致，此处所采用的评估地为上海辰山植物园及上海市其他地区。

这52种外来陆生植物包括了四类不同的危害级别，其等级的划定主要依据物种在华东地区及其他地区的危害程度。等级划分的信息与评估所需的各类物种及引种地信息可从各类文献、专著、报道等资料中筛选获得。

主要依据的互联网资料来源有：中国知网；万方数据资源系统；中国外来入侵物种数据库（http://www.chinaias.cn/wjPart/index.aspx）；中国农业有害生物信息系统（http://pests.agridata.cn/index.asp）；中国植物物种信息数据库（http://db.kib.ac.cn/eflora/default.aspx）；中国数字植物标本馆（http://www.cvh.ac.cn/class）；中国自然标本馆（http://www.nature-museum.net/）；全球入侵物种数据库 Global Invasive Species Database（http://www.issg.org/database/welcome/）；美国农业部自然资源保护服务平台 United States Department of Agriculture Natural Resources Conservation Service（http://plants.usda.gov/java/）；全球生物多样性信息交换平台 Global Biodiversity Information Facility（http://www.gbif.org/）；国际应用生物科学中心入侵物种资料平台 CABI Invasive Species Compendium（http://www.cabi.org/isc/）；欧洲外来入侵物种数据库 Delivering Alien Invasive Species Inventories for Europe（http://www.europe-aliens.org/）等。

主要依据的参考书籍有：李振宇、解焱主编的《中国外来入侵种》；徐海根、强胜主编的《中国外来入侵生物》；万方浩、刘全儒、谢明等编著的《生物入侵 中国外来入侵植物图谱》；马金双主编的《中国入侵植物名录》等。

除以上来源所得的资料信息以外，物种信息还参考了野外调查结果及可靠的媒体报道等，引种地信息以上海辰山植物园提供的资料作为参考。

在"未引入"状态下的风险评估体系进行52种外来陆生植物评估时，将假设这52种植物尚未被引入华东地区，仅通过已知的物种信息与引入地信息进行评估，以判断体系的有效性。

两种状态体系有效性的检验结果将决定是否对体系各级指标进行调整。同时，检验结果也将作为使用该体系进行评估时划分物种风险等级分值区域的标准。

（二）"已存在"状态风险评估体系检验结果

将选定的46种外来陆生植物代入"已存在"状态下的风险评估体系进行评估，关于物种管理防治的部分，则假设该物种作为引种植物在引种地进行相应的管理。评估所得分值愈高，则风险性愈高。由于评估时针对的引种地相同（上海辰山植物园），因此各物种的评估结果是在同一引种地条件下物种特性分值的高低。评估结果按照分值从高到低排列，即评估所得风险性从高到低排列（表1-8）。

表1-8 46种外来陆生植物在"已存在"状态风险评估体系评估的结果

序号	种 名	拉丁学名	得 分	类 型
1	加拿大一枝黄花	*Solidago canadensis*	86	Ⅰ
2	豚草	*Ambrosia artemisiifolia*	84.5	Ⅰ
3	三裂叶豚草	*Ambrosia trifida*	84.5	Ⅰ
4	三叶鬼针草	*Bidens pilosa*	83.5	Ⅰ
5	假高粱	*Sorghum halepense*	83	Ⅰ
6	藿香蓟	*Ageratum conyzoides*	82.5	Ⅰ
7	土荆芥	*Dysphania ambrosioides*	81.5	Ⅰ
8	白车轴草	*Trifolium repens*	81.5	Ⅰ
9	一年蓬	*Erigeron annuus*	81.5	Ⅰ
10	长叶车前	*Plantago lanceolata*	81	Ⅱ
11	苏门白酒草	*Erigeron sumatrensis*	80.5	Ⅰ
12	野燕麦	*Avena fatua*	80.5	Ⅰ
13	北美车前	*Plantago virginica*	79.5	Ⅱ
14	毒麦	*Lolium temulentum*	79.5	Ⅰ
15	铺地黍	*Panicum repens*	79	Ⅱ
16	斑地锦	*Euphorbia maculata*	78.5	Ⅱ
17	空心莲子草	*Alternanthera philoxeroides*	78.5	Ⅰ
18	火炬树	*Rhus typhina*	77.5	Ⅱ
19	野胡萝卜	*Daucus carota*	76.5	Ⅱ
20	垂序商陆	*Phytolacca americana*	76.5	Ⅱ
21	波斯婆婆纳	*Veronica persica*	76.5	Ⅱ

(续表)

序号	种名	拉丁学名	得分	类型
22	野老鹳草	*Geranium carolinianum*	75.5	II
23	北美独行菜	*Lepidium virginicum*	75.5	II
24	曼陀罗	*Datura stramonium*	74.5	II
25	圆叶牵牛	*Ipomoea purpurea*	74.5	II
26	裂叶牵牛	*Ipomoea nil*	73.5	II
27	婆婆纳	*Veronica polita*	72.5	II
28	苘麻	*Abutilon theophrasti*	72	II
29	凹头苋	*Amaranthus blitum*	72	II
30	秋英	*Cosmos bipinnatus*	71.5	II
31	臭荠	*Coronopus didymus*	70.5	II
32	铜锤草	*Oxalis corymbosa*	70.5	II
33	紫茉莉	*Mirabilis jalapa*	69.5	II
34	万寿菊	*Tagetes erecta*	69.5	III
35	月见草	*Oenothera biennis*	69	III
36	五叶地锦	*Parthenocissus quinquefolia*	68.5	III
37	野西瓜苗	*Hibiscus trionum*	68.5	II
38	含羞草	*Mimosa pudica*	68	III
39	长春花	*Catharanthus roseus*	67.5	III
40	矢车菊	*Centaurea cyanus*	66.5	III
41	决明	*Senna tora*	63.5	III
42	王不留行	*Vaccaria hispanica*	63.5	III
43	千日红	*Gomphrena globosa*	59.5	IV
44	厚萼凌霄	*Campsis radicans*	58.5	IV
45	一串红	*Salvia splendens*	58	IV
46	美人蕉	*Canna indica*	51	IV

46种用于"已存在"状态体系评估的物种中，I类物种数量为13种，II类物种有21种，III类物种有8种，IV类物种有4种。

五、风险评估体系检验

为了说明体系检验的有效性，在此使用准确率对检验结果进行评判，以说明检验结果与预设物种类型对比后的准确性。

如，Ⅰ类物种数量为13种，而得分排在前13位的物种中有11种为Ⅰ类物种，因此，对于Ⅰ类物种的准确率计算方法为：准确率＝11/13×100％，即84.62％。以此类推，得分在14至34位的21种物种中，有18种为Ⅱ类物种，因此Ⅱ类物种检验的准确率为85.71％；得分在35至42位的8种物种中，有7种为Ⅲ类物种，因此Ⅲ类物种检验的准确率为87.5％；排在第43至46位的4种植物均与Ⅳ类物种完全对应，因此Ⅳ类物种检验的准确率为100％。根据统计计算，检验所得的"已存在"状态的华东地区外来陆生植物风险评估体系总准确率可达到86.96％。

从评估结果亦可以发现，得分前17位的外来陆生植物基本为Ⅰ类风险物种，只有4种物种为Ⅱ类风险物种，而这4种Ⅱ类风险物种也均具有显著的危害性；得分第18位至第33位全部为Ⅱ类风险物种；第34位至第42位的9种物种中，8种都为Ⅲ类风险物种；第43位至第46位全为Ⅳ类风险物种。

Ⅰ类风险物种中，空心莲子草作为一种公认的恶性杂草，其得分却排在第17位，究其原因，与体系设置的指标相关。空心莲子草虽然分布广且危害严重，但是由于其有性繁殖能力微弱，所以在生物学特性的得分较低，因而总得分较其他Ⅰ类物种低。尽管如此，空心莲子草仍是目前华东地区危害性非常严重的杂草，其所得评估分值较其余物种也相对较高，因此，本体系考虑将空心莲子草的得分，即78.5分，作为体系的高风险等级（一级风险）的分值下限，即大于78.5分的物种将被视为高风险。

由于第18位至第33位全部为Ⅱ类风险物种，因此较高风险等级（二级风险）的分值范围可以第17位以下至第33位物种的得分为限，即69.5分至78分。

因第34位物种得分与第33位相同，且该得分69.5分已作为较高风险等级的下限分值；同时，第35位至第42位得分的物种基本为Ⅲ类物种，因而中等风险等级（三级风险）就以第35位和第42位物种的得分分别设为上限和下限分值，即分值范围为63.5分至69分。

得分小于等于63分的物种均为Ⅳ类物种，因而低等风险等级（四级风险）的分值范围设为0分至63分（表1-9）。

表1-9 "已存在"状态风险评估体系风险等级分值划分

等 级	分值区域	说 明
高风险等级（一级风险）	78.5~100	在上海地区为恶性的外来入侵植物，严禁再次人为引入，并需防止无意传入
较高风险等级（二级风险）	69.5~78	在上海地区具有一定危害性的入侵植物，建议禁止大规模引入，需进行严格监控
中等风险等级（三级风险）	63.5~69	在上海地区的危害性有待观察的外来植物，但需进行定期监控和记录
低等风险等级（四级风险）	0~63	在上海地区不具有入侵风险的外来植物，若需大规模引入，仍需进行定期监控

因此，根据以上得分结果，本研究在设置以上海（上海辰山植物园）为引种地的基础上，将"已存在"状态评估体系的分等级标准设置为四个风险等级，即高风险性等级、较高风险性等级、中等风险性等级、低等风险性等级，设置的分值区域标准见表1-9。

同样，为了说明风险等级分值划分的有效性，在此使用相符率对检验结果进行对比，以说明风险等级划分与预设类型的相符性。

以高风险等级为例，得分高于等于78.5分的物种数量为17种。这17种物种中，有13种为预设的Ⅰ类物种，因而对于高风险等级物种，相符率的计算方法为：相符率=13/17×100%，即76.47%。

以此类推，较高风险等级（二级风险）的相符率为100%，中等风险等级（三级风险）的相符率为88.89%，低等风险等级（四级风险）的相符率为100%。"已存在"状态的华东地区外来引种陆生植物风险评估体系设置的分值划分的总相符率为89.13%。各等级的物种得分与类型相符率都大于75%，且总相符率接近90%。

(三)"未引入"状态风险评估体系检验结果

将选定的52种外来陆生植物，包括6种尚未存在于华东地区的外来植物，代入"未引入"状态下的风险评估体系进行评估。46种已经存在于华东地区的外来植物则假设为尚未引入华东地区，使用体系对其加以评估（具体得分见第四篇）。体系评估所针对的引种地仍为上海（上海辰山植物园）。具体得分结果见表1-10。

表 1-10　52 种外来陆生植物在"未引入"状态风险评估体系评估的结果

序号	种 名	拉丁学名	得 分	类 型
1	紫茎泽兰	*Ageratina adenophora*	90	I
2	加拿大一枝黄花	*Solidago canadensis*	84.5	I
3	薇甘菊	*Mikania micrantha*	83	I
4	豚草	*Ambrosia artemisiifolia*	82	I
5	三裂叶豚草	*Ambrosia trifida*	82	I
6	三叶鬼针草	*Bidens pilosa*	82	I
7	飞机草	*Chromolaena odorata*	81.5	I
8	藿香蓟	*Ageratum conyzoides*	81	I
9	一年蓬	*Erigeron annuus*	80	I
10	假高粱	*Sorghum halepense*	79.5	I
11	土荆芥	*Dysphania ambrosioides*	79	I
12	苏门白酒草	*Erigeron sumatrensis*	79	I
13	野燕麦	*Avena fatua*	78.5	I
14	长叶车前	*Plantago lanceolata*	78	II
15	北美车前	*Plantago virginica*	78	II
16	白车轴草	*Trifolium repens*	78	I
17	毒麦	*Lolium temulentum*	76.5	I
18	斑地锦	*Euphorbia maculata*	76	II
19	铺地黍	*Panicum repens*	76	II
20	空心莲子草	*Alternanthera philoxeroides*	75.5	I
21	垂序商陆	*Phytolacca americana*	74.5	II
22	火炬树	*Rhus typhina*	74	II
23	野胡萝卜	*Daucus carota*	74	II
24	落葵薯	*Anredera cordifolia*	74	I
25	蒺藜草	*Cenchrus echinatus*	74	II
26	三裂叶蟛蜞菊	*Sphagneticola trilobata*	73	II
27	野老鹳草	*Geranium carolinianum*	72.5	II

(续表)

序号	种 名	拉丁学名	得 分	类 型
28	北美独行菜	*Lepidium virginicum*	72.5	Ⅱ
29	波斯婆婆纳	*Veronica persica*	72.5	Ⅱ
30	含羞草	*Mimosa pudica*	71	Ⅲ
31	曼陀罗	*Datura stramonium*	71	Ⅱ
32	圆叶牵牛	*Ipomoea purpurea*	71	Ⅱ
33	裂叶牵牛	*Ipomoea nil*	70	Ⅱ
34	凹头苋	*Amaranthus blitum*	69	Ⅱ
35	苘麻	*Abutilon theophrasti*	68	Ⅱ
36	秋英	*Cosmos bipinnatus*	68	Ⅱ
37	臭荠	*Coronopus didymus*	67.5	Ⅱ
38	婆婆纳	*Veronica polita*	67.5	Ⅱ
39	铜锤草	*Oxalis corymbosa*	67	Ⅱ
40	万寿菊	*Tagetes erecta*	67	Ⅲ
41	紫茉莉	*Mirabilis jalapa*	66	Ⅱ
42	五叶地锦	*Parthenocissus quinquefolia*	65.5	Ⅲ
43	月见草	*Oenothera biennis*	65.5	Ⅲ
44	决明	*Senna tora*	65	Ⅲ
45	野西瓜苗	*Hibiscus trionum*	64.5	Ⅱ
46	长春花	*Catharanthus roseus*	63	Ⅲ
47	矢车菊	*Centaurea cyanus*	63	Ⅲ
48	王不留行	*Vaccaria hispanica*	59.5	Ⅲ
49	千日红	*Gomphrena globosa*	54.5	Ⅳ
50	厚萼凌霄	*Campsis radicans*	54.5	Ⅳ
51	一串红	*Salvia splendens*	53.5	Ⅳ
52	美人蕉	*Canna indica*	52.5	Ⅳ

52种用于"未引入"状态体系评估的物种中，Ⅰ类物种有17种，Ⅱ类物种有23种，Ⅲ类物种有8种，Ⅳ类物种有4种。根据上文的准确率计算方法，可以得到，得分排在前17位的物种中，有15种为Ⅰ类物种，因此Ⅰ类物种检验的准确率为

88.62%；得分在18至40位的23种物种中，有19种为Ⅱ类物种，因此Ⅱ类物种检验的准确率为82.61%；得分在41至48位的8种物种中，有6种为Ⅲ类物种，因此Ⅲ类物种检验的准确率为75%；排在第49至52位的4种植物均与Ⅳ类物种相一致，因此Ⅳ类物种检验的准确率为100%。而检验所得的"已存在"状态的华东地区外来陆生植物风险评估体系准确率达到84.62%。

根据评估结果，可以发现，得分前20位的外来陆生植物中，有16种为Ⅰ类风险物种；第21位至第41位的物种，主要为Ⅱ类风险物种；第42位至第48位的物种中，基本都为Ⅲ类风险物种；第49位至第52位全为Ⅳ类物种。鉴于空心莲子草的典型性，并综合各项物种得分，参考上文的分值划定方法，在此体系状态下，仍将排在第20位的空心莲子草的得分，即75.5分，作为高风险等级（一级风险）物种的分值下限；较高风险等级（二级风险）的上下限分值则分别以第21位至第41位物种的得分为限，即66分至75分；中等风险等级（三级风险）物种则以第42位至第48位物种的得分设为上下限，即59.5分至65.5分；低等风险等级（四级风险）物种的上限分值则设为第49位物种的得分，即59分（表1-11）。

表1-11 "未引入"状态风险评估体系风险等级分值划分

等级	分值区域	说明
高风险等级（一级风险）	75.5～100	严禁引入上海地区，并需防止该物种通过其他途径无意传入
较高风险等级（二级风险）	66～75	建议禁止引入上海地区，如若引入，则需加以严格的防范监控措施
中等风险等级（三级风险）	59.5～65.5	引入上海地区前需经过详细信息评定，如若引入，需加以一定的防范监控措施
低等风险等级（四级风险）	0～59	可以引入上海地区，引入后仍需进行定期监控

统计"未引入"状态体系的风险等级与预设类型的相符性，可以得到，高风险等级（一级风险）的相符率为80%；较高风险等级（二级风险）的相符率为85.71%，中等风险等级（三级风险）的相符率为85.71%，低等风险等级（四级风险）的相符率为100%。"未引入"状态的华东地区外来引种陆生植物风险评估体系设置的分值划分的总相符率为84.62%。各等级的物种得分与类型相符率都大于80%，总相符率接近85%。此等级划分标准可适用于上海（上海辰山植物园）为引种地的"未引入"外来引种陆生植物的风险评估。

【讨 论】

本研究所构建的外来植物风险评估体系与国内外其他现有的评估体系最大的不同在于，目前多数风险评估体系主要针对物种而展开，虽然将自然环境和人为影响的因子都考虑在内，却并未针对地区进行评估。而本研究所构建的评估体系，则将外来植物和地区都设置为评估对象，在华东地区具有较广泛的适用性。使用本体系进行评估，可以对比在同一引种地条件下，不同外来陆生植物的潜在入侵性，亦可以在同一外来陆生植物条件下，对比在不同地区的潜在入侵性高低。

不同的物种突出的特性各不相同，不同的入侵植物都具有各自的特殊性，而使用风险评估体系对外来物种进行评估，是基于多数入侵现象的内外条件而建立的，因而使用评估体系进行评估是一种综合性的评估。评估的结果能够作为评判该物种入侵性的依据，但由于不同物种在入侵时表现的最明显的因素不同，因而评估体系不能准确判断某一物种具体的入侵性。因此，在评估体系进行综合评估之后，应针对不同物种和环境进行进一步的具体分析。

由于评估体系的部分指标具有一定的主观成分，因而建议在进行具体评估时，采用多专家评估的方法，以平衡不同评估者的主观性带来的误差。在物种和引种地信息较为缺乏时，则不适宜使用本体系进行综合评估。若面对较大量的物种缺乏部分信息的情况，则可以考虑根据信息可得性与指标重要性，去掉若干重要性较低的指标，重新为简化的体系进行权重赋值，但并不建议忽略重要性较高的指标，以免造成评估结果的较大偏差。

第二篇

引进植物可能携带有害生物风险分析与评估体系构建

本部分主要针对上海辰山植物园已引进植物和拟引进植物可能携带的有害生物，开展实地调查并查阅文献资料，构建风险性分析模型和评价体系，最终提出辰山植物园引进植物可能携带的有害生物风险性分析报告，掌握辰山植物园已引进植物和计划引进植物携带和可能携带的有害生物的风险性，确定风险等级，并提出风险管理措施。

上海地处我国东部沿海，长江三角洲前缘，东濒东海，南临杭州湾，西接江苏和浙江两省，北接长江入海口，总面积 6 340.5 km^2，是国际经济、金融、贸易、航运中心。随着上海城市建设的加快，国际国内贸易往来也日趋频繁，进口的植物产品增多，大量引种外来优良品种的苗木和种子，增加了外来有害生物入侵的概率；松材线虫等重大危险性林业有害生物种类日趋增多且危害加剧，亚洲型舞毒蛾也已成为北美国家国际贸易中高度关注的检疫性对象，疫情已逼近上海。危险性、检疫性林业有害生物对上海市林业的发展构成重大威胁。

虽然上海市辖区范围内土地面积不到全国国土面积千分之一，但入侵物种数却占全国外来物种总数的 37.9%。其中陆生植物有 118 种（占外来入侵植物总数的 92.9%），水生植物 9 种（占 7.1%），无脊椎动物 50 种（占外来入侵动物总数的 82.0%），两栖爬行类 1 种，鱼类 6 种（占 9.8%），哺乳类 4 种（占 6.6%），几乎囊括了中国外来入侵物种的所有类型。上海是全国外来入侵物种分布种类最多的地区之一，生物入侵形势非常严峻。

在 21 世纪经济全球化、国际贸易一体化的新形势下，外来有害生物入侵所引起的生物安全已成为各国和地区安全的重要组成部分。因此，有害生物入侵问题已成为全球关注的焦点和研究的热点。

鉴于上海外来入侵有害生物的严峻形势和对防止生物入侵的紧迫需求，有必要针对引种过程中可能传入的危险性有害生物，开展相应的入侵风险分析，构建相应的风险预警和管理系统。

目前，国际上风险分析研究方法较多，如美国农业部林务局和动植物检疫局（APHIS）共同构建的"林业外来有害生物的风险评估与管理程序"、美国农业部（USDA）于 2003 年启动的线虫风险分析计划、澳大利亚检验检疫局（AQIS）1997 年采用的进口风险分析咨询程序、CPC（CABI）所列出的风险评估程序等，采用专家打分"高、中、低"的方法估计外来有害生物的入侵风险，但多为定性的分析方法。

我国对外来有害生物的评估指标体系已有一些报道。季良、蒋青等提出的建立有害生物危险性评价指标体系，将风险指标首先进行定性判断，然后运用指标之间的数学关系对其量化，得出有害生物的风险值，能较好地对有害生物的入侵风险做出判断。将有害生物入侵风险的重点放在有害生物的定殖方面，在一定程度上不能反映有害生物的传播是一个从入侵途径开始的动态过程。范京安、赵学谦研究了农作物外来有害生物风险评估体系与方法，运用模糊数学方法确立风险指标之间的比重，解决了非量化指标无法参与运算的问题，但没有考虑到指标之间的其他数学关系。时间较近的评价体系则有尹鸿刚建立的天津地区林业有害生物风险评估体系；马平等建立的云南外来入侵有害生物多指标综合评价体系，以及李娟等关于林业有害生物风险分析指标体系及赋分标准的探讨研究等。

本篇内容结合上海农林业资源和社会经济等实际状况，总结上述多指标体系的优缺点，优化建立外来有害生物入侵风险多指标综合评估体系，为上海外来有害生物入侵预警体系提供科学方法。该体系也适用于华东地区外来有害生物的入侵性风险分析，对于其他地区的外来有害生物入侵风险性评估也有参考价值。

一、风险评估模型确立原则

有害生物风险分析(Pest Risk Analysis,简称 PRA)是一个极其复杂的问题,既有有害生物与寄主之间的相互关系,又受自然环境的影响,还涉及经济、法令及人的行为。这些因素对有害生物入侵危险性的评价,都有不同程度的影响。检疫性有害生物从入侵到产生影响是一个有机的过程,包括自然、社会、人为等众多因素,入侵风险是多种因素共同作用的结果。其主要包括有害生物进入、有害生物定殖、有害生物扩散、有害生物危害、有害生物危害管理等。因此,多指标综合评价体系要从这 5 个方面,综合分析有害生物本身的生物学和生态学特点、人类活动影响、有害生物危害性、危害管理难易等因素,提取风险产生的内在和外在的关键因子,进行入侵有害生物的风险分析。

风险评估指标层次和指标的确立是做好有害生物风险分析的前提。参照 FAO/IPPC 制定的《有害生物风险分析指南》和《检疫性有害生物风险分析指南》,按照印丽萍等提出的原则,本节选择以入侵有害生物为起点,建立多因子风险分析指标体系,充分考虑其整体性、层次性、重要性、客观性与实用性的原则。

(一) 整体性

有害生物的入侵是一个有机的过程。只有将入侵过程作为一个整体,才能很好地认识和把握有害生物入侵风险产生的因素。因此,设立的因素或指标应能从整体上反映有害生物的危害性和其风险特点,包括从外来有害生物的进入、建立种群的可能性和对生物、环境、社会等方面产生的影响。因素和指标既应反映局部的、当前的、单项的影响,又要反映全面的、长远的、综合的影响;既要有绝对性,又考虑到相对性。

(二) 层次性

有害生物入侵决定于诸多因素。这些因素具有独立性,相互关联,但不重叠,层次分明,如果确定的因素在内涵上存在交叉重复,则在评价时,会增加该因素的权重,从而影响评价结果的可靠性。

(三) 重要性

评价指标应该建立在外来有害生物入侵的产生过程上,选取决定风险产生的关键因素。由于涉及到的有害生物的种类包括了真菌、细菌、病毒和植原体、昆虫、线虫、杂草等几大类有害生物,而各类有害生物各具自己的特性,在选择指标因素时既要考虑不同有害生物的特点,又能使用统一的尺度对它们进行量化和评判,既要对它们综合评价,又要顾及它们各自的特点。

(四) 客观性与实用性

选择的因素和指标要能客观地反映植物有害生物危害性和其风险特点的过程,不能为了目的而刻意增加或取舍。此外,有些资料不易收集,不易量化,也不宜列入指标体系中。指标体系运行过程中应具有很强的可操作性和可比较性。

二、多指标综合评价体系构建

在上述基本原则下,通过专家咨询,借鉴了蒋青、范京安、尹鸿刚、马平、李娟等的有害生物评价方法,确定风险评估的指标构成和层次。

指标体系分为目标层、准则层、指标层三个层次。一级指标目标层(R)用来确定有害生物风险综合评价值,R 值取决于准则层。二级指标准则层(P_i)包含了风险产生的五个层次分明的过程,即:进入的可能性(P_1)、定殖的可能性(P_2)、扩散的可能性(P_3)、受害寄主经济重要性(P_4)以及危险性管理难度(P_5)。这五方面是相互制约,缺一不可的。首先,我们所评价的有害生物应有进入 PRA 地区的可能,如果没有可能,则有害生物风险评价结束;其次,有害生物进入 PRA 地区后要能够定殖和建立种群,并且能够扩散蔓延,如有害生物不能建立种群,即使危害再大,其风险仍低;再者,对传入地区的农牧业、动物和人类以及对社会和生态环境的危害,以及受害植物的经济重要性,直接关系到有害生物危险性的高低。各准则层则被三级指标指标层(P_{ij})具体化,由 18 个指标因子组成(表 2-1)。

表 2-1　外来入侵有害生物的多指标综合评价体系评价指标表

目标层	准则层 P_i	指标层 P_{ij}	赋分	评价指标
有害生物风险综合评价值(R)	传入的可能性(P_1)	国内分布情况(P_{11})	0	国内分布>50%
			1	国内分布面积占 20%~50%
			2	国内分布面积占 0~20%
			3	国内无分布
		国外分布情况(P_{12})	0	0
			1	0~20%的国家有分布
			2	20%~50%的国家有分布
			3	50%以上的国家有分布

(续表)

目标层	准则层 P_i	指标层 P_{ij}	赋分	评价指标
有害生物风险综合评价值（R）	传入的可能性（P_1）	有害生物运输过程中的存活率（P_{13}）	0	存活率为0
			1	0～10%
			2	10%～40%
			3	运输过程中有害生物存活率>40%
		寄主引种数量（P_{14}）	0	无
			1	0～500株
			2	500～1 000株
			3	受害寄主引进数达1 000株以上
		有害生物被调运的可能性（P_{15}）	1	被调运和携带繁殖体的可能性0～20%
			2	被调运和携带繁殖体的可能性20%～50%
			3	被调运和携带繁殖体的可能性都大50%～100%
	定殖的可能性（P_2）	有害生物生物学特性（P_{21}）	0	生物学特性对有害生物的适生无影响
			1	抗逆性强,繁殖能力弱（逆境条件下存活率50%～80%,繁殖量小一年一代或多年一代）
			2	繁殖能力强,抗逆性弱（逆境条件下存活率0～50%,繁殖量大,年繁殖世代2～4代）
			3	繁殖能力和抗逆性都较强（逆境条件下存活率>80%,繁殖量大,年繁殖世代4代以上）
		上海地区适生范围（P_{22}）	0	本地区没有适生地理环境条件
			1	0～20%
			2	20%～50%
			3	在50%以上的地区能够适生

(续表)

目标层	准则层 P_i	指标层 P_{ij}	赋分	评价指标
有害生物风险综合评价值(R)	扩散的可能性(P_3)	可能存在的传播途径(P_{31})	0	不可能被携带
			1	1~2 种
			2	3~5 种
			3	5 种以上
		国内的适生范围(P_{32})	0	适生范围为 0
			1	在 0~25% 之间
			2	在 25%~50% 之间
			3	在国内 50% 以上的地区能够适生
		天敌存在的可能性(P_{33})	1	本地区存在有效的天敌,作用明显
			2	存在天敌,但作用不明显
			3	本地区不存在有效的天敌
	寄主经济重要性(P_4)	寄主的种类(P_{41})	0	无
			1	1~4 种
			2	5~9 种
			3	受害的栽培寄主达 10 种以上
		寄主的潜在损失水平(P_{42})	0	传入可造成的树木死亡率或产量损失 1%
			1	1%≤如传入可造成的树木死亡率或产量损失<5%
			2	5%≤如传入可造成的树木死亡率或产量损失<20%
			3	传入可造成的树木死亡率或产量损失≥20%
		国外重视程度(P_{43})	0	无
			1	1~9 个国家把其列为检疫对象
			2	10~19 个国家把其列为检疫对象
			3	20 个以上的国家把其列为检疫对象

(续表)

目标层	准则层 P_i	指标层 P_{ij}	赋分	评价指标
有害生物风险综合评价值(R)	寄主经济重要性(P_4)	是否为其他检疫性有害生物的传播媒介(P_{44})	0	不传带任何检疫性有害生物
			1	传带1种
			2	传带2种
			3	可以传带3种以上的检疫性有害生物
		非经济方面的潜在损失(P_{45})	0	无社会和生态方面损失
			1	仅防治手段对生态和社会资源造成严重损害
			2	仅有害生物本身对生态和社会资源造成严重损害
			3	防治手段和有害生物本身都对生态和社会资源造成严重损害
	危险性管理难度(P_5)	检疫识别难度(P_{51})	0	检疫鉴定方法简单,非常迅速而且可靠
			1	可以鉴定,但方法复杂
			2	当场识别可靠性一般,由经过专门培训的技术人员才能识别
			3	当场识别可靠性低、费时,由专家才能识别确定
		除害处理难度(P_{52})	0	除害率为100%
			1	除害率50%~100%
			2	除害率<50%
			3	现在的除害处理方法几乎完全不能除害
		根除难度(P_{53})	0	田间防治效果显著,成本很低,简便
			1	田间防治效果显著,简便,但成本很高
			2	防效高,但方法复杂,难度大,成本高
			3	田间防治效果差,成本高,难度大

(一) 指标因子定义和赋值原则

根据多指标综合评价体系的原则,筛选决定各指标值的下级指标因子,并确定赋值原则(表 2-1)。

1. 进入的可能性(P_1)

有害生物从非 PRA 地区传入 PRA 地区的可能性,包括 5 个指标层。

(1) 国内发生程度(P_{11}):在评价一个有害生物时,首先要考虑该生物体在我国是否存在。因为从检疫角度看,国内尚未发生的有害生物更具危险性;如果国内已普遍发生,即使它有很大的危害,但已失去检疫意义。

(2) 国外的分布情况(P_{12}):有害生物在国外的分布越广泛,传入我国的概率越大。

(3) 运输过程中的存活率(P_{13}):有些有害生物,虽然随货物进行传播,但不能存活,则它入境潜能应为零;存活率越高,入境潜能越大。

(4) 寄主引种数量(P_{14}):入侵风险与引种数目的多少是成正相关的。

(5) 有害生物被调运的可能性(P_{15}):调运的可能性与传入成正比关系。该准则层主要指人为方式传播入境的潜能。

2. 定殖的可能性(P_2)

有害生物进入 PRA 地区后,在该地区存活,并建立种群的可能性,其中包括入侵物种的生物学特性(P_{21}):有害生物繁殖能力影响到它的扩散潜力。不同的有害生物,决定其繁殖能力的因素不同。如昆虫可由其繁殖方式、越冬方式、世代数及产卵量等因素决定;杂草由种子量及是否多年生植物及地下部分的繁殖速率等因素决定;真菌等微生物考虑繁殖方式、越冬方式、侵染时间以及潜伏时间长短等因素。

上海地区可适生的地理范围(P_{22}):PRA 地区的地理环境决定着有害生物是否能够在本地区繁殖扩散,如果有害生物传入进来,但是传入地不适宜该有害生物生存繁殖,则该有害生物不具备风险性;反之,则具备。

3. 扩散的可能性(P_3)

有害生物在 PRA 地区建立种群后,则有继续传播、迁移、扩散的可能性,包括:

(1) 传播途径(P_{31})：一些非人为控制的自然传播途径，如风传、土传、水传、气传及介体传带等，可影响有害生物的扩散能力，并且不同传播途径的扩散潜力不同。没有考虑人为传播，因人为传播是可控制的，且对不同有害生物均相同。

(2) 国内的适生范围(P_{32})：有害生物在国内的气候条件下，能否生存、繁殖，是一个影响有害生物危险性的很主要因子，可以通过一些适生性分析方法，预测出有害生物在我国能否适生以及适生的范围。

(3) 天敌存在可能性(P_{33})：如果传入地存在传入的有害生物的有效天敌，则该有害生物的风险性会降低。

4. 寄主经济重要性(P_4)

检疫的根本目的在于保护本国的农林业生产，防止因外来有害生物的传入而遭受重大经济损失，因此，在诸多因素中，有害生物对寄主植物可能造成的损失，是判断其危险性程度的主要方面。包括：

(1) 寄主的种类(P_{41})：是否有某一有害生物的寄主及其寄主分布，该项与国内适生范围相辅相存。在此没有考虑寄主的抗病性，由于寄主品种的不断更新，寄主抗病性是一个变量。

(2) 寄主潜在损失水平(P_{42})：主要指有害生物一旦传入国内，所可能引起的危害。

(3) 各国的重视程度(P_{43})：间接反映了有害生物的危险程度，可用把某一有害生物列入检疫名单的国家的数量表示国外对该有害生物的重视程度。

(4) 是否为其他检疫性有害生物的传播媒介(P_{44})：决定着是否会产生连带的经济损失。

(5) 非经济方面的潜在损失水平(P_{45})：有害生物入侵后果不单指经济影响，还包含对环境、生态、社会的影响。

5. 危害性管理难度(P_5)

利用管理手段对有害生物在传入、定殖、扩散到 PRA 地区等不同阶段的危害处理水平。可靠、成熟且稳定的降低方法，是可以使有害生物的危险性程度减小的，但这些方法不应包括如销毁、退回等检疫处理方法。它主要指：

(1) 检验及除害处理方法；

(2) 防治方法。

如果某一有害生物的检验技术可靠,除害处理方法可行;或一旦进入后,田间有有效的、简单易行的防除方法,且成本低,则可以降低该有害生物在总体上的危险程度。包括检疫识别难度(P_{51})、除害处理难度(P_{52})、根除难度(P_{53})。

(二) 指标权重计算方法

在 PRA 分析中,涉及多层次、多指标;各层次指标在 PRA 中的重要性是不同的(即权重),为准确给出各指标的权重,采用专家系统咨询与规划决策中的重要方法——层次分析法(AHP),计算不同评估指标所占的比重(权重)。

层次分析法(analytic hierarchy process,简称 AHP 法)是美国运筹学家 T. L. Saaty 等人在 20 世纪 70 年代中期提出的一种定性和定量相结合的、系统性层次化的多目标决策分析;是一种可以把复杂问题中的各因素划分成相关联的有序层次,使之形成条理化的多目标、多准则的决策方法。

本次研究主要是利用 Yaahp 软件进行各指标的权重计算。Yaahp 软件是一种层次分析可视化建模与计算软件,判断矩阵值的输入可以选用判断矩阵形式和文字描述形式输入。用该软件计算风险评估体系各级指标的权重值,主要可分为 3 个步骤:

1. 绘制外来入侵物种结构模型

进行 AHP 分析决策问题时,首先需要构建一个有层次的结构模型。结构模型分为三个层次:目标层、准则层、指标层。

2. 确定判断矩阵

同一层次内的不同指标为 P_1, P_2, $\cdots P_n$,将这些指标进行两两比较,比较相互之间的重要度,建立一个比较判断矩阵。进行各指标之间的两两比较时,参照 T. L. Saaty 的 1~9 比例标度法(表 2-2)。为保证所得权重值的合理性与正确性,Yaahp 软件会自动对每个判断矩阵进行一致性(CR)检验,当计算所得的 CR<0.1 时,一般认为该矩阵具有满意的一致性,Yaahp 软件才允许进行下一步的操作。若不满足此条件,应该适当调整矩阵比对的标度值,直至通过一致性检验为止。

表 2-2 比例标度法的标度含义

标度值	第 i 指标与第 j 指标比较的重要程度
1	A_i 与 A_j 同等重要
3	A_i 稍重要于 A_j
5	A_i 明显重要于 A_j
7	A_i 非常重要于 A_j
9	A_i 极端重要于 A_j
2,4,6,8	重要性在上述表述之间
上述各值的倒数	A_i 与 A_j 比较为 a_{ij},则 A_j 与 A_i 比较为 $a_{ji}=1/a_{ij}$

3. 计算层次指标权重值

根据上述判断矩阵值的输入,基于 Yaahp 软件实现 AHP 模型下外来入侵物种风险评估最终计算结果。

(三) 各准则层计算方法

1. 叠加关系

当各分解指标能独立的对上一级准则层做出贡献时,均属于叠加关系,计算公式为:

$$P = \sum W_i P_i$$

式中,P_i——分解指标的值;W_i——分解指标的权重。

2. 替代关系

当分解指标的某一项达到最大值,能够替代其他指标对上一级指标层做出贡献时,此项指标的评判等级即为上一级准则层的评价值,如虽然某种植物的种植面积很小,但是具有较高的生态和景观作用,其经济重要性也是较高的。计算式为:

$$P_i = \text{Max}(P_{ij})(j = 1, 2, \cdots, n)$$

3. 连乘关系

各分解指标之间存在一定互相联系性,具有缺一不可、相互依存的特点,如某种林业有害生物虽然具有较多的传播途径,但是上海不是其适生范围,所以其传入的可能性为零。计算公式为：

$$P = (\prod P_i)^{1/I}$$

式中，P_i——各分解指标的值；$\prod$——连乘关系。

(四) 多指标综合评价体系评价值量化计算

1. 指标层(P_{ij})量化计算

为了使指标层具有可比较性，作者根据蒋青等的研究，把具体的评判标准划分为4个级别(分别为3、2、1、0，表2-1)，然后确立每个指标因子的评判等级。

2. 准则层(P_i)量化计算

准则层的量化评价计算式根据层次分析法计算各指标的权重或各指标之间的数学关系获得。

(1) 进入的可能性(P_1)：进入可能性的5项指标因子之间的关系为相互影响、缺一不可的关系；即某一因子的影响为零时，即使其他因子的影响很高，其进入可能性依然为零，为连乘关系。评价计算式为：

$$P_1 = \sqrt[5]{P_{11} \times P_{12} \times P_{13} \times P_{14} \times P_{15}}$$

(2) 定殖的可能性(P_2)：有害生物定殖风险是有害生物的生物学特性和可适生的地理环境共同决定，为叠加关系。采用层次分析法确定其各因子的权值后，得出评价计算式。其指标判断矩阵及权重值 $P_2 \sim P_{2j}$，见表2-3。

表2-3 定殖可能性指标判断矩阵及权重值

$P_2 \sim P_{2j}$	P_{21}	P_{22}	权重值
P_{21}	1	2	0.666 7
P_{22}	1/2	1	0.333 3

其评价计算式经调整后为：

$$P_2 = 0.7 \times P_{21} + 0.3 \times P_{22}$$

(3) 扩散的可能性(P_3)：有害生物的扩散风险是由其下级3个指标共同影响产生，为叠加关系。运用层次分析法进行判定并计算确定其各因子的权值，得出评价计算式。其指标判断矩阵及权重值 $P_3 \sim P_{3j}$，见表 2-4。

表 2-4 扩散可能性指标判断矩阵及权重值

$P_3 \sim P_{3j}$	P_{31}	P_{32}	P_{33}	权重值
P_{31}	1	1	5	0.466 5
P_{32}	1	1	4	0.433 0
P_{33}	1/5	1/4	1	0.100 5

其评价计算式经调整后为：

$$P_3 = 0.5 \times P_{31} + 0.4 \times P_{32} + 0.1 \times P_{33}$$

(4) 危害影响(P_4)：当危害影响中某一项指标因子的风险达到最大值时，不管其他因子的风险水平大小与否，其危害影响也将是最大的，因此，危害影响采用替代关系来确立。评价计算式为：

$$P_4 = \max(P_{41}、P_{42}、P_{43}、P_{44}、P_{45})$$

(5) 危害管理难度(P_5)：有害生物的检疫、除害和田间防治是危害管理中同等重要的几个指标，因此，危害管理难度采用叠加关系来确立。评价计算式为：

$$P_5 = (P_{51} + P_{52} + P_{53})/3$$

3. 目标层(R)量化计算

目标层决定于 5 个准则层。如果一种准则因素的影响不存在，则有害生物在 PRA 地区不产生风险影响，所以采用几何平均的方法来计算。评价计算式为：

$$R = \sqrt[5]{P_1 \times P_2 \times P_3 \times P_4 \times P_5}$$

(五) 风险等级划分标准

根据多指标综合评价体系评价方法分析获得风险综合评价值 R，建立起 R 值和风险等级的对应关系。总结国内外的研究成果，结合上海检疫需要，按照数学计算中的正态分布模型，通过专家打分来综合分析外来有害生物的风险水平，最终确立风险等级划分标准，将林业有害生物风险分析等级划分为：极高风险、高度风险、中度风险和低度风险 4 级，并赋以 R 值的区间(表 2-5)。

表2-5 外来有害生物风险评价等级划分标准

R值	风险等级
<0.5	低度风险
0.5～1.5	中度风险
1.5～2.5	高度风险
>2.5	极高风险

(六) 多指标综合评价体系验证

所构建的多指标综合评价体系在实际应用中是否准确,评价结果是否有效,这些都是对该指标体系实际应用的检测。只有经过一定的实际检测,才能确定所构建的评价体系是否能够接受。选择实际调查中上海辰山植物园(上海地区)常见的有害生物6种:细极链格孢(*Alternaria tenuissima*)、胶孢炭疽菌(*Colletotrichum gloeosporioides*)、尖孢镰刀菌(*Fusarium oxysporum*)、丽绿刺蛾(*Parasa lepida*)、铜绿丽金龟(*Anomala corpulenta*)、桃红颈天牛(*Aromia bungii*)。随机选择6种上海地区还未发生或产生重大经济损失,但是属于《中华人民共和国进境植物检疫有害生物名录》有害生物(张晴柔等,2013):美国白蛾(*Hyphantria cunea*)、松材线虫(*Bursaphelenchus xylophilus*)、拉美斑潜蝇(*Liriomyza huidobrensis*)、霍氏长盾蚧(*Mercetaspis halli*)、松瘤锈病菌(*Cronartium quercuum*)、葡萄金黄色植原体(Grapevine yellows phytoplasmas)。

利用上海外来入侵有害生物的多指标综合评价体系,对选择的12种有害生物进行量化分析,并计算其风险值R的大小。

具体检验过程以松材线虫为例。

松材线虫病又叫松树萎蔫病,是由松材线虫(*Bursaphelenchus xylophilus*)引起的一种毁灭性松树病害,危害50多种松属树种以及10多种非松属树种,能够导致松树在60～90 d枯死,且传播蔓延速度快,防治难度大,被称作"松树癌症""无烟的森林火灾"等。1905年,该病在日本九州岛的长崎首次暴发,但当时并不知其病原是松材线虫(*B. xylophilus*),因而未受到重视。直到1971年Tokushige和Kiyohara指出该病与一种伞滑刃线虫(*B. sp.*)有关后,才引起广泛深入地研究。1982年,我国南京中山陵首次发现此病,当年仅有病死木260株。目前据不完全统计,中国有超过5 000万株的松树死于松材线虫病,损失木材超过500万 m^3,导致的直接经济损失约25亿元,间接损失约250亿元,对我国天然林保护和林业生态环境建设造成重大威胁。目前疫区范围已经涉及到江苏、浙江、安徽、福建、江西、山东、湖北、湖南、广东、广西、四川、重庆、贵州、云南、陕西、河南等16省(自治区、直辖市),对庐山、黄山和三峡库区等旅游胜地的安全造成了严重的威胁。

目前,松材线虫在包括美国、加拿大、墨西哥、中国、韩国和日本等多个国家有分布。在美国、加拿大、墨西哥三个国家,松材线虫并未对松林造成严重危害,而在中、日、韩三个国家,则引起了松树的大量死亡,因此受到各国的重视,相继被列为重要检疫对象,在我国属于二级检疫对象。据报道,仅1998年至1999年一年当中,中国检验检疫机构的5个部门分别从来自美国、日本的木质包装材料中截获松材线虫的批次分别达44次和28次。因此,对该病在我国的适生性进行预测分析,防患于未然,一方面对于可能发生的地区,要引起当地相关部门的高度重视,采取适当的检疫检验措施防止松材线虫的入侵;另一方面也可为相关部门制定相应的检疫对策提供理论依据。

采用Maxent软件对松材线虫在我国的潜在分布区进行预测。预测结果见图版21。

结果表明,松材线虫的适生区域主要位于20°~40°N,90°~125°E,亚热带、暖温带之间,主要集中在我国的华东和华南地区,包括河北、辽宁、四川、山西、陕西、河南、山东、江苏、浙江、福建、广东、广西、江西、贵州、重庆、湖南、湖北及台湾南部地区。

根据上海辰山植物园外来入侵有害生物多指标评价体系,为松材线虫各项评判指标赋分。经过计算,松材线虫的风险值R为2.55,属于极高风险等级。

其他有害生物采用相同方法,经过赋值计算,见表2-6。

表2-6 多指标综合评价体系验证结果统计

编号	种类	拉丁学名	R值	风险等级
1	细极链格孢	*Alternaria tenuissima*	0	无
2	胶孢炭疽菌	*Colletotrichum gloeosporioides*	0	无
3	尖孢镰刀菌	*Fusarium oxysporum*	0	无
4	丽绿刺蛾	*Parasa lepida*	0	无
5	铜绿丽金龟	*Anomala corpulenta*	0	无
6	桃红颈天牛	*Aromia bungii*	0	无
7	美国白蛾	*Hyphantria cunea*	2.39	高

（续表）

编号	种　类	拉丁学名	R值	风险等级
8	松材线虫	*Bursaphelenchus xylophilus*	2.55	极高
9	拉美斑潜蝇	*Liriomyza huidobrensis*	2.35	高
10	霍氏长盾蚧	*Mercetaspis halli*	2.21	高
11	松瘤锈病菌	*Cronartium quercuum*	2.43	高
12	葡萄金黄色植原体	Grapevine yellows phytoplasmas	2.62	极高

由表可知，实际调查中，上海辰山植物园（上海地区）常见的6种有害生物，经过该体系定量分析属于无风险物种；随机选择的6种上海地区还未发生或产生重大经济损失、但是属于《中华人民共和国进境植物检疫有害生物名录》有害生物中、具有极高风险等级的有2种，具高风险等级的有害生物4种。此结果与张晴柔等实际工作中总结的结果相符合。这表明，本研究建立的上海外来入侵有害生物的多指标综合评价体系，在一定的条件下，可以用来评价上海地区外来入侵有害生物的风险危害等级，具有一定的实用性。

【讨　论】

本篇建立的外来有害生物风险分析指标评估体系,是在前人研究的基础上提出的,着重对前人工作中存在的不同层次指标间的相互交叉的问题进行重新归类与修改,经验证,表明该评价体系在一定的条件下可以用来评价上海地区外来入侵有害生物的风险危害等级,具有一定的实用性。

该多指标综合评价体系是以2007年公布的国际植物卫生措施标准第2号出版物为指导,总结国内外已有的相关研究结果,基于上海辰山植物园引种的具体情况提出来的。

该指标体系将有害生物入侵风险的产生作为一个复杂但有机关联的过程,考虑和识别了每一个阶段风险产生的因素。这些因素具有独立性和关联性,但不重叠,利用相关数学关系和系统工程理论中的层次分析法,建立各指标间的数学模型,将指标因子进行量化,最后获得风险分值R,根据R值确定有害生物的风险等级。

该指标体系中既有定性描述的参数,也有定量描述的参数。当有害生物的信息和数据来源充分时,应尽量使用定量参数,以提高评估结果的准确性;针对研究较少的有害生物种类,对其指标值的量化难以找到文献依据,因此,不能采用该指标体系对其进行风险分析,此时定性参数的可操作性则可能更强。

第三篇

上海辰山植物园引进植物及其可能携带有害生物风险评估

一、上海辰山植物园引种陆生植物入侵风险分析

上海辰山植物园位于上海市松江区,园区由中心展示区、植物保育区、五大洲植物区和外围缓冲区四大功能区构成,占地面积达 207 hm²。中心展示区设置了月季园、旱生植物园、珍稀植物园、矿坑花园、水生植物园、展览温室、观赏草园、岩石和药用植物园以及木樨园等 26 个专类园。展览温室展览面积为 12 608 m²,由热带花果馆、沙生植物馆和珍奇植物馆组成。目前,植物园已收集国内外植物约 9 000 种(品种),并且计划在未来收集到全球 30 000 种(品种)植物。这些植物很大一部分皆为外来植物,包括从国外引进和从国内其他地区引进的植物。

众所周知,许多已存在的外来入侵植物最初都是以人为引进的途径在当地定殖并扩散的。调查显示,我国 50% 的外来入侵植物最初是作为牧草或饲料植物、观赏植物、纤维植物、药用植物、蔬菜、草坪植物、环境植物等引进的。最典型的恶性杂草,如加拿大一枝黄花、藿香蓟、马缨丹等,都是作为观赏植物被引入中国,最终成为危害当地生态系统,影响社会经济的恶性入侵种。因此,对辰山植物园已经和将要引进的外来植物进行入侵风险评估,具有非常重要的意义。

上海市位于 30°42′~31°48′N,120°50′~122°16′E,北倚长江入海口,南临杭州湾,西接江苏、浙江两省,东濒东海,是在江流和海潮作用下,由泥沙堆积而形成的典型的三角洲冲积平原。上海属于北亚热带季风气候区,气候温暖湿润,全年平均气温为 15.5 ℃,1 月平均气温为 3.4 ℃,7 月平均气温为 27.8 ℃,平均无霜期为 228 d,全年降水量平均为 1 149.8 mm。

自 19 世纪末开始,上海作为我国重要港口,逐渐发展为全国重要的交通枢纽,特别是 20 世纪 80 年代以后,随着改革开放,上海日益成为国际性的大都市,其城市化进程更是不断推进。但随之而来的,是对上海原有生态的破坏和大量外来物种的进入,除了无意携带进入的外来植物,还有很大一部分都是人为引种进入的植

物,许多外来植物在上海温暖湿润的气候条件下迅速归化、定殖,并且在不断加剧的人类活动条件下,蔓延成为具有危害性的入侵植物。我国不少恶性入侵植物最早便是由上海传入并扩散的,而上海本地物种也在外来入侵种威胁下逐渐减少,甚至有些物种已在上海消失。

鉴于上海适宜的自然条件以及非常高的人类干扰强度和频度,上海地区需重视外来植物的引种把控。上海辰山植物园大量引入外来植物,则更需对其进行系统而详细的风险分析,以应对有可能发生的生物入侵。在物种大量扩散前,掌握物种详细的信息,制定合理的评估与管理方式,并实施监控与防范。

以上海辰山植物园的外来陆生植物为对象,使用所构建的适合华东地区外来引种陆生植物风险评估体系进行风险性评估。评估的对象包括直接从国外引进的、从国内其他地区引进的、在上海已有种植的外来陆生植物。这些植物中有些为首次引进我国,有些已在我国甚至华东地区有人工引进种植的记录,有些甚至已在华东地区自然分布。由于进行评估的外来陆生植物皆为已经引进种植的物种,因此内容叙述中便使用"已存在"状态体系进行评估。评估结果可作为上海辰山植物园外来引种植物入侵防控管理的参考。

(一) 上海辰山植物园已引进植物入侵风险分析方法与步骤

1. 评估物种筛选

由于上海辰山植物园所引进的外来植物,很大一部分为栽培品种,若以品种为单位进行评估,则会出现大量物种信息缺乏且混乱的情况,而且许多品种经过多次杂交选育,性状与原种都已有很大不同,因而也较难以对其品种群进行统一评定。所以,现以种(species)为评估对象,使用"已存在"状态外来引种陆生植物评估体系进行评估,获得辰山植物园部分外来陆生植物的风险评估结果。

由于辰山植物园已引进种植的外来陆生植物种类较多,因此,需要经过初筛选,选出需要使用评估体系进行评估的部分物种。

对辰山植物园外来陆生植物进行筛选的步骤如下:

(1) 对植物园名录中所有的陆生植物进行初步评估筛选,对各个物种的原产地进行一一核实,若原产地明确为本土,则被排除出评估范围。由于我国外来入侵植物最主要的原产地为美洲,其次为欧洲及地中海沿岸其他地区,因而这些原产地的外来植物将被特别关注。

(2) 使用预评估方法对核实原产地后的外来植物进行预评估,排除部分明确不具有入侵性、不需要进行系统评估的外来植物。

(3) 经过初步评估后表明可能有入侵风险的植物,使用评估体系对其进行详细全面的入侵风险分析。

由于上海辰山植物园已经引种且经初评估有入侵风险的种类较多,参考评估体系中的各项指标及其权重值,结合上海辰山植物园实际状况,对风险性较大的物种优先重点进行评估。若物种满足以下一个或多个条件,则进入优先重点评估物种名单:

① 在华东地区已经归化,并且逃逸报道较多;
② 在华东地区露天条件具有明显良好的适生性;
③ 物种本身的繁殖、扩散、耐胁迫能力较强;
④ 在气候相似的其他地区具有入侵记录;
⑤ 具有化感作用或其他危害性;
⑥ 华东地区有其同属植物为入侵种;
⑦ 在实地调查中发现有逃逸的物种;
⑧ 上海辰山植物园方面反映有逃逸或已产生危害。

2. 对筛选物种进行系统风险评估

以上步骤筛选所得的重点外来植物将使用评估体系进行风险性的综合评估。在进行评估时,为了获得准确的物种信息,主要从以下信息来源核实各种信息:Web of Science;全球入侵物种数据库 Global Invasive Species Database(http://www.issg.org/database/welcome/);全球生物多样性信息交换平台 Global Biodiversity Information Facility(http://www.gbif.org/);美国农业部自然资源保护服务平台 United States Department of Agriculture Natural Resources Conservation Service(http://plants.usda.gov/java/);国际应用生物科学中心入侵物种资料平台 CABI Invasive Species Compendium(http://www.cabi.org/isc/);欧洲外来入侵物种数据库 Delivering Alien Invasive Species Inventories for Europe(http://www.europe-aliens.org/)以及各类公开出版、发表的专著、论文等。

(二) 上海辰山植物园已引进 48 种植物入侵风险评估结果

根据各项筛选步骤与筛选条件,从上海辰山植物园已引进的 5 153 种植物中初评筛选出有较高入侵风险的 48 种外来陆生植物,分属于菊科(Asteraceae)、豆科(Fabaceae)、禾本科(Poaceae)、玄参科(Scrophulariaceae)、紫草科(Boraginaceae)等 22 个科,金鸡菊属(*Coreopsis*)、堆心菊属(*Helenium*)、黍属(*Panicum*)、毛蕊花属(*Verbascum*)、聚合草属(*Symphytum*)等 42 个属。

现使用"已存在"状态的评估体系对筛选出有较高入侵风险的 48 种外来陆生植物进行综合评估,所使用的引种地信息为上海(上海辰山植物园),引种地各项指标得分记录详见表 3-1。

表 3-1 上海辰山植物园(引种地)在评估体系中的得分

三级指标	描 述	得分值
(1) 引种地及周边主要地区类型	城镇	2
(2) 引种地及周边主要地貌类型	平原	2
(1) 引种地总体植被覆盖率	<15%	2
(2) 引种地植物物种丰富度	较低	2
(3) 引种地及周边自然景观面积比例	<15%	2
(1) 引种地人口密度	≥1 500 人/km²	2
(2) 引种地城市化程度	较高	2
(1) 引种地在上海的交通地位	交通枢纽	2
(2) 引种地与周边联系程度	较高	2
(1) 引种地农田、苗圃、牧场、采伐林场等所占面积比例	≥30%	2
(2) 引种地农牧采伐强度	较高	2
(1) 引种植物信息登记完善程度	较完善	0.5
(2) 引种方对引种植物的责任管理	较完善	0.5
(3) 具体引种地周围是否有隔离带	是	0.5
(4) 具体引种地周围隔离带有效性	一般	1
引种地得分	可入侵性较高	24.5

通过表 3-1 可知,上海地区作为引种地综合得分为 24.5,属于可入侵性较高地区。

参考信息源文献,具体 48 种植物物种本身特性使用"已存在"状态的评估体系进行评分,具体评估赋分结果如下。

• 大 花 金 鸡 菊 •

大花金鸡菊(图版 1)本身特性的入侵性风险评估结果见表 3-2。将各个三级指标得分相加,大花金鸡菊物种特性的入侵性风险值为 53;加上引种地风险值 24.5,大花金鸡菊的入侵性风险值为 77.5,风险等级为二级,属较高风险等级。

表3-2 大花金鸡菊本身特性入侵性风险评估结果

一级指标	二级指标	三级指标	赋分	赋分标准
物种本身特性(70%)	1. 环境适应性(9%)	(1) 原产地(3%)	3	美洲
		(2) 全球分布范围(3%)	3	广泛(主要分布地区≥4大洲)
		(3) 主要自然分布区(3%)	3	亚热带、暖温带有广泛分布,或热带至亚热带都有分布,或热带至寒温带都有广泛分布
	2. 入侵史(8%)	(1) 国内是否有入侵记录(3%)	3	是
		(2) 国内是否有同属植物入侵记录(2%)	2	是
		(3) 国外是否有入侵记录(3%)	0	否
	3. 生长与逃逸状况(10%)	(1) 在引种地露天环境生长状况(2%)	2	良好
		(2) 在引种地是否有逸生(2%)	2	是
		(3) 在引种种植区域的逸生范围(2%)	2	距离种植区域≥50 m
		(4) 在引种种植区域的逸生数量(2%)	2	逸生植株≥50株
		(5) 是否能在引种地露天条件下进行自然的有性或无性繁殖(2%)	2	是
	4. 生物学特征(18%)	(1) 生活型(2%)	2	草本(草质藤本)
		(2) 自然条件下的主要繁殖方式(3%)	3	可以同时进行有性及无性繁殖
		(3) 自然条件下的无性繁殖能力(3%)	1.5	一般,仅在一定范围内进行无性繁殖,不会肆意扩张
		(4) 自然条件下的平均有性繁殖频率(2%)	2	一年中的有性繁殖期可长达4个月及以上,或一年可以进行两次及以上的有性繁殖

(续表)

一级指标	二级指标	三级指标	赋分	赋分标准
物种本身特性(70%)	4. 生物学特征(18%)	(5) 单株种子量(2%)	1	单株平均种子量 10～1 000 粒
		(6) 种子萌发率(繁殖体出苗率)(2%)	1	在适宜条件下,萌发率(出苗率)为 25%～60%,或者比率浮动较大
		(7) 适宜的生境类型(2%)	1	主要生长并繁殖于少数类型的生境中,对干湿条件、遮阳光照等有特定要求,或仅在人类活动干扰地区(农田、苗圃、荒地、林缘、牧场、路边、宅旁、堤岸、人造绿化带等)可大量生长及繁殖
		(8) 耐胁迫能力(2%)	2	对多种类型的胁迫具有较高的抗逆性
	5. 扩散方式与能力(9%)	(1) 种子(繁殖体)的主要传播方式(3%)	3	主要通过风力传播或兼具多种传播方式
		(2) 种子(繁殖体)的传播扩散能力(2%)	1	种子(繁殖体)质量较轻,较易传播扩散,或具有其他较易传播的条件
		(3) 种子(繁殖体)是否具有便于传播的附属器官或结构(2%)	0	否
		(4) 是否具有扩散制约因素(2%)	2	否
	6. 潜在危害与影响(10%)	(1) 占领生境能力(3%)	2	较强,在生长季节能够高频率出现于适宜生境内
		(2) 是否具有化感作用(3%)	3	是
		(3) 是否可能与当地农作物种子混杂,或引种地是否具有可能与之杂交的同属农作物(或珍稀植物)(2%)	0	否
		(4) 是否具有毒性或为过敏原(2%)	0	否

(续表)

一级指标	二级指标	三级指标	赋分	赋分标准
物种本身特性(70%)	7. 防控难度(6%)	(1) 识别难度(2%)	0.5	较低,基本能够根据实际情况或现有信息判断其在本地的入侵性高低,或可获得的物种信息量较大
		(2) 监控难度(2%)	2	较高,种子或繁殖体的传播途径较多,可传播距离较远,具有不确定性,不易受到监控
		(3) 防治难度与成本(2%)	2	对当前或潜在的扩散入侵缺乏有效的防治手段,采取多种防治手段也较难抑制该物种的繁殖扩散,防治的成本较高;可依据的防治信息和经验较为有限;不排除需使用化学药剂(对其他物种及环境造成负面影响);若使用生物防治,则其副作用未知

堆 心 菊

堆心菊本身特性入侵性风险评估结果见表3-3。将各个三级指标得分相加,堆心菊物种特性在评估体系中得53分;与引种地得分24.5相加,堆心菊入侵性风险评估总得分值为77.5,风险等级为二级,属较高风险等级。

表3-3 堆心菊本身特性入侵性风险评估结果

一级指标	二级指标	三级指标	赋分	赋分标准
物种本身特性(70%)	1. 环境适应性(9%)	(1) 原产地(3%)	3	美洲
		(2) 全球分布范围(3%)	2	较广(主要分布地区为2~3大洲)
		(3) 主要自然分布区(3%)	3	亚热带、暖温带有广泛分布,或热带至亚热带都有分布,或热带至寒温带都有广泛分布

一、上海辰山植物园引种陆生植物入侵风险分析

(续表)

一级指标	二级指标	三级指标	赋分	赋分标准
物种本身特性(70%)	2. 入侵史(8%)	(1) 国内是否有入侵记录(3%)	3	是
		(2) 国内是否有同属植物入侵记录(2%)	2	是
		(3) 国外是否有入侵记录(3%)	3	是
	3. 生长与逃逸状况(10%)	(1) 在引种地露天环境生长状况(2%)	2	良好
		(2) 在引种地是否有逸生(2%)	2	是
		(3) 在引种种植区域的逸生范围(2%)	2	距离种植区域≥50 m
		(4) 在引种种植区域的逸生数量(2%)	2	逸生植株≥50 株
		(5) 是否能在引种地露天条件下进行自然的有性或无性繁殖(2%)	2	是
	4. 生物学特征(18%)	(1) 生活型(2%)	2	草本(草质藤本)
		(2) 自然条件下的主要繁殖方式(3%)	1.5	以有性繁殖为主
		(3) 自然条件下的无性繁殖能力(3%)	0	缺乏无性繁殖能力
		(4) 自然条件下的平均有性繁殖频率(2%)	2	一年中的有性繁殖期可长达4个月及以上,或一年可以进行两次及以上的有性繁殖
		(5) 单株种子量(2%)	2	单株平均种子量≥1 000粒
		(6) 种子萌发率(繁殖体出苗率,2%)	1	在适宜条件下,萌发率(出苗率)为25%～60%,或者比率浮动较大

(续表)

一级指标	二级指标	三级指标	赋分	赋分标准
物种本身特性(70%)	4. 生物学特征(18%)	(7) 适宜的生境类型(2%)	1	主要生长并繁殖于少数类型的生境中,对干湿条件、遮阳光照等有特定要求,或仅在人类活动干扰地区(农田、苗圃、荒地、林缘、牧场、路边、宅旁、堤岸、人造绿化带等)可大量生长及繁殖
		(8) 耐胁迫能力(2%)	1	对某些特定类型的胁迫具有较强的抗逆性
	5. 扩散方式与能力(9%)	(1) 种子(繁殖体)的主要传播方式(3%)	3	主要通过风力传播或兼具多种传播方式
		(2) 种子(繁殖体)的传播扩散能力(2%)	2	种子(繁殖体)质量很轻,极易传播扩散,或具有其他极易传播的条件
		(3) 种子(繁殖体)是否具有便于传播的附属器官或结构(2%)	2	是
		(4) 是否具有扩散制约因素(2%)	2	否
	6. 潜在危害与影响(10%)	(1) 占领生境能力(3%)	1	一般,在生长季节会适量出现于适宜生境内
		(2) 是否具有化感作用(3%)	0	无
		(3) 是否可能与当地农作物种子混杂,或引种地是否具有可能与之杂交的同属农作物(或珍稀植物)(2%)	0	否
		(4) 是否具有毒性或为过敏原(2%)	2	是
	7. 防控难度(6%)	(1) 识别难度(2%)	0.5	较低,基本能够根据实际情况或现有信息判断其在本地的入侵性高低,或可获得的物种信息量较大

(续表)

一级指标	二级指标	三级指标	赋分	赋分标准
物种本身特性(70%)	7.防控难度(6%)	(2)监控难度(2%)	2	较高,种子或繁殖体的传播途径较多,可传播距离较远,具有不确定性,不易受到监控
		(3)防治难度与成本(2%)	2	对当前或潜在的扩散入侵缺乏有效的防治手段,采取多种防治手段也较难抑制该物种的繁殖扩散,防治的成本较高;可依据的防治信息和经验较为有限;不排除需使用化学药剂(对其他物种及环境造成负面影响);若使用生物防治,则其副作用未知

• 两色金鸡菊 •

两色金鸡菊本身特性入侵性风险评估结果见表3-4。将各个三级指标得分相加,两色金鸡菊物种特性在评估体系中得分值52.5;与引种地得分24.5相加,两色金鸡菊入侵性风险评估总得分值为77,风险等级为二级,属较高风险等级。

表3-4 两色金鸡菊本身特性入侵性风险评估结果

一级指标	二级指标	三级指标	赋分	赋分标准
物种本身特性(70%)	1.环境适应性(9%)	(1)原产地(3%)	3	美洲
		(2)全球分布范围(3%)	3	广泛(主要分布地区≥4大洲)
		(3)主要自然分布区(3%)	3	亚热带、暖温带有广泛分布,或热带至亚热带都有分布,或热带至寒温带都有广泛分布
	2.入侵史(8%)	(1)国内是否有入侵记录(3%)	3	是
		(2)国内是否有同属植物入侵记录(2%)	2	是

(续表)

一级指标	二级指标	三级指标	赋分	赋分标准
物种本身特性(70%)	2. 入侵史(8%)	(3) 国外是否有入侵记录(3%)	3	是
	3. 生长与逃逸状况(10%)	(1) 在引种地露天环境生长状况(2%)	2	良好
		(2) 在引种地是否有逸生(2%)	2	是
		(3) 在引种种植区域的逸生范围(2%)	2	距离种植区域≥50 m
		(4) 在引种种植区域的逸生数量(2%)	2	逸生植株≥50 株
		(5) 是否能在引种地露天条件下进行自然的有性或无性繁殖(2%)	2	是
	4. 生物学特征(18%)	(1) 生活型(2%)	2	草本(草质藤本)
		(2) 自然条件下的主要繁殖方式(3%)	1.5	以有性繁殖为主
		(3) 自然条件下的无性繁殖能力(3%)	0	缺乏无性繁殖能力
		(4) 自然条件下的平均有性繁殖频率(2%)	2	一年中的有性繁殖期可长达 4 个月及以上,或一年可以进行两次及以上的有性繁殖
		(5) 单株种子量(2%)	1	单株平均种子量 10～1 000 粒
		(6) 种子萌发率(繁殖体出苗率)(2%)	2	在适宜的条件下,萌发率(出苗率)≥60%
		(7) 适宜的生境类型(2%)	1	主要生长并繁殖于少数类型的生境中,对干湿条件、遮阳光照等有特定要求,或仅在人类活动干扰地区(农田、苗圃、荒地、林缘、牧场、路边、宅旁、堤岸、人造绿化带等)可大量生长及繁殖
		(8) 耐胁迫能力(2%)	2	对多种类型的胁迫具有较高的抗逆性

(续表)

一级指标	二级指标	三级指标	赋分	赋分标准
物种本身特性(70%)	5. 扩散方式与能力(9%)	(1) 种子(繁殖体)的主要传播方式(3%)	3	主要通过风力传播或兼具多种传播方式
		(2) 种子(繁殖体)的传播扩散能力(2%)	1	种子(繁殖体)质量较轻,较易传播扩散,或具有其他较易传播的条件
		(3) 种子(繁殖体)是否具有便于传播的附属器官或结构(2%)	0	否
		(4) 是否具有扩散制约因素(2%)	2	否
	6. 潜在危害与影响(10%)	(1) 占领生境能力(3%)	2	较强,在生长季节能够高频率出现于适宜生境内
		(2) 是否具有化感作用(3%)	1.5	未知
		(3) 是否可能与当地农作物种子混杂,或引种地是否具有可能与之杂交的同属农作物(或珍稀植物)(2%)	0	否
		(4) 是否具有毒性或为过敏原(2%)	0	否
	7. 防控难度(6%)	(1) 识别难度(2%)	0.5	较低,基本能够根据实际情况或现有信息判断其在本地的入侵性高低,或可获得的物种信息量较大
		(2) 监控难度(2%)	2	较高,种子或繁殖体的传播途径较多,可传播距离较远,具有不确定性,不易受到监控
		(3) 防治难度与成本(2%)	2	对当前或潜在的扩散入侵缺乏有效的防治手段,采取多种防治手段也较难抑制该物种的繁殖扩散,防治的成本较高;可依据的防治信息和经验较为有限;不排除需使用化学药剂(对其他物种及环境造成负面影响);若使用生物防治,则其副作用未知

橙黄山柳菊

橙黄山柳菊(图版2)本身特性入侵性风险评估结果见表3-5。将各个三级指标得分相加,橙黄山柳菊物种特性的入侵性风险值为51.5;与引种地得分24.5累加,橙黄山柳菊的入侵性风险评估总值为76分,风险等级为二级,属较高风险等级。

表3-5 橙黄山柳菊本身特性入侵性风险评估结果

一级指标	二级指标	三级指标	赋分	赋分标准
物种本身特性(70%)	1. 环境适应性(9%)	(1) 原产地(3%)	2	欧洲及地中海沿岸的其他地区
		(2) 全球分布范围(3%)	2	较广(主要分布地区为2~3大洲)
		(3) 主要自然分布区(3%)	3	亚热带、暖温带有广泛分布,或热带至亚热带都有分布,或热带至寒温带都有广泛分布
	2. 入侵史(8%)	(1) 国内是否有入侵记录(3%)	0	否
		(2) 国内是否有同属植物入侵记录(2%)	0	否
		(3) 国外是否有入侵记录(3%)	3	是
	3. 生长与逃逸状况(10%)	(1) 在引种地露天环境生长状况(2%)	2	良好
		(2) 在引种地是否有逸生(2%)	0	否
		(3) 在引种种植区域的逸生范围(2%)	0	无逸生
		(4) 在引种种植区域的逸生数量(2%)	0	无逸生
		(5) 是否能在引种地露天条件下进行自然的有性或无性繁殖(2%)	2	是

(续表)

一级指标	二级指标	三级指标	赋分	赋分标准
物种本身特性(70%)	4. 生物学特征(18%)	(1) 生活型(2%)	2	草本(草质藤本)
		(2) 自然条件下的主要繁殖方式(3%)	3	可以同时进行有性及无性繁殖
		(3) 自然条件下的无性繁殖能力(3%)	3	较强,能够使物种大量繁殖,种群数量迅速增加
		(4) 自然条件下的平均有性繁殖频率(2%)	2	一年中的有性繁殖期可长达4个月及以上,或一年可以进行两次及以上的有性繁殖
		(5) 单株种子量(2%)	2	单株平均种子量≥1 000粒
		(6) 种子萌发率(繁殖体出苗率)(2%)	2	在适宜的条件下,萌发率(出苗率)≥60%
		(7) 适宜的生境类型(2%)	2	可见于各类生境类型(林地、湿地、路边、舍旁等),对干湿条件、遮阳光照等没有特定要求,在不同的生境中都能生长繁殖良好
		(8) 耐胁迫能力(2%)	2	对多种类型的胁迫具有较高的抗逆性
	5. 扩散方式与能力(9%)	(1) 种子(繁殖体)的主要传播方式(3%)	3	主要通过风力传播或兼具多种传播方式
		(2) 种子(繁殖体)的传播扩散能力(2%)	2	种子(繁殖体)质量很轻,极易传播扩散,或具有其他极易传播的条件
		(3) 种子(繁殖体)是否具有便于传播的附属器官或结构(2%)	2	是
		(4) 是否具有扩散制约因素(2%)	2	否
	6. 潜在危害与影响(10%)	(1) 占领生境能力(3%)	3	很强,在生长季节能够高频率且高密度出现于适宜生境内

(续表)

一级指标	二级指标	三级指标	赋分	赋分标准
物种本身特性(70%)	6. 潜在危害与影响(10%)	(2) 是否具有化感作用(3%)	3	是
		(3) 是否可能与当地农作物种子混杂,或引种地是否具有可能与之杂交的同属农作物(或珍稀植物)(2%)	0	否
		(4) 是否具有毒性或为过敏原(2%)	0	否
	7. 防控难度(6%)	(1) 识别难度(2%)	0.5	较低,基本能够根据实际情况或现有信息判断其在本地的入侵性高低,或可获得的物种信息量较大
		(2) 监控难度(2%)	2	较高,种子或繁殖体的传播途径较多,可传播距离较远,具有不确定性,不易受到监控
		(3) 防治难度与成本(2%)	2	对当前或潜在的扩散入侵缺乏有效的防治手段,采取多种防治手段也较难抑制该物种的繁殖扩散,防治的成本较高;可依据的防治信息和经验较为有限;不排除需使用化学药剂(对其他物种及环境造成负面影响);若使用生物防治,则其副作用未知

• 欧 蓍 •

欧蓍(图版4)本身特性的入侵性风险评估结果见表3-6。将各个三级指标得分相加,欧蓍本身物种特性的入侵性风险分值为51;与引种地分值24.5相加,欧蓍的入侵性风险总分值为75.5,风险等级为二级,属较高风险等级。

表 3-6 欧蓍本身特性的入侵性风险评估结果

一级指标	二级指标	三级指标	赋分	赋分标准
物种本身特性(70%)	1. 环境适应性(9%)	(1) 原产地(3%)	2	欧洲及地中海沿岸的其他地区
		(2) 全球分布范围(3%)	3	广泛(主要分布地区≥4大洲)
		(3) 主要自然分布区(3%)	3	亚热带、暖温带有广泛分布,或热带至亚热带都有分布,或热带至寒温带都有广泛分布
	2. 入侵史(8%)	(1) 国内是否有入侵记录(3%)	3	是
		(2) 国内是否有同属植物入侵记录(2%)	2	是
		(3) 国外是否有入侵记录(3%)	3	是
	3. 生长与逃逸状况(10%)	(1) 在引种地露天环境生长状况(2%)	2	良好
		(2) 在引种地是否有逸生(2%)	0	否
		(3) 在引种种植区域的逸生范围(2%)	0	无逸生
		(4) 在引种种植区域的逸生数量(2%)	0	无逸生
		(5) 是否能在引种地露天条件下进行自然的有性或无性繁殖(2%)	2	是
	4. 生物学特征(18%)	(1) 生活型(2%)	2	草本(草质藤本)
		(2) 自然条件下的主要繁殖方式(3%)	2	可以同时进行有性及无性繁殖
		(3) 自然条件下的无性繁殖能力(3%)	1.5	一般,仅在一定范围内进行无性繁殖,不会肆意扩张
		(4) 自然条件下的平均有性繁殖频率(2%)	1	繁殖期少于4个月,或一年只进行一次有性繁殖

(续表)

一级指标	二级指标	三级指标	赋分	赋分标准
物种本身特性(70%)	4. 生物学特征(18%)	(5) 单株种子量(2%)	2	单株平均种子量≥1 000粒
		(6) 种子萌发率(繁殖体出苗率)(2%)	2	在适宜的条件下,萌发率(出苗率)≥60%
		(7) 适宜的生境类型(2%)	1	主要生长并繁殖于少数类型的生境中,对干湿条件、遮阳光照等有特定要求,或仅在人类活动干扰地区(农田、苗圃、荒地、林缘、牧场、路边、宅旁、堤岸、人造绿化带等)可大量生长及繁殖
		(8) 耐胁迫能力(2%)	2	对多种类型的胁迫具有较高的抗逆性
	5. 扩散方式与能力(9%)	(1) 种子(繁殖体)的主要传播方式(3%)	3	主要通过风力传播或兼具多种传播方式
		(2) 种子(繁殖体)的传播扩散能力(2%)	2	种子(繁殖体)质量很轻,极易传播扩散,或具有其他极易传播的条件
		(3) 种子(繁殖体)是否具有便于传播的附属器官或结构(2%)	0	否
		(4) 是否具有扩散制约因素(2%)	2	否
	6. 潜在危害与影响(10%)	(1) 占领生境能力(3%)	3	很强,在生长季节能够高频率且高密度出现于适宜生境内
		(2) 是否具有化感作用(3%)	0	无
		(3) 是否可能与当地农作物种子混杂,或引种地是否具有可能与之杂交的同属农作物(或珍稀植物)(2%)	0	否

(续表)

一级指标	二级指标	三级指标	赋分	赋分标准
物种本身特性(70%)	6. 潜在危害与影响(10%)	(4) 是否具有毒性或为过敏原(2%)	2	是
	7. 防控难度(6%)	(1) 识别难度(2%)	0.5	较低,基本能够根据实际情况或现有信息判断其在本地的入侵性高低,或可获得的物种信息量较大
		(2) 监控难度(2%)	2	较高,种子或繁殖体的传播途径较多,可传播距离较远,具有不确定性,不易受到监控
		(3) 防治难度与成本(2%)	2	对当前或潜在的扩散入侵缺乏有效的防治手段,采取多种防治手段也较难抑制该物种的繁殖扩散,防治的成本较高;可依据的防治信息和经验较为有限;不排除需使用化学药剂(对其他物种及环境造成负面影响);若使用生物防治,则其副作用未知

• 柳 枝 稷 •

柳枝稷(图版3)本身特性的入侵性风险评估结果见表3-7。将各个三级指标得分相加,柳枝稷物种特性在入侵性风险评估体系中得分值为48;与引种地得分24.5累加,柳枝稷的入侵性风险总分值为72.5,风险等级为二级,属较高风险等级。

表3-7 柳枝稷本身特性的入侵性风险评估结果

一级指标	二级指标	三级指标	赋分	赋分标准
物种本身特性(70%)	1. 环境适应性(9%)	(1) 原产地(3%)	3	美洲
		(2) 全球分布范围(3%)	2	较广(主要分布地区为2~3大洲)
		(3) 主要自然分布区(3%)	3	亚热带、暖温带有广泛分布,或热带至亚热带都有分布,或热带至寒温带都有广泛分布

(续表)

一级指标	二级指标	三级指标	赋分	赋分标准
物种本身特性(70%)	2. 入侵史(8%)	(1) 国内是否有入侵记录(3%)	0	否
		(2) 国内是否有同属植物入侵记录(2%)	2	是
		(3) 国外是否有入侵记录(3%)	3	是
	3. 生长与逃逸状况(10%)	(1) 在引种地露天环境生长状况(2%)	2	良好
		(2) 在引种地是否有逸生(2%)	0	否
		(3) 在引种种植区域的逸生范围(2%)	0	无逸生
		(4) 在引种种植区域的逸生数量(2%)	0	无逸生
		(5) 是否能在引种地露天条件下进行自然的有性或无性繁殖(2%)	2	是
	4. 生物学特征(18%)	(1) 生活型(2%)	2	草本(草质藤本)
		(2) 自然条件下的主要繁殖方式(3%)	2	可以同时进行有性及无性繁殖
		(3) 自然条件下的无性繁殖能力(3%)	1.5	一般,仅在一定范围内进行无性繁殖,不会肆意扩张
		(4) 自然条件下的平均有性繁殖频率(2%)	1	繁殖期少于4个月,或一年只进行一次有性繁殖
		(5) 单株种子量(2%)	2	单株平均种子量≥1 000粒
		(6) 种子萌发率(繁殖体出苗率)(2%)	2	在适宜的条件下,萌发率(出苗率)≥60%
		(7) 适宜的生境类型(2%)	1	主要生长并繁殖于少数类型的生境中,对干湿条件、遮阳光照等有特定要求,或仅在人类活动干扰地区(农田、苗圃、荒地、林缘、牧场、路边、宅旁、堤岸、人造绿化带等)可大量生长及繁殖

(续表)

一级指标	二级指标	三级指标	赋分	赋分标准
物种本身特性(70%)	4. 生物学特征(18%)	(8) 耐胁迫能力(2%)	2	对多种类型的胁迫具有较高的抗逆性
	5. 扩散方式与能力(9%)	(1) 种子(繁殖体)的主要传播方式(3%)	2	主要通过自然散落、水流传播、动物携带等方式传播
		(2) 种子(繁殖体)的传播扩散能力(2%)	2	种子(繁殖体)质量很轻,极易传播扩散,或具有其他极易传播的条件
		(3) 种子(繁殖体)是否具有便于传播的附属器官或结构(2%)	0	否
		(4) 是否具有扩散制约因素(2%)	2	否
	6. 潜在危害与影响(10%)	(1) 占领生境能力(3%)	3	很强,在生长季节能够高频率且高密度出现于适宜生境内
		(2) 是否具有化感作用(3%)	3	是
		(3) 是否可能与当地农作物种子混杂,或引种地是否具有可能与之杂交的同属农作物(或珍稀植物)(2%)	1	未知
		(4) 是否具有毒性或为过敏原(2%)	0	否
	7. 防控难度(6%)	(1) 识别难度(2%)	0.5	较低,基本能够根据实际情况或现有信息判断其在本地的入侵性高低,或可获得的物种信息量较大
		(2) 监控难度(2%)	2	较高,种子或繁殖体的传播途径较多,可传播距离较远,具有不确定性,不易受到监控

(续表)

一级指标	二级指标	三级指标	赋分	赋分标准
物种本身特性(70%)	7.防控难度(6%)	(3)防治难度与成本(2%)	1	可根据实际情况采取较有效的应对措施,减少人为引种即可有效减少危害,防治成本一般;有一定的物种防治信息和经验可作为依据;不排除需使用化学药剂(对其他物种及环境造成负面影响)

• 菊 苣 •

菊苣本身特性的入侵性风险评估结果见表3-8。将各个三级指标得分相加,菊苣物种特性的入侵性风险值为46;与引种地得分24.5相加,菊苣的入侵性风险评估总得分值为70.5,风险等级为二级,属较高风险等级。

表3-8 菊苣本身特性的入侵性风险评估结果

一级指标	二级指标	三级指标	赋分	赋分标准
物种本身特性(70%)	1.环境适应性(9%)	(1)原产地(3%)	2	欧洲及地中海沿岸的其他地区
		(2)全球分布范围(3%)	3	广泛(主要分布地区≥4大洲)
		(3)主要自然分布区(3%)	3	亚热带、暖温带有广泛分布,或热带至亚热带都有分布,或热带至寒温带都有广泛分布
	2.入侵史(8%)	(1)国内是否有入侵记录(3%)	3	是
		(2)国内是否有同属植物入侵记录(2%)	0	否
		(3)国外是否有入侵记录(3%)	3	是
	3.生长与逃逸状况(10%)	(1)在引种地露天环境生长状况(2%)	2	良好
		(2)在引种地是否有逸生(2%)	0	否

一、上海辰山植物园引种陆生植物入侵风险分析

(续表)

一级指标	二级指标	三级指标	赋分	赋分标准
物种本身特性(70%)	3.生长与逃逸状况(10%)	(3)在引种种植区域的逸生范围(2%)	0	无逸生
		(4)在引种种植区域的逸生数量(2%)	0	无逸生
		(5)是否能在引种地露天条件下进行自然的有性或无性繁殖(2%)	2	是
	4.生物学特征(18%)	(1)生活型(2%)	2	草本(草质藤本)
		(2)自然条件下的主要繁殖方式(3%)	1.5	以有性繁殖为主
		(3)自然条件下的无性繁殖能力(3%)	0	缺乏无性繁殖能力
		(4)自然条件下的平均有性繁殖频率(2%)	2	一年中的有性繁殖期可长达4个月及以上,或一年可以进行两次及以上的有性繁殖
		(5)单株种子量(2%)	2	单株平均种子量≥1 000粒
		(6)种子萌发率(繁殖体出苗率)(2%)	2	在适宜的条件下,萌发率(出苗率)≥60%
		(7)适宜的生境类型(2%)	1	主要生长并繁殖于少数类型的生境中,对干湿条件、遮阳光照等有特定要求,或仅在人类活动干扰地区(农田、苗圃、荒地、林缘、牧场、路边、宅旁、堤岸、人造绿化带等)可大量生长及繁殖
		(8)耐胁迫能力(2%)	2	对多种类型的胁迫具有较高的抗逆性
	5.扩散方式与能力(9%)	(1)种子(繁殖体)的主要传播方式(3%)	3	主要通过风力传播或兼具多种传播方式
		(2)种子(繁殖体)的传播扩散能力(2%)	2	种子(繁殖体)质量很轻,极易传播扩散,或具有其他极易传播的条件

(续表)

一级指标	二级指标	三级指标	赋分	赋分标准
物种本身特性(70%)	5. 扩散方式与能力(9%)	(3) 种子(繁殖体)是否具有便于传播的附属器官或结构(2%)	0	否
		(4) 是否具有扩散制约因素(2%)	2	否
	6. 潜在危害与影响(10%)	(1) 占领生境能力(3%)	2	较强,在生长季节能够高频率出现于适宜生境内
		(2) 是否具有化感作用(3%)	3	是
		(3) 是否可能与当地农作物种子混杂,或引种地是否具有可能与之杂交的同属农作物(或珍稀植物)(2%)	0	否
		(4) 是否具有毒性或为过敏原(2%)	0	否
	7. 防控难度(6%)	(1) 识别难度(2%)	0.5	较低,基本能够根据实际情况或现有信息判断其在本地的入侵性高低,或可获得的物种信息量较大
		(2) 监控难度(2%)	2	较高,种子或繁殖体的传播途径较多,可传播距离较远,具有不确定性,不易受到监控
		(3) 防治难度与成本(2%)	1	可根据实际情况采取较有效的应对措施,减少人为引种即可有效减少危害,防治成本一般;有一定的物种防治信息和经验可作为依据;不排除需使用化学药剂(对其他物种及环境造成负面影响)

一、上海辰山植物园引种陆生植物入侵风险分析

• 毛 蕊 花 •

毛蕊花(图版4)本身特性的入侵性风险评估结果见表3-9。将各个三级指标得分相加,毛蕊花本身生物学特性的入侵性风险值为46;与引种地得分值24.5相加,毛蕊花入侵性风险总得分值为70.5,风险等级为二级,属较高风险等级。

表3-9 毛蕊花本身特性的入侵性风险评估结果

一级指标	二级指标	三级指标	赋分	赋分标准
物种本身特性(70%)	1. 环境适应性(9%)	(1) 原产地(3%)	2	欧洲及地中海沿岸的其他地区
		(2) 全球分布范围(3%)	3	广泛(主要分布地区≥4大洲)
		(3) 主要自然分布区(3%)	3	亚热带、暖温带有广泛分布,或热带至亚热带都有分布,或热带至寒温带都有广泛分布
	2. 入侵史(8%)	(1) 国内是否有入侵记录(3%)	3	是
		(2) 国内是否有同属植物入侵记录(2%)	0	否
		(3) 国外是否有入侵记录(3%)	3	是
	3. 生长与逃逸状况(10%)	(1) 在引种地露天环境生长状况(2%)	2	良好
		(2) 在引种地是否有逸生(2%)	0	否
		(3) 在引种种植区域的逸生范围(2%)	0	无逸生
		(4) 在引种种植区域的逸生数量(2%)	0	无逸生
		(5) 是否能在引种地露天条件下进行自然的有性或无性繁殖(2%)	2	是

(续表)

一级指标	二级指标	三级指标	赋分	赋分标准
物种本身特性(70%)	4. 生物学特征(18%)	(1) 生活型(2%)	2	草本(草质藤本)
		(2) 自然条件下的主要繁殖方式(3%)	1.5	以有性繁殖为主
		(3) 自然条件下的无性繁殖能力(3%)	0	缺乏无性繁殖能力
		(4) 自然条件下的平均有性繁殖频率(2%)	1	繁殖期少于4个月,或一年只进行一次有性繁殖
		(5) 单株种子量(2%)	2	单株平均种子量≥1 000粒
		(6) 种子萌发率(繁殖体出苗率)(2%)	2	在适宜的条件下,萌发率(出苗率)≥60%
		(7) 适宜的生境类型(2%)	1	主要生长并繁殖于少数类型的生境中,对干湿条件、遮阳光照等有特定要求,或仅在人类活动干扰地区(农田、苗圃、荒地、林缘、牧场、路边、宅旁、堤岸、人造绿化带等)可大量生长及繁殖
		(8) 耐胁迫能力(2%)	2	对多种类型的胁迫具有较高的抗逆性
	5. 扩散方式与能力(9%)	(1) 种子(繁殖体)的主要传播方式(3%)	3	主要通过风力传播或兼具多种传播方式
		(2) 种子(繁殖体)的传播扩散能力(2%)	2	种子(繁殖体)质量很轻,极易传播扩散,或具有其他极易传播的条件
		(3) 种子(繁殖体)是否具有便于传播的附属器官或结构(2%)	0	否
		(4) 是否具有扩散制约因素(2%)	2	否
	6. 潜在危害与影响(10%)	(1) 占领生境能力(3%)	3	很强,在生长季节能够高频率且高密度出现于适宜生境内

(续表)

一级指标	二级指标	三级指标	赋分	赋分标准
物种本身特性(70%)	6. 潜在危害与影响(10%)	(2) 是否具有化感作用(3%)	0	无
		(3) 是否可能与当地农作物种子混杂,或引种地是否具有可能与之杂交的同属农作物(或珍稀植物)(2%)	0	否
		(4) 是否具有毒性或为过敏原(2%)	2	是
	7. 防控难度(6%)	(1) 识别难度(2%)	0.5	较低,基本能够根据实际情况或现有信息判断其在本地的入侵性高低,或可获得的物种信息量较大
		(2) 监控难度(2%)	2	较高,种子或繁殖体的传播途径较多,可传播距离较远,具有不确定性,不易受到监控
		(3) 防治难度与成本(2%)	2	对当前或潜在的扩散入侵缺乏有效的防治手段,采取多种防治手段也较难抑制该物种的繁殖扩散,防治的成本较高;可依据的防治信息和经验较为有限;不排除需使用化学药剂(对其他物种及环境造成负面影响);若使用生物防治,则其副作用未知

• 聚 合 草 •

聚合草(图版1)本身特性的入侵性风险评估结果见表3-10。将各个三级指标得分相加,聚合草物种特性在评估体系中得46分;与引种地得分24.5累加,聚合草入侵性风险总分值为70.5,风险等级为二级,属较高风险等级。

表 3-10 聚合草本身特性的入侵性风险评估结果

一级指标	二级指标	三级指标	赋分	赋分标准
物种本身特性(70%)	1. 环境适应性(9%)	(1) 原产地(3%)	2	欧洲及地中海沿岸的其他地区
		(2) 全球分布范围(3%)	3	广泛(主要分布地区≥4大洲)
		(3) 主要自然分布区(3%)	3	亚热带、暖温带有广泛分布,或热带至亚热带都有分布,或热带至寒温带都有广泛分布
	2. 入侵史(8%)	(1) 国内是否有入侵记录(3%)	3	是
		(2) 国内是否有同属植物入侵记录(2%)	0	否
		(3) 国外是否有入侵记录(3%)	0	否
	3. 生长与逃逸状况(10%)	(1) 在引种地露天环境生长状况(2%)	2	良好
		(2) 在引种地是否有逸生(2%)	2	是
		(3) 在引种种植区域的逸生范围(2%)	2	距离种植区域≥50 m
		(4) 在引种种植区域的逸生数量(2%)	2	逸生植株≥50 株
		(5) 是否能在引种地露天条件下进行自然的有性或无性繁殖(2%)	2	是
	4. 生物学特征(18%)	(1) 生活型(2%)	2	草本(草质藤本)
		(2) 自然条件下的主要繁殖方式(3%)	1.5	以有性繁殖为主
		(3) 自然条件下的无性繁殖能力(3%)	3	较强,能够使物种大量繁殖,种群数量迅速增加
		(4) 自然条件下的平均有性繁殖频率(2%)	1	繁殖期少于 4 个月,或一年只进行一次有性繁殖

(续表)

一级指标	二级指标	三级指标	赋分	赋分标准
物种本身特性(70%)	4.生物学特征(18%)	(5) 单株种子量(2%)	0	单株平均种子量≤10粒，或几乎不结实
		(6) 种子萌发率(繁殖体出苗率)(2%)	0	在可萌发条件下,萌发率(出苗率)≤25%,或几乎无种子
		(7) 适宜的生境类型(2%)	1	主要生长并繁殖于少数类型的生境中,对干湿条件、遮阳光照等有特定要求,或仅在人类活动干扰地区(农田、苗圃、荒地、林缘、牧场、路边、宅旁、堤岸、人造绿化带等)可大量生长及繁殖
		(8) 耐胁迫能力(2%)	2	对多种类型的胁迫具有较高的抗逆性
	5.扩散方式与能力(9%)	(1) 种子(繁殖体)的主要传播方式(3%)	2	主要通过自然散落、水流传播、动物携带等方式传播
		(2) 种子(繁殖体)的传播扩散能力(2%)	2	种子(繁殖体)质量很轻,极易传播扩散,或具有其他极易传播的条件
		(3) 种子(繁殖体)是否具有便于传播的附属器官或结构(2%)	0	否
		(4) 是否具有扩散制约因素(2%)	2	否
	6.潜在危害与影响(10%)	(1) 占领生境能力(3%)	2	较强,在生长季节能够高频率出现于适宜生境内
		(2) 是否具有化感作用(3%)	0	无
		(3) 是否可能与当地农作物种子混杂,或引种地是否具有可能与之杂交的同属农作物(或珍稀植物)(2%)	0	否

(续表)

一级指标	二级指标	三级指标	赋分	赋分标准
物种本身特性(70%)	6. 潜在危害与影响(10%)	(4) 是否具有毒性或为过敏原(2%)	2	是
	7. 防控难度(6%)	(1) 识别难度(2%)	0.5	较低,基本能够根据实际情况或现有信息判断其在本地的入侵性高低,或可获得的物种信息量较大
		(2) 监控难度(2%)	2	较高,种子或繁殖体的传播途径较多,可传播距离较远,具有不确定性,不易受到监控
		(3) 防治难度与成本(2%)	2	对当前或潜在的扩散入侵缺乏有效的防治手段,采取多种防治手段也较难抑制该物种的繁殖扩散,防治的成本较高;可依据的防治信息和经验较为有限;不排除需使用化学药剂(对其他物种及环境造成负面影响);若使用生物防治,则其副作用未知

● 绒毛狼尾草 ●

绒毛狼尾草本身特性的入侵性风险评估结果见表 3-11。将各个三级指标得分相加,绒毛狼尾草物种本身特性的入侵性风险值为 44.5;与引种地得分 24.5 相加,绒毛狼尾草入侵性风险总得分值为 69,风险等级为三级,属中等风险等级。

表 3-11 绒毛狼尾草本身特性的入侵性风险评估结果

一级指标	二级指标	三级指标	赋分	赋分标准
物种本身特性(70%)	1. 环境适应性(9%)	(1) 原产地(3%)	2	欧洲及地中海沿岸的其他地区
		(2) 全球分布范围(3%)	3	广泛(主要分布地区≥4大洲)
		(3) 主要自然分布区(3%)	3	亚热带、暖温带有广泛分布,或热带至亚热带都有分布,或热带至寒温带都有广泛分布

(续表)

一级指标	二级指标	三级指标	赋分	赋分标准
物种本身特性(70%)	2. 入侵史(8%)	(1) 国内是否有入侵记录(3%)	3	是
		(2) 国内是否有同属植物入侵记录(2%)	2	是
		(3) 国外是否有入侵记录(3%)	3	是
	3. 生长与逃逸状况(10%)	(1) 在引种地露天环境生长状况(2%)	2	良好
		(2) 在引种地是否有逸生(2%)	0	否
		(3) 在引种种植区域的逸生范围(2%)	0	无逸生
		(4) 在引种种植区域的逸生数量(2%)	0	无逸生
		(5) 是否能在引种地露天条件下进行自然的有性或无性繁殖(2%)	2	是
	4. 生物学特征(18%)	(1) 生活型(2%)	2	草本(草质藤本)
		(2) 自然条件下的主要繁殖方式(3%)	2	可以同时进行有性及无性繁殖
		(3) 自然条件下的无性繁殖能力(3%)	1.5	一般,仅在一定范围内进行无性繁殖,不会肆意扩张
		(4) 自然条件下的平均有性繁殖频率(2%)	1	繁殖期少于4个月,或一年只进行一次有性繁殖
		(5) 单株种子量(2%)	2	单株平均种子量≥1 000粒
		(6) 种子萌发率(繁殖体出苗率)(2%)	2	在适宜的条件下,萌发率(出苗率)≥60%
		(7) 适宜的生境类型(2%)	1	主要生长并繁殖于少数类型的生境中,对干湿条件、遮阳光照等有特定要求,或仅在人类活动干扰地区(农田、苗圃、荒地、林缘、牧场、路边、宅旁、堤岸、人造绿化带等)可大量生长及繁殖

(续表)

一级指标	二级指标	三级指标	赋分	赋分标准
物种本身特性(70%)	4. 生物学特征(18%)	(8) 耐胁迫能力(2%)	2	对多种类型的胁迫具有较高的抗逆性
	5. 扩散方式与能力(9%)	(1) 种子(繁殖体)的主要传播方式(3%)	2	主要通过自然散落、水流传播、动物携带等方式传播
		(2) 种子(繁殖体)的传播扩散能力(2%)	1	种子(繁殖体)质量较轻,较易传播扩散,或具有其他较易传播的条件
		(3) 种子(繁殖体)是否具有便于传播的附属器官或结构(2%)	0	否
		(4) 是否具有扩散制约因素(2%)	2	否
	6. 潜在危害与影响(10%)	(1) 占领生境能力(3%)	1	一般,在生长季节会适量出现于适宜生境内
		(2) 是否具有化感作用(3%)	0	无
		(3) 是否可能与当地农作物种子混杂,或引种地是否具有可能与之杂交的同属农作物(或珍稀植物)(2%)	0	否
		(4) 是否具有毒性或为过敏原(2%)	0	否
	7. 防控难度(6%)	(1) 识别难度(2%)	1	一般,短期内能够初步判断其在本地的适应繁殖状况,但不明确是否会有潜在的进化演变可能及其他不良影响,或可获得的物种信息量较有限
		(2) 监控难度(2%)	2	较高,种子或繁殖体的传播途径较多,可传播距离较远,具有不确定性,不易受到监控

(续表)

一级指标	二级指标	三级指标	赋分	赋分标准
物种本身特性(70%)	7.防控难度(6%)	(3)防治难度与成本(2%)	1	可根据实际情况采取较有效的应对措施,减少人为引种即可有效减少危害,防治成本一般;有一定的物种防治信息和经验可作为依据;不排除需使用化学药剂(对其他物种及环境造成负面影响)

• 香 根 菊 •

香根菊(图版6)本身特性使用"已存在"状态的评估体系,评估结果见表3-12。将各个三级指标得分相加,香根菊物种特性在评估体系中得44.5分;与引种地得分24.5累加,香根菊在"已存在"状态风险评估体系总得分为69分,风险等级为三级,属中等风险等级。

表3-12 香根菊本身特性使用"已存在"状态的评估体系

一级指标	二级指标	三级指标	赋分	赋分标准
物种本身特性(70%)	1.环境适应性(9%)	(1)原产地(3%)	3	美洲
		(2)全球分布范围(3%)	2	较广(主要分布地区为2~3大洲)
		(3)主要自然分布区(3%)	3	亚热带、暖温带有广泛分布,或热带至亚热带都有分布,或热带至寒温带都有广泛分布
	2.入侵史(8%)	(1)国内是否有入侵记录(3%)	0	否
		(2)国内是否有同属植物入侵记录(2%)	0	否
		(3)国外是否有入侵记录(3%)	3	是

(续表)

一级指标	二级指标	三级指标	赋分	赋分标准
物种本身特性(70%)	3. 生长与逃逸状况(10%)	(1) 在引种地露天环境生长状况(2%)	2	良好
		(2) 在引种地是否有逸生(2%)	0	否
		(3) 在引种种植区域的逸生范围(2%)	0	无逸生
		(4) 在引种种植区域的逸生数量(2%)	0	无逸生
		(5) 是否能在引种地露天条件下进行自然的有性或无性繁殖(2%)	2	是
	4. 生物学特征(18%)	(1) 生活型(2%)	2	草本(草质藤本)
		(2) 自然条件下的主要繁殖方式(3%)	1.5	以有性繁殖为主
		(3) 自然条件下的无性繁殖能力(3%)	0	缺乏无性繁殖能力
		(4) 自然条件下的平均有性繁殖频率(2%)	1	繁殖期少于4个月,或一年只进行一次有性繁殖
		(5) 单株种子量(2%)	2	单株平均种子量≥1 000粒
		(6) 种子萌发率(繁殖体出苗率)(2%)	2	在适宜的条件下,萌发率(出苗率)≥60%
		(7) 适宜的生境类型(2%)	1	主要生长并繁殖于少数类型的生境中,对干湿条件、遮阳光照等有特定要求,或仅在人类活动干扰地区(农田、苗圃、荒地、林缘、牧场、路旁、宅旁、堤岸、人造绿化带等)可大量生长及繁殖
		(8) 耐胁迫能力(2%)	1	对某些特定类型的胁迫具有较强的抗逆性

(续表)

一级指标	二级指标	三级指标	赋分	赋分标准
物种本身特性(70%)	5.扩散方式与能力(9%)	(1)种子(繁殖体)的主要传播方式(3%)	3	主要通过风力传播或兼具多种传播方式
		(2)种子(繁殖体)的传播扩散能力(2%)	2	种子(繁殖体)质量很轻,极易传播扩散,或具有其他极易传播的条件
		(3)种子(繁殖体)是否具有便于传播的附属器官或结构(2%)	2	是
		(4)是否具有扩散制约因素(2%)	2	否
	6.潜在危害与影响(10%)	(1)占领生境能力(3%)	3	很强,在生长季节能够高频率且高密度出现于适宜生境内
		(2)是否具有化感作用(3%)	0	无
		(3)是否可能与当地农作物种子混杂,或引种地是否具有可能与之杂交的同属农作物(或珍稀植物)(2%)	0	否
		(4)是否具有毒性或为过敏原(2%)	2	是
	7.防控难度(6%)	(1)识别难度(2%)	1	一般,短期内能够初步判断其在本地的适应繁殖状况,但不明确是否会有潜在的进化演变可能及其他不良影响,或可获得的物种信息量较有限
		(2)监控难度(2%)	2	较高,种子或繁殖体的传播途径较多,可传播距离较远,具有不确定性,不易受到监控

一级指标	二级指标	三级指标	赋分	赋分标准
物种本身特性(70%)	7.防控难度(6%)	(3)防治难度与成本(2%)	2	对当前或潜在的扩散入侵缺乏有效的防治手段,采取多种防治手段也较难抑制该物种的繁殖扩散,防治的成本较高;可依据的防治信息和经验较为有限;不排除需使用化学药剂(对其他物种及环境造成负面影响);若使用生物防治,则其副作用未知

肥 皂 草

肥皂草(图版6)本身特性使用"已存在"状态的评估体系,评估结果见表3-13。将各个三级指标得分相加,肥皂草物种特性在评估体系中得44.5分;与引种地得分24.5累加,肥皂草在"已存在"状态风险评估体系总得分为69分,风险等级为三级,属中等风险等级。

表3-13 肥皂草本身特性使用"已存在"状态的评估体系

一级指标	二级指标	三级指标	赋分	赋分标准
物种本身特性(70%)	1.环境适应性(9%)	(1)原产地(3%)	2	欧洲及地中海沿岸的其他地区
		(2)全球分布范围(3%)	3	广泛(主要分布地区≥4大洲)
		(3)主要自然分布区(3%)	3	亚热带、暖温带有广泛分布,或热带至亚热带都有分布,或热带至寒温带都有广泛分布
	2.入侵史(8%)	(1)国内是否有入侵记录(3%)	3	是
		(2)国内是否有同属植物入侵记录(2%)	0	否
		(3)国外是否有入侵记录(3%)	3	是

(续表)

一级指标	二级指标	三级指标	赋分	赋分标准
物种本身特性(70%)	3. 生长与逃逸状况(10%)	(1) 在引种地露天环境生长状况(2%)	2	良好
		(2) 在引种地是否有逸生(2%)	0	否
		(3) 在引种种植区域的逸生范围(2%)	0	无逸生
		(4) 在引种种植区域的逸生数量(2%)	0	无逸生
		(5) 是否能在引种地露天条件下进行自然的有性或无性繁殖(2%)	2	是
	4. 生物学特征(18%)	(1) 生活型(2%)	2	草本(草质藤本)
		(2) 自然条件下的主要繁殖方式(3%)	3	可以同时进行有性及无性繁殖
		(3) 自然条件下的无性繁殖能力(3%)	1.5	一般,仅在一定范围内进行无性繁殖,不会肆意扩张
		(4) 自然条件下的平均有性繁殖频率(2%)	2	一年中的有性繁殖期可长达4个月及以上,或一年可以进行两次及以上的有性繁殖
		(5) 单株种子量(2%)	1	单株平均种子量10～1 000粒
		(6) 种子萌发率(繁殖体出苗率)(2%)	1	在适宜条件下,萌发率(出苗率)为25%～60%,或者比率浮动较大
		(7) 适宜的生境类型(2%)	1	主要生长并繁殖于少数类型的生境中,对干湿条件、遮阳光照等有特定要求,或仅在人类活动干扰地区(农田、苗圃、荒地、林缘、牧场、路边、宅旁、堤岸、人造绿化带等)可大量生长及繁殖

(续表)

一级指标	二级指标	三级指标	赋分	赋分标准
物种本身特性(70%)	4. 生物学特征(18%)	(8) 耐胁迫能力(2%)	2	对多种类型的胁迫具有较高的抗逆性
	5. 扩散方式与能力(9%)	(1) 种子(繁殖体)的主要传播方式(3%)	2	主要通过自然散落、水流传播、动物携带等方式传播
		(2) 种子(繁殖体)的传播扩散能力(2%)	2	种子(繁殖体)质量很轻,极易传播扩散,或具有其他极易传播的条件
		(3) 种子(繁殖体)是否具有便于传播的附属器官或结构(2%)	0	否
		(4) 是否具有扩散制约因素(2%)	2	否
	6. 潜在危害与影响(10%)	(1) 占领生境能力(3%)	2	较强,在生长季节能够高频率出现于适宜生境内
		(2) 是否具有化感作用(3%)	0	无
		(3) 是否可能与当地农作物种子混杂,或引种地是否具有可能与之杂交的同属农作物(或珍稀植物)(2%)	0	否
		(4) 是否具有毒性或为过敏原(2%)	2	是
	7. 防控难度(6%)	(1) 识别难度(2%)	1	一般,短期内能够初步判断其在本地的适应繁殖状况,但不明确是否会有潜在的进化演变可能及其他不良影响,或可获得的物种信息量较有限
		(2) 监控难度(2%)	1	一般,种子或繁殖体的传播途径和距离有限,较易受到监控

(续表)

一级指标	二级指标	三级指标	赋分	赋分标准
物种本身特性(70%)	7. 防控难度(6%)	(3) 防治难度与成本(2%)	1	可根据实际情况采取较有效的应对措施,减少人为引种即可有效减少危害,防治成本一般;有一定的物种防治信息和经验可作为依据;不排除需使用化学药剂(对其他物种及环境造成负面影响)

· 荷 兰 菊 ·

荷兰菊本身特性使用"已存在"状态的评估体系,评估结果见表3-14。将各个三级指标得分相加,荷兰菊物种特性在评估体系中得43.5分;与引种地得分24.5累加,荷兰菊在"已存在"状态风险评估体系总得分为68分,风险等级为三级,属中等风险等级。

表3-14 荷兰菊本身特性使用"已存在"状态的评估体系

一级指标	二级指标	三级指标	赋分	赋分标准
物种本身特性(70%)	1. 环境适应性(9%)	(1) 原产地(3%)	3	美洲
		(2) 全球分布范围(3%)	3	广泛(主要分布地区≥4大洲)
		(3) 主要自然分布区(3%)	3	亚热带、暖温带有广泛分布,或热带至亚热带都有分布,或热带至寒温带都有广泛分布
	2. 入侵史(8%)	(1) 国内是否有入侵记录(3%)	0	否
		(2) 国内是否有同属植物入侵记录(2%)	2	是
		(3) 国外是否有入侵记录(3%)	0	否

(续表)

一级指标	二级指标	三级指标	赋分	赋分标准
物种本身特性(70%)	3. 生长与逃逸状况(10%)	(1) 在引种地露天环境生长状况(2%)	2	良好
		(2) 在引种地是否有逸生(2%)	0	否
		(3) 在引种种植区域的逸生范围(2%)	0	无逸生
		(4) 在引种种植区域的逸生数量(2%)	0	无逸生
		(5) 是否能在引种地露天条件下进行自然的有性或无性繁殖(2%)	2	是
	4. 生物学特征(18%)	(1) 生活型(2%)	2	草本(草质藤本)
		(2) 自然条件下的主要繁殖方式(3%)	2	可以同时进行有性及无性繁殖
		(3) 自然条件下的无性繁殖能力(3%)	1.5	一般,仅在一定范围内进行无性繁殖,不会肆意扩张
		(4) 自然条件下的平均有性繁殖频率(2%)	1	繁殖期少于4个月,或一年只进行一次有性繁殖
		(5) 单株种子量(2%)	2	单株平均种子量≥1 000粒
		(6) 种子萌发率(繁殖体出苗率)(2%)	2	在适宜的条件下,萌发率(出苗率)≥60%
		(7) 适宜的生境类型(2%)	1	主要生长并繁殖于少数类型的生境中,对干湿条件、遮阳光照等有特定要求,或仅在人类活动干扰地区(农田、苗圃、荒地、林缘、牧场、路边、宅旁、堤岸、人造绿化带等)可大量生长及繁殖
		(8) 耐胁迫能力(2%)	1	对某些特定类型的胁迫具有较强的抗逆性

(续表)

一级指标	二级指标	三级指标	赋分	赋分标准
物种本身特性(70%)	5. 扩散方式与能力(9%)	(1) 种子(繁殖体)的主要传播方式(3%)	3	主要通过风力传播或兼具多种传播方式
		(2) 种子(繁殖体)的传播扩散能力(2%)	2	种子(繁殖体)质量很轻,极易传播扩散,或具有其他极易传播的条件
		(3) 种子(繁殖体)是否具有便于传播的附属器官或结构(2%)	2	是
		(4) 是否具有扩散制约因素(2%)	2	否
	6. 潜在危害与影响(10%)	(1) 占领生境能力(3%)	1	一般,在生长季节会适量出现于适宜生境内
		(2) 是否具有化感作用(3%)	0	无
		(3) 是否可能与当地农作物种子混杂,或引种地是否具有可能与之杂交的同属农作物(或珍稀植物)(2%)	0	否
		(4) 是否具有毒性或为过敏原(2%)	0	否
	7. 防控难度(6%)	(1) 识别难度(2%)	1	一般,短期内能够初步判断其在本地的适应繁殖状况,但不明确是否会有潜在的进化演变可能及其他不良影响,或可获得的物种信息量较有限
		(2) 监控难度(2%)	2	较高,种子或繁殖体的传播途径较多,可传播距离较远,具有不确定性,不易受到监控
		(3) 防治难度与成本(2%)	2	对当前或潜在的扩散入侵缺乏有效的防治手段,采取多种防治手段也较难抑制该物种的繁殖扩散,防治的成本较高;可依据的防治信息和经验较为有限;不排除需使用化学药剂(对其他物种及环境造成负面影响);若使用生物防治,则其副作用未知

• 欧 洲 山 芥 •

欧洲山芥(图版 2)本身特性使用"已存在"状态的评估体系,评估结果见表 3-15。将各个三级指标得分相加,欧洲山芥物种特性在评估体系中得 43.5 分;与引种地得分 24.5 累加,欧洲山芥在"已存在"状态风险评估体系总得分为 68 分,风险等级为三级,属中等风险等级。

表 3-15 欧洲山芥本身特性使用"已存在"状态的评估体系

一级指标	二级指标	三级指标	赋分	赋分标准
物种本身特性(70%)	1. 环境适应性(9%)	(1) 原产地(3%)	2	欧洲及地中海沿岸的其他地区
		(2) 全球分布范围(3%)	2	较广(主要分布地区为 2～3 大洲)
		(3) 主要自然分布区(3%)	3	亚热带、暖温带有广泛分布,或热带至亚热带都有分布,或热带至寒温带都有广泛分布
	2. 入侵史(8%)	(1) 国内是否有入侵记录(3%)	0	否
		(2) 国内是否有同属植物入侵记录(2%)	0	否
		(3) 国外是否有入侵记录(3%)	3	是
	3. 生长与逃逸状况(10%)	(1) 在引种地露天环境生长状况(2%)	2	良好
		(2) 在引种地是否有逸生(2%)	0	否
		(3) 在引种种植区域的逸生范围(2%)	0	无逸生
		(4) 在引种种植区域的逸生数量(2%)	0	无逸生
		(5) 是否能在引种地露天条件下进行自然的有性或无性繁殖(2%)	2	是

(续表)

一级指标	二级指标	三级指标	赋分	赋分标准
物种本身特性(70%)	4. 生物学特征(18%)	(1) 生活型(2%)	2	草本(草质藤本)
		(2) 自然条件下的主要繁殖方式(3%)	3	可以同时进行有性及无性繁殖
		(3) 自然条件下的无性繁殖能力(3%)	1.5	一般,仅在一定范围内进行无性繁殖,不会肆意扩张
		(4) 自然条件下的平均有性繁殖频率(2%)	1	繁殖期少于4个月,或一年只进行一次有性繁殖
		(5) 单株种子量(2%)	2	单株平均种子量≥1 000粒
		(6) 种子萌发(繁殖体出苗率)(2%)	1	在适宜条件下,萌发率(出苗率)为25%~60%,或者比率浮动较大
		(7) 适宜的生境类型(2%)	1	主要生长并繁殖于少数类型的生境中,对干湿条件、遮阳光照等有特定要求,或仅在人类活动干扰地区(农田、苗圃、荒地、林缘、牧场、路边、宅旁、堤岸、人造绿化带等)可大量生长及繁殖
		(8) 耐胁迫能力(2%)	2	对多种类型的胁迫具有较高的抗逆性
	5. 扩散方式与能力(9%)	(1) 种子(繁殖体)的主要传播方式(3%)	3	主要通过风力传播或兼具多种传播方式
		(2) 种子(繁殖体)的传播扩散能力(2%)	2	种子(繁殖体)质量很轻,极易传播扩散,或具有其他极易传播的条件
		(3) 种子(繁殖体)是否具有便于传播的附属器官或结构(2%)	0	否
		(4) 是否具有扩散制约因素(2%)	2	否

(续表)

一级指标	二级指标	三级指标	赋分	赋分标准
物种本身特性(70%)	6. 潜在危害与影响(10%)	（1）占领生境能力(3%)	3	很强,在生长季节能够高频率且高密度出现于适宜生境内
		（2）是否具有化感作用(3%)	0	否
		（3）是否可能与当地农作物种子混杂,或引种地是否具有可能与之杂交的同属农作物(或珍稀植物)(2%)	2	是
		（4）是否具有毒性或为过敏原(2%)	0	否
	7. 防控难度(6%)	（1）识别难度(2%)	1	一般,短期内能够初步判断其在本地的适应繁殖状况,但不明确是否会有潜在的进化演变可能及其他不良影响,或可获得的物种信息量较有限
		（2）监控难度(2%)	1	一般,种子或繁殖体的传播途径和距离有限,较易受到监控
		（3）防治难度与成本(2%)	2	对当前或潜在的扩散入侵缺乏有效的防治手段,采取多种防治手段也较难抑制该物种的繁殖扩散,防治的成本较高;可依据的防治信息和经验较为有限;不排除需使用化学药剂(对其他物种及环境造成负面影响);若使用生物防治,则其副作用未知

· 黑 心 菊 ·

黑心菊本身特性使用"已存在"状态的评估体系,评估结果见表 3-16。将各个三级指标得分相加,黑心菊物种特性在评估体系中得 43 分;与引种地得分 24.5 累加,黑心菊在"已存在"状态风险评估体系总得分为67.5分,风险等级为三级,属中等风险等级。

表3-16 黑心菊本身特性使用"已存在"状态的评估体系

一级指标	二级指标	三级指标	赋分	赋分标准
物种本身特性(70%)	1. 环境适应性(9%)	(1) 原产地(3%)	3	美洲
		(2) 全球分布范围(3%)	2	较广(主要分布地区为2~3大洲)
		(3) 主要自然分布区(3%)	3	亚热带、暖温带有广泛分布,或热带至亚热带都有分布,或热带至寒温带都有广泛分布
	2. 入侵史(8%)	(1) 国内是否有入侵记录(3%)	3	是
		(2) 国内是否有同属植物入侵记录(2%)	2	是
		(3) 国外是否有入侵记录(3%)	3	是
	3. 生长与逃逸状况(10%)	(1) 在引种地露天环境生长状况(2%)	2	良好
		(2) 在引种地是否有逸生(2%)	0	否
		(3) 在引种种植区域的逸生范围(2%)	0	无逸生
		(4) 在引种种植区域的逸生数量(2%)	0	无逸生
		(5) 是否能在引种地露天条件下进行自然的有性或无性繁殖(2%)	2	是
	4. 生物学特征(18%)	(1) 生活型(2%)	2	草本(草质藤本)
		(2) 自然条件下的主要繁殖方式(3%)	1.5	以有性繁殖为主
		(3) 自然条件下的无性繁殖能力(3%)	0	缺乏无性繁殖能力

(续表)

一级指标	二级指标	三级指标	赋分	赋分标准
物种本身特性(70%)	4. 生物学特征(18%)	(4) 自然条件下的平均有性繁殖频率(2%)	2	一年中的有性繁殖期可长达4个月及以上,或一年可以进行两次及以上的有性繁殖
		(5) 单株种子量(2%)	2	单株平均种子量≥1 000粒
		(6) 种子萌发率(繁殖体出苗率)(2%)	1	在适宜条件下,萌发率(出苗率)为25%～60%,或者比率浮动较大
		(7) 适宜的生境类型(2%)	1	主要生长并繁殖于少数类型的生境中,对干湿条件、遮阳光照等有特定要求,或仅在人类活动干扰地区(农田、苗圃、荒地、林缘、牧场、路边、宅旁、堤岸、人造绿化带等)可大量生长及繁殖
		(8) 耐胁迫能力(2%)	1	对某些特定类型的胁迫具有较强的抗逆性
	5. 扩散方式与能力(9%)	(1) 种子(繁殖体)的主要传播方式(3%)	3	主要通过风力传播或兼具多种传播方式
		(2) 种子(繁殖体)的传播扩散能力(2%)	2	种子(繁殖体)质量很轻,极易传播扩散,或具有其他极易传播的条件
		(3) 种子(繁殖体)是否具有便于传播的附属器官或结构(2%)	0	否
		(4) 是否具有扩散制约因素(2%)	2	否
	6. 潜在危害与影响(10%)	(1) 占领生境能力(3%)	2	较强,在生长季节能够高频率出现于适宜生境内
		(2) 是否具有化感作用(3%)	0	无

(续表)

一级指标	二级指标	三级指标	赋分	赋分标准
物种本身特性(70%)	6. 潜在危害与影响(10%)	(3) 是否可能与当地农作物种子混杂,或引种地是否具有可能与之杂交的同属农作物(或珍稀植物)(2%)	0	否
		(4) 是否具有毒性或为过敏原(2%)	0	否
	7. 防控难度(6%)	(1) 识别难度(2%)	0.5	较低,基本能够根据实际情况或现有信息判断其在本地的入侵性高低,或可获得的物种信息量较大
		(2) 监控难度(2%)	2	较高,种子或繁殖体的传播途径较多,可传播距离较远,具有不确定性,不易受到监控
		(3) 防治难度与成本(2%)	1	可根据实际情况采取较有效的应对措施,减少人为引种即可有效减少危害,防治成本一般;有一定的物种防治信息和经验可作为依据;不排除需使用化学药剂(对其他物种及环境造成负面影响)

• 大麻叶泽兰 •

大麻叶泽兰本身特性使用"已存在"状态的评估体系,评估结果见表3-17。将各个三级指标得分相加,大麻叶泽兰物种特性在评估体系中得42.5分;与引种地得分24.5累加,大麻叶泽兰在"已存在"状态风险评估体系总得分为67分,风险等级为三级,属中等风险等级。

表3-17 大麻叶泽兰本身特性使用"已存在"状态的评估体系

一级指标	二级指标	三级指标	赋分	赋分标准
物种本身特性(70%)	1. 环境适应性(9%)	(1) 原产地(3%)	2	欧洲及地中海沿岸的其他地区
		(2) 全球分布范围(3%)	3	广泛(主要分布地区≥4大洲)

(续表)

一级指标	二级指标	三级指标	赋分	赋分标准
物种本身特性(70%)	1. 环境适应性(9%)	(3) 主要自然分布区(3%)	3	亚热带、暖温带有广泛分布,或热带至亚热带都有分布,或热带至寒温带都有广泛分布
	2. 入侵史(8%)	(1) 国内是否有入侵记录(3%)	3	是
		(2) 国内是否有同属植物入侵记录(2%)	0	否
		(3) 国外是否有入侵记录(3%)	0	否
	3. 生长与逃逸状况(10%)	(1) 在引种地露天环境生长状况(2%)	2	良好
		(2) 在引种地是否有逸生(2%)	0	否
		(3) 在引种种植区域的逸生范围(2%)	0	无逸生
		(4) 在引种种植区域的逸生数量(2%)	0	无逸生
		(5) 是否能在引种地露天条件下进行自然的有性或无性繁殖(2%)	2	是
	4. 生物学特征(18%)	(1) 生活型(2%)	2	草本(草质藤本)
		(2) 自然条件下的主要繁殖方式(3%)	3	可以同时进行有性及无性繁殖
		(3) 自然条件下的无性繁殖能力(3%)	1.5	一般,仅在一定范围内进行无性繁殖,不会肆意扩张
		(4) 自然条件下的平均有性繁殖频率(2%)	1	繁殖期少于4个月,或一年只进行一次有性繁殖
		(5) 单株种子量(2%)	2	单株平均种子量≥1 000粒
		(6) 种子萌发率(繁殖体出苗率)(2%)	2	在适宜的条件下,萌发率(出苗率)≥60%

(续表)

一级指标	二级指标	三级指标	赋分	赋分标准
物种本身特性(70%)	4. 生物学特征(18%)	(7) 适宜的生境类型(2%)	1	主要生长并繁殖于少数类型的生境中,对干湿条件、遮阳光照等有特定要求,或仅在人类活动干扰地区(农田、苗圃、荒地、林缘、牧场、路边、宅旁、堤岸、人造绿化带等)可大量生长及繁殖
		(8) 耐胁迫能力(2%)	1	对某些特定类型的胁迫具有较强的抗逆性
	5. 扩散方式与能力(9%)	(1) 种子(繁殖体)的主要传播方式(3%)	3	主要通过风力传播或兼具多种传播方式
		(2) 种子(繁殖体)的传播扩散能力(2%)	2	种子(繁殖体)质量很轻,极易传播扩散,或具有其他极易传播的条件
		(3) 种子(繁殖体)是否具有便于传播的附属器官或结构(2%)	2	是
		(4) 是否具有扩散制约因素(2%)	2	否
	6. 潜在危害与影响(10%)	(1) 占领生境能力(3%)	1	一般,在生长季节会适量出现于适宜生境内
		(2) 是否具有化感作用(3%)	0	无
		(3) 是否可能与当地农作物种子混杂,或引种地是否具有可能与之杂交的同属农作物(或珍稀植物)(2%)	0	否
		(4) 是否具有毒性或为过敏原(2%)	0	否
	7. 防控难度(6%)	(1) 识别难度(2%)	1	一般,短期内能够初步判断其在本地的适应繁殖状况,但不明确是否会有潜在的进化演变可能及其他不良影响,或可获得的物种信息量较有限

(续表)

一级指标	二级指标	三级指标	赋分	赋分标准
物种本身特性(70%)	7. 防控难度(6%)	(2) 监控难度(2%)	2	较高,种子或繁殖体的传播途径较多,可传播距离较远,具有不确定性,不易受到监控
		(3) 防治难度与成本(2%)	1	可根据实际情况采取较有效的应对措施,减少人为引种即可有效减少危害,防治成本一般;有一定的物种防治信息和经验可作为依据;不排除需使用化学药剂(对其他物种及环境造成负面影响)

● 洋 常 春 藤 ●

洋常春藤本身特性使用"已存在"状态的评估体系,评估结果见表3-18。将各个三级指标得分相加,洋常春藤物种特性在评估体系中得42分;与引种地得分24.5累加,洋常春藤在"已存在"状态风险评估体系总得分为66.5分,风险等级为三级,属中等风险等级。

表3-18 洋常春藤本身特性使用"已存在"状态的评估体系

一级指标	二级指标	三级指标	赋分	赋分标准
物种本身特性(70%)	1. 环境适应性(9%)	(1) 原产地(3%)	2	欧洲及地中海沿岸的其他地区
		(2) 全球分布范围(3%)	3	广泛(主要分布地区≥4大洲)
		(3) 主要自然分布区(3%)	3	亚热带、暖温带有广泛分布,或热带至亚热带都有分布,或热带至寒温带都有广泛分布
	2. 入侵史(8%)	(1) 国内是否有入侵记录(3%)	0	否
		(2) 国内是否有同属植物入侵记录(2%)	0	否

(续表)

一级指标	二级指标	三级指标	赋分	赋分标准
物种本身特性(70%)	2. 入侵史(8%)	(3) 国外是否有入侵记录(3%)	3	是
	3. 生长与逃逸状况(10%)	(1) 在引种地露天环境生长状况(2%)	2	良好
		(2) 在引种地是否有逸生(2%)	0	否
		(3) 在引种种植区域的逸生范围(2%)	0	无逸生
		(4) 在引种种植区域的逸生数量(2%)	0	无逸生
		(5) 是否能在引种地露天条件下进行自然的有性或无性繁殖(2%)	2	是
	4. 生物学特征(18%)	(1) 生活型(2%)	1	半灌木、速生灌木、速生乔木、速生木质藤本
		(2) 自然条件下的主要繁殖方式(3%)	3	可以同时进行有性及无性繁殖
		(3) 自然条件下的无性繁殖能力(3%)	3	较强,能够使物种大量繁殖,种群数量迅速增加
		(4) 自然条件下的平均有性繁殖频率(2%)	1	繁殖期少于4个月,或一年只进行一次有性繁殖
		(5) 单株种子量(2%)	1	单株平均种子量10~1 000粒
		(6) 种子萌发率(繁殖体出苗率)(2%)	1	在适宜条件下,萌发率(出苗率)为25%~60%,或者比率浮动较大
		(7) 适宜的生境类型(2%)	2	可见于各类生境类型(林地、湿地、路边、舍旁等),对干湿条件、遮阳光照等没有特定要求,在不同的生境中都能生长繁殖良好
		(8) 耐胁迫能力(2%)	1	对某些特定类型的胁迫具有较强的抗逆性

(续表)

一级指标	二级指标	三级指标	赋分	赋分标准
物种本身特性(70%)	5. 扩散方式与能力(9%)	(1) 种子(繁殖体)的主要传播方式(3%)	2	主要通过自然散落、水流传播、动物携带等方式传播
		(2) 种子(繁殖体)的传播扩散能力(2%)	2	种子(繁殖体)质量很轻,极易传播扩散,或具有其他极易传播的条件
		(3) 种子(繁殖体)是否具有便于传播的附属器官或结构(2%)	2	是
		(4) 是否具有扩散制约因素(2%)	2	否
	6. 潜在危害与影响(10%)	(1) 占领生境能力(3%)	3	很强,在生长季节能够高频率且高密度出现于适宜生境内
		(2) 是否具有化感作用(3%)	0	无
		(3) 是否可能与当地农作物种子混杂,或引种地是否具有可能与之杂交的同属农作物(或珍稀植物)(2%)	0	否
		(4) 是否具有毒性或为过敏原(2%)	0	否
	7. 防控难度(6%)	(1) 识别难度(2%)	1	一般,短期内能够初步判断其在本地的适应繁殖状况,但不明确是否会有潜在的进化演变可能及其他不良影响,或可获得的物种信息量较有限
		(2) 监控难度(2%)	1	一般,种子或繁殖体的传播途径和距离有限,较易受到监控
		(3) 防治难度与成本(2%)	1	可根据实际情况采取较有效的应对措施,减少人为引种即可有效减少危害,防治成本一般;有一定的物种防治信息和经验可作为依据;不排除需使用化学药剂(对其他物种及环境造成负面影响)

• 葵叶赛菊芋 •

葵叶赛菊芋本身特性使用"已存在"状态的评估体系,评估结果见表 3-19。将各个三级指标得分相加,葵叶赛菊芋物种特性在评估体系中得 41.5 分;与引种地得分 24.5 累加,葵叶赛菊芋在"已存在"状态风险评估体系总得分为 66 分,风险等级为三级,属中等风险等级。

表 3-19 葵叶赛菊芋本身特性使用"已存在"状态的评估体系

一级指标	二级指标	三级指标	赋分	赋分标准
物种本身特性(70%)	1. 环境适应性(9%)	(1) 原产地(3%)	3	美洲
		(2) 全球分布范围(3%)	2	较广(主要分布地区为 2~3 大洲)
		(3) 主要自然分布区(3%)	3	亚热带、暖温带有广泛分布,或热带至亚热带都有分布,或热带至寒温带都有广泛分布
	2. 入侵史(8%)	(1) 国内是否有入侵记录(3%)	0	否
		(2) 国内是否有同属植物入侵记录(2%)	0	否
		(3) 国外是否有入侵记录(3%)	3	是
	3. 生长与逃逸状况(10%)	(1) 在引种地露天环境生长状况(2%)	2	良好
		(2) 在引种地是否有逸生(2%)	0	否
		(3) 在引种种植区域的逸生范围(2%)	0	无逸生
		(4) 在引种种植区域的逸生数量(2%)	0	无逸生
		(5) 是否能在引种地露天条件下进行自然的有性或无性繁殖(2%)	2	是

(续表)

一级指标	二级指标	三级指标	赋分	赋分标准
物种本身特性(70%)	4.生物学特征(18%)	(1)生活型(2%)	2	草本(草质藤本)
		(2)自然条件下的主要繁殖方式(3%)	3	可以同时进行有性及无性繁殖
		(3)自然条件下的无性繁殖能力(3%)	1.5	一般,仅在一定范围内进行无性繁殖,不会肆意扩张
		(4)自然条件下的平均有性繁殖频率(2%)	2	一年中的有性繁殖期可长达4个月及以上,或一年可以进行两次及以上的有性繁殖
		(5)单株种子量(2%)	1	单株平均种子量10~1 000粒
		(6)种子萌发率(繁殖体出苗率)(2%)	1	在适宜条件下,萌发率(出苗率)为25%~60%,或者比率浮动较大
		(7)适宜的生境类型(2%)	1	主要生长并繁殖于少数类型的生境中,对干湿条件、遮阳光照等有特定要求,或仅在人类活动干扰地区(农田、苗圃、荒地、林缘、牧场、路边、宅旁、堤岸、人造绿化带等)可大量生长及繁殖
		(8)耐胁迫能力(2%)	2	对多种类型的胁迫具有较高的抗逆性
	5.扩散方式与能力(9%)	(1)种子(繁殖体)的主要传播方式(3%)	3	主要通过风力传播或兼具多种传播方式
		(2)种子(繁殖体)的传播扩散能力(2%)	2	种子(繁殖体)质量很轻,极易传播扩散,或具有其他极易传播的条件
		(3)种子(繁殖体)是否具有便于传播的附属器官或结构(2%)	0	否
		(4)是否具有扩散制约因素(2%)	2	否

(续表)

一级指标	二级指标	三级指标	赋分	赋分标准
物种本身特性(70%)	6.潜在危害与影响(10%)	(1)占领生境能力(3%)	2	较强,在生长季节能够高频率出现于适宜生境内
		(2)是否具有化感作用(3%)	0	无
		(3)是否可能与当地农作物种子混杂,或引种地是否具有可能与之杂交的同属农作物(或珍稀植物)(2%)	0	否
		(4)是否具有毒性或为过敏原(2%)	0	否
	7.防控难度(6%)	(1)识别难度(2%)	1	一般,短期内能够初步判断其在本地的适应繁殖状况,但不明确是否会有潜在的进化演变可能及其他不良影响,或可获得的物种信息量较有限
		(2)监控难度(2%)	2	较高,种子或繁殖体的传播途径较多,可传播距离较远,具有不确定性,不易受到监控
		(3)防治难度与成本(2%)	1	可根据实际情况采取较有效的应对措施,减少人为引种即可有效减少危害,防治成本一般;有一定的物种防治信息和经验可作为依据;不排除需使用化学药剂(对其他物种及环境造成负面影响)

• 马 利 筋 •

马利筋(图版3)本身特性使用"已存在"状态的评估体系,评估结果见表3-20。将各个三级指标得分相加,马利筋物种特性在评估体系中得41.5分;与引种地得分24.5累加,马利筋在"已存在"状态风险评估体系总得分为66分,风险等级为三级,属中等风险等级。

表 3-20 马利筋本身特性使用"已存在"状态的评估体系

一级指标	二级指标	三级指标	赋分	赋分标准
物种本身特性(70%)	1. 环境适应性(9%)	(1) 原产地(3%)	3	美洲
		(2) 全球分布范围(3%)	3	广泛(主要分布地区≥4大洲)
		(3) 主要自然分布区(3%)	1.5	主要分布于热带及亚热带地区
	2. 入侵史(8%)	(1) 国内是否有入侵记录(3%)	3	是
		(2) 国内是否有同属植物入侵记录(2%)	0	否
		(3) 国外是否有入侵记录(3%)	0	否
	3. 生长与逃逸状况(10%)	(1) 在引种地露天环境生长状况(2%)	2	良好
		(2) 在引种地是否有逸生(2%)	2	是
		(3) 在引种种植区域的逸生范围(2%)	0.5	距离种植区域≤10 m
		(4) 在引种种植区域的逸生数量(2%)	1	逸生植株≤50株
		(5) 是否能在引种地露天条件下进行自然的有性或无性繁殖(2%)	2	是
	4. 生物学特征(18%)	(1) 生活型(2%)	1	半灌木、速生灌木、速生乔木、速生木质藤本
		(2) 自然条件下的主要繁殖方式(3%)	1.5	以有性繁殖为主
		(3) 自然条件下的无性繁殖能力(3%)	0	缺乏无性繁殖能力
		(4) 自然条件下的平均有性繁殖频率(2%)	2	一年中的有性繁殖期可长达4个月及以上,或一年可以进行两次及以上的有性繁殖

(续表)

一级指标	二级指标	三级指标	赋分	赋分标准
物种本身特性(70%)	4.生物学特征(18%)	(5)单株种子量(2%)	2	单株平均种子量≥1 000粒
		(6)种子萌发率(繁殖体出苗率)(2%)	1	在适宜条件下,萌发率(出苗率)为25%~60%,或者比率浮动较大
		(7)适宜的生境类型(2%)	1	主要生长并繁殖于少数类型的生境中,对干湿条件、遮阳光照等有特定要求,或仅在人类活动干扰地区(农田、苗圃、荒地、林缘、牧场、路边、宅旁、堤岸、人造绿化带等)可大量生长及繁殖
		(8)耐胁迫能力(2%)	1	对某些特定类型的胁迫具有较强的抗逆性
	5.扩散方式与能力(9%)	(1)种子(繁殖体)的主要传播方式(3%)	3	主要通过风力传播或兼具多种传播方式
		(2)种子(繁殖体)的传播扩散能力(2%)	2	种子(繁殖体)质量很轻,极易传播扩散,或具有其他极易传播的条件
		(3)种子(繁殖体)是否具有便于传播的附属器官或结构(2%)	2	是
		(4)是否具有扩散制约因素(2%)	2	否
	6.潜在危害与影响(10%)	(1)占领生境能力(3%)	1	一般,在生长季节会适量出现于适宜生境内
		(2)是否具有化感作用(3%)	0	无
		(3)是否可能与当地农作物种子混杂,或引种地是否具有可能与之杂交的同属农作物(或珍稀植物)(2%)	0	否
		(4)是否具有毒性或为过敏原(2%)	0	否

一级指标	二级指标	三级指标	赋分	赋分标准
物种本身特性(70%)	7. 防控难度(6%)	(1) 识别难度(2%)	1	一般,短期内能够初步判断其在本地的适应繁殖状况,但不明确是否会有潜在的进化演变可能及其他不良影响,或可获得的物种信息量较有限
		(2) 监控难度(2%)	2	较高,种子或繁殖体的传播途径较多,可传播距离较远,具有不确定性,不易受到监控
		(3) 防治难度与成本(2%)	1	可根据实际情况采取较有效的应对措施,减少人为引种即可有效减少危害,防治成本一般;有一定的物种防治信息和经验可作为依据;不排除需使用化学药剂(对其他物种及环境造成负面影响)

• 挪 威 槭 •

挪威槭本身特性使用"已存在"状态的评估体系,评估结果见表3-21。将各个三级指标得分相加,挪威槭物种特性在评估体系中得41.5分;与引种地得分24.5累加,挪威槭在"已存在"状态风险评估体系总得分为66分,风险等级为三级,属中等风险等级。

表3-21 挪威槭本身特性使用"已存在"状态的评估体系

一级指标	二级指标	三级指标	赋分	赋分标准
物种本身特性(70%)	1. 环境适应性(9%)	(1) 原产地(3%)	2	欧洲及地中海沿岸的其他地区
		(2) 全球分布范围(3%)	2	较广(主要分布地区为2~3大洲)
		(3) 主要自然分布区(3%)	3	亚热带、暖温带有广泛分布,或热带至亚热带都有分布,或热带至寒温带都有广泛分布

(续表)

一级指标	二级指标	三级指标	赋分	赋分标准
物种本身特性(70%)	2. 入侵史(8%)	(1) 国内是否有入侵记录(3%)	0	否
		(2) 国内是否有同属植物入侵记录(2%)	2	是
		(3) 国外是否有入侵记录(3%)	3	是
	3. 生长与逃逸状况(10%)	(1) 在引种地露天环境生长状况(2%)	2	良好
		(2) 在引种地是否有逸生(2%)	0	否
		(3) 在引种种植区域的逸生范围(2%)	0	无逸生
		(4) 在引种种植区域的逸生数量(2%)	0	无逸生
		(5) 是否能在引种地露天条件下进行自然的有性或无性繁殖(2%)	2	是
	4. 生物学特征(18%)	(1) 生活型(2%)	1	半灌木、速生灌木、速生乔木、速生木质藤本
		(2) 自然条件下的主要繁殖方式(3%)	1.5	以有性繁殖为主
		(3) 自然条件下的无性繁殖能力(3%)	0	缺乏无性繁殖能力
		(4) 自然条件下的平均有性繁殖频率(2%)	1	繁殖期少于4个月,或一年只进行一次有性繁殖
		(5) 单株种子量(2%)	2	单株平均种子量≥1 000粒
		(6) 种子萌发率(繁殖体出苗率)(2%)	0	在可萌发条件下,萌发率(出苗率)≤25%,或几乎无种子
		(7) 适宜的生境类型(2%)	2	可见于各类生境类型(林地、湿地、路边、舍旁等),对干湿条件、遮阳光照等没有特定要求,在不同的生境中都能生长繁殖良好

(续表)

一级指标	二级指标	三级指标	赋分	赋分标准
物种本身特性(70%)	4.生物学特征(18%)	(8)耐胁迫能力(2%)	1	对某些特定类型的胁迫具有较强的抗逆性
	5.扩散方式与能力(9%)	(1)种子(繁殖体)的主要传播方式(3%)	3	主要通过风力传播或兼具多种传播方式
		(2)种子(繁殖体)的传播扩散能力(2%)	1	种子(繁殖体)质量较轻,较易传播扩散,或具有其他较易传播的条件
		(3)种子(繁殖体)是否具有便于传播的附属器官或结构(2%)	2	是
		(4)是否具有扩散制约因素(2%)	2	否
	6.潜在危害与影响(10%)	(1)占领生境能力(3%)	3	很强,在生长季节能够高频率且高密度出现于适宜生境内
		(2)是否具有化感作用(3%)	3	是
		(3)是否可能与当地农作物种子混杂,或引种地是否具有可能与之杂交的同属农作物(或珍稀植物)(2%)	0	否
		(4)是否具有毒性或为过敏原(2%)	0	否
	7.防控难度(6%)	(1)识别难度(2%)	1	一般,短期内能够初步判断其在本地的适应繁殖状况,但不明确是否会有潜在的进化演变可能及其他不良影响,或可获得的物种信息量较有限
		(2)监控难度(2%)	1	一般,种子或繁殖体的传播途径和距离有限,较易受到监控

一、上海辰山植物园引种陆生植物入侵风险分析

(续表)

一级指标	二级指标	三级指标	赋分	赋分标准
物种本身特性(70%)	7. 防控难度(6%)	(3) 防治难度与成本(2%)	1	可根据实际情况采取较有效的应对措施,减少人为引种即可有效减少危害,防治成本一般;有一定的物种防治信息和经验可作为依据;不排除需使用化学药剂(对其他物种及环境造成负面影响)

• 美 国 白 梣 •

美国白梣(图版5)本身特性使用"已存在"状态的评估体系,评估结果见表3-22。将各个三级指标得分相加,美国白梣物种特性在评估体系中得41分;与引种地得分24.5累加,美国白梣在"已存在"状态风险评估体系总得分为65.5分,风险等级为三级,属中等风险等级。

表3-22 美国白梣本身特性使用"已存在"状态的评估体系

一级指标	二级指标	三级指标	赋分	赋分标准
物种本身特性(70%)	1. 环境适应性(9%)	(1) 原产地(3%)	3	美洲
		(2) 全球分布范围(3%)	2	较广(主要分布地区为2～3大洲)
		(3) 主要自然分布区(3%)	3	亚热带、暖温带有广泛分布,或热带至亚热带都有分布,或热带至寒温带都有广泛分布
	2. 入侵史(8%)	(1) 国内是否有入侵记录(3%)	3	是
		(2) 国内是否有同属植物入侵记录(2%)	0	否
		(3) 国外是否有入侵记录(3%)	3	是

(续表)

一级指标	二级指标	三级指标	赋分	赋分标准
物种本身特性(70%)	3. 生长与逃逸状况(10%)	(1) 在引种地露天环境生长状况(2%)	2	良好
		(2) 在引种地是否有逸生(2%)	0	否
		(3) 在引种种植区域的逸生范围(2%)	0	无逸生
		(4) 在引种种植区域的逸生数量(2%)	0	无逸生
		(5) 是否能在引种地露天条件下进行自然的有性或无性繁殖(2%)	2	是
	4. 生物学特征(18%)	(1) 生活型(2%)	1	半灌木、速生灌木、速生乔木、速生木质藤本
		(2) 自然条件下的主要繁殖方式(3%)	1.5	以有性繁殖为主
		(3) 自然条件下的无性繁殖能力(3%)	0	缺乏无性繁殖能力
		(4) 自然条件下的平均有性繁殖频率(2%)	1	繁殖期少于4个月,或一年只进行一次有性繁殖
		(5) 单株种子量(2%)	2	单株平均种子量≥1 000粒
		(6) 种子萌发率(繁殖体出苗率)(2%)	1	在适宜条件下,萌发率(出苗率)为25%~60%,或者比率浮动较大
		(7) 适宜的生境类型(2%)	2	可见于各类生境类型(林地、湿地、路边、舍旁等),对干湿条件、遮阳光照等没有特定要求,在不同的生境中都能生长繁殖良好
		(8) 耐胁迫能力(2%)	2	对多种类型的胁迫具有较高的抗逆性
	5. 扩散方式与能力(9%)	(1) 种子(繁殖体)的主要传播方式(3%)	3	主要通过风力传播或兼具多种传播方式
		(2) 种子(繁殖体)的传播扩散能力(2%)	1	种子(繁殖体)质量较轻,较易传播扩散,或具有其他较易传播的条件

(续表)

一级指标	二级指标	三级指标	赋分	赋分标准
物种本身特性(70%)	5.扩散方式与能力(9%)	(3)种子(繁殖体)是否具有便于传播的附属器官或结构(2%)	2	是
		(4)是否具有扩散制约因素(2%)	2	否
	6.潜在危害与影响(10%)	(1)占领生境能力(3%)	2	较强,在生长季节能够高频率出现于适宜生境内
		(2)是否具有化感作用(3%)	0	无
		(3)是否可能与当地农作物种子混杂,或引种地是否具有可能与之杂交的同属农作物(或珍稀植物)(2%)	0	否
		(4)是否具有毒性或为过敏原(2%)	0	否
	7.防控难度(6%)	(1)识别难度(2%)	1	一般,短期内能够初步判断其在本地的适应繁殖状况,但不明确是否会有潜在的进化演变可能及其他不良影响,或可获得的物种信息量较有限
		(2)监控难度(2%)	1	一般,种子或繁殖体的传播途径和距离有限,较易受到监控
		(3)防治难度与成本(2%)	0.5	使用简单无副作用的手段即可基本防治,可以避免使用化学药剂(不会对其他物种及环境造成负面影响)

• 柳叶马鞭草 •

柳叶马鞭草(图版5)本身特性使用"已存在"状态的评估体系,评估结果见表3-23。将各个三级指标得分相加,柳叶马鞭草物种特性在评估体系中得40分;与引种地得分 24.5 累加,柳叶马鞭草在"已存在"状态风险评估体系总得分为 64.5 分,风险等级为三级,属中等风险等级。

表 3-23 柳叶马鞭草本身特性使用"已存在"状态的评估体系

一级指标	二级指标	三级指标	赋分	赋分标准
物种本身特性(70%)	1. 环境适应性(9%)	(1) 原产地(3%)	3	美洲
		(2) 全球分布范围(3%)	3	广泛(主要分布地区≥4大洲)
		(3) 主要自然分布区(3%)	3	亚热带、暖温带有广泛分布,或热带至亚热带都有分布,或热带至寒温带都有广泛分布
	2. 入侵史(8%)	(1) 国内是否有入侵记录(3%)	0	否
		(2) 国内是否有同属植物入侵记录(2%)	2	是
		(3) 国外是否有入侵记录(3%)	0	否
	3. 生长与逃逸状况(10%)	(1) 在引种地露天环境生长状况(2%)	2	良好
		(2) 在引种地是否有逸生(2%)	2	是
		(3) 在引种种植区域的逸生范围(2%)	0.5	距离种植区域≤10 m
		(4) 在引种种植区域的逸生数量(2%)	1	逸生植株≤50 株
		(5) 是否能在引种地露天条件下进行自然的有性或无性繁殖(2%)	2	是
	4. 生物学特征(18%)	(1) 生活型(2%)	2	草本(草质藤本)
		(2) 自然条件下的主要繁殖方式(3%)	1.5	以有性繁殖为主
		(3) 自然条件下的无性繁殖能力(3%)	0	缺乏无性繁殖能力

(续表)

一级指标	二级指标	三级指标	赋分	赋分标准
物种本身特性(70%)	4. 生物学特征(18%)	(4) 自然条件下的平均有性繁殖频率(2%)	2	一年中的有性繁殖期可长达4个月及以上,或一年可以进行两次及以上的有性繁殖
		(5) 单株种子量(2%)	1	单株平均种子量10~1 000粒
		(6) 种子萌发率(繁殖体出苗率)(2%)	2	在适宜的条件下,萌发率(出苗率)≥60%
		(7) 适宜的生境类型(2%)	1	主要生长并繁殖于少数类型的生境中,对干湿条件、遮阳光照等有特定要求,或仅在人类活动干扰地区(农田、苗圃、荒地、林缘、牧场、路边、宅旁、堤岸、人造绿化带等)可大量生长及繁殖
		(8) 耐胁迫能力(2%)	1	对某些特定类型的胁迫具有较强的抗逆性
	5. 扩散方式与能力(9%)	(1) 种子(繁殖体)的主要传播方式(3%)	2	主要通过自然散落、水流传播、动物携带等方式传播
		(2) 种子(繁殖体)的传播扩散能力(2%)	1	种子(繁殖体)质量较轻,较易传播扩散,或具有其他较易传播的条件
		(3) 种子(繁殖体)是否具有便于传播的附属器官或结构(2%)	0	否
		(4) 是否具有扩散制约因素(2%)	2	否
	6. 潜在危害与影响(10%)	(1) 占领生境能力(3%)	1	一般,在生长季节会适量出现于适宜生境内
		(2) 是否具有化感作用(3%)	0	无
		(3) 是否可能与当地农作物种子混杂,或引种地是否具有可能与之杂交的同属农作物(或珍稀植物)(2%)	0	否

(续表)

一级指标	二级指标	三级指标	赋分	赋分标准
物种本身特性(70%)	6.潜在危害与影响(10%)	(4)是否具有毒性或为过敏原(2%)	2	是
	7.防控难度(6%)	(1)识别难度(2%)	1	一般,短期内能够初步判断其在本地的适应繁殖状况,但不明确是否会有潜在的进化演变可能及其他不良影响,或可获得的物种信息量较有限
		(2)监控难度(2%)	1	一般,种子或繁殖体的传播途径和距离有限,较易受到监控
		(3)防治难度与成本(2%)	1	可根据实际情况采取较有效的应对措施,减少人为引种即可有效减少危害,防治成本一般;有一定的物种防治信息和经验可作为依据;不排除需使用化学药剂(对其他物种及环境造成负面影响)

· 美 国 红 栌 ·

美国红栌本身特性使用"已存在"状态的评估体系,评估结果见表3-24。将各个三级指标得分相加,美国红栌物种特性在评估体系中得40分;与引种地得分24.5累加,美国红栌在"已存在"状态风险评估体系总得分为64.5分,风险等级为三级,属中等风险等级。

表3-24 美国红栌本身特性使用"已存在"状态的评估体系

一级指标	二级指标	三级指标	赋分	赋分标准
物种本身特性(70%)	1.环境适应性(9%)	(1)原产地(3%)	3	美洲
		(2)全球分布范围(3%)	2	较广(主要分布地区为2~3大洲)
		(3)主要自然分布区(3%)	3	亚热带、暖温带有广泛分布,或热带至亚热带都有分布,或热带至寒温带都有广泛分布

(续表)

一级指标	二级指标	三级指标	赋分	赋分标准
物种本身特性(70%)	2. 入侵史(8%)	(1) 国内是否有入侵记录(3%)	0	否
		(2) 国内是否有同属植物入侵记录(2%)	2	是
		(3) 国外是否有入侵记录(3%)	3	是
	3. 生长与逃逸状况(10%)	(1) 在引种地露天环境生长状况(2%)	2	良好
		(2) 在引种地是否有逸生(2%)	0	否
		(3) 在引种种植区域的逸生范围(2%)	0	无逸生
		(4) 在引种种植区域的逸生数量(2%)	0	无逸生
		(5) 是否能在引种地露天条件下进行自然的有性或无性繁殖(2%)	2	是
	4. 生物学特征(18%)	(1) 生活型(2%)	1	半灌木、速生灌木、速生乔木、速生木质藤本
		(2) 自然条件下的主要繁殖方式(3%)	1.5	以有性繁殖为主
		(3) 自然条件下的无性繁殖能力(3%)	0	缺乏无性繁殖能力
		(4) 自然条件下的平均有性繁殖频率(2%)	1	繁殖期少于4个月,或一年只进行一次有性繁殖
		(5) 单株种子量(2%)	2	单株平均种子量≥1 000粒
		(6) 种子萌发(繁殖体出苗率)(2%)	1	在适宜条件下,萌发率(出苗率)为25%~60%,或者比率浮动较大
		(7) 适宜的生境类型(2%)	2	可见于各类生境类型(林地、湿地、路边、舍旁等),对干湿条件、遮阳光照等没有特定要求,在不同的生境中都能生长繁殖良好

(续表)

一级指标	二级指标	三级指标	赋分	赋分标准
物种本身特性(70%)	4. 生物学特征(18%)	(8) 耐胁迫能力(2%)	2	对多种类型的胁迫具有较高的抗逆性
	5. 扩散方式与能力(9%)	(1) 种子(繁殖体)的主要传播方式(3%)	3	主要通过风力传播或兼具多种传播方式
		(2) 种子(繁殖体)的传播扩散能力(2%)	1	种子(繁殖体)质量较轻,较易传播扩散,或具有其他较易传播的条件
		(3) 种子(繁殖体)是否具有便于传播的附属器官或结构(2%)	2	是
		(4) 是否具有扩散制约因素(2%)	2	否
	6. 潜在危害与影响(10%)	(1) 占领生境能力(3%)	2	较强,在生长季节能够高频率出现于适宜生境内
		(2) 是否具有化感作用(3%)	0	无
		(3) 是否可能与当地农作物种子混杂,或引种地是否具有可能与之杂交的同属农作物(或珍稀植物)(2%)	0	否
		(4) 是否具有毒性或为过敏原(2%)	0	否
	7. 防控难度(6%)	(1) 识别难度(2%)	1	一般,短期内能够初步判断其在本地的适应繁殖状况,但不明确是否会有潜在的进化演变可能及其他不良影响,或可获得的物种信息量较有限
		(2) 监控难度(2%)	1	一般,种子或繁殖体的传播途径和距离有限,较易受到监控
		(3) 防治难度与成本(2%)	0.5	使用简单无副作用的手段即可基本防治,可以避免使用化学药剂(不会对其他物种及环境造成负面影响)

起 绒 草

起绒草本身特性使用"已存在"状态的评估体系,评估结果见表3-25。将各个三级指标得分相加,起绒草物种特性在评估体系中得39.5分;与引种地得分24.5累加,起绒草在"已存在"状态风险评估体系总得分为64分,风险等级为三级,属中等风险等级。

表3-25 起绒草本身特性使用"已存在"状态的评估体系

一级指标	二级指标	三级指标	赋分	赋分标准
物种本身特性(70%)	1. 环境适应性(9%)	(1) 原产地(3%)	2	欧洲及地中海沿岸的其他地区
		(2) 全球分布范围(3%)	3	广泛(主要分布地区≥4大洲)
		(3) 主要自然分布区(3%)	3	亚热带、暖温带有广泛分布,或热带至亚热带都有分布,或热带至寒温带都有广泛分布
	2. 入侵史(8%)	(1) 国内是否有入侵记录(3%)	0	否
		(2) 国内是否有同属植物入侵记录(2%)	0	否
		(3) 国外是否有入侵记录(3%)	3	是
	3. 生长与逃逸状况(10%)	(1) 在引种地露天环境生长状况(2%)	2	良好
		(2) 在引种地是否有逸生(2%)	0	否
		(3) 在引种种植区域的逸生范围(2%)	0	无逸生
		(4) 在引种种植区域的逸生数量(2%)	0	无逸生
		(5) 是否能在引种地露天条件下进行自然的有性或无性繁殖(2%)	2	是

(续表)

一级指标	二级指标	三级指标	赋分	赋分标准
物种本身特性(70%)	4. 生物学特征(18%)	(1) 生活型(2%)	2	草本(草质藤本)
		(2) 自然条件下的主要繁殖方式(3%)	1.5	以有性繁殖为主
		(3) 自然条件下的无性繁殖能力(3%)	0	缺乏无性繁殖能力
		(4) 自然条件下的平均有性繁殖频率(2%)	1	繁殖期少于4个月,或一年只进行一次有性繁殖
		(5) 单株种子量(2%)	2	单株平均种子量≥1 000粒
		(6) 种子萌发率(繁殖体出苗率)(2%)	1	在适宜条件下,萌发率(出苗率)为25%~60%,或者比率浮动较大
		(7) 适宜的生境类型(2%)	1	主要生长并繁殖于少数类型的生境中,对干湿条件、遮阳光照等有特定要求,或仅在人类活动干扰地区(农田、苗圃、荒地、林缘、牧场、路边、宅旁、堤岸、人造绿化带等)可大量生长及繁殖
		(8) 耐胁迫能力(2%)	2	对多种类型的胁迫具有较高的抗逆性
	5. 扩散方式与能力(9%)	(1) 种子(繁殖体)的主要传播方式(3%)	3	主要通过风力传播或兼具多种传播方式
		(2) 种子(繁殖体)的传播扩散能力(2%)	2	种子(繁殖体)质量很轻,极易传播扩散,或具有其他极易传播的条件
		(3) 种子(繁殖体)是否具有便于传播的附属器官或结构(2%)	0	否
		(4) 是否具有扩散制约因素(2%)	2	否

(续表)

一级指标	二级指标	三级指标	赋分	赋分标准
物种本身特性(70%)	6.潜在危害与影响(10%)	(1)占领生境能力(3%)	3	很强,在生长季节能够高频率且高密度出现于适宜生境内
		(2)是否具有化感作用(3%)	0	无
		(3)是否可能与当地农作物种子混杂,或引种地是否具有可能与之杂交的同属农作物(或珍稀植物)(2%)	0	否
		(4)是否具有毒性或为过敏原(2%)	0	否
	7.防控难度(6%)	(1)识别难度(2%)	1	一般,短期内能够初步判断其在本地的适应繁殖状况,但不明确是否会有潜在的进化演变可能及其他不良影响,或可获得的物种信息量较有限
		(2)监控难度(2%)	2	较高,种子或繁殖体的传播途径较多,可传播距离较远,具有不确定性,不易受到监控
		(3)防治难度与成本(2%)	1	可根据实际情况采取较有效的应对措施,减少人为引种即可有效减少危害,防治成本一般;有一定的物种防治信息和经验可作为依据;不排除需使用化学药剂(对其他物种及环境造成负面影响)

• 竹 叶 菊 •

竹叶菊本身特性使用"已存在"状态的评估体系,评估结果见表3-26。将各个三级指标得分相加,竹叶菊物种特性在评估体系中得39.5分;与引种地得分24.5

累加,竹叶菊在"已存在"状态风险评估体系总得分为64分,风险等级为三级,属中等风险等级。

表3-26 竹叶菊本身特性使用"已存在"状态的评估体系

一级指标	二级指标	三级指标	赋分	赋分标准
物种本身特性(70%)	1. 环境适应性(9%)	(1) 原产地(3%)	3	美洲
		(2) 全球分布范围(3%)	2	较广(主要分布地区为2~3大洲)
		(3) 主要自然分布区(3%)	3	亚热带、暖温带有广泛分布,或热带至亚热带都有分布,或热带至寒温带都有广泛分布
	2. 入侵史(8%)	(1) 国内是否有入侵记录(3%)	0	否
		(2) 国内是否有同属植物入侵记录(2%)	0	否
		(3) 国外是否有入侵记录(3%)	0	否
	3. 生长与逃逸状况(10%)	(1) 在引种地露天环境生长状况(2%)	2	良好
		(2) 在引种地是否有逸生(2%)	0	否
		(3) 在引种种植区域的逸生范围(2%)	0	无逸生
		(4) 在引种种植区域的逸生数量(2%)	0	无逸生
		(5) 是否能在引种地露天条件下进行自然的有性或无性繁殖(2%)	2	是
	4. 生物学特征(18%)	(1) 生活型(2%)	2	草本(草质藤本)
		(2) 自然条件下的主要繁殖方式(3%)	3	可以同时进行有性及无性繁殖
		(3) 自然条件下的无性繁殖能力(3%)	1.5	一般,仅在一定范围内进行无性繁殖,不会肆意扩张

(续表)

一级指标	二级指标	三级指标	赋分	赋分标准
物种本身特性(70%)	4. 生物学特征(18%)	(4) 自然条件下的平均有性繁殖频率(2%)	1	繁殖期少于4个月,或一年只进行一次有性繁殖
		(5) 单株种子量(2%)	2	单株平均种子量≥1 000粒
		(6) 种子萌发率(繁殖体出苗率)(2%)	2	在适宜的条件下,萌发率(出苗率)≥60%
		(7) 适宜的生境类型(2%)	1	主要生长并繁殖于少数类型的生境中,对干湿条件、遮阳光照等有特定要求,或仅在人类活动干扰地区(农田、苗圃、荒地、林缘、牧场、路边、宅旁、堤岸、人造绿化带等)可大量生长及繁殖
		(8) 耐胁迫能力(2%)	1	对某些特定类型的胁迫具有较强的抗逆性
	5. 扩散方式与能力(9%)	(1) 种子(繁殖体)的主要传播方式(3%)	3	主要通过风力传播或兼具多种传播方式
		(2) 种子(繁殖体)的传播扩散能力(2%)	2	种子(繁殖体)质量很轻,极易传播扩散,或具有其他极易传播的条件
		(3) 种子(繁殖体)是否具有便于传播的附属器官或结构(2%)	2	是
		(4) 是否具有扩散制约因素(2%)	2	否
	6. 潜在危害与影响(10%)	(1) 占领生境能力(3%)	1	一般,在生长季节会适量出现于适宜生境内
		(2) 是否具有化感作用(3%)	0	无
		(3) 是否可能与当地农作物种子混杂,或引种地是否具有可能与之杂交的同属农作物(或珍稀植物)(2%)	0	否

(续表)

一级指标	二级指标	三级指标	赋分	赋分标准
物种本身特性(70%)	6.潜在危害与影响(10%)	(4)是否具有毒性或为过敏原(2%)	0	否
	7.防控难度(6%)	(1)识别难度(2%)	1	一般,短期内能够初步判断其在本地的适应繁殖状况,但不明确是否会有潜在的进化演变可能及其他不良影响,或可获得的物种信息量较有限
		(2)监控难度(2%)	2	较高,种子或繁殖体的传播途径较多,可传播距离较远,具有不确定性,不易受到监控
		(3)防治难度与成本(2%)	1	可根据实际情况采取较有效的应对措施,减少人为引种即可有效减少危害,防治成本一般;有一定的物种防治信息和经验可作为依据;不排除需使用化学药剂(对其他物种及环境造成负面影响)

· 黑矢车菊 ·

黑矢车菊本身特性使用"已存在"状态的评估体系,评估结果见表3-27。将各个三级指标得分相加,黑矢车菊物种特性在评估体系中得39.5分;与引种地得分24.5累加,黑矢车菊在"已存在"状态风险评估体系总得分为64分,风险等级为三级,属中等风险等级。

表3-27 黑矢车菊本身特性使用"已存在"状态的评估体系

一级指标	二级指标	三级指标	赋分	赋分标准
物种本身特性(70%)	1.环境适应性(9%)	(1)原产地(3%)	2	欧洲及地中海沿岸的其他地区
		(2)全球分布范围(3%)	2	较广(主要分布地区为2~3大洲)

(续表)

一级指标	二级指标	三级指标	赋分	赋分标准
物种本身特性(70%)	1. 环境适应性(9%)	(3) 主要自然分布区(3%)	3	亚热带、暖温带有广泛分布,或热带至亚热带都有分布,或热带至寒温带都有广泛分布
	2. 入侵史(8%)	(1) 国内是否有入侵记录(3%)	0	否
		(2) 国内是否有同属植物入侵记录(2%)	2	是
		(3) 国外是否有入侵记录(3%)	3	是
	3. 生长与逃逸状况(10%)	(1) 在引种地露天环境生长状况(2%)	2	良好
		(2) 在引种地是否有逸生(2%)	0	否
		(3) 在引种种植区域的逸生范围(2%)	0	无逸生
		(4) 在引种种植区域的逸生数量(2%)	0	无逸生
		(5) 是否能在引种地露天条件下进行自然的有性或无性繁殖(2%)	2	是
	4. 生物学特征(18%)	(1) 生活型(2%)	2	草本(草质藤本)
		(2) 自然条件下的主要繁殖方式(3%)	1.5	以有性繁殖为主
		(3) 自然条件下的无性繁殖能力(3%)	0	缺乏无性繁殖能力
		(4) 自然条件下的平均有性繁殖频率(2%)	2	一年中的有性繁殖期可长达4个月及以上,或一年可以进行两次及以上的有性繁殖
		(5) 单株种子量(2%)	1	单株平均种子量10~1 000粒

(续表)

一级指标	二级指标	三级指标	赋分	赋分标准
物种本身特性(70%)	4. 生物学特征(18%)	(6) 种子萌发率(繁殖体出苗率)(2%)	1	在适宜条件下,萌发率(出苗率)为25%~60%,或者比率浮动较大
		(7) 适宜的生境类型(2%)	1	主要生长并繁殖于少数类型的生境中,对干湿条件、遮阳光照等有特定要求,或仅在人类活动干扰地区(农田、苗圃、荒地、林缘、牧场、路边、宅旁、堤岸、人造绿化带等)可大量生长及繁殖
		(8) 耐胁迫能力(2%)	1	对某些特定类型的胁迫具有较强的抗逆性
	5. 扩散方式与能力(9%)	(1) 种子(繁殖体)的主要传播方式(3%)	3	主要通过风力传播或兼具多种传播方式
		(2) 种子(繁殖体)的传播扩散能力(2%)	2	种子(繁殖体)质量很轻,极易传播扩散,或具有其他极易传播的条件
		(3) 种子(繁殖体)是否具有便于传播的附属器官或结构(2%)	2	是
		(4) 是否具有扩散制约因素(2%)	2	否
	6. 潜在危害与影响(10%)	(1) 占领生境能力(3%)	1	一般,在生长季节会适量出现于适宜生境内
		(2) 是否具有化感作用(3%)	0	无
		(3) 是否可能与当地农作物种子混杂,或引种地是否具有可能与之杂交的同属农作物(或珍稀植物)(2%)	0	否
		(4) 是否具有毒性或为过敏原(2%)	0	否

(续表)

一级指标	二级指标	三级指标	赋分	赋分标准
物种本身特性(70%)	7. 防控难度(6%)	(1) 识别难度(2%)	2	较高,种子或繁殖体的传播途径较多,可传播距离较远,具有不确定性,不易受到监控
		(2) 监控难度(2%)	2	较高,种子或繁殖体的传播途径较多,可传播距离较远,具有不确定性,不易受到监控
		(3) 防治难度与成本(2%)	1	可根据实际情况采取较有效的应对措施,减少人为引种即可有效减少危害,防治成本一般;有一定的物种防治信息和经验可作为依据;不排除需使用化学药剂(对其他物种及环境造成负面影响)

• 欧 白 英 •

欧白英本身特性使用"已存在"状态的评估体系,评估结果见表3-28。将各个三级指标得分相加,欧白英物种特性在评估体系中得39.5分;与引种地得分24.5累加,欧白英在"已存在"状态风险评估体系总得分为64分,风险等级为三级,属中等风险等级。

表3-28 欧白英本身特性使用"已存在"状态的评估体系

一级指标	二级指标	三级指标	赋分	赋分标准
物种本身特性(70%)	1. 环境适应性(9%)	(1) 原产地(3%)	3	美洲
		(2) 全球分布范围(3%)	2	较广(主要分布地区为2~3大洲)
		(3) 主要自然分布区(3%)	3	亚热带、暖温带有广泛分布,或热带至亚热带都有分布,或热带至寒温带都有广泛分布

(续表)

一级指标	二级指标	三级指标	赋分	赋分标准
物种本身特性(70%)	2. 入侵史(8%)	(1) 国内是否有入侵记录(3%)	0	否
		(2) 国内是否有同属植物入侵记录(2%)	2	是
		(3) 国外是否有入侵记录(3%)	3	是
	3. 生长与逃逸状况(10%)	(1) 在引种地露天环境生长状况(2%)	2	良好
		(2) 在引种地是否有逸生(2%)	0	否
		(3) 在引种种植区域的逸生范围(2%)	0	无逸生
		(4) 在引种种植区域的逸生数量(2%)	0	无逸生
		(5) 是否能在引种地露天条件下进行自然的有性或无性繁殖(2%)	2	是
	4. 生物学特征(18%)	(1) 生活型(2%)	2	草本(草质藤本)
		(2) 自然条件下的主要繁殖方式(3%)	1.5	以有性繁殖为主
		(3) 自然条件下的无性繁殖能力(3%)	0	缺乏无性繁殖能力
		(4) 自然条件下的平均有性繁殖频率(2%)	1	繁殖期少于4个月,或一年只进行一次有性繁殖
		(5) 单株种子量(2%)	1	单株平均种子量10～1 000粒
		(6) 种子萌发率(繁殖体出苗率)(2%)	2	在适宜的条件下,萌发率(出苗率)≥60%
		(7) 适宜的生境类型(2%)	2	可见于各类生境类型(林地、湿地、路边、舍旁等),对干湿条件、遮阳光照等没有特定要求,在不同的生境中都能生长繁殖良好

(续表)

一级指标	二级指标	三级指标	赋分	赋分标准
物种本身特性(70%)	4. 生物学特征(18%)	(8) 耐胁迫能力(2%)	2	对多种类型的胁迫具有较高的抗逆性
	5. 扩散方式与能力(9%)	(1) 种子(繁殖体)的主要传播方式(3%)	2	主要通过自然散落、水流传播、动物携带等方式传播
		(2) 种子(繁殖体)的传播扩散能力(2%)	1	种子(繁殖体)质量较轻，较易传播扩散，或具有其他较易传播的条件
		(3) 种子(繁殖体)是否具有便于传播的附属器官或结构(2%)	0	否
		(4) 是否具有扩散制约因素(2%)	2	否
	6. 潜在危害与影响(10%)	(1) 占领生境能力(3%)	2	较强，在生长季节能够高频率出现于适宜生境内
		(2) 是否具有化感作用(3%)	0	无
		(3) 是否可能与当地农作物种子混杂，或引种地是否具有可能与之杂交的同属农作物(或珍稀植物)(2%)	0	否
		(4) 是否具有毒性或为过敏原(2%)	0	否
	7. 防控难度(6%)	(1) 识别难度(2%)	1	一般，短期内能够初步判断其在本地的适应繁殖状况，但不明确是否会有潜在的进化演变可能及其他不良影响，或可获得的物种信息量较有限
		(2) 监控难度(2%)	2	较高，种子或繁殖体的传播途径较多，可传播距离较远，具有不确定性，不易受到监控

（续表）

一级指标	二级指标	三级指标	赋分	赋分标准
物种本身特性(70%)	7. 防控难度(6%)	（3）防治难度与成本(2%)	1	可根据实际情况采取较有效的应对措施，减少人为引种即可有效减少危害，防治成本一般；有一定的物种防治信息和经验可作为依据；不排除需使用化学药剂（对其他物种及环境造成负面影响）

● 小蔓长春花 ●

小蔓长春花本身特性使用"已存在"状态的评估体系，评估结果见表3-29。将各个三级指标得分相加，小蔓长春花物种特性在评估体系中得38.5分；与引种地得分24.5累加，小蔓长春花在"已存在"状态风险评估体系总得分为63分，风险等级为四级，属低等风险等级。

表3-29 小蔓长春花本身特性使用"已存在"状态的评估体系

一级指标	二级指标	三级指标	赋分	赋分标准
物种本身特性(70%)	1. 环境适应性(9%)	（1）原产地(3%)	2	欧洲及地中海沿岸的其他地区
		（2）全球分布范围(3%)	2	较广（主要分布地区为2~3大洲）
		（3）主要自然分布区(3%)	3	亚热带、暖温带有广泛分布，或热带至亚热带都有分布，或热带至寒温带都有广泛分布
	2. 入侵史(8%)	（1）国内是否有入侵记录(3%)	0	否
		（2）国内是否有同属植物入侵记录(2%)	0	否
		（3）国外是否有入侵记录(3%)	3	是
	3. 生长与逃逸状况(10%)	（1）在引种地露天环境生长状况(2%)	2	良好

(续表)

一级指标	二级指标	三级指标	赋分	赋分标准
物种本身特性(70%)	3.生长与逃逸状况(10%)	(2)在引种地是否有逸生(2%)	0	否
		(3)在引种种植区域的逸生范围(2%)	0	无逸生
		(4)在引种种植区域的逸生数量(2%)	0	无逸生
		(5)是否能在引种地露天条件下进行自然的有性或无性繁殖(2%)	2	是
	4.生物学特征(18%)	(1)生活型(2%)	2	草本(草质藤本)
		(2)自然条件下的主要繁殖方式(3%)	2	可以同时进行有性及无性繁殖
		(3)自然条件下的无性繁殖能力(3%)	3	较强,能够使物种大量繁殖,种群数量迅速增加
		(4)自然条件下的平均有性繁殖频率(2%)	1	繁殖期少于4个月,或一年只进行一次有性繁殖
		(5)单株种子量(2%)	0	单株平均种子量≤10粒,或几乎不结实
		(6)种子萌发率(繁殖体出苗率)(2%)	0	在可萌发条件下,萌发率(出苗率)≤25%,或几乎无种子
		(7)适宜的生境类型(2%)	2	可见于各类生境类型(林地、湿地、路边、舍旁等),对干湿条件、遮阳光照等没有特定要求,在不同的生境中都能生长繁殖良好
		(8)耐胁迫能力(2%)	1	对某些特定类型的胁迫具有较强的抗逆性
	5.扩散方式与能力(9%)	(1)种子(繁殖体)的主要传播方式(3%)	2	主要通过自然散落、水流传播、动物携带等方式传播
		(2)种子(繁殖体)的传播扩散能力(2%)	1	种子(繁殖体)质量较轻,较易传播扩散,或具有其他较易传播的条件

(续表)

一级指标	二级指标	三级指标	赋分	赋分标准
物种本身特性(70%)	5.扩散方式与能力(9%)	(3)种子(繁殖体)是否具有便于传播的附属器官或结构(2%)	0	否
		(4)是否具有扩散制约因素(2%)	2	否
	6.潜在危害与影响(10%)	(1)占领生境能力(3%)	3	很强,在生长季节能够高频率且高密度出现于适宜生境内
		(2)是否具有化感作用(3%)	0	无
		(3)是否可能与当地农作物种子混杂,或引种地是否具有可能与之杂交的同属农作物(或珍稀植物)(2%)	0	否
		(4)是否具有毒性或为过敏原(2%)	2	是
	7.防控难度(6%)	(1)识别难度(2%)	0.5	较低,基本能够根据实际情况或现有信息判断其在本地的入侵性高低,或可获得的物种信息量较大
		(2)监控难度(2%)	1	一般,种子或繁殖体的传播途径和距离有限,较易受到监控
		(3)防治难度与成本(2%)	1	可根据实际情况采取较有效的应对措施,减少人为引种即可有效减少危害,防治成本一般;有一定的物种防治信息和经验可作为依据;不排除需使用化学药剂(对其他物种及环境造成负面影响)

• 戟叶马鞭草 •

戟叶马鞭草本身特性使用"已存在"状态的评估体系,评估结果见表3-30。将各个三级指标得分相加,戟叶马鞭草物种特性在评估体系中得38.5分;与引种地得分24.5累加,戟叶马鞭草在"已存在"状态风险评估体系总得分为63分,风险等级为四级,属低等风险等级。

表3-30 戟叶马鞭草本身特性使用"已存在"状态的评估体系

一级指标	二级指标	三级指标	赋分	赋分标准
物种本身特性(70%)	1. 环境适应性(9%)	(1) 原产地(3%)	3	美洲
		(2) 全球分布范围(3%)	2	欧洲及地中海沿岸的其他地区
		(3) 主要自然分布区(3%)	3	亚热带、暖温带有广泛分布,或热带至亚热带都有分布,或热带至寒温带都有广泛分布
	2. 入侵史(8%)	(1) 国内是否有入侵记录(3%)	0	否
		(2) 国内是否有同属植物入侵记录(2%)	2	是
		(3) 国外是否有入侵记录(3%)	3	是
	3. 生长与逃逸状况(10%)	(1) 在引种地露天环境生长状况(2%)	2	良好
		(2) 在引种地是否有逸生(2%)	0	否
		(3) 在引种种植区域的逸生范围(2%)	0	无逸生
		(4) 在引种种植区域的逸生数量(2%)	0	无逸生
		(5) 是否能在引种地露天条件下进行自然的有性或无性繁殖(2%)	2	是

(续表)

一级指标	二级指标	三级指标	赋分	赋分标准
物种本身特性(70%)	4. 生物学特征(18%)	(1) 生活型(2%)	2	草本(草质藤本)
		(2) 自然条件下的主要繁殖方式(3%)	1.5	以有性繁殖为主
		(3) 自然条件下的无性繁殖能力(3%)	0	缺乏无性繁殖能力
		(4) 自然条件下的平均有性繁殖频率(2%)	2	一年中的有性繁殖期可长达4个月及以上,或一年可以进行两次及以上的有性繁殖
		(5) 单株种子量(2%)	1	单株平均种子量 10~1 000粒
		(6) 种子萌发率(繁殖体出苗率)(2%)	1	在适宜条件下,萌发率(出苗率)为25%~60%,或者比率浮动较大
		(7) 适宜的生境类型(2%)	1	主要生长并繁殖于少数类型的生境中,对干湿条件、遮阳光照等有特定要求,或仅在人类活动干扰地区(农田、苗圃、荒地、林缘、牧场、路边、宅旁、堤岸、人造绿化带等)可大量生长及繁殖
		(8) 耐胁迫能力(2%)	1	对某些特定类型的胁迫具有较强的抗逆性
	5. 扩散方式与能力(9%)	(1) 种子(繁殖体)的主要传播方式(3%)	2	主要通过自然散落、水流传播、动物携带等方式传播
		(2) 种子(繁殖体)的传播扩散能力(2%)	1	种子(繁殖体)质量较轻,较易传播扩散,或具有其他较易传播的条件
		(3) 种子(繁殖体)是否具有便于传播的附属器官或结构(2%)	0	否
		(4) 是否具有扩散制约因素(2%)	2	否

(续表)

一级指标	二级指标	三级指标	赋分	赋分标准
物种本身特性(70%)	6. 潜在危害与影响(10%)	(1) 占领生境能力(3%)	2	较强,在生长季节能够高频率出现于适宜生境内
		(2) 是否具有化感作用(3%)	0	无
		(3) 是否可能与当地农作物种子混杂,或引种地是否具有可能与之杂交的同属农作物(或珍稀植物)(2%)	0	否
		(4) 是否具有毒性或为过敏原(2%)	2	是
	7. 防控难度(6%)	(1) 识别难度(2%)	1	一般,短期内能够初步判断其在本地的适应繁殖状况,但不明确是否会有潜在的进化演变可能及其他不良影响,或可获得的物种信息量较有限
		(2) 监控难度(2%)	1	一般,种子或繁殖体的传播途径和距离有限,较易受到监控
		(3) 防治难度与成本(2%)	1	可根据实际情况采取较有效的应对措施,减少人为引种即可有效减少危害,防治成本一般;有一定的物种防治信息和经验可作为依据;不排除需使用化学药剂(对其他物种及环境造成负面影响)

· 欧 亚 槭 ·

欧亚槭本身特性使用"已存在"状态的评估体系,评估结果见表3-31。将各个三级指标得分相加,欧亚槭物种特性在评估体系中得38.5分;与引种地得分24.5累加,欧亚槭在"已存在"状态风险评估体系总得分为63分,风险等级为四级,属低等风险等级。

表3-31 欧亚槭本身特性使用"已存在"状态的评估体系

一级指标	二级指标	三级指标	赋分	赋分标准
物种本身特性(70%)	1. 环境适应性(9%)	(1) 原产地(3%)	2	欧洲及地中海沿岸的其他地区
		(2) 全球分布范围(3%)	3	广泛(主要分布地区≥4大洲)
		(3) 主要自然分布区(3%)	3	亚热带、暖温带有广泛分布,或热带至亚热带都有分布,或热带至寒温带都有广泛分布
	2. 入侵史(8%)	(1) 国内是否有入侵记录(3%)	0	否
		(2) 国内是否有同属植物入侵记录(2%)	2	是
		(3) 国外是否有入侵记录(3%)	3	是
	3. 生长与逃逸状况(10%)	(1) 在引种地露天环境生长状况(2%)	2	良好
		(2) 在引种地是否有逸生(2%)	0	否
		(3) 在引种种植区域的逸生范围(2%)	0	无逸生
		(4) 在引种种植区域的逸生数量(2%)	0	无逸生
		(5) 是否能在引种地露天条件下进行自然的有性或无性繁殖(2%)	2	是
	4. 生物学特征(18%)	(1) 生活型(2%)	0	生长速率较慢的木本
		(2) 自然条件下的主要繁殖方式(3%)	1.5	以有性繁殖为主
		(3) 自然条件下的无性繁殖能力(3%)	0	缺乏无性繁殖能力
		(4) 自然条件下的平均有性繁殖频率(2%)	1	繁殖期少于4个月,或一年只进行一次有性繁殖

(续表)

一级指标	二级指标	三级指标	赋分	赋分标准
物种本身特性(70%)	4. 生物学特征(18%)	(5) 单株种子量(2%)	2	单株平均种子量≥1 000粒
		(6) 种子萌发(繁殖体出苗率)(2%)	1	在适宜条件下,萌发率(出苗率)为25%~60%,或者比率浮动较大
		(7) 适宜的生境类型(2%)	2	可见于各类生境类型(林地、湿地、路边、舍旁等),对干湿条件、遮阳光照等没有特定要求,在不同的生境中都能生长繁殖良好
		(8) 耐胁迫能力(2%)	1	对某些特定类型的胁迫具有较强的抗逆性
	5. 扩散方式与能力(9%)	(1) 种子(繁殖体)的主要传播方式(3%)	3	主要通过风力传播或兼具多种传播方式
		(2) 种子(繁殖体)的传播扩散能力(2%)	1	种子(繁殖体)质量较轻,较易传播扩散,或具有其他较易传播的条件
		(3) 种子(繁殖体)是否具有便于传播的附属器官或结构(2%)	2	是
		(4) 是否具有扩散制约因素(2%)	2	否
	6. 潜在危害与影响(10%)	(1) 占领生境能力(3%)	2	较强,在生长季节能够高频率出现于适宜生境内
		(2) 是否具有化感作用(3%)	0	无
		(3) 是否可能与当地农作物种子混杂,或引种地是否具有可能与之杂交的同属农作物(或珍稀植物)(2%)	0	否
		(4) 是否具有毒性或为过敏原(2%)	0	否

(续表)

一级指标	二级指标	三级指标	赋分	赋分标准
物种本身特性(70%)	7. 防控难度(6%)	(1) 识别难度(2%)	1	一般,短期内能够初步判断其在本地的适应繁殖状况,但不明确是否会有潜在的进化演变可能及其他不良影响,或可获得的物种信息量较有限
		(2) 监控难度(2%)	1	一般,种子或繁殖体的传播途径和距离有限,较易受到监控
		(3) 防治难度与成本(2%)	1	可根据实际情况采取较有效的应对措施,减少人为引种即可有效减少危害,防治成本一般;有一定的物种防治信息和经验可作为依据;不排除需使用化学药剂(对其他物种及环境造成负面影响)

• 葡萄十大功劳 •

葡萄十大功劳本身特性使用"已存在"状态的评估体系,评估结果见表3-32。将各个三级指标得分相加,葡萄十大功劳物种特性在评估体系中得38分;与引种地得分24.5累加,葡萄十大功劳在"已存在"状态风险评估体系总得分为62.5分,风险等级为四级,属低等风险等级。

表3-32 葡萄十大功劳本身特性使用"已存在"状态的评估体系

一级指标	二级指标	三级指标	赋分	赋分标准
物种本身特性(70%)	1. 环境适应性(9%)	(1) 原产地(3%)	3	美洲
		(2) 全球分布范围(3%)	2	较广(主要分布地区为2~3大洲)
		(3) 主要自然分布区(3%)	3	亚热带、暖温带有广泛分布,或热带至亚热带都有分布,或热带至寒温带都有广泛分布

(续表)

一级指标	二级指标	三级指标	赋分	赋分标准
物种本身特性(70%)	2. 入侵史(8%)	(1) 国内是否有入侵记录(3%)	0	否
		(2) 国内是否有同属植物入侵记录(2%)	0	否
		(3) 国外是否有入侵记录(3%)	3	是
	3. 生长与逃逸状况(10%)	(1) 在引种地露天环境生长状况(2%)	2	良好
		(2) 在引种地是否有逸生(2%)	0	否
		(3) 在引种种植区域的逸生范围(2%)	0	无逸生
		(4) 在引种种植区域的逸生数量(2%)	0	无逸生
		(5) 是否能在引种地露天条件下进行自然的有性或无性繁殖(2%)	2	是
	4. 生物学特征(18%)	(1) 生活型(2%)	0	生长速率较慢的木本
		(2) 自然条件下的主要繁殖方式(3%)	2	可以同时进行有性及无性繁殖
		(3) 自然条件下的无性繁殖能力(3%)	1.5	一般,仅在一定范围内进行无性繁殖,不会肆意扩张
		(4) 自然条件下的平均有性繁殖频率(2%)	1	繁殖期少于4个月,或一年只进行一次有性繁殖
		(5) 单株种子量(2%)	1	单株平均种子量10～1 000粒
		(6) 种子萌发率(繁殖体出苗率)(2%)	2	在适宜的条件下,萌发率(出苗率)≥60%
		(7) 适宜的生境类型(2%)	2	可见于各类生境类型(林地、湿地、路边、舍旁等),对干湿条件、遮阳光照等没有特定要求,在不同的生境中都能生长繁殖良好

(续表)

一级指标	二级指标	三级指标	赋分	赋分标准
物种本身特性(70%)	4. 生物学特征(18%)	(8) 耐胁迫能力(2%)	2	对多种类型的胁迫具有较高的抗逆性
	5. 扩散方式与能力(9%)	(1) 种子(繁殖体)的主要传播方式(3%)	2	主要通过自然散落、水流传播、动物携带等方式传播
		(2) 种子(繁殖体)的传播扩散能力(2%)	1	种子(繁殖体)质量较轻,较易传播扩散,或具有其他较易传播的条件
		(3) 种子(繁殖体)是否具有便于传播的附属器官或结构(2%)	0	否
		(4) 是否具有扩散制约因素(2%)	2	否
	6. 潜在危害与影响(10%)	(1) 占领生境能力(3%)	3	很强,在生长季节能够高频率且高密度出现于适宜生境内
		(2) 是否具有化感作用(3%)	0	无
		(3) 是否可能与当地农作物种子混杂,或引种地是否具有可能与之杂交的同属农作物(或珍稀植物)(2%)	0	否
		(4) 是否具有毒性或为过敏原(2%)	0	否
	7. 防控难度(6%)	(1) 识别难度(2%)	1	一般,短期内能够初步判断其在本地的适应繁殖状况,但不明确是否会有潜在的进化演变可能及其他不良影响,或可获得的物种信息量较有限
		(2) 监控难度(2%)	2	较高,种子或繁殖体的传播途径较多,可传播距离较远,具有不确定性,不易受到监控

(续表)

一级指标	二级指标	三级指标	赋分	赋分标准
物种本身特性(70%)	7. 防控难度(6%)	(3)防治难度与成本(2%)	0.5	使用简单无副作用的手段即可基本防治,可以避免使用化学药剂(不会对其他物种及环境造成负面影响)

• 美 国 紫 菀 •

美国紫菀本身特性使用"已存在"状态的评估体系,评估结果见表3-33。将各个三级指标得分相加,美国紫菀物种特性在评估体系中得37.5分;与引种地得分24.5累加,美国紫菀在"已存在"状态风险评估体系总得分为62分,风险等级为四级,属低等风险等级。

表3-33 美国紫菀本身特性使用"已存在"状态的评估体系

一级指标	二级指标	三级指标	赋分	赋分标准
物种本身特性(70%)	1. 环境适应性(9%)	(1)原产地(3%)	3	美洲
		(2)全球分布范围(3%)	2	较广(主要分布地区为2~3大洲)
		(3)主要自然分布区(3%)	3	亚热带、暖温带有广泛分布,或热带至亚热带都有分布,或热带至寒温带都有广泛分布
	2. 入侵史(8%)	(1)国内是否有入侵记录(3%)	0	否
		(2)国内是否有同属植物入侵记录(2%)	0	否
		(3)国外是否有入侵记录(3%)	0	否
	3. 生长与逃逸状况(10%)	(1)在引种地露天环境生长状况(2%)	2	良好
		(2)在引种地是否有逸生(2%)	0	否

(续表)

一级指标	二级指标	三级指标	赋分	赋分标准
物种本身特性(70%)	3. 生长与逃逸状况(10%)	(3) 在引种种植区域的逸生范围(2%)	0	无逸生
		(4) 在引种种植区域的逸生数量(2%)	0	无逸生
		(5) 是否能在引种地露天条件下进行自然的有性或无性繁殖(2%)	2	是
	4. 生物学特征(18%)	(1) 生活型(2%)	2	草本(草质藤本)
		(2) 自然条件下的主要繁殖方式(3%)	1.5	以有性繁殖为主
		(3) 自然条件下的无性繁殖能力(3%)	0	缺乏无性繁殖能力
		(4) 自然条件下的平均有性繁殖频率(2%)	1	繁殖期少于4个月,或一年只进行一次有性繁殖
		(5) 单株种子量(2%)	2	单株平均种子量≥1 000粒
		(6) 种子萌发率(繁殖体出苗率)(2%)	2	在适宜的条件下,萌发率(出苗率)≥60%
		(7) 适宜的生境类型(2%)	1	主要生长并繁殖于少数类型的生境中,对干湿条件、遮阳光照等有特定要求,或仅在人类活动干扰地区(农田、苗圃、荒地、林缘、牧场、路边、宅旁、堤岸、人造绿化带等)可大量生长及繁殖
		(8) 耐胁迫能力(2%)	1	对某些特定类型的胁迫具有较强的抗逆性
	5. 扩散方式与能力(9%)	(1) 种子(繁殖体)的主要传播方式(3%)	3	主要通过风力传播或兼具多种传播方式
		(2) 种子(繁殖体)的传播扩散能力(2%)	2	种子(繁殖体)质量很轻,极易传播扩散,或具有其他极易传播的条件

(续表)

一级指标	二级指标	三级指标	赋分	赋分标准
物种本身特性(70%)	5.扩散方式与能力(9%)	(3)种子(繁殖体)是否具有便于传播的附属器官或结构(2%)	2	是
		(4)是否具有扩散制约因素(2%)	2	否
	6.潜在危害与影响(10%)	(1)占领生境能力(3%)	2	较强,在生长季节能够高频率出现于适宜生境内
		(2)是否具有化感作用(3%)	0	无
		(3)是否可能与当地农作物种子混杂,或引种地是否具有可能与之杂交的同属农作物(或珍稀植物)(2%)	0	否
		(4)是否具有毒性或为过敏原(2%)	0	否
	7.防控难度(6%)	(1)识别难度(2%)	1	一般,短期内能够初步判断其在本地的适应繁殖状况,但不明确是否会有潜在的进化演变可能及其他不良影响,或可获得的物种信息量较有限
		(2)监控难度(2%)	2	较高,种子或繁殖体的传播途径较多,可传播距离较远,具有不确定性,不易受到监控
		(3)防治难度与成本(2%)	1	可根据实际情况采取较有效的应对措施,减少人为引种即可有效减少危害,防治成本一般;有一定的物种防治信息和经验可作为依据;不排除需使用化学药剂(对其他物种及环境造成负面影响)

喀斯特十大功劳

喀斯特十大功劳本身特性使用"已存在"状态的评估体系,评估结果见表3-34。将各个三级指标得分相加,喀斯特十大功劳物种特性在评估体系中得37分;与引种地得分24.5累加,喀斯特十大功劳在"已存在"状态风险评估体系总得分为61.5分,风险等级为四级,属低等风险等级。

表3-34 喀斯特十大功劳本身特性使用"已存在"状态的评估体系

一级指标	二级指标	三级指标	赋分	赋分标准
物种本身特性(70%)	1. 环境适应性(9%)	(1) 原产地(3%)	3	美洲
		(2) 全球分布范围(3%)	2	较广(主要分布地区为2~3大洲)
		(3) 主要自然分布区(3%)	3	亚热带、暖温带有广泛分布,或热带至亚热带都有分布,或热带至寒温带都有广泛分布
	2. 入侵史(8%)	(1) 国内是否有入侵记录(3%)	0	否
		(2) 国内是否有同属植物入侵记录(2%)	0	否
		(3) 国外是否有入侵记录(3%)	3	是
	3. 生长与逃逸状况(10%)	(1) 在引种地露天环境生长状况(2%)	2	良好
		(2) 在引种地是否有逸生(2%)	0	否
		(3) 在引种种植区域的逸生范围(2%)	0	无逸生
		(4) 在引种种植区域的逸生数量(2%)	0	无逸生
		(5) 是否能在引种地露天条件下进行自然的有性或无性繁殖(2%)	2	是

(续表)

一级指标	二级指标	三级指标	赋分	赋分标准
物种本身特性(70%)	4. 生物学特征(18%)	(1) 生活型(2%)	0	生长速率较慢的木本
		(2) 自然条件下的主要繁殖方式(3%)	2	可以同时进行有性及无性繁殖
		(3) 自然条件下的无性繁殖能力(3%)	1.5	一般,仅在一定范围内进行无性繁殖,不会肆意扩张
		(4) 自然条件下的平均有性繁殖频率(2%)	1	繁殖期少于4个月,或一年只进行一次有性繁殖
		(5) 单株种子量(2%)	1	单株平均种子量10~1 000粒
		(6) 种子萌发率(繁殖体出苗率)(2%)	1	在适宜条件下,萌发率(出苗率)为25%~60%,或者比率浮动较大
		(7) 适宜的生境类型(2%)	2	可见于各类生境类型(林地、湿地、路边、舍旁等),对干湿条件、遮阳光照等没有特定要求,在不同的生境中都能生长繁殖良好
		(8) 耐胁迫能力(2%)	2	对多种类型的胁迫具有较高的抗逆性
	5. 扩散方式与能力(9%)	(1) 种子(繁殖体)的主要传播方式(3%)	2	主要通过自然散落、水流传播、动物携带等方式传播
		(2) 种子(繁殖体)的传播扩散能力(2%)	1	种子(繁殖体)质量较轻,较易传播扩散,或具有其他较易传播的条件
		(3) 种子(繁殖体)是否具有便于传播的附属器官或结构(2%)	0	否
		(4) 是否具有扩散制约因素(2%)	2	否
	6. 潜在危害与影响(10%)	(1) 占领生境能力(3%)	3	很强,在生长季节能够高频率且高密度出现于适宜生境内

(续表)

一级指标	二级指标	三级指标	赋分	赋分标准
物种本身特性(70%)	6.潜在危害与影响(10%)	(2)是否具有化感作用(3%)	0	无
		(3)是否可能与当地农作物种子混杂,或引种地是否具有可能与之杂交的同属农作物(或珍稀植物)(2%)	0	否
		(4)是否具有毒性或为过敏原(2%)	0	否
	7.防控难度(6%)	(1)识别难度(2%)	1	一般,短期内能够初步判断其在本地的适应繁殖状况,但不明确是否会有潜在的进化演变可能及其他不良影响,或可获得的物种信息量较有限
		(2)监控难度(2%)	2	较高,种子或繁殖体的传播途径较多,可传播距离较远,具有不确定性,不易受到监控
		(3)防治难度与成本(2%)	0.5	使用简单无副作用的手段即可基本防治,可以避免使用化学药剂(不会对其他物种及环境造成负面影响)

· 欧 薄 荷 ·

欧薄荷(图版7)本身特性使用"已存在"状态的评估体系,评估结果见表3-35。将各个三级指标得分相加,欧薄荷物种特性在评估体系中得36.5分;与引种地得分24.5累加,欧薄荷在"已存在"状态风险评估体系总得分为61分,风险等级为四级,属低等风险等级。

表 3-35 欧薄荷本身特性使用"已存在"状态的评估体系

一级指标	二级指标	三级指标	赋分	赋分标准
物种本身特性(70%)	1. 环境适应性(9%)	(1) 原产地(3%)	2	欧洲及地中海沿岸的其他地区
		(2) 全球分布范围(3%)	3	广泛(主要分布地区≥4大洲)
		(3) 主要自然分布区(3%)	3	亚热带、暖温带有广泛分布,或热带至亚热带都有分布,或热带至寒温带都有广泛分布
	2. 入侵史(8%)	(1) 国内是否有入侵记录(3%)	0	否
		(2) 国内是否有同属植物入侵记录(2%)	2	是
		(3) 国外是否有入侵记录(3%)	3	是
	3. 生长与逃逸状况(10%)	(1) 在引种地露天环境生长状况(2%)	2	良好
		(2) 在引种地是否有逸生(2%)	0	否
		(3) 在引种种植区域的逸生范围(2%)	0	无逸生
		(4) 在引种种植区域的逸生数量(2%)	0	无逸生
		(5) 是否能在引种地露天条件下进行自然的有性或无性繁殖(2%)	2	是
	4. 生物学特征(18%)	(1) 生活型(2%)	2	草本(草质藤本)
		(2) 自然条件下的主要繁殖方式(3%)	3	可以同时进行有性及无性繁殖
		(3) 自然条件下的无性繁殖能力(3%)	1.5	一般,仅在一定范围内进行无性繁殖,不会肆意扩张
		(4) 自然条件下的平均有性繁殖频率(2%)	1	繁殖期少于4个月,或一年只进行一次有性繁殖

(续表)

一级指标	二级指标	三级指标	赋分	赋分标准
物种本身特性(70%)	4. 生物学特征(18%)	(5) 单株种子量(2%)	1	单株平均种子量10～1 000粒
		(6) 种子萌发率(繁殖体出苗率)(2%)	1	在适宜条件下,萌发率(出苗率)为25%～60%,或者比率浮动较大
		(7) 适宜的生境类型(2%)	1	主要生长并繁殖于少数类型的生境中,对干湿条件、遮阳光照等有特定要求,或仅在人类活动干扰地区(农田、苗圃、荒地、林缘、牧场、路边、宅旁、堤岸、人造绿化带等)可大量生长及繁殖
		(8) 耐胁迫能力(2%)	1	对某些特定类型的胁迫具有较强的抗逆性
	5. 扩散方式与能力(9%)	(1) 种子(繁殖体)的主要传播方式(3%)	2	主要通过自然散落、水流传播、动物携带等方式传播
		(2) 种子(繁殖体)的传播扩散能力(2%)	1	种子(繁殖体)质量较轻,较易传播扩散,或具有其他较易传播的条件
		(3) 种子(繁殖体)是否具有便于传播的附属器官或结构(2%)	0	否
		(4) 是否具有扩散制约因素(2%)	2	否
	6. 潜在危害与影响(10%)	(1) 占领生境能力(3%)	1	一般,在生长季节会适量出现于适宜生境内
		(2) 是否具有化感作用(3%)	0	无
		(3) 是否可能与当地农作物种子混杂,或引种地是否具有可能与之杂交的同属农作物(或珍稀植物)(2%)	0	否

(续表)

一级指标	二级指标	三级指标	赋分	赋分标准
物种本身特性(70%)	6.潜在危害与影响(10%)	（4）是否具有毒性或为过敏原(2%)	0	否
	7.防控难度(6%)	（1）识别难度(2%)	1	一般，短期内能够初步判断其在本地的适应繁殖状况，但不明确是否会有潜在的进化演变可能及其他不良影响，或可获得的物种信息量较有限
		（2）监控难度(2%)	0.5	较低，种子或繁殖体的传播基本可以被监控
		（3）防治难度与成本(2%)	0.5	使用简单无副作用的手段即可基本防治，可以避免使用化学药剂（不会对其他物种及环境造成负面影响）

• 鹰 爪 豆 •

鹰爪豆本身特性使用"已存在"状态的评估体系，评估结果见表3-36。将各个三级指标得分相加，鹰爪豆物种特性在评估体系中得36.5分；与引种地得分24.5累加，鹰爪豆在"已存在"状态风险评估体系总得分为61分，风险等级为四级，属低等风险等级。

表3-36 鹰爪豆本身特性使用"已存在"状态的评估体系

一级指标	二级指标	三级指标	赋分	赋分标准
物种本身特性(70%)	1.环境适应性(9%)	（1）原产地(3%)	2	欧洲及地中海沿岸的其他地区
		（2）全球分布范围(3%)	3	广泛（主要分布地区≥4大洲）
		（3）主要自然分布区(3%)	3	亚热带、暖温带有广泛分布，或热带至亚热带都有分布，或热带至寒温带都有广泛分布

(续表)

一级指标	二级指标	三级指标	赋分	赋分标准
物种本身特性(70%)	2. 入侵史(8%)	(1) 国内是否有入侵记录(3%)	0	否
		(2) 国内是否有同属植物入侵记录(2%)	0	否
		(3) 国外是否有入侵记录(3%)	3	是
	3. 生长与逃逸状况(10%)	(1) 在引种地露天环境生长状况(2%)	2	良好
		(2) 在引种地是否有逸生(2%)	0	否
		(3) 在引种种植区域的逸生范围(2%)	0	无逸生
		(4) 在引种种植区域的逸生数量(2%)	0	无逸生
		(5) 是否能在引种地露天条件下进行自然的有性或无性繁殖(2%)	2	是
	4. 生物学特征(18%)	(1) 生活型(2%)	1	半灌木、速生灌木、速生乔木、速生木质藤本
		(2) 自然条件下的主要繁殖方式(3%)	1.5	以有性繁殖为主
		(3) 自然条件下的无性繁殖能力(3%)	0	缺乏无性繁殖能力
		(4) 自然条件下的平均有性繁殖频率(2%)	1	繁殖期少于4个月,或一年只进行一次有性繁殖
		(5) 单株种子量(2%)	2	单株平均种子量≥1 000粒
		(6) 种子萌发率(繁殖体出苗率)(2%)	2	在适宜的条件下,萌发率(出苗率)≥60%
		(7) 适宜的生境类型(2%)	1	主要生长并繁殖于少数类型的生境中,对干湿条件、遮阳光照等有特定要求,或仅在人类活动干扰地区(农田、苗圃、荒地、林缘、牧场、路边、宅旁、堤岸、人造绿化带等)可大量生长及繁殖

(续表)

一级指标	二级指标	三级指标	赋分	赋分标准
物种本身特性(70%)	4. 生物学特征(18%)	(8) 耐胁迫能力(2%)	2	对多种类型的胁迫具有较高的抗逆性
	5. 扩散方式与能力(9%)	(1) 种子(繁殖体)的主要传播方式(3%)	2	主要通过自然散落、水流传播、动物携带等方式传播
		(2) 种子(繁殖体)的传播扩散能力(2%)	1	种子(繁殖体)质量较轻,较易传播扩散,或具有其他较易传播的条件
		(3) 种子(繁殖体)是否具有便于传播的附属器官或结构(2%)	0	否
		(4) 是否具有扩散制约因素(2%)	2	否
	6. 潜在危害与影响(10%)	(1) 占领生境能力(3%)	3	很强,在生长季节能够高频率且高密度出现于适宜生境内
		(2) 是否具有化感作用(3%)	0	无
		(3) 是否可能与当地农作物种子混杂,或引种地是否具有可能与之杂交的同属农作物(或珍稀植物)(2%)	0	否
		(4) 是否具有毒性或为过敏原(2%)	0	否
	7. 防控难度(6%)	(1) 识别难度(2%)	1	一般,短期内能够初步判断其在本地的适应繁殖状况,但不明确是否会有潜在的进化演变可能及其他不良影响,或可获得的物种信息量较有限
		(2) 监控难度(2%)	1	一般,种子或繁殖体的传播途径和距离有限,较易受到监控

(续表)

一级指标	二级指标	三级指标	赋分	赋分标准
物种本身特性(70%)	7. 防控难度(6%)	（3）防治难度与成本(2%)	1	可根据实际情况采取较有效的应对措施,减少人为引种即可有效减少危害,防治成本一般;有一定的物种防治信息和经验可作为依据;不排除需使用化学药剂(对其他物种及环境造成负面影响)

● 少 花 紫 菀 ●

少花紫菀本身特性使用"已存在"状态的评估体系,评估结果见表3-37。将各个三级指标得分相加,少花紫菀物种特性在评估体系中得36.5分;与引种地得分24.5累加,少花紫菀在"已存在"状态风险评估体系总得分为61分,风险等级为四级,属低等风险等级。

表3-37 少花紫菀本身特性使用"已存在"状态的评估体系

一级指标	二级指标	三级指标	赋分	赋分标准
物种本身特性(70%)	1. 环境适应性(9%)	（1）原产地(3%)	2	欧洲及地中海沿岸的其他地区
		（2）全球分布范围(3%)	2	较广(主要分布地区为2~3大洲)
		（3）主要自然分布区(3%)	3	亚热带、暖温带有广泛分布,或热带至亚热带都有分布,或热带至寒温带都有广泛分布
	2. 入侵史(8%)	（1）国内是否有入侵记录(3%)	0	否
		（2）国内是否有同属植物入侵记录(2%)	2	是
		（3）国外是否有入侵记录(3%)	0	否

(续表)

一级指标	二级指标	三级指标	赋分	赋分标准
物种本身特性(70%)	3.生长与逃逸状况(10%)	(1)在引种地露天环境生长状况(2%)	2	良好
		(2)在引种地是否有逸生(2%)	0	否
		(3)在引种种植区域的逸生范围(2%)	0	无逸生
		(4)在引种种植区域的逸生数量(2%)	0	无逸生
		(5)是否能在引种地露天条件下进行自然的有性或无性繁殖(2%)	2	是
	4.生物学特征(18%)	(1)生活型(2%)	2	草本(草质藤本)
		(2)自然条件下的主要繁殖方式(3%)	1.5	以有性繁殖为主
		(3)自然条件下的无性繁殖能力(3%)	0	缺乏无性繁殖能力
		(4)自然条件下的平均有性繁殖频率(2%)	1	繁殖期少于4个月,或一年只进行一次有性繁殖
		(5)单株种子量(2%)	2	单株平均种子量≥1 000粒
		(6)种子萌发率(繁殖体出苗率)(2%)	1	在适宜条件下,萌发率(出苗率)为25%～60%,或者比率浮动较大
		(7)适宜的生境类型(2%)	1	主要生长并繁殖于少数类型的生境中,对干湿条件、遮阳光照等有特定要求,或仅在人类活动干扰地区(农田、苗圃、荒地、林缘、牧场、路边、宅旁、堤岸、人造绿化带等)可大量生长及繁殖
		(8)耐胁迫能力(2%)	1	对某些特定类型的胁迫具有较强的抗逆性

(续表)

一级指标	二级指标	三级指标	赋分	赋分标准
物种本身特性(70%)	5. 扩散方式与能力(9%)	(1) 种子(繁殖体)的主要传播方式(3%)	3	主要通过风力传播或兼具多种传播方式
		(2) 种子(繁殖体)的传播扩散能力(2%)	2	种子(繁殖体)质量很轻,极易传播扩散,或具有其他极易传播的条件
		(3) 种子(繁殖体)是否具有便于传播的附属器官或结构(2%)	2	是
		(4) 是否具有扩散制约因素(2%)	2	否
	6. 潜在危害与影响(10%)	(1) 占领生境能力(3%)	1	一般,在生长季节会适量出现于适宜生境内
		(2) 是否具有化感作用(3%)	0	无
		(3) 是否可能与当地农作物种子混杂,或引地是否具有可能与之杂交的同属农作物(或珍稀植物)(2%)	0	否
		(4) 是否具有毒性或为过敏原(2%)	0	否
	7. 防控难度(6%)	(1) 识别难度(2%)	1	一般,短期内能够初步判断其在本地的适应繁殖状况,但不明确是否会有潜在的进化演变可能及其他不良影响,或可获得的物种信息量较有限
		(2) 监控难度(2%)	2	较高,种子或繁殖体的传播途径较多,可传播距离较远,具有不确定性,不易受到监控
		(3) 防治难度与成本(2%)	1	可根据实际情况采取较有效的应对措施,减少人为引种即可有效减少危害,防治成本一般;有一定的物种防治信息和经验可作为依据;不排除需使用化学药剂(对其他物种及环境造成负面影响)

美国皂荚

美国皂荚本身特性使用"已存在"状态的评估体系,评估结果见表3-38。将各个三级指标得分相加,美国皂荚物种特性在评估体系中得36分;与引种地得分24.5累加,美国皂荚在"已存在"状态风险评估体系总得分为60.5分,风险等级为四级,属低等风险等级。

表3-38 美国皂荚本身特性使用"已存在"状态的评估体系

一级指标	二级指标	三级指标	赋分	赋分标准
物种本身特性(70%)	1.环境适应性(9%)	(1)原产地(3%)	3	美洲
		(2)全球分布范围(3%)	3	广泛(主要分布地区≥4大洲)
		(3)主要自然分布区(3%)	3	亚热带、暖温带有广泛分布,或热带至亚热带都有分布,或热带至寒温带都有广泛分布
	2.入侵史(8%)	(1)国内是否有入侵记录(3%)	0	否
		(2)国内是否有同属植物入侵记录(2%)	0	否
		(3)国外是否有入侵记录(3%)	3	是
	3.生长与逃逸状况(10%)	(1)在引种地露天环境生长状况(2%)	2	良好
		(2)在引种地是否有逸生(2%)	0	否
		(3)在引种种植区域的逸生范围(2%)	0	无逸生
		(4)在引种种植区域的逸生数量(2%)	0	无逸生
		(5)是否能在引种地露天条件下进行自然的有性或无性繁殖(2%)	2	是

(续表)

一级指标	二级指标	三级指标	赋分	赋分标准
物种本身特性(70%)	4. 生物学特征(18%)	(1) 生活型(2%)	1	半灌木、速生灌木、速生乔木、速生木质藤本
		(2) 自然条件下的主要繁殖方式(3%)	1.5	以有性繁殖为主
		(3) 自然条件下的无性繁殖能力(3%)	0	缺乏无性繁殖能力
		(4) 自然条件下的平均有性繁殖频率(2%)	1	繁殖期少于4个月,或一年只进行一次有性繁殖
		(5) 单株种子量(2%)	2	单株平均种子量≥1 000粒
		(6) 种子萌发率(繁殖体出苗率)(2%)	1	在适宜条件下,萌发率(出苗率)为25%~60%,或者比率浮动较大
		(7) 适宜的生境类型(2%)	1	主要生长并繁殖于少数类型的生境中,对干湿条件、遮阳光照等有特定要求,或仅在人类活动干扰地区(农田、苗圃、荒地、林缘、牧场、路边、宅旁、堤岸、人造绿化带等)可大量生长及繁殖
		(8) 耐胁迫能力(2%)	2	对多种类型的胁迫具有较高的抗逆性
	5. 扩散方式与能力(9%)	(1) 种子(繁殖体)的主要传播方式(3%)	2	主要通过自然散落、水流传播、动物携带等方式传播
		(2) 种子(繁殖体)的传播扩散能力(2%)	1	种子(繁殖体)质量较轻,较易传播扩散,或具有其他较易传播的条件
		(3) 种子(繁殖体)是否具有便于传播的附属器官或结构(2%)	0	否
		(4) 是否具有扩散制约因素(2%)	2	否

(续表)

一级指标	二级指标	三级指标	赋分	赋分标准
物种本身特性(70%)	6. 潜在危害与影响(10%)	(1) 占领生境能力(3%)	2	较强,在生长季节能够高频率出现于适宜生境内
		(2) 是否具有化感作用(3%)	0	无
		(3) 是否可能与当地农作物种子混杂,或引种地是否具有可能与之杂交的同属农作物(或珍稀植物)(2%)	0	否
		(4) 是否具有毒性或为过敏原(2%)	0	否
	7. 防控难度(6%)	(1) 识别难度(2%)	1	一般,短期内能够初步判断其在本地的适应繁殖状况,但不明确是否会有潜在的进化演变可能及其他不良影响,或可获得的物种信息量较有限
		(2) 监控难度(2%)	2	较高,种子或繁殖体的传播途径较多,可传播距离较远,具有不确定性,不易受到监控
		(3) 防治难度与成本(2%)	0.5	使用简单无副作用的手段即可基本防治,可以避免使用化学药剂(不会对其他物种及环境造成负面影响)

• 蛇 鞭 菊 •

蛇鞭菊本身特性使用"已存在"状态的评估体系,评估结果见表3-39。将各个三级指标得分相加,蛇鞭菊物种特性在评估体系中得36分;与引种地得分24.5累加,蛇鞭菊在"已存在"状态风险评估体系总得分为60.5分,风险等级为四级,属低等风险等级。

表 3-39 蛇鞭菊本身特性使用"已存在"状态的评估体系

一级指标	二级指标	三级指标	赋分	赋分标准
物种本身特性(70%)	1. 环境适应性(9%)	(1) 原产地(3%)	3	美洲
		(2) 全球分布范围(3%)	2	较广(主要分布地区为2~3大洲)
		(3) 主要自然分布区(3%)	3	亚热带、暖温带有广泛分布,或热带至亚热带都有分布,或热带至寒温带都有广泛分布
	2. 入侵史(8%)	(1) 国内是否有入侵记录(3%)	0	否
		(2) 国内是否有同属植物入侵记录(2%)	0	否
		(3) 国外是否有入侵记录(3%)	0	否
	3. 生长与逃逸状况(10%)	(1) 在引种地露天环境生长状况(2%)	2	良好
		(2) 在引种地是否有逸生(2%)	0	否
		(3) 在引种种植区域的逸生范围(2%)	0	无逸生
		(4) 在引种种植区域的逸生数量(2%)	0	无逸生
		(5) 是否能在引种地露天条件下进行自然的有性或无性繁殖(2%)	2	是
	4. 生物学特征(18%)	(1) 生活型(2%)	2	草本(草质藤本)
		(2) 自然条件下的主要繁殖方式(3%)	3	可以同时进行有性及无性繁殖
		(3) 自然条件下的无性繁殖能力(3%)	1.5	一般,仅在一定范围内进行无性繁殖,不会肆意扩张
		(4) 自然条件下的平均有性繁殖频率(2%)	1	繁殖期少于4个月,或一年只进行一次有性繁殖

(续表)

一级指标	二级指标	三级指标	赋分	赋分标准
物种本身特性(70%)	4. 生物学特征(18%)	(5) 单株种子量(2%)	2	单株平均种子量≥1 000粒
		(6) 种子萌发率(繁殖体出苗率)(2%)	0	在可萌发条件下,萌发率(出苗率)≤25%,或几乎无种子
		(7) 适宜的生境类型(2%)	1	主要生长并繁殖于少数类型的生境中,对干湿条件、遮阳光照等有特定要求,或仅在人类活动干扰地区(农田、苗圃、荒地、林缘、牧场、路边、宅旁、堤岸、人造绿化带等)可大量生长及繁殖
		(8) 耐胁迫能力(2%)	1	对某些特定类型的胁迫具有较强的抗逆性
	5. 扩散方式与能力(9%)	(1) 种子(繁殖体)的主要传播方式(3%)	3	主要通过风力传播或兼具多种传播方式
		(2) 种子(繁殖体)的传播扩散能力(2%)	2	种子(繁殖体)质量很轻,极易传播扩散,或具有其他极易传播的条件
		(3) 种子(繁殖体)是否具有便于传播的附属器官或结构(2%)	2	是
		(4) 是否具有扩散制约因素(2%)	2	否
	6. 潜在危害与影响(10%)	(1) 占领生境能力(3%)	1	一般,在生长季节会适量出现于适宜生境内
		(2) 是否具有化感作用(3%)	0	无
		(3) 是否可能与当地农作物种子混杂,或引种地是否具有可能与之杂交的同属农作物(或珍稀植物)(2%)	0	否
		(4) 是否具有毒性或为过敏原(2%)	0	否

(续表)

一级指标	二级指标	三级指标	赋分	赋分标准
物种本身特性(70%)	7. 防控难度(6%)	(1) 识别难度(2%)	0.5	较低,基本能够根据实际情况或现有信息判断其在本地的入侵性高低,或可获得的物种信息量较大
		(2) 监控难度(2%)	1	一般,种子或繁殖体的传播途径和距离有限,较易受到监控
		(3) 防治难度与成本(2%)	1	可根据实际情况采取较有效的应对措施,减少人为引种即可有效减少危害,防治成本一般;有一定的物种防治信息和经验可作为依据;不排除需使用化学药剂(对其他物种及环境造成负面影响)

• 拟美国薄荷 •

拟美国薄荷(图版7)本身特性使用"已存在"状态的评估体系,评估结果见表3-40。将各个三级指标得分相加,拟美国薄荷物种特性在评估体系中得35.5分;与引种地得分24.5累加,拟美国薄荷在"已存在"状态风险评估体系总得分为60分,风险等级为四级,属低等风险等级。

表3-40 拟美国薄荷本身特性使用"已存在"状态的评估体系

一级指标	二级指标	三级指标	赋分	赋分标准
物种本身特性(70%)	1. 环境适应性(9%)	(1) 原产地(3%)	3	美洲
		(2) 全球分布范围(3%)	2	较广(主要分布地区为2~3大洲)
		(3) 主要自然分布区(3%)	3	亚热带、暖温带有广泛分布,或热带至亚热带都有分布,或热带至寒温带都有广泛分布
	2. 入侵史(8%)	(1) 国内是否有入侵记录(3%)	0	否

(续表)

一级指标	二级指标	三级指标	赋分	赋分标准
物种本身特性(70%)	2.入侵史(8%)	(2)国内是否有同属植物入侵记录(2%)	0	否
		(3)国外是否有入侵记录(3%)	3	是
	3.生长与逃逸状况(10%)	(1)在引种地露天环境生长状况(2%)	2	良好
		(2)在引种地是否有逸生(2%)	0	否
		(3)在引种种植区域的逸生范围(2%)	0	无逸生
		(4)在引种种植区域的逸生数量(2%)	0	无逸生
		(5)是否能在引种地露天条件下进行自然的有性或无性繁殖(2%)	2	是
	4.生物学特征(18%)	(1)生活型(2%)	2	草本(草质藤本)
		(2)自然条件下的主要繁殖方式(3%)	3	可以同时进行有性及无性繁殖
		(3)自然条件下的无性繁殖能力(3%)	1.5	一般,仅在一定范围内进行无性繁殖,不会肆意扩张
		(4)自然条件下的平均有性繁殖频率(2%)	1	繁殖期少于4个月,或一年只进行一次有性繁殖
		(5)单株种子量(2%)	1	单株平均种子量10~1 000粒
		(6)种子萌发率(繁殖体出苗率)(2%)	2	在适宜的条件下,萌发率(出苗率)≥60%
		(7)适宜的生境类型(2%)	1	主要生长并繁殖于少数类型的生境中,对干湿条件、遮阳光照等有特定要求,或仅在人类活动干扰地区(农田、苗圃、荒地、林缘、牧场、路边、宅旁、堤岸、人造绿化带等)可大量生长及繁殖

(续表)

一级指标	二级指标	三级指标	赋分	赋分标准
物种本身特性(70%)	4.生物学特征(18%)	(8)耐胁迫能力(2%)	1	对某些特定类型的胁迫具有较强的抗逆性
	5.扩散方式与能力(9%)	(1)种子(繁殖体)的主要传播方式(3%)	2	主要通过自然散落、水流传播、动物携带等方式传播
		(2)种子(繁殖体)的传播扩散能力(2%)	1	种子(繁殖体)质量较轻,较易传播扩散,或具有其他较易传播的条件
		(3)种子(繁殖体)是否具有便于传播的附属器官或结构(2%)	0	否
		(4)是否具有扩散制约因素(2%)	2	否
	6.潜在危害与影响(10%)	(1)占领生境能力(3%)	1	一般,在生长季节会适量出现于适宜生境内
		(2)是否具有化感作用(3%)	0	无
		(3)是否可能与当地农作物种子混杂,或引种地是否具有可能与之杂交的同属农作物(或珍稀植物)(2%)	0	否
		(4)是否具有毒性或为过敏原(2%)	0	否
	7.防控难度(6%)	(1)识别难度(2%)	1	一般,短期内能够初步判断其在本地的适应繁殖状况,但不明确是否会有潜在的进化演变可能及其他不良影响,或可获得的物种信息量较有限
		(2)监控难度(2%)	0.5	较低,种子或繁殖体的传播基本可以被监控
		(3)防治难度与成本(2%)	0.5	使用简单无副作用的手段即可基本防治,可以避免使用化学药剂(不会对其他物种及环境造成负面影响)

• 欧 洲 女 贞 •

欧洲女贞本身特性使用"已存在"状态的评估体系,评估结果见表3-41。将各个三级指标得分相加,欧洲女贞物种特性在评估体系中得35.5分;与引种地得分24.5累加,欧洲女贞在"已存在"状态风险评估体系总得分为60分,风险等级为四级,属低等风险等级。

表3-41 欧洲女贞本身特性使用"已存在"状态的评估体系

一级指标	二级指标	三级指标	赋分	赋分标准
物种本身特性(70%)	1. 环境适应性(9%)	(1) 原产地(3%)	2	欧洲及地中海沿岸的其他地区
		(2) 全球分布范围(3%)	3	广泛(主要分布地区≥4大洲)
		(3) 主要自然分布区(3%)	3	亚热带、暖温带有广泛分布,或热带至亚热带都有分布,或热带至寒温带都有广泛分布
	2. 入侵史(8%)	(1) 国内是否有入侵记录(3%)	0	否
		(2) 国内是否有同属植物入侵记录(2%)	0	否
		(3) 国外是否有入侵记录(3%)	3	是
	3. 生长与逃逸状况(10%)	(1) 在引种地露天环境生长状况(2%)	2	良好
		(2) 在引种地是否有逸生(2%)	0	否
		(3) 在引种种植区域的逸生范围(2%)	0	无逸生
		(4) 在引种种植区域的逸生数量(2%)	0	无逸生
		(5) 是否能在引种地露天条件下进行自然的有性或无性繁殖(2%)	2	是

(续表)

一级指标	二级指标	三级指标	赋分	赋分标准
物种本身特性(70%)	4. 生物学特征(18%)	(1) 生活型(2%)	1	半灌木、速生灌木、速生乔木、速生木质藤本
		(2) 自然条件下的主要繁殖方式(3%)	1.5	以有性繁殖为主
		(3) 自然条件下的无性繁殖能力(3%)	0	缺乏无性繁殖能力
		(4) 自然条件下的平均有性繁殖频率(2%)	1	繁殖期少于4个月,或一年只进行一次有性繁殖
		(5) 单株种子量(2%)	1	单株平均种子量10~1 000粒
		(6) 种子萌发率(繁殖体出苗率)(2%)	1	在适宜条件下,萌发率(出苗率)为25%~60%,或者比率浮动较大
		(7) 适宜的生境类型(2%)	2	可见于各类生境类型(林地、湿地、路边、舍旁等),对干湿条件、遮阳光照等没有特定要求,在不同的生境中都能生长繁殖良好
		(8) 耐胁迫能力(2%)	2	对多种类型的胁迫具有较高的抗逆性
	5. 扩散方式与能力(9%)	(1) 种子(繁殖体)的主要传播方式(3%)	2	主要通过自然散落、水流传播、动物携带等方式传播
		(2) 种子(繁殖体)的传播扩散能力(2%)	1	种子(繁殖体)质量较轻,较易传播扩散,或具有其他较易传播的条件
		(3) 种子(繁殖体)是否具有便于传播的附属器官或结构(2%)	0	否
		(4) 是否具有扩散制约因素(2%)	2	否
	6. 潜在危害与影响(10%)	(1) 占领生境能力(3%)	2	较强,在生长季节能够高频率出现于适宜生境内
		(2) 是否具有化感作用(3%)	0	无

(续表)

一级指标	二级指标	三级指标	赋分	赋分标准
物种本身特性(70%)	6. 潜在危害与影响(10%)	(3) 是否可能与当地农作物种子混杂,或引种地是否具有可能与之杂交的同属农作物(或珍稀植物)(2%)	0	否
		(4) 是否具有毒性或为过敏原(2%)	0	否
	7. 防控难度(6%)	(1) 识别难度(2%)	1	一般,短期内能够初步判断其在本地的适应繁殖状况,但不明确是否会有潜在的进化演变可能及其他不良影响,或可获得的物种信息量较有限
		(2) 监控难度(2%)	2	较高,种子或繁殖体的传播途径较多,可传播距离较远,具有不确定性,不易受到监控
		(3) 防治难度与成本(2%)	1	可根据实际情况采取较有效的应对措施,减少人为引种即可有效减少危害,防治成本一般;有一定的物种防治信息和经验可作为依据;不排除需使用化学药剂(对其他物种及环境造成负面影响)

• 具翅千屈菜 •

具翅千屈菜本身特性使用"已存在"状态的评估体系,评估结果见表3-42。将各个三级指标得分相加,具翅千屈菜物种特性在评估体系中得35.5分;与引种地得分24.5累加,具翅千屈菜在"已存在"状态风险评估体系总得分为60分,风险等级为四级,属低等风险等级。

表3-42 具翅千屈菜本身特性使用"已存在"状态的评估体系

一级指标	二级指标	三级指标	赋分	赋分标准
物种本身特性(70%)	1. 环境适应性(9%)	(1) 原产地(3%)	3	美洲
		(2) 全球分布范围(3%)	2	较广(主要分布地区为2~3大洲)
		(3) 主要自然分布区(3%)	3	亚热带、暖温带有广泛分布,或热带至亚热带都有分布,或热带至寒温带都有广泛分布
	2. 入侵史(8%)	(1) 国内是否有入侵记录(3%)	0	否
		(2) 国内是否有同属植物入侵记录(2%)	0	否
		(3) 国外是否有入侵记录(3%)	3	是
	3. 生长与逃逸状况(10%)	(1) 在引种地露天环境生长状况(2%)	2	良好
		(2) 在引种地是否有逸生(2%)	0	否
		(3) 在引种种植区域的逸生范围(2%)	0	无逸生
		(4) 在引种种植区域的逸生数量(2%)	0	无逸生
		(5) 是否能在引种地露天条件下进行自然的有性或无性繁殖(2%)	2	是
	4. 生物学特征(18%)	(1) 生活型(2%)	2	草本(草质藤本)
		(2) 自然条件下的主要繁殖方式(3%)	1.5	以有性繁殖为主
		(3) 自然条件下的无性繁殖能力(3%)	0	缺乏无性繁殖能力
		(4) 自然条件下的平均有性繁殖频率(2%)	2	一年中的有性繁殖期可长达4个月及以上,或一年可以进行两次及以上的有性繁殖

(续表)

一级指标	二级指标	三级指标	赋分	赋分标准
物种本身特性(70%)	4. 生物学特征(18%)	(5) 单株种子量(2%)	1	单株平均种子量 10～1 000 粒
		(6) 种子萌发率(繁殖体出苗率)(2%)	1	在适宜条件下,萌发率(出苗率)为 25%～60%,或者比率浮动较大
		(7) 适宜的生境类型(2%)	1	主要生长并繁殖于少数类型的生境中,对干湿条件、遮阳光照等有特定要求,或仅在人类活动干扰地区(农田、苗圃、荒地、林缘、牧场、路边、宅旁、堤岸、人造绿化带等)可大量生长及繁殖
		(8) 耐胁迫能力(2%)	2	对多种类型的胁迫具有较高的抗逆性
	5. 扩散方式与能力(9%)	(1) 种子(繁殖体)的主要传播方式(3%)	2	主要通过自然散落、水流传播、动物携带等方式传播
		(2) 种子(繁殖体)的传播扩散能力(2%)	1	种子(繁殖体)质量较轻,较易传播扩散,或具有其他较易传播的条件
		(3) 种子(繁殖体)是否具有便于传播的附属器官或结构(2%)	0	否
		(4) 是否具有扩散制约因素(2%)	2	否
	6. 潜在危害与影响(10%)	(1) 占领生境能力(3%)	1	一般,在生长季节会适量出现于适宜生境内
		(2) 是否具有化感作用(3%)	0	无
		(3) 是否可能与当地农作物种子混杂,或引种地是否具有可能与之杂交的同属农作物(或珍稀植物)(2%)	0	否
		(4) 是否具有毒性或为过敏原(2%)	0	否

(续表)

一级指标	二级指标	三级指标	赋分	赋分标准
物种本身特性(70%)	7. 防控难度(6%)	(1) 识别难度(2%)	1	一般,短期内能够初步判断其在本地的适应繁殖状况,但不明确是否会有潜在的进化演变可能及其他不良影响,或可获得的物种信息量较有限
		(2) 监控难度(2%)	2	较高,种子或繁殖体的传播途径较多,可传播距离较远,具有不确定性,不易受到监控
		(3) 防治难度与成本(2%)	1	可根据实际情况采取较有效的应对措施,减少人为引种即可有效减少危害,防治成本一般;有一定的物种防治信息和经验可作为依据;不排除需使用化学药剂(对其他物种及环境造成负面影响)

● 美 国 梓 树 ●

美国梓树(图版7)本身特性使用"已存在"状态的评估体系,评估结果见表3-43。将各个三级指标得分相加,美国梓树物种特性在评估体系中得35分;与引种地得分24.5累加,美国梓树在"已存在"状态风险评估体系总得分为59.5分,风险等级为四级,属低等风险等级。

表3-43 美国梓树本身特性使用"已存在"状态的评估体系

一级指标	二级指标	三级指标	赋分	赋分标准
物种本身特性(70%)	1. 环境适应性(9%)	(1) 原产地(3%)	3	美洲
		(2) 全球分布范围(3%)	2	较广(主要分布地区为2~3大洲)
		(3) 主要自然分布区(3%)	3	亚热带、暖温带有广泛分布,或热带至亚热带都有分布,或热带至寒温带都有广泛分布

(续表)

一级指标	二级指标	三级指标	赋分	赋分标准
物种本身特性(70%)	2. 入侵史(8%)	(1) 国内是否有入侵记录(3%)	0	否
		(2) 国内是否有同属植物入侵记录(2%)	0	否
		(3) 国外是否有入侵记录(3%)	0	否
	3. 生长与逃逸状况(10%)	(1) 在引种地露天环境生长状况(2%)	2	良好
		(2) 在引种地是否有逸生(2%)	0	否
		(3) 在引种种植区域的逸生范围(2%)	0	无逸生
		(4) 在引种种植区域的逸生数量(2%)	0	无逸生
		(5) 是否能在引种地露天条件下进行自然的有性或无性繁殖(2%)	2	是
	4. 生物学特征(18%)	(1) 生活型(2%)	1	半灌木、速生灌木、速生乔木、速生木质藤本
		(2) 自然条件下的主要繁殖方式(3%)	1.5	以有性繁殖为主
		(3) 自然条件下的无性繁殖能力(3%)	0	缺乏无性繁殖能力
		(4) 自然条件下的平均有性繁殖频率(2%)	1	繁殖期少于4个月,或一年只进行一次有性繁殖
		(5) 单株种子量(2%)	1	单株平均种子量 10～1 000 粒
		(6) 种子萌发率(繁殖体出苗率)(2%)	2	在适宜的条件下,萌发率(出苗率)≥60%
		(7) 适宜的生境类型(2%)	2	可见于各类生境类型(林地、湿地、路边、舍旁等),对干湿条件、遮阳光照等没有特定要求,在不同的生境中都能生长繁殖良好

(续表)

一级指标	二级指标	三级指标	赋分	赋分标准
物种本身特性(70%)	4.生物学特征(18%)	(8)耐胁迫能力(2%)	1	对某些特定类型的胁迫具有较强的抗逆性
	5.扩散方式与能力(9%)	(1)种子(繁殖体)的主要传播方式(3%)	3	主要通过风力传播或兼具多种传播方式
		(2)种子(繁殖体)的传播扩散能力(2%)	1	种子(繁殖体)质量较轻,较易传播扩散,或具有其他较易传播的条件
		(3)种子(繁殖体)是否具有便于传播的附属器官或结构(2%)	2	是
		(4)是否具有扩散制约因素(2%)	2	否
	6.潜在危害与影响(10%)	(1)占领生境能力(3%)	2	较强,在生长季节能够高频率出现于适宜生境内
		(2)是否具有化感作用(3%)	0	无
		(3)是否可能与当地农作物种子混杂,或引种地是否具有可能与之杂交的同属农作物(或珍稀植物)(2%)	0	否
		(4)是否具有毒性或为过敏原(2%)	0	否
	7.防控难度(6%)	(1)识别难度(2%)	1	一般,短期内能够初步判断其在本地的适应繁殖状况,但不明确是否会有潜在的进化演变可能及其他不良影响,或可获得的物种信息量较有限
		(2)监控难度(2%)	2	较高,种子或繁殖体的传播途径较多,可传播距离较远,具有不确定性,不易受到监控

(续表)

一级指标	二级指标	三级指标	赋分	赋分标准
物种本身特性(70%)	7. 防控难度(6%)	(3)防治难度与成本(2%)	0.5	使用简单无副作用的手段即可基本防治,可以避免使用化学药剂(不会对其他物种及环境造成负面影响)

• 伞 房 决 明 •

伞房决明本身特性使用"已存在"状态的评估体系,评估结果见表3-44。将各个三级指标得分相加,伞房决明物种特性在评估体系中得34分;与引种地得分24.5累加,伞房决明在"已存在"状态风险评估体系总得分为58.5分,风险等级为四级,属低等风险等级。

表3-44 伞房决明本身特性使用"已存在"状态的评估体系

一级指标	二级指标	三级指标	赋分	赋分标准
物种本身特性(70%)	1. 环境适应性(9%)	(1)原产地(3%)	3	美洲
		(2)全球分布范围(3%)	3	广泛(主要分布地区≥4大洲)
		(3)主要自然分布区(3%)	1.5	主要分布于热带及亚热带地区
	2. 入侵史(8%)	(1)国内是否有入侵记录(3%)	3	是
		(2)国内是否有同属植物入侵记录(2%)	2	是
		(3)国外是否有入侵记录(3%)	0	否
	3. 生长与逃逸状况(10%)	(1)在引种地露天环境生长状况(2%)	2	良好
		(2)在引种地是否有逸生(2%)	0	否
		(3)在引种种植区域的逸生范围(2%)	0	无逸生
		(4)在引种种植区域的逸生数量(2%)	0	无逸生

(续表)

一级指标	二级指标	三级指标	赋分	赋分标准
物种本身特性(70%)	3. 生长与逃逸状况(10%)	(5) 是否能在引种地露天条件下进行自然的有性或无性繁殖(2%)	2	是
	4. 生物学特征(18%)	(1) 生活型(2%)	1	半灌木、速生灌木、速生乔木、速生木质藤本
		(2) 自然条件下的主要繁殖方式(3%)	1.5	以有性繁殖为主
		(3) 自然条件下的无性繁殖能力(3%)	0	缺乏无性繁殖能力
		(4) 自然条件下的平均有性繁殖频率(2%)	2	一年中的有性繁殖期可长达4个月及以上,或一年可以进行两次及以上的有性繁殖
		(5) 单株种子量(2%)	1	单株平均种子量 10～1 000 粒
		(6) 种子萌发率(繁殖体出苗率)(2%)	2	在适宜的条件下,萌发率(出苗率)≥60%
		(7) 适宜的生境类型(2%)	1	主要生长并繁殖于少数类型的生境中,对干湿条件、遮阳光照等有特定要求,或仅在人类活动干扰地区(农田、苗圃、荒地、林缘、牧场、路边、宅旁、堤岸、人造绿化带等)可大量生长及繁殖
		(8) 耐胁迫能力(2%)	2	对多种类型的胁迫具有较高的抗逆性
	5. 扩散方式与能力(9%)	(1) 种子(繁殖体)的主要传播方式(3%)	2	主要通过自然散落、水流传播、动物携带等方式传播
		(2) 种子(繁殖体)的传播扩散能力(2%)	0	种子(繁殖体)质量较重,较难传播扩散,或缺乏大量传播扩散的条件
		(3) 种子(繁殖体)是否具有便于传播的附属器官或结构(2%)	0	否

（续表）

一级指标	二级指标	三级指标	赋分	赋分标准
物种本身特性(70%)	5.扩散方式与能力(9%)	（4）是否具有扩散制约因素(2%)	2	否
	6.潜在危害与影响(10%)	（1）占领生境能力(3%)	1	一般,在生长季节会适量出现于适宜生境内
		（2）是否具有化感作用(3%)	0	无
		（3）是否可能与当地农作物种子混杂,或引种地是否具有可能与之杂交的同属农作物(或珍稀植物)(2%)	0	否
		（4）是否具有毒性或为过敏原(2%)	0	否
	7.防控难度(6%)	（1）识别难度(2%)	1	一般,短期内能够初步判断其在本地的适应繁殖状况,但不明确是否会有潜在的进化演变可能及其他不良影响,或可获得的物种信息量较有限
		（2）监控难度(2%)	0.5	较低,种子或繁殖体的传播基本可以被监控
		（3）防治难度与成本(2%)	0.5	使用简单无副作用的手段即可基本防治,可以避免使用化学药剂(不会对其他物种及环境造成负面影响)

• 绵 毛 荚 蒾 •

绵毛荚蒾本身特性使用"已存在"状态的评估体系,评估结果见表3-45。将各个三级指标得分相加,绵毛荚蒾物种特性在评估体系中得32分；与引种地得分24.5累加,绵毛荚蒾在"已存在"状态风险评估体系总得分为56.5分,风险等级为四级,属低等风险等级。

表 3-45 绵毛荚蒾本身特性使用"已存在"状态的评估体系

一级指标	二级指标	三级指标	赋分	赋分标准
物种本身特性(70%)	1. 环境适应性(9%)	(1) 原产地(3%)	2	欧洲及地中海沿岸的其他地区
		(2) 全球分布范围(3%)	2	较广(主要分布地区为2~3大洲)
		(3) 主要自然分布区(3%)	3	亚热带、暖温带有广泛分布,或热带至亚热带都有分布,或热带至寒温带都有广泛分布
	2. 入侵史(8%)	(1) 国内是否有入侵记录(3%)	0	否
		(2) 国内是否有同属植物入侵记录(2%)	0	否
		(3) 国外是否有入侵记录(3%)	3	是
	3. 生长与逃逸状况(10%)	(1) 在引种地露天环境生长状况(2%)	2	良好
		(2) 在引种地是否有逸生(2%)	0	否
		(3) 在引种种植区域的逸生范围(2%)	0	无逸生
		(4) 在引种种植区域的逸生数量(2%)	0	无逸生
		(5) 是否能在引种地露天条件下进行自然的有性或无性繁殖(2%)	2	是
	4. 生物学特征(18%)	(1) 生活型(2%)	0	生长速率较慢的木本
		(2) 自然条件下的主要繁殖方式(3%)	1.5	以有性繁殖为主
		(3) 自然条件下的无性繁殖能力(3%)	0	缺乏无性繁殖能力
		(4) 自然条件下的平均有性繁殖频率(2%)	1	繁殖期少于4个月,或一年只进行一次有性繁殖

(续表)

一级指标	二级指标	三级指标	赋分	赋分标准
物种本身特性(70%)	4. 生物学特征(18%)	(5) 单株种子量(2%)	2	单株平均种子量≥1 000粒
		(6) 种子萌发率(繁殖体出苗率)(2%)	0	在可萌发条件下,萌发率(出苗率)≤25%,或几乎无种子
		(7) 适宜的生境类型(2%)	2	可见于各类生境类型(林地、湿地、路边、舍旁等),对干湿条件、遮阳光照等没有特定要求,在不同的生境中都能生长繁殖良好
		(8) 耐胁迫能力(2%)	1	对某些特定类型的胁迫具有较强的抗逆性
	5. 扩散方式与能力(9%)	(1) 种子(繁殖体)的主要传播方式(3%)	2	主要通过自然散落、水流传播、动物携带等方式传播
		(2) 种子(繁殖体)的传播扩散能力(2%)	1	种子(繁殖体)质量较轻,较易传播扩散,或具有其他较易传播的条件
		(3) 种子(繁殖体)是否具有便于传播的附属器官或结构(2%)	0	否
		(4) 是否具有扩散制约因素(2%)	2	否
	6. 潜在危害与影响(10%)	(1) 占领生境能力(3%)	2	较强,在生长季节能够高频率出现于适宜生境内
		(2) 是否具有化感作用(3%)	0	无
		(3) 是否可能与当地农作物种子混杂,或引种地是否具有可能与之杂交的同属农作物(或珍稀植物)(2%)	0	否
		(4) 是否具有毒性或为过敏原(2%)	0	否

(续表)

一级指标	二级指标	三级指标	赋分	赋分标准
物种本身特性(70%)	7. 防控难度(6%)	(1) 识别难度(2%)	1	一般,短期内能够初步判断其在本地的适应繁殖状况,但不明确是否会有潜在的进化演变可能及其他不良影响,或可获得的物种信息量较有限
		(2) 监控难度(2%)	2	较高,种子或繁殖体的传播途径较多,可传播距离较远,具有不确定性,不易受到监控
		(3) 防治难度与成本(2%)	0.5	使用简单无副作用的手段即可基本防治,可以避免使用化学药剂(不会对其他物种及环境造成负面影响)

● 美 洲 朴 ●

美洲朴本身特性使用"已存在"状态的评估体系,评估结果见表3-46。将各个三级指标得分相加,美洲朴物种特性在评估体系中得32分;与引种地得分24.5累加,美洲朴在"已存在"状态风险评估体系总得分为56.5分,风险等级为四级,属低等风险等级。

表3-46 美洲朴本身特性使用"已存在"状态的评估体系

一级指标	二级指标	三级指标	赋分	赋分标准
物种本身特性(70%)	1. 环境适应性(9%)	(1) 原产地(3%)	3	美洲
		(2) 全球分布范围(3%)	2	较广(主要分布地区为2~3大洲)
		(3) 主要自然分布区(3%)	3	亚热带、暖温带有广泛分布,或热带至亚热带都有分布,或热带至寒温带都有广泛分布
	2. 入侵史(8%)	(1) 国内是否有入侵记录(3%)	0	否

(续表)

一级指标	二级指标	三级指标	赋分	赋分标准
物种本身特性(70%)	2. 入侵史(8%)	(2) 国内是否有同属植物入侵记录(2%)	0	否
		(3) 国外是否有入侵记录(3%)	0	否
	3. 生长与逃逸状况(10%)	(1) 在引种地露天环境生长状况(2%)	2	良好
		(2) 在引种地是否有逸生(2%)	0	否
		(3) 在引种种植区域的逸生范围(2%)	0	无逸生
		(4) 在引种种植区域的逸生数量(2%)	0	无逸生
		(5) 是否能在引种地露天条件下进行自然的有性或无性繁殖(2%)	2	是
	4. 生物学特征(18%)	(1) 生活型(2%)	1	半灌木、速生灌木、速生乔木、速生木质藤本
		(2) 自然条件下的主要繁殖方式(3%)	1.5	以有性繁殖为主
		(3) 自然条件下的无性繁殖能力(3%)	0	缺乏无性繁殖能力
		(4) 自然条件下的平均有性繁殖频率(2%)	1	繁殖期少于4个月,或一年只进行一次有性繁殖
		(5) 单株种子量(2%)	2	单株平均种子量≥1 000粒
		(6) 种子萌发率(繁殖体出苗率)(2%)	1	在适宜条件下,萌发率(出苗率)为25%～60%,或者比率浮动较大
		(7) 适宜的生境类型(2%)	2	可见于各类生境类型(林地、湿地、路边、舍旁等),对干湿条件、遮阳光照等没有特定要求,在不同的生境中都能生长繁殖良好

(续表)

一级指标	二级指标	三级指标	赋分	赋分标准
物种本身特性(70%)	4.生物学特征(18%)	(8)耐胁迫能力(2%)	2	对多种类型的胁迫具有较高的抗逆性
	5.扩散方式与能力(9%)	(1)种子(繁殖体)的主要传播方式(3%)	2	主要通过自然散落、水流传播、动物携带等方式传播
		(2)种子(繁殖体)的传播扩散能力(2%)	1	种子(繁殖体)质量较轻,较易传播扩散,或具有其他较易传播的条件
		(3)种子(繁殖体)是否具有便于传播的附属器官或结构(2%)	0	否
		(4)是否具有扩散制约因素(2%)	2	否
	6.潜在危害与影响(10%)	(1)占领生境能力(3%)	2	较强,在生长季节能够高频率出现于适宜生境内
		(2)是否具有化感作用(3%)	0	无
		(3)是否可能与当地农作物种子混杂,或引种地是否具有可能与之杂交的同属农作物(或珍稀植物)(2%)	0	否
		(4)是否具有毒性或为过敏原(2%)	0	否
	7.防控难度(6%)	(1)识别难度(2%)	1	一般,短期内能够初步判断其在本地的适应繁殖状况,但不明确是否会有潜在的进化演变可能及其他不良影响,或可获得的物种信息量较有限
		(2)监控难度(2%)	1	一般,种子或繁殖体的传播途径和距离有限,较易受到监控
		(3)防治难度与成本(2%)	0.5	使用简单无副作用的手段即可基本防治,可以避免使用化学药剂(不会对其他物种及环境造成负面影响)

• 大 花 田 菁 •

大花田菁本身特性使用"已存在"状态的评估体系,评估结果见表3-47。将各个三级指标得分相加,大花田菁物种特性在评估体系中得31分;与引种地得分24.5累加,大花田菁在"已存在"状态风险评估体系总得分为55.5分,风险等级为四级,属低等风险等级。

表3-47 大花田菁本身特性使用"已存在"状态的评估体系

一级指标	二级指标	三级指标	赋分	赋分标准
物种本身特性(70%)	1. 环境适应性(9%)	(1) 原产地(3%)	1	其他地区
		(2) 全球分布范围(3%)	2	较广(主要分布地区为2~3大洲)
		(3) 主要自然分布区(3%)	1.5	主要分布于热带及亚热带地区
	2. 入侵史(8%)	(1) 国内是否有入侵记录(3%)	3	是
		(2) 国内是否有同属植物入侵记录(2%)	2	是
		(3) 国外是否有入侵记录(3%)	0	否
	3. 生长与逃逸状况(10%)	(1) 在引种地露天环境生长状况(2%)	2	良好
		(2) 在引种地是否有逸生(2%)	0	否
		(3) 在引种种植区域的逸生范围(2%)	0	无逸生
		(4) 在引种种植区域的逸生数量(2%)	0	无逸生
		(5) 是否能在引种地露天条件下进行自然的有性或无性繁殖(2%)	2	是
	4. 生物学特征(18%)	(1) 生活型(2%)	1	半灌木、速生灌木、速生乔木、速生木质藤本
		(2) 自然条件下的主要繁殖方式(3%)	1.5	以有性繁殖为主

(续表)

一级指标	二级指标	三级指标	赋分	赋分标准
物种本身特性(70%)	4. 生物学特征(18%)	(3) 自然条件下的无性繁殖能力(3%)	0	缺乏无性繁殖能力
		(4) 自然条件下的平均有性繁殖频率(2%)	1	繁殖期少于4个月,或一年只进行一次有性繁殖
		(5) 单株种子量(2%)	2	单株平均种子量≥1 000粒
		(6) 种子萌发率(繁殖体出苗率)(2%)	1	在适宜条件下,萌发率(出苗率)为25%～60%,或者比率浮动较大
		(7) 适宜的生境类型(2%)	1	主要生长并繁殖于少数类型的生境中,对干湿条件、遮阳光照等有特定要求,或仅在人类活动干扰地区(农田、苗圃、荒地、林缘、牧场、路边、宅旁、堤岸、人造绿化带等)可大量生长及繁殖
		(8) 耐胁迫能力(2%)	2	对多种类型的胁迫具有较高的抗逆性
	5. 扩散方式与能力(9%)	(1) 种子(繁殖体)的主要传播方式(3%)	2	主要通过自然散落、水流传播、动物携带等方式传播
		(2) 种子(繁殖体)的传播扩散能力(2%)	1	种子(繁殖体)质量较轻,较易传播扩散,或具有其他较易传播的条件
		(3) 种子(繁殖体)是否具有便于传播的附属器官或结构(2%)	0	否
		(4) 是否具有扩散制约因素(2%)	2	否
	6. 潜在危害与影响(10%)	(1) 占领生境能力(3%)	1	一般,在生长季节会适量出现于适宜生境内
		(2) 是否具有化感作用(3%)	0	无

(续表)

一级指标	二级指标	三级指标	赋分	赋分标准
物种本身特性(70%)	6.潜在危害与影响(10%)	(3)是否可能与当地农作物种子混杂,或引种地是否具有可能与之杂交的同属农作物(或珍稀植物)(2%)	0	否
		(4)是否具有毒性或为过敏原(2%)	0	否
	7.防控难度(6%)	(1)识别难度(2%)	0.5	较低,基本能够根据实际情况或现有信息判断其在本地的入侵性高低,或可获得的物种信息量较大
		(2)监控难度(2%)	1	一般,种子或繁殖体的传播途径和距离有限,较易受到监控
		(3)防治难度与成本(2%)	0.5	使用简单无副作用的手段即可基本防治,可以避免使用化学药剂(不会对其他物种及环境造成负面影响)

● 美 洲 椴 ●

美洲椴本身特性使用"已存在"状态的评估体系,评估结果见表3-48。将各个三级指标得分相加,美洲椴物种特性在评估体系中得31分;与引种地得分24.5累加,美洲椴在"已存在"状态风险评估体系总得分为55.5分,风险等级为四级,属低等风险等级。

表3-48 美洲椴本身特性使用"已存在"状态的评估体系

一级指标	二级指标	三级指标	赋分	赋分标准
物种本身特性(70%)	1.环境适应性(9%)	(1)原产地(3%)	3	美洲
		(2)全球分布范围(3%)	2	较广(主要分布地区为2~3大洲)
		(3)主要自然分布区(3%)	3	亚热带、暖温带有广泛分布,或热带至亚热带都有分布,或热带至寒温带都有广泛分布

(续表)

一级指标	二级指标	三级指标	赋分	赋分标准
物种本身特性(70%)	2. 入侵史(8%)	(1) 国内是否有入侵记录(3%)	0	否
		(2) 国内是否有同属植物入侵记录(2%)	0	否
		(3) 国外是否有入侵记录(3%)	0	否
	3. 生长与逃逸状况(10%)	(1) 在引种地露天环境生长状况(2%)	2	良好
		(2) 在引种地是否有逸生(2%)	0	否
		(3) 在引种种植区域的逸生范围(2%)	0	无逸生
		(4) 在引种种植区域的逸生数量(2%)	0	无逸生
		(5) 是否能在引种地露天条件下进行自然的有性或无性繁殖(2%)	2	是
	4. 生物学特征(18%)	(1) 生活型(2%)	0	生长速率较慢的木本
		(2) 自然条件下的主要繁殖方式(3%)	3	可以同时进行有性及无性繁殖
		(3) 自然条件下的无性繁殖能力(3%)	1.5	一般,仅在一定范围内进行无性繁殖,不会肆意扩张
		(4) 自然条件下的平均有性繁殖频率(2%)	1	繁殖期少于4个月,或一年只进行一次有性繁殖
		(5) 单株种子量(2%)	2	单株平均种子量≥1 000粒
		(6) 种子萌发率(繁殖体出苗率)(2%)	1	在适宜条件下,萌发率(出苗率)为25%～60%,或者比率浮动较大
		(7) 适宜的生境类型(2%)	1	主要生长并繁殖于少数类型的生境中,对干湿条件、遮阳光照等有特定要求,或仅在人类活动干扰地区(农田、苗圃、荒地、林缘、牧场、路边、宅旁、堤岸、人造绿化带等)可大量生长及繁殖

(续表)

一级指标	二级指标	三级指标	赋分	赋分标准
物种本身特性(70%)	4. 生物学特征(18%)	(8) 耐胁迫能力(2%)	1	对某些特定类型的胁迫具有较强的抗逆性
	5. 扩散方式与能力(9%)	(1) 种子(繁殖体)的主要传播方式(3%)	2	主要通过自然散落、水流传播、动物携带等方式传播
		(2) 种子(繁殖体)的传播扩散能力(2%)	1	种子(繁殖体)质量较轻,较易传播扩散,或具有其他较易传播的条件
		(3) 种子(繁殖体)是否具有便于传播的附属器官或结构(2%)	0	否
		(4) 是否具有扩散制约因素(2%)	2	否
	6. 潜在危害与影响(10%)	(1) 占领生境能力(3%)	1	一般,在生长季节会适量出现于适宜生境内
		(2) 是否具有化感作用(3%)	0	无
		(3) 是否可能与当地农作物种子混杂,或引种地是否具有可能与之杂交的同属农作物(或珍稀植物)(2%)	0	否
		(4) 是否具有毒性或为过敏原(2%)	0	否
	7. 防控难度(6%)	(1) 识别难度(2%)	1	一般,短期内能够初步判断其在本地的适应繁殖状况,但不明确是否会有潜在的进化演变可能及其他不良影响,或可获得的物种信息量较有限
		(2) 监控难度(2%)	1	一般,种子或繁殖体的传播途径和距离有限,较易受到监控
		(3) 防治难度与成本(2%)	0.5	使用简单无副作用的手段即可基本防治,可以避免使用化学药剂(不会对其他物种及环境造成负面影响)

毛 洋 槐

毛洋槐本身特性使用"已存在"状态的评估体系,评估结果见表3-49。将各个三级指标得分相加,毛洋槐物种特性在评估体系中得28分;与引种地得分24.5累加,毛洋槐在"已存在"状态风险评估体系总得分为52.5分,风险等级为四级,属低等风险等级。

表3-49 毛洋槐本身特性使用"已存在"状态的评估体系

一级指标	二级指标	三级指标	赋分	赋分标准
物种本身特性(70%)	1. 环境适应性(9%)	(1) 原产地(3%)	3	美洲
		(2) 全球分布范围(3%)	3	广泛(主要分布地区≥4大洲)
		(3) 主要自然分布区(3%)	3	亚热带、暖温带有广泛分布,或热带至亚热带都有分布,或热带至寒温带都有广泛分布
	2. 入侵史(8%)	(1) 国内是否有入侵记录(3%)	0	否
		(2) 国内是否有同属植物入侵记录(2%)	2	是
		(3) 国外是否有入侵记录(3%)	0	否
	3. 生长与逃逸状况(10%)	(1) 在引种地露天环境生长状况(2%)	2	良好
		(2) 在引种地是否有逸生(2%)	0	否
		(3) 在引种种植区域的逸生范围(2%)	0	无逸生
		(4) 在引种种植区域的逸生数量(2%)	0	无逸生
		(5) 是否能在引种地露天条件下进行自然的有性或无性繁殖(2%)	2	是

(续表)

一级指标	二级指标	三级指标	赋分	赋分标准
物种本身特性(70%)	4. 生物学特征(18%)	(1) 生活型(2%)	1	半灌木、速生灌木、速生乔木、速生木质藤本
		(2) 自然条件下的主要繁殖方式(3%)	1.5	以有性繁殖为主
		(3) 自然条件下的无性繁殖能力(3%)	3	较强,能够使物种大量繁殖,种群数量迅速增加
		(4) 自然条件下的平均有性繁殖频率(2%)	0	多年才进行一次有性繁殖,或有性繁殖能力很弱
		(5) 单株种子量(2%)	0	单株平均种子量≤10粒,或几乎不结实
		(6) 种子萌发率(繁殖体出苗率)(2%)	0	在可萌发条件下,萌发率(出苗率)≤25%,或几乎无种子
		(7) 适宜的生境类型(2%)	1	主要生长并繁殖于少数类型的生境中,对干湿条件、遮阳光照等有特定要求,或仅在人类活动干扰地区(农田、苗圃、荒地、林缘、牧场、路边、宅旁、堤岸、人造绿化带等)可大量生长及繁殖
		(8) 耐胁迫能力(2%)	2	对多种类型的胁迫具有较高的抗逆性
	5. 扩散方式与能力(9%)	(1) 种子(繁殖体)的主要传播方式(3%)	2	主要通过自然散落、水流传播、动物携带等方式传播
		(2) 种子(繁殖体)的传播扩散能力(2%)	0	种子(繁殖体)质量较重,较难传播扩散,或缺乏大量传播扩散的条件
		(3) 种子(繁殖体)是否具有便于传播的附属器官或结构(2%)	0	否
		(4) 是否具有扩散制约因素(2%)	0	是

(续表)

一级指标	二级指标	三级指标	赋分	赋分标准
物种本身特性(70%)	6.潜在危害与影响(10%)	（1）占领生境能力（3%）	1	一般,在生长季节会适量出现于适宜生境内
		（2）是否具有化感作用（3%）	0	无
		（3）是否可能与当地农作物种子混杂,或引种地是否具有可能与之杂交的同属农作物(或珍稀植物)（2%）	0	否
		（4）是否具有毒性或为过敏原（2%）	0	否
	7.防控难度(6%)	（1）识别难度（2%）	0.5	较低,基本能够根据实际情况或现有信息判断其在本地的入侵性高低,或可获得的物种信息量较大
		（2）监控难度（2%）	0.5	较低,种子或繁殖体的传播基本可以被监控
		（3）防治难度与成本（2%）	0.5	使用简单无副作用的手段即可基本防治,可以避免使用化学药剂(不会对其他物种及环境造成负面影响)

* * * *

以上所述48种植物物种特性得分与"引种地得分"相加,即为筛选所得的48种外来陆生植物及其得分与等级划定,等级划定参照"已存在"状态的风险分值标准,结果见表3-50。

表3-50 48种上海辰山植物园外来陆生植物入侵风险评估结果

序号	种名	拉丁学名	得分	科	等级
1	大花金鸡菊	*Coreopsis grandiflora*	77.5	菊科	二级
2	堆心菊	*Helenium autumnale*	77.5	菊科	二级
3	两色金鸡菊	*Coreopsis tinctoria*	77	菊科	二级
4	橙黄山柳菊	*Hieracium aurantiacum*	76	菊科	二级

(续表)

序号	种名	拉丁学名	得分	科	等级
5	欧蓍	*Achillea millefolium*	75.5	菊科	二级
6	柳枝稷	*Panicum virgatum*	72.5	禾本科	二级
7	菊苣	*Cichorium intybus*	70.5	菊科	二级
8	毛蕊花	*Verbascum thapsus*	70.5	玄参科	二级
9	聚合草	*Symphytum officinale*	70.5	紫草科	二级
10	绒毛狼尾草	*Pennisetum setaceum*	69	禾本科	三级
11	香根菊	*Baccharis halimifolia*	69	菊科	三级
12	肥皂草	*Saponaria officinalis*	69	石竹科	三级
13	荷兰菊	*Aster novi-belgii*	68	菊科	三级
14	欧洲山芥	*Barbarea vulgaris*	68	十字花科	三级
15	黑心菊	*Rudbeckia hirta*	67.5	菊科	三级
16	大麻叶泽兰	*Eupatorium cannabinum*	67	菊科	三级
17	洋常春藤	*Hedera helix*	66.5	五加科	三级
18	葵叶赛菊芋	*Heliopsis helianthoides*	66	菊科	三级
19	马利筋	*Asclepias curassavica*	66	萝藦科	三级
20	挪威槭	*Acer platanoides*	66	槭树科	三级
21	美国白梣	*Fraxinus americana*	65.5	木犀科	三级
22	柳叶马鞭草	*Verbena bonariensis*	64.5	马鞭草科	三级
23	美国红梣	*Fraxinus pennsylvanica*	64.5	木犀科	三级
24	起绒草	*Dipsacus fullonum*	64	川续断科	三级
25	竹叶菊	*Boltonia asteroides*	64	菊科	三级
26	黑矢车菊	*Centaurea nigra*	64	菊科	三级
27	欧白英	*Solanum dulcamara*	64	茄科	三级
28	小蔓长春花	*Vinca minor*	63	夹竹桃科	四级
29	戟叶马鞭草	*Verbena hastata*	63	马鞭草科	四级
30	欧亚槭	*Acer pseudoplatanus*	63	槭树科	四级
31	匍匐十大功劳	*Mahonia repens*	62.5	小檗科	四级

(续表)

序号	种名	拉丁学名	得分	科	等级
32	美国紫菀	*Symphyotrichum novae-angliae*	62	菊科	四级
33	喀斯特十大功劳	*Mahonia nervosa*	61.5	小檗科	四级
34	欧薄荷	*Mentha longifolia*	61	唇形科	四级
35	鹰爪豆	*Spartium junceum*	61	豆科	四级
36	少花紫菀	*Aster amellus*	61	菊科	四级
37	美国皂荚	*Gleditsia triacanthos*	60.5	豆科	四级
38	蛇鞭菊	*Liatris spicata*	60.5	菊科	四级
39	拟美国薄荷	*Monarda fistulosa*	60	唇形科	四级
40	欧洲女贞	*Ligustrum vulgare*	60	木犀科	四级
41	具翅千屈菜	*Lythrum alatum*	60	千屈菜科	四级
42	美国梓树	*Catalpa bignonioides*	59.5	紫葳科	四级
43	伞房决明	*Senna corymbosa*	58.5	豆科	四级
44	绵毛荚蒾	*Viburnum lantana*	56.5	忍冬科	四级
45	美洲朴	*Celtis occidentalis*	56.5	榆科	四级
46	大花田菁	*Sesbania grandiflora*	55.5	豆科	四级
47	美洲椴	*Tilia americana*	55.5	椴树科	四级
48	毛洋槐	*Robinia hispida*	52.5	豆科	四级

从表 3-50 评估结果可见，评估结果未出现高风险等级（一级风险）的外来陆生植物。共有 9 种外来植物的得分在 69.5～78 分之间，即属于较高风险等级（二级风险），分属于菊科、禾本科、玄参科、紫草科，其中菊科植物占了 6 种。这 9 种较高风险等级的外来植物均为草本植物。这些植物均需要进行较为严格的监控与防范，不建议再次大规模引进和进行大规模种植。

共有 18 种外来植物得分在 63.5～69 分之间，即属于中等风险等级（三级风险），分属于禾本科、菊科、石竹科、十字花科等 11 科，其中含有菊科植物 7 种。这 18 种植物中，11 种为草本植物，1 种为亚灌木，1 种为草质藤本，1 种为木质藤本，3 种为木本植物。对这些植物需要进行定期的监控记录。在大规模种植前需要经过具有针对性的更详细的风险性分析。

共有 21 种外来植物得分低于等于 63 分，即属于低等风险等级（四级风险），分属于豆科、菊科、唇形科等13科,7种为草本植物,1种为草质藤本,13种为木本植物。这些植物可以进行再次引入,但大规模种植时,仍需要对其进行定期的监控记录,以防止某些物种在本地适应后的性状变化。

以上结果显示,多数具有明确或潜在入侵性的物种,以草本植物居多;木本植物,尤其是生长周期较慢的木本植物则不易成为入侵种。得分较高的物种中,多数具有较强的繁殖能力,有些甚至兼具较强的无性和有性繁殖能力。除此之外,较强的扩散传播能力、较强的环境适应能力、较高的抗逆性等也都是得分较高物种的共性,这些都体现了入侵种普遍的生态适应对策。这些内容将在后文中作具体叙述。

(三) 物种现状说明

评估所得的9种较高风险等级(二级风险)物种中,7种为我国已有记录的外来入侵植物,其余2种尚未在我国有入侵记录。

7种已有记录的外来入侵植物目前在各类资料中所记载的入侵危害性各不相同,但都已明确列入入侵植物的行列。其中,大花金鸡菊、堆心菊、两色金鸡菊作为大量引进的观赏花卉,已有在上海逸生为杂草的记录,并且在我国多地区有入侵报道。

大花金鸡菊原产于北美,在我国的入侵记录地区较少,主要分布于山东与云南,但在华东地区的逸生情况却较为多见,目前仍在各类园林绿化中大量种植;堆心菊原产于北美,在我国华东、华中、华南都有明确的入侵报道,分布范围较广;两色金鸡菊,同样产于北美,在我国的入侵范围比大花金鸡菊更广,从东北至华南,从四川盆地至华东地区,都有较为明确的入侵记录;欧蓍原产于北半球的温带和高山地区,在我国主要分布于东北、华北、西北地区;菊苣原产于地中海地区和中亚,在非洲和美洲都已归化,在我国大部分地区都有分布,入侵记录地点也较多。这5种外来植物均属于菊科,除了在传入地具有良好的适生性和高强度的人为干扰,其入侵性主要体现在较强的繁殖、扩散、耐胁迫能力。

聚合草隶属于紫草科,原产于中亚,早期作为饲料引入我国进行种植,亦有作为药用植物种植的记录,但其资源性与毒性向来缺乏明确定论,在我国主要以根部碎片进行无性繁殖,很少出现有性繁殖的记录。因在辰山植物园内的聚合草出现了多次的逸生,并且根部再生能力非常强,因而在风险评估中被加以重视。毛蕊花,属于玄参科,原产于欧亚地区,在我国的入侵报道地区主要集中于西部的中高海拔地区,在华东地区亦有少量的入侵记录。

橙黄山柳菊和柳枝稷尚未在我国有入侵记录,在辰山植物园引进之前,已在我国某些地区有少量引进,但尚未大规模大面积种植。作为原产于欧洲的植物,橙黄山柳菊已经在北美、澳大利亚等地逸生为杂草,且产生了较大的危害性;柳枝稷为禾本科植物,在原产地本土的北美被认为是一种有害杂草,但许多地区仍然种植柳枝稷以提取生物燃料。我国近年对柳枝稷的引进主要用于生物能源的开发。

大花金鸡菊、橙黄山柳菊、柳枝稷、毛蕊花、聚合草的详细介绍将在后文中随物种适生区预测进行具体阐述。

18种中等风险等级(三级风险)物种中,绒毛狼尾草、肥皂草、黑心菊、大麻叶泽兰、马利筋、美国白梣,这6种为我国已记录的外来入侵种。这6种植物的入侵性或记录信息尚不十分明确。

绒毛狼尾草,即牧地狼尾草,属于禾本科,主要分布于我国华南地区,其原产地因记载不详而有待考证;肥皂草,属于石竹科,原产于欧洲和西亚,传入我国的时间较早,具有一定的毒性,入侵记录主要集中在北方;黑心菊,即黑心金光菊,属菊科,原产于北美,近年在我国园林绿化中使用较多,在我国华北至西南有零散的入侵记录;大麻叶泽兰,原产于欧洲,在我国的自然分布主要为华东地区,入侵的报道仅存在于浙江的小面积区域内;马利筋,为萝藦科有毒植物,原产于热带美洲,在我国华南至西南地区有逸生报道,在上海辰山植物园露天栽植区域外曾发现有少量的逃逸植株,因而其在华东的入侵性有待进一步评估;美国白梣,即美国白蜡树,为木犀科木本植物,原产于美洲,在中国仅黑龙江有入侵报道。

其余几种得分较高的中等风险物种中,香根菊目前种植较少,信息较为缺乏;荷兰菊则较多地出现于各类绿化景观中,但在上海地区尚未有逸生记录;欧洲山芥,为原产于欧亚温带地区的十字花科植物,在北美被列为杂草,在我国西北地区有野生分布;挪威槭在北美地区的林下已出现入侵的早期征兆,而且有研究表明其具有化感作用。

中等风险等级的物种中,欧洲山芥、马利筋的具体信息将在后文的适生区预测中作具体叙述。

得分在低等风险等级区域中的物种,由于潜在入侵性较低,因而在此不再作具体说明。

(四) 园区管理建议

对于入侵风险性较高的物种及某些明确已有逸生或者具有化感等危害性的物种,上海辰山植物园应对其加以重视。首先需要控制大量引种和种植,最大程度上减少这些具有潜在风险物种的进一步扩散;同时应加强日常监控,尤其需要注意在露天条件下生长繁殖非常良好的物种,定期检查是否有逃逸植株,记录逃逸数量与范围；对于易产生危害的物种，建议建立相应的物种风险档案。

在辰山植物园户外调查过程中发现，园内植物流动量非常大，即许多植物在花期过后就会立即被移除，并栽植下一批花期植物；同时，园内会定期从苗圃区移栽出部分植物，种在植物园主体区域。不论是在进行植物轮换或移栽过程中，还是在清理入侵植物的过程中，往往会埋下许多潜在的隐患，包括：

（1）部分植物的植株、果实（种子）、繁殖体，在流动过程中，可能无意散落于某处，若不加以注意，某些具有潜在入侵性物种的植株、果实（种子）、繁殖体，可能会随风力、水流、鸟类取食、人类无意携带等途径传播至其他地方，从而助长其扩散。

（2）在进行植株移栽过程中，某些植株的根茎可能会因为人为机械力而产生断裂，从而产生不少根茎碎片，除了可能被携带，残留的碎片也将增加某些具有无性繁殖能力物种的潜在风险性。

（3）在管理病害和杂草工作中，辰山及周边会喷施化学药剂，且喷施量较大。这从长期来说对虫害、病害、杂草并无太多抑制作用，反而使其他动物、植物受到不同程度的影响。这也是对当地生态系统的破坏，如此不稳定的生态系统，其可入侵性亦会提高。

对植物过多地轮换和移栽，就是对当地生境过多地干扰。在频繁而高强度的干扰下，会造成更多的土地裸露，使得原本就十分脆弱的生境具有更高的可入侵性，当地始终处于次生演替的初级阶段，使更多入侵物种或具有潜在入侵性的物种更易占据主要的生态位。总结以上问题，其实增加入侵隐患的最主要原因，就是过多的人为活动干扰，导致当地的可入侵性提高，从而推进了某些具有入侵特性物种的传播扩散。

以上这些潜在的问题，上海辰山植物园在引种栽培时应当引起重视。在美化园区、吸引游客的同时，需要完善管理工作中可能出现的疏漏与错误，减少人为干扰，保护辰山当地的生态环境，才能更好地预防外来生物入侵造成的危害。

【讨 论】

上海辰山植物园引进植物入侵风险评估结果表明,植物园内已引种种植的外来陆生植物中没有特别显著的恶性入侵物种,但仍有少数具有较高潜在风险的物种。这些物种需要在将来的引进、种植中严格把控,加强对这部分物种的监控和管理,谨防演变为不受控制的入侵植物。

上海辰山植物园地处上海市郊的松江区,周边以农田和水网为主,植物园具有较高的入侵防治意识,在引种和管理上较完善,植物园外围更是设置有隔离带。在园内进行调查时发现,园内外来植物逸生现象较为严重。植物园周边农田、苗圃、果园、市镇,外来植物所占的比例也相当大,尤其是农田周边,秋冬季节 2~3 m 高的加拿大一枝黄花较多;除了农作物和芦苇,本地植物已非常少见。生物多样性在人类活动和生物入侵的双重压力下变得非常单一,而这样脆弱的生态又导致了更严重的生物入侵,形成恶性循环。适宜入侵的自然条件,加上过多的人为干扰,因而上海(上海辰山植物园)在风险评估体系的引种地可入侵性指标中得分较高。若在相同的评估物种条件下,城市化程度较低、人为活动较少的地区,其物种入侵性得分则会相对较低。

加强上海辰山植物园外来植物的引种管理,以评估结果为引种依据,强化引种责任制度,细化引种管理过程,确保引种安全和生态安全。

二、上海辰山植物园7种引进植物在我国适生区分析

入侵风险评估体系对一个外来物种进行入侵风险评估是基于多数入侵物种共性建立的综合风险分析方式。此外,由于外来物种各有不同特性,针对不同类型生物还有一些其他的风险分析方法,每一种风险分析方式都有各自的利与弊。

外来物种适生区预测就是近年来较为常用的一种风险分析方法。适生区是指能够满足某物种生存、繁殖所需条件的区域,能够从地理分布上直观阐述该物种的适生性。适生区预测是通过构建的模型,根据已有的物种分布信息,对物种潜在的地理分布区进行预测。在引入某一外来物种之前或者前期,对该物种潜在适生区的模拟,是一种低成本,且较为高效的评估手段。"治未病"强于"治已病",在某种外来物种尚未形成大规模危害之前,对该物种进行必要的预防,能够最大限度减少入侵的可能性与危害性。因此,适生区预测不仅能为风险分析提供依据,而且对未发生区域的警示作用非常明显,预测适生区的结果对预防生物入侵具有较高的参考价值。

(一) 适生区预测对象

现从上述评估的48种外来陆生植物中选取若干种入侵性高的物种进行适生区预测,并对这几种物种进行进一步的入侵风险分析。

选择预测对象时,符合以下某个或多个条件的物种将被优先考虑进行适生区预测:

(1) 风险评估体系的综合得分较高,即预测所得的风险等级较高;
(2) 在我国已有入侵记录,但记录地区范围有限或不明确的物种;
(3) 在华东地区明确有较大量逸生的物种;
(4) 在全球其他气候相似地区有大量入侵报道的物种;

(5) 在全球其他气候相似地区有大量自然分布,在我国尚未大量分布的物种;
(6) 在上海辰山植物园已有逸生或危害的物种。

基于以上条件筛选出 7 种外来植物进行适生区预测,分别是大花金鸡菊(*Coreopsis grandiflora*)、橙黄山柳菊(*Hieracium aurantiacum*)、柳枝稷(*Panicum virgatum*)、毛蕊花(*Verbascum thapsus*)、聚合草(*Symphytum officinale*)、欧洲山芥(*Barbarea vulgaris*)、马利筋(*Asclepias curassavica*)。

(二) 适生区分析方法

1. 软件

Maxent(Maximum Entropy),是 Steven Phillips 等人用 JAVA 语言基于最大熵原理编写的用于预测物种潜在地理分布的预测软件,主要通过找出物种概率分布的最大熵,预测物种存在的相对概率。现拟通过 Maxent 软件预测外来物种在中国的潜在地理分布,从而为该物种在中国的入侵防治和管理提供一定的理论依据,预测结果采用受试者工作曲线(receiver operating characteristic curve,ROC)进行评价。Maxent 软件可以在其相关网站(http://www.cs.princeton.edu/~schapire/maxent/)注册后下载,软件需要在 JAVA 环境下运行。制图软件使用 ESRI 公司开发的 ArcGIS 9.2。

2. 数据

各物种在全球的分布数据通过世界生物多样性信息交换平台(global biodiversity information facility,GBIF)网站(http://www.gbif.org/)、教学标本标准化整理整合与资源共享平台(http://mnh.scu.edu.cn/)、中国数字植物标本馆(http://www.cvh.ac.cn/class)、国内外公开发表的论文及报道等获得。分布数据中仅有地名信息而没有经纬度信息的,通过 GPSSPG 网站(http://www.gpsspg.com/)进行查询核实。将分布点的经纬度数据在 Excel 表格中进行整理,去掉重复及错误的数据,以.CSV 格式保存。

环境数据在 WorldClim 环境数据库(http://www.worldclim.org/)中下载,选取其当前状况(即 1950~2000 年数据)下的分辨率为 5 arc-minutes 的 20 个环境变量,包括对植物生长、分布有较大影响的 19 个生物气候变量和 1 个海拔变量,各环境变量的具体含义见表 3-51。分析的底图为国家基础地理信息系统(http://ngcc.sbsm.gov.cn)下载获得的 1:400 万的中国矢量地图,以及通过 DIVA-GIS 网站(http://www.diva-gis.org/)下载得到的世界矢量地图。

表3-51 环境变量

环境变量	说 明
bio 1	年平均温度(annual mean temperature)
bio 2	昼夜温差月均值(mean diurnal range)
bio 3	昼夜温差与年温差比值(isothermality)
bio 4	温度季节变化方差(temperature seasonality)
bio 5	最热月最高温度(max temperature of warmest month)
bio 6	最冷月最低温度(min temperature of coldest month)
bio 7	年气温变化范围(temperature annual range)
bio 8	最湿季平均温度(mean temperature of wettest quarter)
bio 9	最干季平均温度(mean temperature of driest quarter)
bio 10	最暖季平均温度(mean temperature of warmest quarter)
bio 11	最冷季平均温度(mean temperature of coldest quarter)
bio 12	年平均降水量(annual precipitation)
bio 13	最湿月降水量(precipitation of wettest month)
bio 14	最干月降水量(precipitation of driest month)
bio 15	降水量变化方差(precipitation seasonality)
bio 16	最湿季降水量(precipitation of wettest quarter)
bio 17	最干季降水量(precipitation of driest quarter)
bio 18	最暖季降水量(precipitation of warmest quarter)
bio 19	最冷季降水量(precipitation of coldest quarter)
alt	海拔(altitude)

3. 方法

将整理所得的物种分布点数据及 20 个环境变量数据载入 Maxent，在 setting 中设置 Random test percentage 为 25，即代表随机选取 75% 的分布点作为训练集建立模型，剩下 25% 的分布点作为测试集。软件运行后得到的 ASCII 文件在 ArcGIS 中转化为 raster 格式，使用空间分析工具中的 Reclass 功能，按照预测的适生概率值 p 进行适生等级的划分。划分依据参考雷军成对加拿大一枝黄花的适生等级阈值划分，即 $p<0.05$ 为不适生区；$0.05 \leqslant p<0.25$ 为低适生区；$0.25 \leqslant p<$

0.45 为中适生区；$p \geqslant 0.45$ 为高适生区。

模型预测准确性检验使用 ROC 曲线下面积 AUC 值来判断。ROC 曲线是以预测结果的每一个值作为可能的判断阈值，由此计算得到相应的灵敏度即真阳性率(指实际有分布且被预测为阳性的概率)和特异度(指实际没有该物种分布且被正确预测为阴性的概率，即真阴性率)。以假阳性率(即 1－特异度)为横坐标，以真阳性率即灵敏度为纵坐标绘制而成，其曲线下面积(area under curve，AUC)的大小作为模型预测准确度的衡量指标。ROC 曲线检验方法的评估标准为：AUC 0.5～0.6 为失败；AUC 0.6～0.7 为较差；AUC 0.7～0.8 为一般；AUC 0.8～0.9 为好；AUC 0.9～1.0 为非常好。

(三) 7 种引进植物在我国适生区分析结果

• 大花金鸡菊 •

大花金鸡菊(*Coreopsis grandiflora*)(图版 1)为菊科金鸡菊属多年生草本，花期 5～9 月，原产于美洲，作为观赏植物引入中国，具体引入时间不详，最早采集标本为 1932 年采自山东青岛李村的栽培植株。该物种已被列入我国入侵物种名录。

大花金鸡菊喜温暖湿润的气候，同时喜光，喜肥沃、湿润、排水良好的砂壤土，耐瘠薄，且耐寒，耐旱，耐热；其繁殖途径主要为种子风媒传播；种子在土表和下土层均可以萌发并具有化感作用；其根系发达，生长势强，易发萌蘖，易于形成单优种群落。目前在山东、云南、江西、浙江等地均有大花金鸡菊入侵报道，其中鲁东地区入侵状况最为严重，已大量逸生并形成单优群落，对当地植物生长和原有群落结构构成了较为严重的威胁。

目前尚未有大花金鸡菊在国内形成大规模入侵的报道，但由于大花金鸡菊具有较高的观赏性和抗逆性，常作为园林造景和水土保持的优良植物被大面积使用。该物种是否会成为大规模入侵的植物，是值得关注的问题。作为第三篇中评估分值最高的物种，在华东地区有广泛的种植，而且有明确的逸生记录。比较于分值接近的堆心菊和两色金鸡菊，文献中所记载的入侵分布地区却非常有限，而且所涉及的入侵地信息并不是十分清晰，因而非常有必要对其进行潜在地理分布区的预测。

通过模型预测，得到中国范围内的潜在分布图(图版 22)。从图中可以看出，山东、河南、重庆、湖北、安徽、江苏、湖南、江西、浙江以及东南沿海各省、直辖市部分地区都具有较高的适生等级，说明大花金鸡菊可以在这些地区生长良好。华南、西南、华北部分地区、辽宁的适生等级稍低,而我国北方干旱寒冷的地区及高寒的青藏高原都不适宜大花金鸡菊的生长。

模型运行所得到的训练与测试数据AUC值分别为0.960和0.965,均高于0.9,说明预测结果非常好,具有较高的可信度。

模型生成各项环境变量的贡献率(表3-52)表明各变量在构建大花金鸡菊预测模型中的重要度。贡献率排前三的环境变量分别为年平均温度(26.6%)、年平均降水量(24.8%)和最冷季平均温度(24.0%),累积贡献率达75.4%;其次为最冷季降水量、昼夜温差月均值、温度季节变化方差、最热季平均温度、海拔等;而最干季降水量、最湿月降水量、最热月最高温三个环境变量则未产生贡献率。

表3-52 各项环境变量对大花金鸡菊预测的贡献率

环境变量	贡献率(%)	环境变量	贡献率(%)
年平均温度(bio 1)	26.6	最湿季平均温度(bio 8)	0.7
年平均降水量(bio 12)	24.8	最干季平均温度(bio 9)	0.5
最冷季平均温度(bio 11)	24.0	最冷月最低温度(bio 6)	0.3
最冷季降水量(bio 19)	8.4	昼夜温差与年温差比值(bio 3)	0.2
昼夜温差月均值(bio 2)	3.7	降水量变化方差(bio 15)	0.2
温度季节变化方差(bio 4)	3.1	最暖季降水量(bio 18)	0.2
最暖季平均温度(bio 10)	2.4	最湿季降水量(bio 16)	0.1
海拔(alt)	2.3	最干季降水量(bio 17)	0
年气温变化范围(bio 7)	1.5	最湿月降水量(bio 13)	0
最干月降水量(bio 14)	0.9	最热月最高温度(bio 5)	0

将相关地理数据与图版22对比,并参考环境变量贡献率,大花金鸡菊在中国适生与否的地区界线与年均温8 ℃分界线、1月均温-8 ℃分界线、500 mm年等降水量线大致吻合,若年均温超过20 ℃则适生性亦会降低。由此可以推测,我国最适宜大花金鸡菊生长的区域年均温为12～20 ℃,1月均温为-8～12 ℃,年降水量为500～2 000 mm。从气候类型来看,大花金鸡菊在亚热带季风和季风性湿润气候、温带海洋性气候、温带大陆性气候、地中海气候、温带季风气候等类型的气候区域中具有较高的适生性。

由于同为大陆东部地区,且纬度相近,北美东部与我国东部的气候具有诸多相似之处。作为大花金鸡菊原产地的美国东部,位于年均温10～20 ℃分界线内,同时与1月均温-10 ℃分界线、500 mm年等降水量线构成的区域大致吻合。因此，模型预测所得中国最适宜生长大花金鸡菊的区域同北美原产地的气候相类似，结合环境变量贡献率，预测结果与大花金鸡菊喜温喜湿的特性相一致。

海拔也影响大花金鸡菊的分布。结合中国分布预测，可以看出其适生区主要为低海拔平原或河谷地带，高原高山地区并不适宜其生长。

大花金鸡菊具有较强的种子传播力和萌发力，属于"密集型"克隆植物，同时具有很强的环境适应能力，光照足够的地方，土壤再贫瘠也能生长，加上具有化感作用，因此其对适宜生长繁殖地区的生态系统具有一定的潜在危害性。

大花金鸡菊在我国部分地区已有入侵报道，各个报道地区基本分布于预测所得的适生区范围内，预测结果也符合大花金鸡菊喜温喜湿的特性，说明预测结果具有一定的准确性。

大花金鸡菊在中国的逸生入侵报道主要集中于山东半岛、云南、江西庐山、浙江西天目山等地。对比Maxent模型获得的该物种在我国的潜在分布区，高适生区主要集中在华东和华中地区，已有入侵报道的山东半岛、江西庐山、浙江西天目山等均在预测的分布区高适生区内。而目前入侵最严重的区域则是在山东半岛，这可能与引入时间有关。具有入侵潜力的外来物种在引入一个新地区时，通常不会在短时间内就形成大规模入侵危害，而需要经过一定的"时滞期"。不同物种的"时滞期"不尽相同。大花金鸡菊最早即在山东半岛引入，经过长时间的归化演变，该物种已完全能够适应当地的自然条件，并且种群可以进行自然繁衍和扩大。研究发现，在青岛崂山逸生的大花金鸡菊具有较高的遗传多样性。

模型预测结果表明大花金鸡菊在尚未有入侵报道的华东、华中具有潜在的入侵性，一旦逸生并失控将会对当地植物群落构成威胁。除此以外，预测结果显示，华南地区为大花金鸡菊的中度适生区，鉴于该物种的生物学特性和生态习性，不排除其逸生并扩散的可能性。因此，在华东、华中、华南地区使用大花金鸡菊美化环境的同时，应制定相应的控制措施，做好防控工作。在云南有关于大花金鸡菊的入侵记录，但是模型预测显示该地区处于低适生区。这可能与云南复杂多样的气候环境及模型分析的局限性有关。

● 橙 黄 山 柳 菊 ●

橙黄山柳菊（*Hieracium aurantiacum*）(图版2)为菊科山柳菊属多年生草本植物，具有匍匐茎，植株高20～90 cm，具乳汁，叶基生，茎生叶较小，茎具长刚毛，舌状花冠橙色，温带地区花期5～8月。

黄山柳菊原产于欧洲，在美国、澳大利亚、新西兰等地均有入侵报道，常分布于潮湿地区及受人为干扰较大的地区。作为我国尚未有入侵报道的物种中得分最高的物种，在气候类型较为接近的北美地区有大面积的入侵，在我国目前只有少量的人为栽种，并未有逸生的报道。橙黄山柳菊同时具有有性与无性繁殖能力，匍匐茎的生长非常旺盛，种子产量较高，传播能力较强，且在散落之初即可萌发。作为一种适应、繁殖、扩散能力很强的植物，橙黄山柳菊在华东的潜在入侵性有待考证。

从预测所得的中国潜在地理分布图（图版23）中可以看出，橙黄山柳菊在我国东南部、海南北部、台湾北部都具有一定的适生性，但适生性较低，京津冀地区、内蒙古东南部、山西、陕西大部、河南、山东、湖北、甘肃东南部则具有较高的适生性，新疆、西藏、青海等干旱地区与岭南温暖地区不适宜橙黄山柳菊的生长。

模型运行所得到的训练与测试数据 AUC 值分别为 0.956 和 0.949，均高于 0.9，说明预测结果非常好，具有较高的可信度。

表3-53　各项环境变量对橙黄山柳菊预测的贡献率

环境变量	贡献率(%)	环境变量	贡献率(%)
最干月降水量(bio 14)	32.3	海拔(alt)	0.9
最冷季平均温度(bio 11)	20.2	温度季节变化方差(bio 4)	0.7
年平均温度(bio 1)	16.0	最干季平均温度(bio 9)	0.7
最干季降水量(bio 17)	10.1	年气温变化范围(bio 7)	0.6
最暖季平均温度(bio 10)	6.6	最湿季降水量(bio 16)	0.4
昼夜温差与年温差比值(bio 3)	2.8	最湿季平均温度(bio 8)	0.2
最冷季降水量(bio 19)	2.8	最暖季降水量(bio 18)	0.2
最冷月最低温度(bio 6)	2.3	降水量变化方差(bio 15)	0.2
年平均降水量(bio 12)	1.9	最湿月降水量(bio 13)	0.1
最热月最高温度(bio 5)	1.1	昼夜温差月均值(bio 2)	0

从各项环境变量的贡献率（表3-53）中可以看出，贡献率最高的五个环境变量为最干月降水量（32.2%）、最冷季平均温度（20.2%）、年平均温度（16.0%）、最干季降水量（10.1%）、最暖季平均温度（6.6%），累积贡献率达85.1%；昼夜温差与年温差比值、最冷季降水量、年平均降水量也具有一定的贡献率；其余环境变量的高效率则较低。

预测结果与已有的分布数据息息相关,同样为亚热带季风气候,日本本州岛具有较多的橙黄山柳菊分布数据,因而预测所得的适生性较高;而华东地区则极少有橙黄山柳菊的分布记录,所得的总体适生性较低可能与此相关。

从预测的分布图和环境变量贡献率中可以看出,橙黄山柳菊较适宜的生长区域为气候较湿润的温带地区,热带至亚热带基本无分布,低海拔至中高海拔地区均可以生长该物种,说明与该物种喜湿耐寒的特性相符。根据已有信息与预测结果,可以大胆推测,该物种在我国潜在分布区域可能还包括东北部分地区、华北大部分地区、华中与华东北部地区。

鉴于橙黄山柳菊同时具有较强的有性和无性繁殖能力,需要对已种植的植株进行严格监控管理。在花期,可以通过人为剪除方式减少花序,以此减少产生的种子量;对匍匐茎进行定期监测,控制其无节制蔓延;减少种植地土壤的搬运,防止根茎片段的携带。对于未种植该物种的地区,不建议当地对该物种的引种,若要引种,应严格控制引种数量,严禁大规模种植。

● 柳 枝 稷 ●

柳枝稷(*Panicum virgatum*)(图版3)是一种原产于北美的禾本科黍属的多年生 C_4 植物,株高超过 3 m,根深可达 3.5 m,花序长 15~55 cm,种子千粒重 5.15~5.67 g;在管理合适的情况下,寿命可达 10 年或更长。柳枝稷的生态适应性非常强,既耐旱又耐湿,能生长于从沙地到黏性肥沃的各类土壤,是一种重要的草原牧草。在原产地北美,柳枝稷从墨西哥内地至加拿大都有分布,最北可至 55°N。柳枝稷有极好的耐受性,从干旱草原到盐碱地,甚至在森林中都可以生长,其最宜生长环境为年降水量为 381~762 mm 的地区。

柳枝稷最早由日本专家于 20 世纪 80 年代引入我国,在黄土高原地区作为水土保持植物进行种植。目前除了山西、甘肃、宁夏等地种植柳枝稷防治水土流失,在北京郊区亦有较大规模的种植。

柳枝稷在原产地本土的北美地区,尽管作为重要的能源植物和牧草,但仍被认为是一种杂草。其快速的繁殖扩散能力和极强的耐胁迫能力,使其在适宜的地区能够高密度分布。华东地区与北美东南部均属于亚热带湿润气候区,因而有必要对柳枝稷进行潜在地理分布区的预测,为科学合理种植柳枝稷提供参考。

由预测分布图(图版24)可以看出,柳枝稷在我国东部大部分地区具有一定的低适生性,其中河北南部、山东北部、河南大部、安徽北部、台湾山区的适生性明显高于其他地区。具有较高适生性的区域并无明显分布规律,但整体来看,我国东部的温带季风气候区域、亚热带气候区域均为潜在分布区,西北干旱地区与青藏高原均不适宜其生长。

模型运行所得到的训练与测试数据 AUC 值分别为 0.955 和 0.924,均高于 0.9,说明预测结果非常好,具有较高的可信度。

表 3-54　各项环境变量对柳枝稷预测的贡献率

环境变量	贡献率(%)	环境变量	贡献率(%)
bio 1	34.2	bio 5	1.9
bio 18	17.2	bio 10	1.8
bio 17	10.0	bio 13	0.9
bio 4	7.1	bio 15	0.3
bio 2	7.0	bio 8	0.2
bio 11	4.7	bio 6	0.2
bio 7	4.6	bio 14	0.2
alt	3.2	bio 16	0.2
bio 3	3.1	bio 12	0.1
bio 19	3.0	bio 9	0

从表 3-54 可以看出,贡献率最高的五个环境变量为年平均温度(34.2%)、最暖季降水量(17.2%)、最干季降水量(10.0%)、温度季节变化方差(7.1%)、昼夜温差月均值(7.0%),累积贡献率达 75.5%;最冷季平均温度、年气温变化范围、海拔、昼夜温差与年温差比值、最冷季降水量也具有一定的贡献率;其余环境变量的贡献率则较低。预测所得的柳枝稷适生区具有分散性、多样性的特点,这可能与柳枝稷高度的耐胁迫能力相关,进一步说明柳枝稷能够在多种类型生长环境中生长繁殖。

对比潜在地理分布图与世界气候类型分布,可以发现,柳枝稷在全球的几个高适生区主要气候类型均为亚热带季风和季风性湿润气候,而我国的华东地区则正是典型的亚热带季风气候。预测图中亦显示华东地区的苏、沪、皖、浙部分地区具有较高适生性,因而在引种柳枝稷时,需考虑是否有可能在当地逸生为杂草,对当地的生态系统造成负面影响。

研究显示,柳枝稷具有化感作用,化感作用随倍性、生态类型、生长季节变化而不同,在干旱环境下表现较为强烈。因此,不论将柳枝稷作为能源植物、牧草,还是水土保持植物,都应考虑物种对本地生态的影响。大规模种植单一的物种,不仅更易有病虫害危害,还会对当地的土壤、生物多样性造成负面影响,从而影响当地原有的生态系统。不仅是柳枝稷,外来植物在进行大规模引进种植之前,需要经过合理、严谨的论证,方能决定种植方案,切不可只考虑眼前利益,而忽略长远影响。

• 毛 蕊 花 •

毛蕊花($Verbascum\ thapsus$)(图版 4),玄参科毛蕊花属二年生草本植物,株高可达1.5 m,全株被密而厚的浅灰黄色星状毛,基生叶和下部的茎生叶倒披针状矩圆形,边缘具浅圆齿,上部茎生叶逐渐缩小而变为矩圆形至卵状矩圆形;穗状花序圆柱状,长达 30 cm,直径达 2 cm,结果时可伸长和变粗,花密集,花梗很短,花冠黄色,花丝上有牙刷状紫色绵毛,花期 6~8 月;蒴果卵形,约与宿存的花萼等长,果期 7~10 月。

毛蕊花原产于欧亚大陆温带地区,在全球各大洲都有广泛分布。全株含有挥发油,具有消炎、增强免疫、抗缺氧、抗癌等药用价值,因而在我国许多地区被作为药用植物进行种植。毛蕊花在我国西部的四川、云南、新疆、西藏等地均有自然分布,在华东的浙江也已有逸生记录。毛蕊花具有非常强的抗逆、有性繁殖、扩散能力,虽然主要分布于西部海拔较高的地区,但在华东也有逸生报道,因而需要通过适生区模拟来预测其可能的地理分布区,为探测其入侵性提供参考。

根据图版 25 中可以看到,毛蕊花从北回归线至 40°N 均具有不同程度的适生性,其中西藏东部、四川中部、滇南、黔北、鄂北、湘西、安徽、河南、江苏、上海、浙江部分地区具有高适生性;而这些地区中,除了江苏,均以山地为主。可以推测,原产温带的毛蕊花,在亚热带海拔较高或气候较凉的地区也同样适宜生长。而 40°N 以北地区和北回归线以南地区则不适宜毛蕊花的生长。

模型运行所得到的训练与测试数据 AUC 值分别为 0.926 和 0.901,均高于 0.9,说明预测结果非常好,具有较高的可信度。

预测所得的结果中,毛蕊花的分布区域涵盖了温带海洋性气候、温带大陆性气候、地中海气候、高原山地气候、亚热带季风气候和季风性湿润气候、温带季风气候等多种气候类型,而热带地区及过于寒冷的地区则不适宜其生长。结合与原产地分布、全球均温等温线分布图等的比较,潜在地理分布预测较为准确。

表 3-55　各项环境变量对毛蕊花预测的贡献率

环境变量	贡献率(%)	环境变量	贡献率(%)
bio 1	38.2	bio 17	0.7
bio 9	21.8	bio 15	0.3
bio 11	12.7	bio 6	0.2
bio 4	10.6	bio 8	0.2
bio 19	7.6	bio 14	0.2
bio 5	1.7	bio 13	0.2
alt	1.4	bio 7	0.2
bio 12	1.4	bio 2	0.1
bio 10	1.3	bio 16	0.1
bio 3	1.3	bio 18	0

从表 3-55 可以看出，贡献率最高的 5 个环境变量为年平均温度(38.2%)、最干季平均温度(21.8%)、最冷季平均温度(12.7%)、温度季节变化方差(10.6%)、最冷季降水量(7.6%)，累积贡献率高达 90.9%；其余各环境变量的贡献率均较低。与全球年平均温度分布图相比较，可以发现，毛蕊花的适生区主要分布于年均温 0～20 ℃的区域内；与全球最冷季等温线图对比，可以看出毛蕊花的主要适生区分布在 -10～10 ℃的等温线范围内。因此，温度较降水量对毛蕊花地理分布的影响更大。

毛蕊花既能适应温暖的平原地区，也能适应寒冷的高海拔地区，说明其耐胁迫能力非常强，而毛蕊花高产的种子量和极轻的种子重量则使其具有较强的繁殖、扩散能力。既然在华东的浙江部分地区已有明确逸生记录，且在苏、浙、皖等地均有较高的适生性，就需要对毛蕊花的种植进行较为严格的控制，并且加强管理。

• 聚 合 草 •

聚合草(*Symphytum officinale*)(图版 1)，为紫草科聚合草属丛生型多年生草本植物，高 30～90 cm，全株被向下稍弧曲的硬毛和短伏毛；根发达，主根粗壮，淡紫褐色；茎数条，有分枝；基生叶通常 50～80 片，最多可达 200 片，具长柄，叶片带状披针形、卵状披针形至卵形，稍肉质，先端渐尖；花冠长 14～15 mm，淡紫色、紫红色至黄白色，裂片三角形，花期 5～10 月；子房通常不育，偶尔个别花内成熟 1 个小坚果,坚果歪卵形,黑色。

聚合草原产于俄罗斯欧洲部分、西伯利亚和高加索地区,后引入到世界各地。我国从20世纪70年代开始从日本、澳大利亚、朝鲜等地引入,主要作为饲料进行种植。聚合草喜温暖湿润的气候,耐寒、耐旱、耐盐碱,在多数类型的土壤中均可以生长。因此,在被引入中国以后,聚合草在大部分地区都生长良好,进而在某些地区逸生为杂草。我国对聚合草的入侵记录,从南至北均有分布。由于花粉败育者极多及干燥型柱头等原因,聚合草基本不具有有性繁殖能力,因而其主要通过根茎片段进行传播、繁殖。直至今日,学界对聚合草的争议仍在继续。聚合草是一种较为高产、优质的饲料作物,而其又易烂根并有生物碱的毒害性,人们常常将聚合草作为药用植物进行使用,但也有许多学者认为它具有致癌性。

聚合草在上海辰山植物园内有人工种植,但根据辰山植物园内工作人员的反馈,在某些引种的裸子植物根部土球中,发现大量聚合草萌发并开始有蔓延趋势,因此需要对聚合草的风险性加以重视。

如图版26显示,聚合草在我国东部均具有不同程度的适生性,其中主要的高适生区包括:西藏东南部、四川中部、云南南部、贵州南部、甘肃南部、广西、广东、福建、浙江、江苏、安徽、湖北、湖南北部、江西、河南、山东南部地区等。可以发现,聚合草在平原至中海拔山地均适宜生长。模型运行所得到的训练与测试数据AUC值分别为0.962和0.960,均高于0.9,说明预测结果非常好,具有较高的可信度。

表3-56 各项环境变量对聚合草预测的贡献率

环境变量	贡献率(%)	环境变量	贡献率(%)
bio 1	29.0	bio 13	1.6
bio 14	23.2	bio 7	1.5
bio 12	13.5	bio 5	1.4
bio 6	7.3	bio 18	1.3
bio 9	6.1	bio 4	1.3
bio 2	2.9	bio 8	1.0
bio 10	2.3	bio 15	0.6
bio 11	2.3	bio 17	0.4
bio 3	1.9	alt	0.4
bio 16	1.7	bio 19	0.2

从表3-56可以看出,贡献率最高的五个环境变量为年平均温度(29.0%)、最干月降水量(23.2%)、年平均降水量(13.5%)、最冷月最低温度(7.3%)、最干季平均温度(6.1%),累积贡献率达79.1%,其余各环境变量的贡献率均较低。因此,决定聚合草适生性的主要环境因子既包括温度也包括降水量。

预测所得的结果中,聚合草的分布区域主要为温带海洋性气候、温带大陆性气候、亚热带季风气候和季风性湿润气候,因此华东地区作为亚热带季风气候区,对聚合草具有较高的适生性。

聚合草虽然很难进行有性繁殖,但其无性繁殖能力非常强,故辰山植物园外来植物根部土球中携带的聚合草根茎片段可以在园内大量萌发并向外扩散。考虑到聚合草具有一定的毒性,且辰山植物园内土壤翻耕频率较高,因此需要对携带其根茎片段的土球进行集中处理,并彻底清理根茎片段,避免携带至他处。

欧 洲 山 芥

欧洲山芥(*Barbarea vulgaris*)(图版2),为十字花科山芥属二年生直立草本,高20~70 cm,植株光滑无毛或具疏毛,茎具纵棱;基生叶和茎下部叶大头羽状分裂,顶裂片大,茎上部叶宽披针形或长卵形,边缘齿裂或不规则深裂,无柄,基部耳状抱茎;总装花絮顶生,萼片宽椭圆形,边缘白色膜质,内轮2枚顶端常隆起呈兜状,花瓣黄色;长角果圆柱四棱形,幼时常弧曲,成熟后在果轴上斜上开展,花果期4~8月。

欧洲山芥原产于地中海地区,现已广泛分布于亚欧大陆和北美,常被作为蔬菜、药材和油料作物等,在我国新疆部分地区有自然分布。作为与华东地区气候类型相似的北美东部与日本,欧洲山芥已成为入侵种。虽然目前欧洲山芥在我国分布与种植较少,但鉴于其较强的繁殖能力,需要对其在我国的潜在地理分布区进行预测。

从图版27中可以看到,欧洲山芥从我国西北至东部具有不同程度的适生性,其中高适生区较少,从四川盆地西缘至苏浙沪的东西向范围内,从秦岭—淮河至岭南的南北向范围内,欧洲山芥的适生性较高。已有自然分布的新疆地区则基本为低适生区。模型运行所得到的训练与测试数据AUC值分别为0.930和0.915,均高于0.9,说明预测结果非常好,具有较高的可信度。

表 3-57 各项环境变量对欧洲山芥预测的贡献率

环境变量	贡献率(%)	环境变量	贡献率(%)
bio 11	37.1	bio 17	1.1
bio 19	32.4	bio 5	0.9
bio 1	6.8	bio 13	0.6
bio 3	6.5	alt	0.4
bio 14	4.9	bio 15	0.3
bio 10	2.2	bio 8	0.2
bio 4	1.9	bio 18	0.1
bio 12	1.7	bio 16	0.1
bio 7	1.4	bio 2	0
bio 9	1.2	bio 6	0

从表 3-57 可以看出,最冷季平均温度(37.1%)与最冷季降水量(32.4%)在各环境变量贡献率的比重中占有绝对优势,累积贡献率为 69.5%;年平均温度(6.8%)、昼夜温差与年温差比值(6.5%)、最干月降水量(4.9%)也占有一定比重的贡献率;而其余各环境变量的贡献率均较低。对比全球等温线分布图与等降水量线分布图,欧洲山芥的主要适生区与最冷季-10~10 ℃等温线范围及 500~2 000 mm年等降水量线大致相吻合。

预测所得的结果中,欧洲山芥的分布区域主要为温带海洋性气候、温带大陆性气候、亚热带季风气候和季风性湿润气候、地中海气候。结合环境变量贡献率,除了寒冷和干旱地区,多数亚热带与温带都较适宜欧洲山芥的生长。

相关资料显示,欧洲山芥同时具有有性与无性繁殖能力。它可以根据不同的生存环境来改变繁殖方式,其根茎片段具有较强的萌发能力,人为割除能促进其营养生长,而寻常田间的欧洲山芥则几乎完全由有性生殖方式进行繁殖。因而作为较适宜生长的华东地区,需要对其加以监控,不建议对逸生植株进行割除。

· 马 利 筋 ·

马利筋(*Asclepias curassavica*)(图版 3),为萝藦科马利筋属多年生灌木状草本,高达 80 cm,全株有白色乳汁;叶披针形至椭圆状披针形,无毛或在脉上有微毛;聚伞花序顶生或簇生,着花 10~20 朵;花萼裂片披针形,被柔毛;花冠紫红色,副花冠生于合蕊冠上,5裂,黄色,匙形,有柄,内有舌状片;花粉块长圆形,下垂,着粉腺紫红色;蓇葖果披针形,种子卵圆形,顶端具白色绢质种毛。花期几乎全年,果期8~12月。

马利筋原产于热带美洲,既是一种蝴蝶寄生植物,又具有药用价值。马利筋在全球热带至亚热带地区都有广泛分布,由于其每年有性繁殖期较长,单株种子量较大,种子极易通过风力传播,故已在许多地区逸生为入侵植物。在上海,马利筋可以露天种植,且可以进行正常的有性繁殖。在辰山植物园内,发现有少量的马利筋逸生植株,因而需要对马利筋在当地的适生性进行具体的预测。

图版28的结果显示,马利筋的适生区主要集中在华南和西南地区,云南、广西、广东、海南、台湾地区都是马利筋适生地区。模型运行所得到的训练与测试数据AUC值分别为0.908和0.902,均高于0.9,说明预测结果非常好,具有较高的可信度。

表3-58　各项环境变量对马利筋预测的贡献率

环境变量	贡献率(%)	环境变量	贡献率(%)
bio 11	23.0	bio 1	0.9
bio 4	22.2	bio 15	0.9
bio 7	20.3	bio 16	0.4
bio 13	7.9	bio 6	0.3
bio 19	6.6	bio 12	0.1
bio 18	5.5	bio 2	0.1
bio 3	5.1	bio 17	0.1
bio 14	2.7	bio 8	0.1
alt	2.4	bio 9	0.1
bio 10	1.2	bio 5	0

从表3-58可以看出,最冷季平均温度(23.0%)、温度季节变化方差(22.2%)、年气温变化范围(20.3%),在各环境变量贡献率的比重中占有绝对优势,累积贡献率为65.5%;最湿月降水量(7.9%)、最冷季降水量(6.6%)、最暖季降水量(5.5%)、昼夜温差与年温差比值(5.1%)也占有一定比重的贡献率;而其余各环境变量的贡献率均较低。

根据预测结果,马利筋的适宜生长气候包括:热带雨林气候、热带草原气候、热带季风气候、亚热带季风和季风性湿润气候,最适宜在湿润的热带地区生长。

根据现有的资料记载,马利筋不仅在滇、桂、粤、琼、台等地有逸生报道,在安徽、福建、贵州、湖南、江西、四川、山东等地也有逸生记录。因而在 Maxent 所预测结果的范围之外,还有部分地区也为马利筋的潜在入侵区。上海辰山植物园的马利筋逸生现象正说明了该物种在当地的良好适应性,而且其较强的种子传播能力也使其增加了成为入侵种的可能性。可以假设,随着全球气候变暖的趋势,许多物种的分布地会扩散至更高纬度的地区,因而马利筋是否会在华东地区成为具有危害性的外来物种,需要进一步的观察与验证。

【讨　论】

一个物种从某一地区传入另一地区,是否会成为对当地有害的入侵种,受到诸多因素的交织影响,即使可以通过各类模型模拟出物种的潜在地理分布区,也始终不能非常精确地进行入侵预测,而每种预测模型都不可避免具有一定的缺陷。

不考虑各类模型本身的优劣,预测模型在进行适生区预测的时候都会有共同的局限性,这些局限性导致物种潜在分布区预测结果与实际情况产生出入;同时,物种潜在分布区也会随着其他因素的改变而改变,预测结果并不完全能从长远的角度说明问题。

影响模型预测结果的因素包括:

(1) 预测所需的物种分布数据存在错漏,尤其是有些物种需要根据极为有限的文献记载得到出所模糊的分布地点,这些非常有限的分布记录会影响到模型预测结果;

(2) 某些模型预测的前提是假定物种在新环境中无进化,而许多入侵种恰恰是经过一定时期的演化之后在当地产生入侵性;

(3) 利用模型预测并未考虑新环境中生物间交互作用对外来种的影响;

(4) 大多数模型主要依据已知的分布区域和环境类型对潜在分布区作出预测,并没有考虑人为活动对物种的影响,而目前大部分生物入侵都与人类对自然的干扰息息相关,人类活动暂时未能作为影响因子纳入预测模型;

(5) 某些模型在预测时也未考虑全球气候变化对物种的影响,只是以某一时段的气候数据作为依据进行分析,因而今后的研究有必要将全球气候变化作为影响因子纳入预测模型。

所以,使用模型对物种进行潜在分布区的模拟,只能为该物种的风险分析提供一定程度的参考,预测结果并不能完全说明其确切的地理分布。若要进行入侵风险分析,除了结合风险评估体系和预测模型,还需要借助其他更多的手段进行针对性分析。

三、上海辰山植物园引进植物可能携带有害生物入侵风险分析与评估

（一）上海辰山植物园已引进植物可能携带有害生物种类的确定及预评估

1. 材料

上海辰山植物园引进的国外栽培植物名单；

中华人民共和国农业部公告第862号《中华人民共和国进境植物检疫性有害生物名录》、"林业植物检疫管理信息系统"软件、相关专著、数据库（如CABI、NAPPO、EPPO等）以及重要国际与国家组织官网。

2. 方法

按引进植物的分类地位、寄主等项目整理上海辰山植物园园方提供的引进国外植物名单；然后，结合《中华人民共和国进境植物检疫性有害生物名录》、"林业植物检疫管理信息系统"软件和数据库（如CABI、NAPPO、EPPO等），以及重要国际与国家组织官网统计分析引进的国外植物可能携带的有害生物种类，编制有害生物名单。根据筛选原则，选取需进一步分析的有害生物名单。

3. 结果与分析

（1）上海辰山植物园已引进植物种类统计：上海辰山植物园自2005年规划，2011年正式开放，至2013年，植物园已引进植物种类总数达5 153种，共包含131科，485属。包括：安石榴科、百合科、柏科、半日花科、报春花科、茶藨子科、车前科、柽柳科、翅萼木科、川续断科、唇形科、刺篱木科、大风子科、大戟科、木科、旋花科、鸭跖草科、亚麻科、杨柳科、杨梅科、银杏科、罂粟科、榆科、鸢尾科、云实科、芸香

科,猪笼草科,紫草科,紫葳科,棕榈科,醉鱼草科等;以及涉及:阿查拉属,矮疣球属,艾思卡罗属,安顾兰属,澳吊钟属,白点兰属,白粉藤属,白芨属,白鹃梅属,白缕梅属,白茅属,醉鱼草属等。

引种来源地涉及全球15个国家和地区(图3-1)。其中来源地墨西哥引种1种,豆科;西班牙引种3种,桃金娘科,景天科1种待定;意大利引种11种,包括桦木科、槭树科、蔷薇科、卫矛科、柿树科等;马来西亚引种14种,都是猪笼草科的物种;俄罗斯引种48种,主要是卫矛科,十字花科;中国台湾地区引种68种,都是兰科;澳大利亚引种72种,主要是猪笼草科的物种;肯尼亚引种84种,包含水龙骨科、鸭跖草科等;来源地不明地区引种105种,主要是兰科的物种;英国引种196种,包括爵床科、苦苣苔科、牻牛儿苗科、毛茛科、蔷薇科、秋海棠科、伞形科、卫矛科等;德国引种247种,引种的科属,比较多,主要包括蔷薇科、忍冬科、柏科、虎耳草科、锦葵科等十几科;泰国引种263种,包含豆科、茄科、椴树科、木樨科、大戟科、萝藦科、兰科、睡莲科等;法国引种547种,包括槭树科、豆科、山茱萸科等多科;日本引种744种,包含石蒜科、柿科、天南星科、西番莲科等;美国引种1 367种,包含壳斗科、苦苣苔科、鳞毛蕨科;荷兰引种1 383种,包含金缕梅科、木兰科、悬铃木科、壳斗科、豆科、椴树科、红豆杉科、忍冬科、杜鹃花科、小檗科等多科。

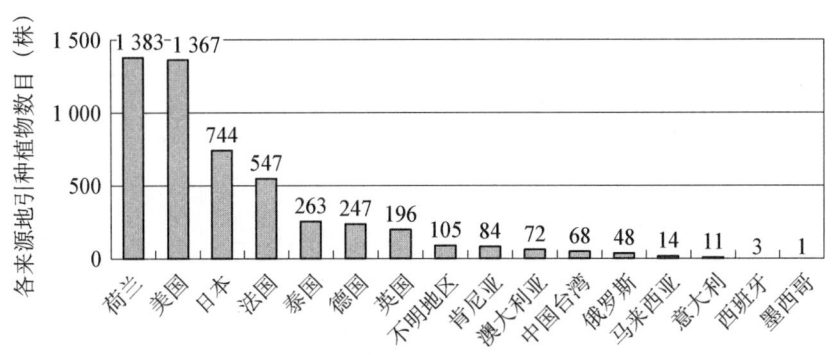

图3-1 不同来源地引种植物数目

(2)辰山植物园引进植物可能携带检疫性有害生物名单的确定:依据《中华人民共和国进境植物检疫性有害生物名录》、"林业植物检疫管理信息系统"软件以及数据库(如CABI、NAPPO、EPPO等),以及重要国际与国家组织官网统计分析已引进的国外植株可能携带的有害生物种类,其中可能携带有害生物的植物"科"包括:安石榴科、杜鹃花科、菊科、兰科、蔷薇科、芸香科等共59个"科",共涉及引种植物种类3 887种,占引种总数的75.42%。其中,涉及鸢尾科种类683种,占所有可能携带有害生物植物种类的 17.57%；兰科 435 种，占所有可能携带有害生物植物种类的 11.19%；蔷薇科 431 种，占所有可能携带有害生物植物种类的 11.09%；柏科 278 种，占所有可能携带有害生物植物种类的 7.15%；龙舌兰科 260 种，占所有可能携带有害生物植物种类的 6.69%；芦荟科 241 种，占所有可能携带有害生物植物种类的 6.20%；忍冬科 218 种，占所有可能携带有害生物植物种类的 5.61%；槭树科 135 种，占所有可能携带有害生物植物种类的 3.47%；豆科 105 种，占所有可能携带有害生物植物种类的 2.70%（表 3-59）。

表 3-59 可能携带有害生物的植物"科"统计表

编号	科	引种数目	占可能携带有害生物植物种类总数的百分比	编号	科	引种数目	占可能携带有害生物植物种类总数的百分比
1	鸢尾科	683	17.57%	21	柿科	28	0.72%
2	兰科	435	11.19%	22	冬青科	27	0.69%
3	蔷薇科	431	11.09%	23	黄杨科	23	0.59%
4	柏科	278	7.15%	24	杨柳科	22	0.57%
5	龙舌兰科	260	6.69%	25	夹竹桃科	21	0.54%
6	芦荟科	241	6.20%	26	大戟科	20	0.51%
7	忍冬科	218	5.61%	27	马鞭草科	20	0.51%
8	槭树科	135	3.47%	28	芸香科	20	0.51%
9	豆科	105	2.70%	29	禾本科	19	0.49%
10	芍药科	94	2.42%	30	壳斗科	18	0.46%
11	木樨科	85	2.19%	31	秋海棠科	17	0.44%
12	唇形科	74	1.90%	32	桦木科	16	0.41%
13	松科	74	1.90%	33	葡萄科	15	0.39%
14	锦葵科	68	1.75%	34	漆树科	15	0.39%
15	小檗科	58	1.49%	35	茄科	15	0.39%
16	杉科	45	1.16%	36	桑科	15	0.39%
17	百合科	43	1.11%	37	苦苣苔科	13	0.33%
18	菊科	41	1.05%	38	桃金娘科	13	0.33%
19	杜鹃花科	40	1.03%	39	景天科	11	0.28%
20	毛茛科	31	0.80%	40	美人蕉科	9	0.23%

(续表)

编号	科	引种数目	占可能携带有害生物植物种类总数的百分比	编号	科	引种数目	占可能携带有害生物植物种类总数的百分比
41	榆科	9	0.23%	51	莎草科	3	0.08%
42	石蒜科	8	0.21%	52	十字花科	2	0.05%
43	天南星科	7	0.18%	53	水龙骨科	2	0.05%
44	玄参科	7	0.18%	54	报春花科	1	0.03%
45	罂粟科	7	0.18%	55	桔梗科	1	0.03%
46	葫芦科	6	0.15%	56	藜科	1	0.03%
47	悬铃木科	6	0.15%	57	楝科	1	0.03%
48	牻牛儿苗科	4	0.10%	58	旋花科	1	0.03%
49	安石榴科	3	0.08%	59	亚麻科	1	0.03%
50	猕猴桃科	3	0.08%				

通过整理,有 145 种引进植物可能携带的有害生物属于国家进境检疫性种类,包括病原菌 54 种、病毒 12 种、植原体 7 种、线虫 9 种以及各类昆虫 63 种(表 3-60)。将 145 种检疫性有害生物作为下一步研究对象。

表 3-60 引进植物可能携带的有害生物种类统计表

编号	有害生物种类	寄主"科"	"科"	"种"
1	无花果蜡蚧	桑科、柿科、冬青科、夹竹桃科、葡萄科、蔷薇科、豆科、杜鹃花科、悬铃木科、大戟科、松科、杨柳科、桃金娘科、锦葵科、芸香科、漆树科	16	935
2	新菠萝灰粉蚧	龙舌兰科、石蒜科、漆树科、天南星科、菊科、十字花科、葫芦科、豆科、百合科、桑科、芸香科、茄科	12	537
3	草莓滑刃线虫	秋海棠科、石蒜科、水龙骨科、榆科、鸢尾科、百合科、报春花科、杜鹃花科、木樨科、蔷薇科	10	1 319
4	葡萄皮尔斯病菌	忍冬科、悬铃木科、榆科、夹竹桃科、壳斗科、马鞭草科、葡萄科、漆树科、槭树科、蔷薇科	10	888
5	番茄斑萎病毒	报春花科、夹竹桃科、菊科、苦苣苔科、兰科、毛茛科、葡萄科、秋海棠科、芍药科、罂粟科	10	675

(续表)

编号	有害生物种类	寄主"科"	"科"	"种"
6	菊花滑刃线虫	夹竹桃科、景天科、菊科、苦苣苔科、毛茛科、蔷薇科、秋海棠科、石蒜科、玄参科	9	284
7	荷兰石竹卷蛾	蔷薇科、十字花科、小檗科、大戟科、豆科、木樨科、槭树科	7	836
8	番茄黑环病毒	报春花科、菊科、兰科、木樨科、葡萄科、蔷薇科	6	1 008
9	栗黑水疫霉病菌	槭树科、蔷薇科、松科、杜鹃花科、桦木科、壳斗科	6	714
10	扶桑绵粉蚧	锦葵科、菊科、茄科、葫芦科、大戟科、豆科	6	255
11	草莓潜环斑病毒	唇形科、豆科、葫芦科、葡萄科、蔷薇科	5	631
12	藜草花叶病毒	桑科、菊科、藜科、葡萄科、槭树科	5	207
13	油棕猝倒病菌	秋海棠科、亚麻科、兰科、芦荟科	4	694
14	梨蓟马	葡萄科、槭树科、蔷薇科、杨柳科	4	603
15	海灰翅夜蛾	美人蕉科、葡萄科、蔷薇科、唇形科	4	529
16	美国白蛾	槭树科、桑科、悬铃木科、杨柳科	4	178
17	番茄环斑病毒	蔷薇科、忍冬科、榆科	3	658
18	咖啡果小蠹	蔷薇科、豆科、锦葵科	3	604
19	梨火疫病菌	杜鹃花科、蔷薇科、柿科	3	499
20	斜纹卷蛾	葡萄科、蔷薇科、柿科	3	474
21	苹果异形小卷蛾	柿科、安石榴科、蔷薇科	3	462
22	南洋臀纹粉蚧	桃金娘科、安石榴科、豆科	3	121
23	甜菜胞囊线虫	旋花科、唇形科、藜科	3	76
24	鳞球茎茎线虫	杉科、鸢尾科	2	728
25	丁香疫霉病菌	木樨科、蔷薇科	2	516
26	螺旋粉虱	锦葵科、蔷薇科	2	499
27	榆蛎蚧	黄杨科、蔷薇科	2	454
28	李属坏死环斑病毒	夹竹桃科、蔷薇科	2	452
29	玫瑰短喙象	秋海棠科、蔷薇科	2	448
30	桃丛簇花叶病毒	葡萄科、蔷薇科	2	446

三、上海辰山植物园引进植物可能携带有害生物入侵风险分析与评估

(续表)

编号	有害生物种类	寄主"科"	"科"	"种"
31	美澳型核果褐腐病菌	葡萄科、蔷薇科	2	446
32	葡萄花翅小卷蛾	葡萄科、蔷薇科	2	446
33	日本金龟子	葡萄科、蔷薇科	2	446
34	美洲榆小蠹	蔷薇科、榆科	2	440
35	欧洲榆小蠹	蔷薇科、榆科	2	440
36	苹果绵蚜	榆科、蔷薇科	2	440
37	双钩异翅长蠹	豆科、桑科	2	120
38	长林小蠹	松科、杉科	2	119
39	柑橘溃疡病菌	芸香科、杜鹃花科	2	60
40	马铃薯黄矮病毒	夹竹桃科、茄科	2	36
41	仙客来根腐病菌	报春花科、桔梗科	2	2
42	腐烂茎线虫	鸢尾科	1	683
43	兰花病毒	兰科	1	435
44	兰花细菌性褐腐病菌	兰科	1	435
45	梨疱症溃疡类病毒	蔷薇科	1	431
46	李痘病毒	蔷薇科	1	431
47	梨衰退植原体	蔷薇科	1	431
48	苹果丛生植原体	蔷薇科	1	431
49	桃 X 植原体	蔷薇科	1	431
50	核果树溃疡病菌	蔷薇科	1	431
51	李黑节病菌	蔷薇科	1	431
52	美洲山楂锈病菌	蔷薇科	1	431
53	欧洲梨锈病菌	蔷薇科	1	431
54	苹果树炭疽病菌	蔷薇科	1	431
55	李虎象	蔷薇科	1	431
56	苹果花象	蔷薇科	1	431
57	蔗根象	蔷薇科	1	431

(续表)

编号	有害生物种类	寄主"科"	"科"	"种"
58	李仁蜂	蔷薇科	1	431
59	李叶蜂	蔷薇科	1	431
60	霍氏长盾蚧	蔷薇科	1	431
61	桃白圆盾蚧	蔷薇科	1	431
62	合毒蛾	蔷薇科	1	431
63	梨小卷蛾	蔷薇科	1	431
64	苹果蠹蛾	蔷薇科	1	431
65	山楂小卷蛾	蔷薇科	1	431
66	杏小卷蛾	蔷薇科	1	431
67	樱小卷蛾	蔷薇科	1	431
68	梨矮蚜	蔷薇科	1	431
69	松唐盾蚧	柏科	1	278
70	美柏肤小蠹	柏科	1	278
71	剑麻象甲	龙舌兰科	1	260
72	番茄枯萎病菌	豆科	1	105
73	橡胶白根病菌	豆科	1	105
74	刺桐姬小蜂	豆科	1	105
75	白蜡树黄化植原体	木樨科	1	85
76	杨树细菌性溃疡病菌	木樨科	1	85
77	松材线虫	松科	1	74
78	北美松疱锈病菌	松科	1	74
79	冷杉枯梢病菌	松科	1	74
80	落叶松枯梢病菌	松科	1	74
81	嗜松枝干溃疡病菌	松科	1	74
82	松纺锤瘤锈病菌	松科	1	74
83	松干基褐腐病菌	松科	1	74
84	松瘤锈病菌	松科	1	74

三、上海辰山植物园引进植物可能携带有害生物入侵风险分析与评估

(续表)

编号	有害生物种类	寄主"科"	"科"	"种"
85	松疱锈病菌	松科	1	74
86	松球果锈病菌	松科	1	74
87	松生枝干溃疡病菌	松科	1	74
88	松树脂溃疡病菌	松科	1	74
89	松针褐斑病菌	松科	1	74
90	松针褐枯病菌	松科	1	74
91	松针红斑病菌	松科	1	74
92	雪松疫霉根腐病菌	松科	1	74
93	针叶松黑根病菌	松科	1	74
94	苍白树皮象	松科	1	74
95	木蠹象属	松科	1	74
96	云杉树蜂	松科	1	74
97	松突圆蚧	松科	1	74
98	松针盾蚧	松科	1	74
99	松异带蛾	松科	1	74
100	云杉色卷蛾	松科	1	74
101	澳洲红铃虫	锦葵科	1	68
102	烟粉虱	锦葵科	1	68
103	菊基腐病菌	菊科	1	41
104	菊花疫病菌	菊科	1	41
105	南非石竹卷蛾	菊科	1	41
106	菊潜蝇	菊科	1	41
107	三叶斑潜蝇	菊科	1	41
108	柑橘裂皮类病毒	杜鹃花科	1	40
109	柑橘穿孔线虫	杜鹃花科	1	40
110	杜鹃花枯萎病菌	杜鹃花科	1	40
111	柑橘疫病菌	杜鹃花科	1	40
112	柑橘顽固螺原体	夹竹桃科	1	21
113	甘蔗葳根苗矮化病菌	禾本科	1	19

(续表)

编号	有害生物种类	寄主"科"	"科"	"种"
114	栎枯萎病菌	壳斗科	1	18
115	栎树猝死病菌	壳斗科	1	18
116	欧洲栗象	壳斗科	1	18
117	榛子东部枯萎病菌	桦木科	1	16
118	可可花瘿病菌	漆树科	1	15
119	葡萄角斑叶焦病菌	葡萄科	1	15
120	葡萄茎枯病菌	葡萄科	1	15
121	葡萄苦腐病菌	葡萄科	1	15
122	葡萄藤猝倒病菌	葡萄科	1	15
123	葡萄细菌性疫病菌	葡萄科	1	15
124	烟草霜霉病菌	茄科	1	15
125	葡萄象	葡萄科	1	15
126	黑森瘿蚊	葡萄科	1	15
127	葡萄根瘤蚜	葡萄科	1	15
128	葡萄金黄色植原体	葡萄科	1	15
129	刺角沟额天牛	景天科	1	11
130	榆韧皮部坏死植原体	榆科	1	9
131	新榆枯萎病菌	榆科	1	9
132	榆枯萎病菌	榆科	1	9
133	欧洲大榆小蠹	榆科	1	9
134	唐菖蒲横点锈病菌	天南星科	1	7
135	条纹瓜叶甲	葫芦科	1	6
136	天竺葵锈病菌	牻牛儿苗科	1	4
137	蔗扁蛾	牻牛儿苗科	1	4
138	剪股颖粒线虫	莎草科	1	3
139	猕猴桃举肢蛾	猕猴桃科	1	3
140	石榴小灰蝶	安石榴科	1	3
141	石榴螟	安石榴科	1	3
142	十字花科黑斑病菌	十字花科	1	2

(续表)

编号	有害生物种类	寄主"科"	"科"	"种"
143	亚麻褐斑病菌	亚麻科	1	1
144	拉美斑潜蝇	报春花科	1	1
145	咖啡黑长蠹	楝科	1	1

(3) 编制需进一步分析有害生物名单：对上述名单中 145 种进境检疫性有害生物，根据 6 条原则进行筛选：①各个有害生物在中国是否有发生或者分布范围大小；②在上海是否有发生报道或者分布范围大小；③在实地调查中是否有发现；④在中国是否有学者对有害生物开展过风险分析；⑤有害生物产生的经济损失大小；⑥国内外关于各有害生物的参考资料丰富程度。分析列出有害生物名单，并在此基础上筛选出 14 种有害生物(表 3 - 61)。

表 3 - 61　14 种检疫性有害生物名单

编号	有害生物种类	拉丁学名	寄主"科"	寄主"种"
1	无花果蜡蚧	*Ceroplastes rusci* Linnaeus	16	935
2	新菠萝灰粉蚧*	*Dysmicoccus neobrevipes* Beardsley	12	537
3	扶桑绵粉蚧*	*Phenacoccus solenopsis* Tinsley	6	255
4	荷兰石竹卷蛾	*Cacoecimorpha pronubana* Hübner	7	836
5	南洋臀纹粉蚧	*Planococcus lilacinus* Cockerell	3	121
6	长林小蠹	*Hylurgus ligniperda* Fabricius	2	119
7	云杉树蜂	*Sirex noctilio* Fabricius	1	74
8	蔗根象	*Diaprepes abbreviatus* (L.)	1	431
9	苹果花象	*Anthonomus quadrigibbus* Say	1	431
10	栗黑水疫霉	*Phytophthora cambivora* (Petri) Buisman	6	714
11	天竺葵锈病菌	*Puccinia pelargonii-zonalis* Doidge	1	4
12	葡萄皮尔斯病菌	*Xylella fastidiosa* Wells	10	888
13	番茄环斑病毒	Tomato ringspot virus, Tom RSV	3	658
14	榆枯萎病菌	*Ophiostoma ulmi* (Buisman) Nannf.	1	9

* 实际调查中发现的有害生物。

【讨论】

通过对辰山植物园已引进植物名单的整理分析，上海辰山植物园自2007年至2014年共引进国外植物种类涉及131个科，485属，总数达5 153种，涉及引种国家和地区15个。依据《中华人民共和国进境植物检疫性有害生物名录》、"林业植物检疫管理信息系统"软件以及数据库（如CABI、NAPPO、EPPO等）统计分析已引进的国外植株可能携带的有害生物种类，整理得出有145种属于国家进境检疫性有害生物，包括病原菌54种，病毒12种，植原体7种，线虫9种以及各类昆虫63种。将这145种检疫性有害生物作为下一步研究对象，根据6条原则分析整理筛选出14种检验检疫性有害生物，包括：无花果蜡蚧、新菠萝灰粉蚧、扶桑绵粉蚧、荷兰石竹卷蛾、南洋臀纹粉蚧、长林小蠹、云杉树蜂、蔗根象、苹果花象、栗黑水疫霉、天竺葵锈病菌、葡萄皮尔斯病菌、番茄环斑病毒、榆枯萎病菌。

随着上海辰山植物园国外的大批量引种，使得外来有害生物的入侵风险日益增加。在这种现状下，首先必须加强对国外引种植物的检验检疫，提高检疫手段的灵敏度，防治外来有害生物入侵，将有害生物拒之境外；其次要有针对性地开展外来入侵生物的预警和风险分析，为防止外来生物的入侵提供科学依据，最后，积极开展已入侵生物的监测分析和提高其防治手段。

（二）基于Maxent生态位模型14种有害生物在中国适生区预测

1. 理论依据

1957年，Jaynes提出了最大熵（Maximumentropy，Maxent）理论。此理论在生物生态学中可表述为一个物种在没有约束的情况下，会尽最大可能扩散蔓延，接近均匀分布。而后，Steven Phillips等人基于此原理，用JAVA语言编写了用于预测物种的潜在地理分布的Maxent软件。该软件运行需要两组数据：

（1）目标物种的现实地理分布点，以经纬度的格式表示；

（2）物种现实分布地区和目标地区包括气候数据、植被覆盖和地形地貌等在内的环境变量。

在Maxent生态位模型对某一物种进行潜在分布区预测时，只需要知道该物种现实分布数据，即使该数据较少，Maxent生态位模型也会有较高的预测能力。与其他预测模型如BIOCLIM、DOMAIN、GARP、MARS、CLIMEX等相比，Maxent预测结果也更具优势。

通过AUC(areas under curve，曲线下面积)值的大小，对Maxent预测结果的好坏进行判断,其取值范围为[0,1]。一般 AUC 值在 0.5~0.7 范围时,认为诊断价值较低;在 0.7~0.9 范围时,认为诊断价值中等;大于 0.9 时,诊断价值较高。由于 AUC 值不受患病率和诊断阈值的影响,可对不同试验的准确度进行综合比较,因此成为目前公认的评价诊断试验的最佳指标。AUC 值越大,表示预测的物种地理分布模型与环境变量之间的相关性越大,越能将该物种的有无分布判别开,即表明其预测效果也就越好。此前国内有学者利用此软件对玉米霜霉病、楚雄腮扁叶蜂、橡胶树棒孢霉落叶病等多种病虫害在我国的适生区进行了研究,其预测结果具有一定准确性。本文采用 Maxent 软件对 14 种上海辰山植物园已引进植物可能携带的有害生物在我国潜在分布区进行了预测,研究了这 14 种有害生物在我国的适生区大小,为下一步的有害生物风险分析评估做好基础理论准备。

2. 研究对象

前文筛选的 14 种检疫性有害生物。

3. 软件

Maxent 3.3.3 软件:http://www.cs.princeton.edu/~schapire/maxent/。Arcgis 9.3。

4. 环境变量数据

研究中使用的环境变量因子主要是由 1950~2000 年间的降水、温度和海拔组成,包括:19 个生物气候变量(bio_1~19)以及一个海拔变量(alt)共 20 个环境变量因子(表 3-62)。环境数据集的空间分辨率为 2.5 min,可以从 http://www.worldclim.org/下载得到,然后转换成 Maxent 软件所要求的后缀名为.asc 格式文件。

表 3-62 研究中所使用的环境数据

名称	描述	名称	描述
bio_1	年平均温度	bio_4	温度变化方差
bio_2	昼夜温差月均值	bio_5	最热月份最高温度
bio_3	昼夜温差与年温差比值	bio_6	最冷月份最低温度

(续表)

名称	描述	名称	描述
bio_7	年温变化范围	bio_14	最干月份降水量
bio_8	最湿季度平均温度	bio_15	降水量变化方差
bio_9	最干季度平均温度	bio_16	最湿季度降水量
bio_10	最暖季度平均温度	bio_17	最干季度降水量
bio_11	最冷季度平均温度	bio_18	最暖季度降水量
bio_12	年降水量	bio_19	最冷季度降水量
bio_13	最湿月份降水量	alt	海拔高度

5. 地理数据

从国家基础地理信息系统(http://ngcc.sbsm.gov.cn/)下载获得1∶400万的中国国界和省界以及县界行政区划图，作为分析的底图。

6. 方法

一方面依据国内外公开发表的论文等；另一方面通过国际应用生物科学中心(CABI, http://www.cabi.org/)数据库以及 Plantwise Knowledge Bank(http://www.plantwise.org/)数据库，广泛收集13种有害生物目前在世界范围内的分布数据，然后通过网站(http://www.gpsspg.com/)查找各点相应的经纬度坐标，核实位置后根据Maxent软件要求按物种名、分布点经度和分布点纬度顺序录入到相应Excel表中，将Excel表储存成软件要求的.csv格式的文件，其中东经和北纬为正，西经和南纬为负。

将收集的有害生物的分布数据和环境数据导入到Maxent软件中，随机选取75%的分布数据作为训练集，25%作为测试集，其他的参数设置为软件默认。Maxent软件利用选取的分布点以及环境变量建立预测模型，然后再利用该模型计算出有害生物在世界其他地区的适生概率。分析结果的输出格式为ASCII栅格图层，利用ArcGis的格式转换工具Conversion Tools由ASCII格式转化为RASTER格式，然后进行分析、处理，最后得到有害生物在中国的潜在地理分布图。

进一步的工作则依据AUC值的大小进行分析评价。按有害生物适生度数值的大小划分为4级，用不同的颜色图例表示为高适生区、中适生区、低适生区和非适生区。

7. 结果与分析

• 无花果蜡蚧 •

无花果蜡蚧[*Ceroplastes rusci*（Linnaeus）]（图版 8）又名榕龟蜡蚧、拟叶红蜡蚧、锈红蜡蚧、蔷薇蜡蚧，隶属于半翅目（Hemiptera）、蚧总科（Coccoidea）、蜡蚧属（*Ceroplastes*）。原产于非洲，最早发现于地中海沿岸地区。

（1）全球分布现状：目前，该虫已扩展和传播至东洋区、非洲区、新热带区和古北区等动物区系，其中，在热带、亚热带和暖温带分布较广泛。我国主要分布于广东和四川。2012年，李海斌在4月份的野外采集中，在广东省茂名市的榕树上和四川省攀枝花市的大叶榕上发现和采集到该害虫，该种之前在我国未曾报道过，为我国新记录种。

（2）中国潜在分布区：根据Maxent生态位模型，预测了无花果蜡蚧在中国的潜在地理分布区（图版29）。结果表明，无花果蜡蚧的适生区域主要位于18°～35°N，90°～122°E，亚热带、暖温带之间，包括陕西、甘肃、西藏、四川、云南、重庆、贵州、广西、江西、广东、湖南、湖北、河南、山东、江苏、安徽、上海、浙江、福建、海南以及台湾地区。按照无花果蜡蚧适生等级的大小将其潜在地理分布区域划分为四级：高适生区、中适生区、低适生区、非适生区。具体结果如下：

① 高适生区：西藏自治区山南地区和林芝地区南部区域、云南省中东部地区、四川省中东部广大地区、贵州省中西部地区、重庆市西南部大部分地区及其他零星地区、湖北省中部零星地区、湖南省中东部零星地区、广西壮族自治区中南部大部分地区、广东省几乎全境、海南省除中部小部分之外的全岛地区、福建省中东部广大地区、江西省东部部分地区、浙江省零星分散分布地区、江苏省南部零星地区、安徽省南部零星地区以及台湾省的台中、台北大部分地区。

② 中适生区：西藏自治区山南地区和林芝地区零星区域、四川省中部、东部及南部部分地区、重庆市中东部广大地区、陕西省南部小部分地区、甘肃省南部小部分地区、贵州省东部地区、云南省中西部地区、湖北省中部和南部分地区、湖南省除西北部外全省地区、广西壮族自治区北部地区、广东省中部部分地区、海南省中部部分地区、江西省中南部大部分地区、福建省中西部地区、浙江省南部广大地区、江苏省南部部分地区、上海市南部部分地区、安徽省南部部分地区以及台湾省台南地区。

③ 低适生区：山东省胶东半岛东部部分地区、江苏省南部地区、上海市、安徽省

中南部大部分地区、河南省东南部部分地区、陕西省南部地区、甘肃省南部地区、四川省南部部分地区、西藏自治区东南部小部分地区、云南省北部地区、重庆市北部部分地区、湖北省大部分地区、湖南省西北部地区、江西省北部地区、浙江省北部地区。

● 新菠萝灰粉蚧 ●

新菠萝灰粉蚧（*Dysmicoccus neobrevipes* Beardsley）（图版8），属半翅目（Hemiptera）、蚧总科（Coccoidea）、粉蚧科（Pseudoccidae），是一种有害生物，常伴随进出口贸易，成为入侵生物，对凤梨科的热带作物有很大危害，在中国主要寄生于剑麻。

（1）全球分布现状：主要分布在热带，在亚热带地区也有少量分布。包括：印度、马来西亚、巴基斯坦、菲律宾、新加坡、泰国、越南、斐济、意大利、美国、库克岛、基里巴斯、马绍尔群岛、西萨摩亚、墨西哥、安提瓜和巴布达岛、巴哈马群岛、巴西、哥伦比亚、哥斯达黎加、多米尼加、厄瓜多尔、危地马拉、洪都拉斯、海地、牙买加、巴拿马、秘鲁、波多黎各、萨尔瓦多，以及我国海南省昌江、广东省湛江、上海辰山植物园、台湾地区。

（2）中国潜在分布区：根据Maxent生态位模型，预测了新菠萝灰粉蚧在中国的潜在地理分布区（图版30）。结果表明新菠萝灰粉蚧的适生区域主要位于18°～50°N，90°～125°E，亚热带、暖温带之间，包括吉林、河北、内蒙古、山西、陕西、甘肃、青海、新疆、西藏、四川、云南、重庆、贵州、广西、江西、广东、湖南、湖北、河南、山东、江苏、安徽、上海、浙江、福建、海南以及台湾地区。按照新菠萝灰粉蚧适生等级的大小将其潜在地理分布区域划分为四级：高适生区、中适生区、低适生区、非适生区。具体结果如下：

① 高适生区：主要分布在我国云南省。包括：云南省大部分地区、西藏自治区东南部部分地区、四川省中西部部分地区、贵州省西部部分地区、甘肃省南部地区、陕西省南部地区、河南省西部部分地区、湖北省西部零星地区、海南省南部地区及台湾省东部地区。

② 中适生区：主要集中于我国中部地区。包括：山西省南部部分地区、陕西省中南部地区、河南省西部地区、甘肃省南部地区、重庆市东部地区、四川省西部地区、贵州省大部分地区、湖南省西部部分地区、云南省北部地区、西藏自治区东南部地区、广西壮族自治区西部部分地区、广东省零星地区、福建省中部地区、浙江省南部地区、海南省北部地区及台湾省中部部分地区。

③ 低适生区：分布面积最大。包括：吉林省东南部部分地区、内蒙古自治区

中南部地区、河北省北部及南部部分地区、山东省东部地区、山西省西部地区、陕西省北部地区、宁夏回族自治区南部地区、甘肃省南部地区、青海省部分地区、新疆维吾尔自治区部分地区、西藏自治区部分地区、江苏省南部部分地区、上海全市、浙江省大部分地区、福建全省、广东全省、广西壮族自治区大部分地区、贵州省西部部分地区、云南省东北部部分地区、湖南省大部分地区、江西省大部分地区、安徽省南部部分地区、湖北省南部地区、重庆市西部地区、四川省大部分地区。

• 扶 桑 绵 粉 蚧 •

扶桑绵粉蚧(*Phenacoccus solenopsis* Tinsley)(图版8)属半翅目(Hemiptera)、蚧总科(Coccoidea)、粉蚧科(Pseudoccidae)、绵粉蚧属(*Phenacoccus*)。该虫原产北美,1991年在美国发现危害棉花,随后在墨西哥、智利、阿根廷和巴西相继有报道发现。2005年印度和巴基斯坦有发现,对当地棉花生产造成了严重危害。

(1) 全球分布现状:扶桑绵粉蚧于1898年在美国新墨西哥州发现,1991年在美国开始产生危害;1992年扩散至中美洲的厄瓜多尔和加勒比地区;2002年在智利首次报道;2005年巴西首次报道危害番茄,随后传入至印度和巴基斯坦。目前该虫在国际上主要分布于美洲的美国、古巴、智利、墨西哥、阿根廷、牙买加、哥伦比亚、危地马拉、多米尼加;非洲的尼日利亚、贝宁、喀麦隆;欧洲的意大利;亚洲的印度、巴基斯坦、泰国、中国(广州市、海南省、浙江省、四川省、云南省、广西壮族自治区、福建省、江西省、湖南省、上海市、新疆维吾尔自治区、河北省以及台湾省)。

(2) 中国潜在分布区:根据Maxent生态位模型,预测了扶桑绵粉蚧在中国的潜在地理分布区(图版31)。结果表明,扶桑绵粉蚧的适生区域主要位于18°~40°N,90°~125°E,亚热带、暖温带之间,分布于从山东半岛到最南端海南省三亚市,从西端西藏林芝地区到东端山东半岛广袤区域之间,包括河北、山西、陕西、西藏、四川、云南、重庆、贵州、广西、江西、广东、湖南、湖北、河南、山东、江苏、安徽、上海、浙江、福建、海南以及台湾地区。按照扶桑绵粉蚧适生等级的大小将其潜在地理分布区域划分为四级:高适生区、中适生区、低适生区、非适生区。具体结果如下:

① 高适生区:主要集中于我国东南部沿海地区。包括:江苏省南部地区、上海全市、浙江省北部及南部部分地区、福建省中南部大部分地区、广东全省、广西壮族自治区大部分地区、云南省大部分地区、西藏自治区山南与林芝南部地区、贵州省中西部地区、湖南省北部与南部部分地区、江西省北部部分地区、安徽省南部部分地区、湖北省东部及西部部分地区、重庆市部分地区、四川省中部部分地区、陕西

省南部部分地区、海南省东部地区及台湾省大部分地区。

② 中适生区：主要集中于江南地区。包括：江苏省中部地区、安徽省大部分地区、山东省西部及南部部分地区、河南省东南部部分地区、湖北省南部地区、浙江省大部分地区、江西省大部分地区、湖南省大部分地区、陕西省南部零星地区、重庆市南部地区、贵州省北部地区、四川省中南部地区、云南省北部及南部部分地区、广西壮族自治区西部部分地区、西藏自治区西南部分地区、海南省西部地区以及台湾省北部及南部部分地区。

③ 低适生区：包括山东半岛及山东省西部地区、河南省大部分地区、湖北省北部地区、陕西省南部部分地区、四川省东部地区、安徽省北部及南部部分地区。

• 荷兰石竹卷蛾 •

荷兰石竹卷蛾 [*Cacoecimorpha pronubana* (Hübner)]（图版9），属鳞翅目(Lepidoptera)，卷蛾科(Tortricidae)，石竹卷蛾属(*Cacoecimorpha*)，是地中海地区的本地种。

(1) 全球分布现状：荷兰石竹卷叶蛾是地中海地区的当地种。分布于阿尔巴尼亚、阿尔及利亚、法国、德国、希腊、意大利、利比亚、卢森堡、马耳他、摩洛哥、波兰、西班牙、瑞士、突尼斯、英国、南非、美国等国家。目前，荷兰石竹卷蛾在我国暂无分布。

(2) 中国潜在分布区：根据Maxent生态位模型，预测了荷兰石竹卷蛾在中国的潜在地理分布区(图版32)。结果表明，荷兰石竹卷蛾的适生区域(高适生区及中适生区)主要位于20°～35°N，101°～112°E之间，在27°～32°N，92°～100°E、29°～32°N，78°～84°E、36°～38°N，75°～81°E区域内有少量分布。具体在重庆、贵州、江西、湖南、福建、浙江、上海、广西、广东及港澳台地区有大片适生区域，在甘肃、陕西、四川、湖北、江苏及安徽有部分适生区域，在西藏、新疆及云南等地有零星适生区域。具体结果如下：

① 高适生区：主要涉及我国东南部沿海城市。包括：广西壮族自治区大部分地区、广东省、福建省大部分地区、海南省北部地区、浙江省东部沿海部分地区以及台湾省北部地区。

② 中适生区：云南省中东部部分地区、广西壮族自治区西部地区、广东省中部及北部地区、海南岛中部地区、福建省东北部地区、浙江省部分地区、上海市东部沿海地区、安徽省中南部部分地区、湖北省中部地区、江西省大部分地区、湖南省南部地区、贵州省南部大部分地区、重庆市西部地区、四川省东部地区。

③ 低适生区：辽宁半岛地区、山东半岛地区、山西省南部地区、陕西省中南部地区、江苏省北部部分地区、上海市大部分地区、浙江省大部分地区、湖北省大部分地区、江西省西北部部分地区、宁夏回族自治区、云南省大部分地区、海南省南部地区、台湾南部地区、西藏自治区东南部地区、四川省部分地区、新疆维吾尔自治区部分地区。

• 南洋臀纹粉蚧 •

南洋臀纹粉蚧（*Planococcus lilacinus* Cockerell），属半翅目（Hemiptera），蚧总科（Coccoidea），粉蚧科（Pseudococcidae），臀纹粉蚧属（*Planococcus*）。

（1）全球分布现状：南洋臀纹粉蚧主要分布在亚洲热带地区和大洋洲，现已传播扩散到南太平洋和非洲。主要分布于菲律宾、柬埔寨、孟加拉国、缅甸、日本、斯里兰卡、泰国、印度、印度尼西亚、马来西亚、越南、中国（台湾地区）、科摩罗、马达加斯加、肯尼亚、毛里求斯、塞舌尔、南非、巴布亚新几内亚、萨尔瓦多、海地、圭亚那等地，发生国主要是属于热带雨林气候、热带季风气候和亚热带季风。

（2）中国潜在分布区：根据 Maxent 生态位模型，预测了南洋臀纹粉蚧在中国的潜在地理分布区（图版 33）。结果表明，南洋臀纹粉蚧的适生区域主要位于 18°~47°N，92°~134°E，亚热带、暖温带之间，包括内蒙古、黑龙江、吉林、辽宁、河北、北京、天津、山西、陕西、宁夏、甘肃、青海、新疆、西藏、四川、云南、重庆、贵州、广西、江西、广东、湖南、湖北、河南、山东、江苏、安徽、上海、浙江、福建、海南以及台湾地区。具体结果如下：

① 高适生区：主要涉及我国东南部沿海城市。包括：西藏自治区山南南部地区、云南省南部地区及北部部分地区、四川省中东部地区以及台湾地区等。

② 中适生区：西藏自治区山南地区东部部分区域、云南省中东部大部分地区、广西壮族自治区中南部地区、广东省北部部分地区、福建省大部分地区、浙江省中南部地区、安徽省南部部分地区、湖北省东南部小部分地区、江西省大部分地区、湖南全省、贵州省大部分地区、重庆全市、四川省东部部分地区。

③ 低适生区：黑龙江省东部部分地区、吉林省中西部部分地区、辽宁省大部分地区、河北省中北部地区、北京全市、天津全市、山东省中部及北部部分地区、山西省中北部地区、陕西省中部及南部地区、江苏省南部部分地区、上海全市、浙江省北部部分地区、湖北省南部地区、江西省西南部地区。

• 长林小蠹 •

长林小蠹（*Hylurgus ligniperda* Fabricius）（图版9）又名红毛小蠹，属鞘翅目（Coleoptera），小蠹科（Scolytidae），切梢小蠹族（Tomcini），林小蠹属（*Hylurgus*）。

（1）全球分布现状：长林小蠹原产地位于欧洲地中海沿岸和大西洋中某些岛屿，我国尚无该虫的报道。该虫主要分布于澳大利亚、奥地利、白俄罗斯、比利时、巴西、智利、克罗地亚、塞浦路斯、捷克、丹麦、爱沙尼亚、芬兰、法国、德国、希腊、匈牙利、意大利、日本、拉脱维亚、立陶宛、马其顿、摩尔多瓦、摩洛哥、荷兰、新西兰、挪威、波兰、葡萄牙、俄罗斯、塞尔维亚、斯洛伐克、斯洛文尼亚、南非、西班牙、斯里兰卡、瑞典、瑞士、突尼斯、土耳其、乌克兰、乌拉圭、美国（加利福尼亚、纽约）。

（2）中国潜在分布区：根据Maxent生态位模型，预测了长林小蠹在中国的潜在地理分布区（图版34）。结果表明，长林小蠹的适生区域主要位于18°～50°N，90°～134°E，亚热带、暖温带之间，包括内蒙古、黑龙江、吉林、辽宁、河北、北京、天津、山西、陕西、宁夏、甘肃、青海、新疆、西藏、四川、云南、重庆、贵州、广西、江西、广东、湖南、湖北、河南、山东、江苏、安徽、上海、浙江、福建、海南以及台湾地区。具体结果如下：

① 高适生区：主要在长江流域以及南方地区。包括：辽宁省辽东半岛南部地区、山东省山东半岛地区、江苏省东部及南部地区、浙江省部分地区、福建省大部分地区、广东省大部分地区、广西壮族自治区大部分地区、云南省西北部地区、贵州省大部分地区、四川省中东部地区、重庆市西部地区、湖南省部分地区、江西省南部地区、安徽省中部地区、湖北省中北部地区、河南省南部地区、山西省中南部地区、甘肃省北部地区、西藏自治区东南部地区。

② 中适生区：辽宁省辽东半岛北部地区、河北省秦皇岛地区以及南部地区、天津市、北京市中部部分地区、山东省中东部地区、山西省中南部地区、陕西省中南部地区、宁夏回族自治区南部地区、甘肃省南部地区、江苏省大部分地区、上海市、浙江省大部分地区、福建省部分地区、广东省南部沿海地区、广西壮族自治区南部地区、云南省西北部地区、四川省东北部地区、重庆市东部部分地区、贵州省东北部地区、湖南省大部分地区、江西省大部分地区、安徽省北部及南部地区、河南省中北部地区、西藏自治区东南部地区、海南省北部地区以及台湾省北部地区。

③ 低适生区：黑龙江省东部地区、吉林省中东部大部分地区、辽宁地区、河北省大部分地区、北京市、天津市北部地区、山东省西部地区、山西省北部地区、陕西省北部地区、内蒙古自治区南部部分地区、宁夏回族自治区南部部分地区、甘肃省

中部地区、青海省中部部分地区、新疆维吾尔自治区西北部地区、西藏自治区西南部及东南部地区、四川省西部部分地区、湖北省东南部地区、安徽省南部地区、海南省南部地区及台湾省中南部地区。

• 云 杉 树 蜂 •

云杉树蜂(*Sirex noctilio* Fabricius)(图版10),属膜翅目(Hymenoptera),树蜂科(Siricidae)。

（1）全球分布现状：该虫是欧洲、北非的本地种,在地中海地带达到最高密度。1900年在新西兰、1952年在澳大利亚定殖。最近,在意大利、乌拉圭、阿根廷和南非发现。其主要分布于阿尔及利亚、摩洛哥、南非、蒙古、俄罗斯西伯利亚地区、土耳其、澳大利亚、新西兰、阿根廷、巴西、乌拉圭等地。我国目前未见云杉树蜂分布报道。

（2）中国潜在分布区：根据Maxent生态位模型,预测了云杉树蜂在中国的潜在地理分布区(图版35)。结果表明,云杉树蜂的适生区域主要集中于亚热带、暖温带之间,包括甘肃、青海、西藏、四川、云南、贵州、广西、江西、广东、湖南、湖北、河南、安徽、上海、浙江、福建、海南以及台湾地区。按照云杉树蜂适生等级的大小将其潜在地理分布区域划分为四级：高适生区、中适生区、低适生区、非适生区。具体结果如下：

① 高适生区：在我国分布地区不大,主要在西藏、甘肃、广东、广西、福建、海南、台湾等地有部分分布。

② 中适生区：主要集中于我国南方省市,包括云南部分地区、广西西部地区、广东大部分地区、福建西北部地区、浙江南部地区、江西南部地区、湖南南部地区、贵州南部地区、四川零星地区、湖北西北部部分地区、陕西中部零星地区、青海中部部分地区、西藏中西部地区。

③ 低适生区：主要在新疆中西部部分地区、西藏中东部地区、云南北部地区、海南南部地区、台湾南部地区、贵州北部地区、湖南北部地区、江西北部地区、浙江大部分地区、上海地区、重庆、四川大部分地区,山东、湖北、河南、陕西部分地区。

• 蔗 根 象 •

蔗根象[*Diaprepes abbreviatus* (L.)](图版10),属鞘翅目(Coleoptera),象虫科(Curculionidae)。

(1) 全球分布现状：蔗根象目前主要分布于美国（佛罗里达州）、波多黎各、牙买加、多米尼加，以及安的列斯群岛等地。我国目前还没有蔗根象发生的报道。

(2) 中国潜在分布区：根据 Maxent 生态位模型，预测了蔗根象在中国的潜在地理分布区（图版36）。结果表明，蔗根象的适生区域主要位于 18°～40°N，105°～125°E，亚热带、暖温带之间，包括河北、北京、天津、广西、江西、广东、湖南、湖北、河南、山东、江苏、安徽、上海、浙江、福建、海南以及台湾地区。具体结果如下：

① 高适生区：主要分布于南方地区以及长江下游地区。包括：江苏省南部部分地区、上海市南部部分地区、浙江省北部小部分地区、福建省中部地区、江西省大部分地区、湖北省东部零星地区、湖南省东南部部分地区、安徽省南部部分地区、广西壮族自治区大部分地区、广东省大部分地区、海南省东部地区，以及台湾省东部沿海地区。

② 中适生区：主要分布在山东省北部地区、江苏省南部地区、上海市大部分地区、安徽省南部地区、浙江省大部分地区、湖北省东南部地区、湖南省中东部地区、江西省大部分地区、福建省中南部地区、广东省部分地区、广西壮族自治区部分地区、海南省中部地区，以及台湾省西部沿海地区。

③ 低适生区：主要分布在北京东南部地区、天津市、河北省唐山秦皇岛及以南地区、山东省中部地区、河南省东南部地区、安徽省大部分地区、江苏省大部分地区、湖北省中东部地区、江西省部分地区、浙江省部分地区、福建省部分地区、广西壮族自治区部分地区、广东省部分地区、海南省西北部地区，以及台湾省西南部地区。

• 苹 果 花 象 •

苹果花象（*Anthonomus quadrigibbus* Say）（图版11），属鞘翅目（Coleoptera），象虫科（Curculionidae），象虫亚科（Curculioninae），花象属（*Anthonomus*）。

(1) 全球分布现状：目前，苹果花象主要分布在北美洲（美国、加拿大），在 15°～60°N 范围内，发生国主要是属于亚热带季风地区。我国还没有该虫的发生报道。

(2) 中国潜在分布区：根据 Maxent 生态位模型，预测了苹果花象在中国的潜在地理分布区（图版37）。结果表明，苹果花象的适生区域主要位于 21°～54°N，80°～134°E，亚热带、暖温带之间，分布于从中国的最北端漠河县到南端云南省西双版纳，从西端西藏那曲县到东端黑龙江虎林市广袤区域之间，包括内蒙古、黑龙江、吉林、辽宁、河北、北京、天津、山西、陕西、宁夏、甘肃、青海、新疆、西藏、四川、云南、重庆、贵州、广西、江西、广东、湖南、湖北、河南、山东、江苏、安徽、上海、浙江、福建以及台湾地区。具体结果如下：

① 高适生区：主要集中在黄淮海地区，包括：山东省中部及西部大部分地区、河南省中北部大部分地区、山西省东南部部分地区、河北省南部部分地区、安徽省北部地区、江苏省西北部地区、湖北省西北部及东南部部分地区。另外，辽宁省东北部与吉林省南部接壤地区、新疆维吾尔自治区博乐市和伊宁地区、江西省东部及西部部分地区、浙江省中部零星地区也存在该虫的高适生地区。

② 中适生区：主要分布在黑龙江省东部部分地区、吉林省东南部地区、辽宁省东北部地区、河北省中部及南部地区、北京市中部地区、山东省中部地区、江苏省北部地区、上海市南部地区、浙江省中部地区、福建省西部地区、广东省北部地区、广西壮族自治区北部地区、贵州省东部地区、湖南省东部大部分地区及西部部分地区、江西省大部分地区、安徽省中北部地区、湖北省北部及南部地区、河南省南部及西部地区、山西省大部分地区、四川省北部部分地区、陕西省东北部地区、内蒙古自治区南部部分地区、青海省中部部分地区、西藏自治区札达县地区及新疆维吾尔自治区伊宁地区。

③ 低适生区：主要分布在内蒙古自治区东北及东部地区、黑龙江省西部及中东部地区、吉林省东北部地区、辽宁省中西部地区、河北省大部分地区、北京市大部分地区、天津市东部地区、山东省中西部地区、江苏省中部地区、上海市大部分地区、浙江省东部沿海地区、福建省中部地区、广东省中北部地区、广西壮族自治区中部地区、云南省中南部大部分地区、贵州省中部大部分地区、湖南省中部地区、江西省零星地区、安徽省中部部分地区、山西省北部地区、陕西省中北部地区、宁夏回族自治区中南部地区、甘肃省东部及西南部地区、四川省北部地区、重庆市东南部部分地区、西藏自治区西南部部分地区、新疆维吾尔自治区西部零星地区、青海省中部部分地区以及台湾省北部部分地区。

• 栗黑水疫霉 •

栗黑水疫霉[*Phytophthora cambivora* (Petri) Buisman]，异名 *Blepharospora cambivora* Petri，属藻物界（Chromista）、卵菌门（Oomycota）、卵菌纲（Oomycetes）、霜霉目（Peronosporales）、腐霉科（Peronosporaceae）、疫霉属（*Phytophthora*）。

（1）全球分布现状：目前，栗黑水疫霉主要分布在日本、印度、丹麦、法国、英国、西班牙、意大利、毛里求斯、南非、加拿大、美国、澳大利亚，发生国主要是属于亚热带季风和季风性湿润气候。

（2）中国潜在分布区：根据Maxent生态位模型，预测了栗黑水疫霉在中国的潜在地理分布区（图版38）。结果表明，栗黑水疫霉的适生区域主要位于18°～43°N，90°～132°E，亚热带、暖温带之间，包括：吉林、辽宁、河北、北京、天津、山西、陕西、宁夏、甘肃、青海、新疆、西藏、四川、云南、重庆、贵州、广西、江西、广东、湖南、湖北、河南、山东、江苏、安徽、上海、浙江、福建、海南岛以及台湾地区。具体结果如下：

① 高适生区：主要包括两大区域，黄淮海地区以及珠江流域地区，另外还有其他零星区域。黄淮海地区包括山东省中部以及南部地区，河南省中部广大地区，河北、山东以及河南三省交界地区；珠海流域地区包括贵州省中南部地区，广西壮族自治区中东部大部分地区，广东省大部分地区，福建省中南部地区；其他地区包括山西省中部及南部零星地区，陕西省东南部地区，甘肃省南部部分地区，安徽省中南部零星地区，江西省北部及南部零星地区，浙江省南部部分地区，湖北省北部、中部及西部零星地区，四川省中南部地区，云南省北部靠近西藏自治区部分地区，西藏自治区西南部部分地区，海南省沿岛靠海地区以及台湾省中北部地区。

② 中适生区：该部分区域主要集中在中国中东部地区。具体包括：北京市中部地区、河北省保定市以南中南部地区、山东省中部和西部及南部地区、河南省北部及南部广大地区、山西省中南部地区、陕西省中部靠北及东南部零星地区、甘肃省南部及西北部地区、新疆维吾尔自治区伊宁地区、西藏自治区东南部地区、四川省中部及北部地区、重庆市东部地区、湖北省几乎全境、安徽省北部及西南部地区、江苏省北部及中部部分地区、上海市南部大部分地区、浙江省南部地区、江西省除中部部分地区、湖南省东部及西部大部分地区、贵州省北部地区、云南省东部地区、广西壮族自治区西部部分地区、广东省北部部分地区、福建省北部地区，以及台湾省中南部地区。

③ 低适生区：主要分布在吉林省东部、辽宁省东北部和辽东半岛及西南部、河北省北部唐山和秦皇岛北部地区以及中部地区、北京市、山西省中北部广大地区、陕西省几乎全境地区、宁夏回族自治区南部地区、甘肃省西部地区及中南部地区、新疆维吾尔自治区东部及中西部部分地区、青海省中部及东部地区、西藏自治区东部地区、四川省除高适生区部分地区外的其他地区、重庆市西部地区、贵州省中北部零星地区、云南省中西部广大地区、湖南省中部广大地区、湖北省东部部分地区、安徽省中部及南部广大地区、江苏省西部地区、浙江省东西部各有部分地区。

• 天竺葵锈病菌 •

天竺葵锈病菌（*Puccinia pelargonii-zonalis* Doidge）（图版11），属真菌界（Fungi），担子菌门（Basidiomycota），担子菌纲（Basidiomycetes），锈菌目（Uredinales），柄锈菌科（Pucciniaceae），柄锈菌属（*Puccinia*）。

(1) 全球分布现状：天竺葵锈病菌1926年发现于南非，之后随寄主植物传播到新西兰、澳大利亚、欧洲和美洲。主要分布于奥地利、法国、德国、希腊、卢森堡、瑞士、英国（包括根西岛和泽西岛）、比利时、捷克、丹麦、埃及、匈牙利、意大利、荷兰、波兰、葡萄牙、西班牙、瑞典、突尼斯、印度、以色列、埃及、埃塞俄比亚、肯尼亚、马达加斯加、马拉维、毛里求斯、摩洛哥、莫桑比克、南非、坦桑尼亚、突尼斯、赞比亚、津巴布韦、墨西哥、美国（加利福尼亚州、佛罗里达州、乔治亚州、夏威夷州、明尼苏达州、纽约州、宾夕法尼亚州）、哥斯达黎加、萨尔瓦多、牙买加、阿根廷、巴西、委内瑞拉、澳大利亚、新西兰、巴布亚新几内亚等地。

(2) 中国潜在分布区：根据Maxent生态位模型，预测了天竺葵锈病菌在中国的潜在地理分布区（图版39），结果表明天竺葵锈菌的适生区域主要位于长江以南广袤地域、亚热带、暖温带之间，包括山西、陕西、甘肃、西藏、四川、云南、重庆、贵州、广西、江西、广东、湖南、湖北、河南、山东、江苏、安徽、上海、浙江、福建、海南，以及台湾地区。具体结果如下：

① 高适生区：主要集中在西南地区及华南地区，包括：西藏自治区林芝地区、云南全省、贵州省大部分地区、四川省中部地区、重庆市部分地区、广西壮族自治区广大地区、广东全省、海南省大部分地区、福建全省、浙江省南部部分地区、山东省中部部分地区、河南省西部地区、湖北省南部地区、甘肃省南部地区、湖南全省。此外，台湾省大部分地区也属于高适生地区。

② 中适生区：主要分布在河北省南部部分地区、山东省中西部地区、河南省大部分地区、山西省中南部地区、甘肃省南部地区、四川省东部地区、重庆市大部分地区、湖北省大部分地区、安徽省西部地区、江苏省零星地区、浙江省中部地区、江西省大部分地区、湖北省大部分地区、贵州省北部部分地区、云南省南部零星地区、广西壮族自治区东西部零星地区、海南省中部部分地区、西藏自治区西部及林芝部分地区以及台湾省中部零星地区。

③ 低适生区：主要分布在黑龙江省东部零星地区、吉林省东部地区、辽宁省东部、西部部分地区、河北省南部地区及北部部分地区、内蒙古自治区中、东部零星地区、山东省中部部分地区、山西省北部、南部部分地区、陕西省中北部地区、宁夏回

族自治区大部分地区、甘肃省中部地区、新疆维吾尔自治区北部部分地区、青海省中部部分地区、西藏自治区东南部地区、四川省中部地区、安徽省部分地区、江苏省部分地区、上海市、浙江省北部地区、江西省北部地区以及台湾省西部地区。

• 葡萄皮尔斯病菌 •

葡萄皮尔斯病菌（*Xylella fastidiosa* Wells *et al.*）引起葡萄皮尔斯病（Pierces' disease of grapevine）。葡萄皮尔斯病菌属变形菌门（Proteobacteria），黄色单胞菌目（Xanthomonadales），黄单胞菌科（Xanthomonadaceae），*Xylella*属。

（1）全球分布现状：葡萄皮尔斯病目前广泛分布于美国、哥斯达黎加、智利、委内瑞拉、阿根廷、巴西、法国、斯洛文尼亚、新西兰，亚洲的印度和中国台湾地区。中国陕西省（礼泉、乾县、蒲城）于2000年首次发现，以后在山西省、河北省又有发现。

（2）中国潜在分布区：根据Maxent生态位模型，预测了葡萄皮尔斯病菌在中国的潜在地理分布区（图版40）。结果表明，葡萄皮尔斯病菌的适生区域主要位于$18°\sim54°N$，$90°\sim134°E$，亚热带、暖温带之间，分布于从中国的最北端黑龙江漠河县到最南端海南岛三亚市，从西端西藏那曲县到东端黑龙江虎林市广袤区域之间，包括内蒙古、黑龙江、吉林、辽宁、河北、北京、天津、山西、陕西、宁夏、甘肃、青海、新疆、西藏、四川、云南、重庆、贵州、广西、江西、广东、湖南、湖北、河南、山东、江苏、安徽、上海、浙江、福建、海南以及台湾等地区。具体结果如下：

① 高适生区：主要包括两大区域：黄淮海地区及长江中下游地区。黄淮海地区包括北京市、天津市、河北省唐山和高碑店地区以及保定沧州以南全部区域、山东省中西部以及山东半岛沿海地区、河南省北部地区、山西省中西部地区、陕西省中部地区、甘肃省庆阳以南地区以及南部天水和陇南地区；长江中下游地区包括四川省中北部广元到绵阳狭长区域以及南部部分地区、湖北省中南部荆门和荆州以及宜昌地区及东南部零星区域、湖南省中东部地区以及西部零星区域、江西省中北部环鄱阳湖区域、浙江省中部零星区域、安徽省南部零星区域、云南楚雄彝族自治州以北地区。

② 中适生区：主要分布在内蒙古东北部呼伦贝尔地区、黑龙江省北部漠河到呼玛地区和中部部分区域、吉林省南部部分区域、辽宁省中部部分区域以及辽东半岛南部地区、北京市部分区域、河北省中部部分区域、山东省中东部及山东半岛中部地区、江苏省北部及南部地区、上海全市、浙江省北部地区及东南部沿海地区、福建省中北部地区、广东省北部地区及中南部零星地区、广西壮族自治区东北部地区及中南部零星区域、云南省中南部大部分地区、西藏自治区东南部零星区域、四川省东部大部分区域及南部零星区域、重庆市中南部大部分地区、贵州省大部分地

区、湖南省南部和北部部分区域以及西部大部分区域、江西省南部地区、安徽省北部、中部、南部部分区域、湖北省东南部部分区域及西北部地区、河南省南部地区、山西省中部部分区域、陕西省中东部地区、甘肃省庆阳以北地区及南部零星区域、海南省北部部分区域、台湾中部零星区域。

③ 低适生区：主要分布在内蒙古自治区东北部部分区域及中南部与山西省接壤部分区域。黑龙江省北部及中东部大部分区域、吉林省中部地区、辽宁省南部和西部及中北部部分区域、河北省张家口、秦皇岛大部分区域、江苏省中部大部分区域、安徽省南部和北部大部分区域、浙江省中南部零星区域、福建省南部沿海地区、广东省南部大部分区域、海南省大部分区域、广西壮族自治区南部大部分区域、云南省南部零星区域及北部地区、西藏自治区东部区域及西南部零星区域、四川省西部大部分地区、青海省东南部部分区域、新疆维吾尔自治区西北零星区域、甘肃省南部部分地区、宁夏回族自治区南部小部分地区、陕西省北部和中部及南部零星地区、重庆市北部及中东部部分地区、贵州省西部部分地区、湖南省中部零星地区、湖北省西南部及中部地区、河南省东南部地区、江西省西北部部分地区、台湾大部分地区。

• 番茄环斑病毒 •

番茄环斑病毒(Tomato ringspot virus, Tom RSV)，属线虫传多面体病毒组(Nepoviruses)。

(1) 全球分布现状：番茄环斑病毒主要分布于北美温带地区，如加拿大(安大略州)、美国(华盛顿州、加利福尼亚州、纽约州、南卡罗来纳州、俄勒冈州、新泽西州、哈得逊谷和尼拉加半岛等)。此外中国(台湾地区)、日本、土耳其、挪威、瑞典、芬兰、俄罗斯、波兰、捷克、匈牙利、德国、奥地利、瑞士、荷兰、比利时、英国、爱尔兰、法国、意大利、澳大利亚、新西兰、墨西哥、牙买加、巴西、智利等国均有报道。

(2) 中国潜在分布区：根据Maxent生态位模型，预测了番茄环斑病毒在中国的潜在地理分布区(图版41)。结果表明，番茄环斑病毒的适生区域主要位于$20°\sim37°N$，$92°\sim124°E$，亚热带、暖温带之间，包括河南、辽宁、山东、山西、陕西、江苏、安徽、上海、浙江、福建、广东、广西、海南、云南、西藏、四川、重庆、贵州、江西、湖南、湖北以及台湾等地区。具体结果如下：

① 高适生区：包括黄河以南的南方大部分地区。辽宁省东北部零星地区、吉林省东南部一小部分区域、山东省中西部地区、江苏省东北部地区、安徽省北部大部分地区、河南省南部大部分地区、浙江省中南部地区、福建省大部分地区、广东省北部地区、广西壮族自治区北部地区、云南省东西部地区、西藏自治区东南部部分

地区、贵州省中部地区、湖南省东部地区、湖北省中北部地区、江西省大部分地区、重庆市中部地区、陕西省东南部零星地区、山西省南部零星地区以及台湾省中部地区。

② 中适生区：主要分布在辽宁省东北部地区、吉林省南部地区、河北省南部小部分地区、山东省中部大部分地区、江苏省中北部地区、浙江省北部和东部部分地区、福建省东部地区、广东省中部地区、广西壮族自治区大部分地区、云南省大部分地区、贵州省北部地区、四川省中部地区、湖南省北部地区、湖北省南部部分地区、陕西省东南部部分地区、山西省南部部分地区。此外，新疆维吾尔自治区西部边境地区、青海省中部零星地区、台湾省北部部分地区也属于中适生区范围。

③ 低适生区：主要分布在黑龙江省东部地区、吉林省东部大部分地区、辽宁省西部大部分地区、河北省大部分地区、北京、天津、山西省大部分地区、陕西省大部分地区、内蒙古自治区南部部分地区、宁夏回族自治区中南部地区、甘肃省东南部地区、四川省大部分地区、西藏自治区东部部分地区、广东省雷州半岛及沿海地区、海南全省、福建和浙江省东部沿海地区、台湾省西南部地区。

榆枯萎病菌

榆枯萎病菌[*Ophiostoma ulmi* (Buisman) Nannf.]属子囊菌门(Ascomycota)，蛇口壳科(Ophiostomataceae)，蛇口壳属(*Ophiostoma*)；无性阶段为半知菌亚门(Deuteromycotina)，丝孢纲(Hyphomycetes)，黏束孢属(*Graphium*)。此病菌是榆属树上有害寄生菌，可侵染各龄榆树，引致榆树枯萎死亡，称为榆枯萎病或荷兰萎病。

(1) 全球分布现状：现分布于印度、塔吉克斯坦、爱沙尼亚、立陶宛、摩尔多瓦、乌克兰、乌兹别克斯坦(中部)、伊朗、土耳其、丹麦、挪威、瑞典、波兰、捷克、斯洛伐克、匈牙利、德国、奥地利、瑞士、比利时、英国、法国、西班牙、葡萄牙、意大利、马其顿、塞尔维亚、波斯尼亚和黑塞哥维那、克罗地亚、斯洛文尼亚、黑山、罗马尼亚、保加利亚、希腊、加拿大、美国等。

(2) 中国潜在分布区：根据 Maxent 生态位模型，预测了榆枯萎病菌在中国的潜在地理分布区(图版 42)。结果表明，榆枯萎病菌的适生区域主要位于 $20°\sim50°N$，$100°\sim135°E$，亚热带、暖温带之间，分布于从北端吉林省到南端海南省雷州半岛，从西端甘肃省东部到东端山东省荣成市广袤区域之间，包括北京、天津、河北、河南、辽宁、山东、山西、陕西、江苏、安徽、上海、浙江、福建、广东、广西、西藏、四川、重庆、贵州、江西、湖南、湖北地区。具体结果如下：

① 高适生区：主要集中在黄河中下游地区。河北省南部与山东省西部交汇的部分地区、山东省中部地区、河南省中部大部分地区、山西省南部、湖北省西北部地

区、安徽省北部地区、江苏省北部零星地区、云南省北部部分地区、西藏自治区西南部部分地区以及新疆维吾尔自治区西部零星地区。

② 中适生区：主要分布在吉林南部与辽宁北部交汇部分地区、河北中西部地区、山西中部大部分地区、陕西北部及南部部分地区、河南南部地区、山东中部部分地区、江苏大部分地区、安徽北部地区、湖北北部地区、上海西部地区、浙江中部及南部零星地区、福建北部地区、江西北部及南部部分地区、广东北部地区、广西东北部大部分地区、贵州中部地区、湖南西部地区、四川中部地区、甘肃南部部分地区、西藏自治区西南部部分地区以及新疆维吾尔自治区西部零星地区。

③ 低适生区：主要分布在内蒙古东北部及南部地区、黑龙江东部地区、吉林东部地区、辽宁东西部地区、北京、天津、河北中北部地区、山西北部地区、陕西大部分地区、甘肃东部地区、宁夏中南部地区、山东东部地区、江苏南部地区、上海大部分地区、浙江大部分地区、安徽南部地区、湖北南部地区、湖南大部分地区、江西大部分地区、福建东南部地区、广东大部分地区、广西西南部地区、贵州南部和北部地区、四川中北部地区、重庆东部地区、西藏自治区西南部部分地区以及新疆维吾尔自治区西部零星地区。

8. Maxent 模型预测能力验证

Maxent 模型的预测能力主要是通过 ROC 曲线进行验证。通过 AUC 参数评估，上述 14 种有害生物的训练与测试数据 AUC 值都达到了 0.9 以上（表 3-63），说明软件运行结果真实可靠，同时各适生等级的划分也基本符合各个有害生物目前在我国的分布现状。

表 3-63 14 种有害生物训练与测试数据 AUC

编号	种 类	AUC 值		备 注
		训练数据	测试数据	
1	无花果蜡蚧	0.966	0.937	AUC 值 0.5~0.6 为失败；AUC 值 0.6~0.7 为较差；AUC 值 0.7~0.8 为一般；AUC 值 0.8~0.9 为好；AUC 值 0.9~1.0 为非常好
2	新菠萝灰粉蚧*	0.919	0.910	
3	扶桑绵粉蚧*	0.960	0.963	
4	荷兰石竹卷蛾	0.997	0.978	
5	南洋臀纹粉蚧	0.943	0.986	
6	长林小蠹	0.979	0.915	

(续表)

编号	种类	AUC值		备注
		训练数据	测试数据	
7	云杉树蜂	0.980	0.949	
8	蔗根象	0.972	0.988	
9	苹果花象	0.987	0.982	
10	栗黑水疫霉	0.978	0.966	
11	天竺葵锈病菌	0.945	0.918	
12	葡萄皮尔斯病菌	0.927	0.936	
13	番茄环斑病毒	0.972	0.903	
14	榆枯萎病菌	0.982	0.949	

* 为现场调查发现的有害生物。

【讨论】

本次研究基于 Maxent 生态位模型，结合 ArcGis 地理信息系统预测了14种上海辰山植物园引进植物可能携带的有害生物在中国的潜在分布区。通过本次研究，对这14种有害生物在我国的潜在适生区有了更直观的了解。分析总结预测结果，这14种有害生物在我国的适生范围大小不同，但每个有害生物都存在四个适生等级，伴随着全球气候变暖，很多目前不适生或适生程度较低的地区很有可能随着气候的变化而成为适生地区，甚至极高适生区，因此，各个有害生物在我国的分布还远远没有达到其最大的潜在分布范围，仍有继续扩散的可能。对于有害生物已经发生的地区，必须采取科学合理的措施灭除，阻止其向其他地区扩散蔓延；对于潜在分布区，必须做好该有害生物的检验检疫工作，及早及时发现，及早消除；对于非适生区，也必须保持警惕。

本研究利用 Maxent 模型预测的14种有害生物的中国潜在地理分布适生模型是在寄主植物和非生物环境的特定影响条件下，从有害生物对基础生态位的需求出发建立的。基础生态位是指一个物种在没有其他竞争物种存在时理论上所占据的最大生态空间。但现实中，如果一个物种无其他竞争种类存在时，该物种的生态位的大小只取决于物理因素和食物因素；当有其他竞争物种天敌或人类活动等干扰因素存在时，该物种生态位空间比它独自占领时的要小，只能占据基础生态位的一部分。在本研究中，只考虑了温度和降雨相关的环境因子，而未考虑人类干扰等其他因子的影响。即便如此,通过 AUC 参数评估,Maxent 模型也较好地预测了 14 种有害生物在我国潜在地理分布区,具有较高的可信度与参考价值,具有一定的科学性和准确性,为接下来的工作奠定了坚实的基础。

(三) 14 种可能有较大风险有害生物风险分析与评估

1. 材料

对已筛选出来的 14 种重要的检疫性有害生物,利用上海检疫性有害生物多指标综合评价体系进行风险评估。

2. 方法

(1) 定性分析方法:通过对 14 种检疫性有害生物的传入、定殖、扩散、经济危害特点以及防治手段的分析,利用上海检疫性有害生物多指标综合评价体系中的定性分析手段,分别确定 14 种检疫性有害生物的入侵风险特点。

(2) 定量分析方法:通过筛选,利用上海检疫性有害生物多指标综合评价体系提出的方法,对 14 种检疫性有害生物进行量化分析,并计算 14 种检疫性有害生物入侵上海的风险值。

$$P_1 = \sqrt[5]{P_{11} \times P_{12} \times P_{13} \times P_{14} \times P_{15}}$$

$$P_2 = 0.7 \times P_{21} + 0.3 \times P_{22}$$

$$P_3 = 0.5 \times P_{31} + 0.4 \times P_{32} + 0.1 \times P_{33}$$

$$P_4 = \text{Max}(P_{41}、P_{42}、P_{43}、P_{44}、P_{45})$$

$$P_5 = (P_{51} + P_{52} + P_{53})/3$$

$$R = \sqrt[5]{P_1 \times P_2 \times P_3 \times P_4 \times P_5}$$

式中:P_1——传入的可能性;P_{11}——国内分布情况;P_{12}——国外分布情况;P_{13}——有害生物运输过程中的存活率;P_{14}——寄主引种数量;P_{15}——有害生物被调运的可能性;P_2——定殖的可能性;P_{21}——有害生物生物学特性;P_{22}——上海适生范围;P_3——扩散的可能性;P_{31}——可能存在的传播途径;P_{32}——国内的适生范围;P_{33}——天敌存在的可能性;P_4——寄主经济重要性;P_{41}——寄主种类;P_{42}——寄主的潜在损失水平;P_{43}——国外重视程度;P_{44}——是否为其他检疫性有害生物的传播媒介;P_{45}——非经济方面的潜在损失;P_5——危害管理难度;P_{51}——检疫识别难度;P_{52}——除害处理难度;P_{53}——根除难度。

3. 结果与分析

• 无花果蜡蚧 •

(1) 传入的可能性(P_1): 2007年,我国将无花果蜡蚧列入《中华人民共和国进境植物检疫有害生物名录》。2012年4月份,李海斌等在广东省茂名市和四川省攀枝花市的野外采集中,发现并采集到了无花果蜡蚧(图版8)。这是该虫首次在我国的发现报道。

1917年在英国,首次从意大利引进的无花果树上发现该虫,随后几年英国又从其他国家引进的植物上陆续发现了该虫;而在美国,从1995年到2005年10年间,该虫在美国入境口岸被截获的次数增加了30倍。目前,该虫主要分布于阿尔及利亚、安哥拉、埃及、埃塞俄比亚、加纳、肯尼亚、利比亚、摩洛哥、塞内加尔、南非、苏丹、坦桑尼亚、突尼斯、赞比亚、津巴布韦、阿富汗、印度、伊朗、伊拉克、以色列、约旦、黎巴嫩、沙特阿拉伯、叙利亚、阿拉伯联合酋长国、越南、多米尼加、波多黎各、阿尔巴尼亚、塞浦路斯、法国、希腊、意大利、马耳他、葡萄牙、西班牙、土耳其、阿根廷、巴西、圭亚那、乌拉圭、美国、中国等65个国家和地区。

在上海辰山植物园大量引种的植物名单中,共有16科935株植物是该虫的寄主,包括桑科、柿科、冬青科、夹竹桃科、葡萄科、蔷薇科、豆科、杜鹃花科、悬铃木科、大戟科、松科、杨柳科、桃金娘科、锦葵科、芸香科、漆树科,使得该虫被调运和携带繁殖体的可能性以及在调运过程中的存活率都大大增加。因此,在上海辰山植物园引种植物中,无花果蜡蚧传入上海辰山植物园继而扩散蔓延至整个上海地区的可能性很高,风险大。

(2) 定殖的可能性(P_2): 目前,无花果蜡蚧主要集中在西至美国、东至印度尼西亚,从南半球的阿根廷至北半球的匈牙利,40°S~50°N,热带、亚热带和温带地区的范围内。该虫的年发生代数因地区而异,每年1~4代。在法国东南部和意大利,该虫一年发生1代;在地中海盆地,一年发生1~2代;在希腊、埃及和土耳其西部,一年发生2代;在耶路撒冷地区(海拔762~792 m),该虫每年发生2代,以雌成虫在枝条上越冬;在越南南部地区,该虫一年发生4代,无明显的越冬现象。

无花果蜡蚧在实验室条件下(温度27~29.4 ℃,相对湿度72.3%~86.1%),平均76.5~90.2 d完成一代,1龄若虫20 d、2龄若虫17 d、3龄若虫30 d、雌虫产卵前期22 d,雌虫平均产卵量为1 134粒/每雌。无花果蜡蚧生活的最适温度为

$25\sim30$ ℃,最适湿度为 $75\%\sim80\%$。在一些地区,该虫常和其他的蜡蚧混合发生。如在澳大利亚特威德河附近,和红蜡蚧在千层树上混合寄生。由此,就地理位置来看,上海正处于该虫的纬度分布范围内;就气候类型来看,上海属于典型的亚热带季风和季风性湿润气候。就生物学特性来讲,无花果蜡蚧的抗逆性和繁殖能力都很强。通过无花果蜡蚧的适生区预测分析,上海属于无花果蜡蚧适宜的定殖地区。

(3) 扩散的可能性(P_3):无花果蜡蚧可随活苗木及新伐枝叶运输作长距离传播,亦可随风力作短距离传播。通过无花果蜡蚧的中国适生区预测分析可知,无花果蜡蚧在中国国内有 $0\sim25\%$ 之间的地区能够适生。该虫的天敌包括捕食性和寄生性两类 13 种,但根据上海本地文献资料,还没有显示该虫有效天敌的存在。综上所述,从扩散能力来看该虫的扩散风险很高,而且没有有效的天敌抑制其扩散。

(4) 受害寄主经济重要性(P_4):无花果蜡蚧为广食性,拥有广泛的寄主植物,共有 45 科 100 多种,主要包括漆树科、番荔枝科、夹竹桃科、冬青科、紫草科、黄杨科、藤黄科、使君子科、五加科、凤仙花科、菊科、旋花科、莎草科、柿树科、杜鹃花科、豆科、大风子科、灯芯草科、大戟科、樟科、桑科、千屈菜科、锦葵科、芭蕉科、桃金娘科、金莲木科、松科、胡椒科、石榴科、茜草科、假叶树科、杨柳科、檀香科、山榄科、菝葜科、棕榈科、海桐花科、悬铃木科、山龙眼科、蔷薇科、芸香科、无患子科、鹤望兰科、伞形科、葡萄科等。

该虫除吸食寄主汁液对植物的枝干、嫩梢、叶片和果实造成直接危害外,还分泌大量的蜜露,诱发煤污病,从而降低寄主植物的生命力,影响园林绿化植物的观赏价值,对经济果林造成减产。

该虫严重危害越南东南部胡志明市的刺果番荔枝、圆滑番荔枝和多种榕属植物,在被调查的番荔枝果园中,有虫株率达 $75\%\sim100\%$,被害植株上 $72\%\sim100\%$ 的新梢表现出受害迹象。

世界上还有很多国家将无花果蜡蚧列为重要的检疫对象,哈萨克斯坦、乌兹别克斯坦、阿塞拜疆三国将其列为 A1 类的检疫性有害生物;南非将其列为 A2 类的检疫性有害生物。目前也没有研究报道该病虫传播携带其他检疫性有害生物。

由此可见,一旦该虫侵入上海,将会存在广泛的寄主使其适生,并对寄主造成严重破坏,带来经济和生态的双重损失。

(5) 危险性管理难度(P_5):目前,无花果蜡蚧的检测通常是靠形态特征,通过专业培训的技术人员对虫体的形态特征以及危害症状识别该虫。无花果蜡蚧要彻底根除非常困难,可以采取生物防治的方法。蜡蚧长盾金小蜂寄生无花果蜡蚧的卵,能够使卵致死率达到65%;Vu等用捕食性天敌紫胶猎夜蛾来防治该蜡蚧,也取得了良好的控制效果。

根据上海辰山植物园外来入侵有害生物多指标评价体系,为无花果蜡蚧各项评判指标赋分(表3-64),经过计算,无花果蜡蚧的风险值R为2.45,属于高风险等级。

表3-64 无花果蜡蚧定量风险评估

序号	指标层(P_{ij})	赋分	赋分理由
传入的可能性(P_1)	国内分布情况(P_{11})	2	国内有零星分布报道
	国外分布情况(P_{12})	2	在美国、法国等65国家与地区有分布
	有害生物运输过程中的存活率(P_{13})	3	运输过程中存活率超过40%
	寄主引种数量(P_{14})	2	引种935株左右
	有害生物被调运的可能性(P_{15})	3	被调运和携带繁殖体的可能性都大
定殖的可能性(P_2)	有害生物生物学特性(P_{21})	3	繁殖能力和抗逆性都强
	上海地区适生范围(P_{22})	3	在50%以上的地区能够适生
扩散的可能性(P_3)	可能存在的传播途径(P_{31})	2	存在3种传播途径
	国内的适生范围(P_{32})	2	在国内25%~50%以上的地区能够适生
	天敌存在的可能性(P_{33})	3	本地区不存在有效的天敌
受害寄主经济重要性(P_4)	寄主的种类(P_{41})	3	涉及17种植物园
	寄主的潜在损失水平(P_{42})	3	传入后造成树木死亡≥20%
	国外重视程度(P_{43})	1	6个以上的国家把其列为检疫对象
	是否为其他检疫性有害生物的传播媒介(P_{44})	0	不传带任何检疫性有害生物
	非经济方面的潜在损失(P_{45})	3	防治手段和有害生物本身都对生态和社会资源造成严重损害

三、上海辰山植物园引进植物可能携带有害生物入侵风险分析与评估

(续表)

序号	指标层(P_{ij})	赋分	赋分理由
危险性管理难度(P_5)	检疫识别难度(P_{51})	2	经过专门培训可以鉴定
	除害处理难度(P_{52})	1	除害率50%～100%
	根除难度(P_{53})	3	田间防治效果差,成本高,难度大

• 新菠萝灰粉蚧 •

(1) 传入的可能性(P_1):新菠萝灰粉蚧(图版8)于1998年在我国海南省昌江青坎农场的剑麻园首次暴发。在世界上,新菠萝灰粉蚧已分布于亚洲、非洲、欧洲及美洲的30多个国家和地区,包括:印度、马来西亚、巴基斯坦、菲律宾、新加坡、泰国、越南、斐济、意大利、美国、马绍尔群岛、萨摩亚(西)、墨西哥、巴哈马群岛、巴西、哥伦比亚、哥斯达黎加、多米尼加、厄瓜多尔、危地马拉、洪都拉斯、海地、牙买加、巴拿马、秘鲁、波多黎各、萨尔瓦多、特立尼达和多巴哥岛等地。

在上海辰山植物园的大量引种植物名单中,共有12科537株植物易携带该虫,包括:龙舌兰科、石蒜科、漆树科、天南星科、菊科、十字花科、葫芦科、豆科、百合科、桑科、芸香科、茄科,使得该虫被调运和携带繁殖体的可能性以及在调运过程中的存活率大大增加。综上所述,可知新菠萝灰粉蚧传入上海辰山植物园继而扩散蔓延至整个上海地区的可能性很高,风险大。

(2) 定殖的可能性(P_2):新菠萝灰粉蚧最早发现于美国夏威夷,目前主要分布在热带地区;在亚热带地区也有分布,如斐济、美国夏威夷、马来群岛、密克罗尼西亚、牙买加、墨西哥、菲律宾等,范围17°S～37°N。

在田间,新菠萝灰粉蚧危害剑麻,年发生8～10代,世代重叠。根据报道,每雌虫约产350头若虫,有的产虫数量可达1 000头。该虫产出的若虫约26 d后进入成虫期,成虫寿命为48～72 d不等。该虫(在海南儋州)一年发生5代。繁殖若虫的数量随虫体的不同而有较大差异,其产虫过程分多次,一般虫体产虫量51头,产虫最多的可达170头,最少为18头;一次产虫最多的可达25头,一天内最多产虫量可达36头,该虫产虫结束后4～17 d死亡。

由此,就地理位置来看,上海纬度30°40′～31°53′N,正处于该虫的纬度分布范围内;就气候类型来看,上海属于典型的亚热带季风和季风性湿润气候。就新菠萝灰粉蚧的生物学特性来讲,该虫的抗逆性和繁殖能力都很强。通过新菠萝灰粉

蚧的适生区预测分析,上海属于新菠萝灰粉蚧适宜定殖地区。

(3) 扩散的可能性(P_3):新菠萝灰粉蚧短距离可通过爬行、随风雨传播,远距离主要通过寄主植物携带传播。新菠萝灰粉蚧危害较隐蔽,可藏在寄主的根部,难以在检疫中及时发现,如检疫措施不得力,往往导致不能有效阻止新菠萝灰粉蚧的传入及传出,从而加大人为传播扩散的可能性。通过新菠萝灰粉蚧的中国适生区预测分析可知,新菠萝灰粉蚧在中国国内有 0~25% 之间的地区能够适生。上海地区没有该虫有效天敌的存在。综上所述,从扩散能力来看,该虫的扩散风险很高,而且没有有效的天敌抑制其扩散。

(4) 受害寄主经济重要性(P_4):新菠萝灰粉蚧的寄主植物较多,包括剑麻、酸豆、晚香玉、芒果、刺果番荔枝、牛心番荔枝、番荔枝、芋、散尾葵、椰子、菠萝、向日葵、甘蓝、南瓜、金合欢、落花生、木豆、洋葱、菠萝蜜、红蕉、中粒咖啡、海岸桐、洋柠檬、橙、红毛丹、人心果、番茄、茄、可可、柚木等多种重要农林经济作物,其潜在危害性十分巨大。

该虫1998年在我国海南省昌江青坎农场的剑麻园暴发,2001年蔓延至全昌江所有种植剑麻的农场及周围农村麻园,危害植株达到100%,且虫口密度大,一株剑麻上的新菠萝灰粉蚧有数万头,造成年减产30%以上,损失严重。2006年冬,该虫在广东省湛江市徐海剑麻区发生,并迅速蔓延。在广东省剑麻集团东方红农业公司和五一农场剑麻发生危害面积达到 1 333 133 hm^2。2007年10月后,湛江垦区乃至周边地方新菠萝灰粉蚧大暴发,并伴随紫色卷叶病(或心轴腐烂)大量发生,使剑麻植株死亡或失收,对剑麻产业具有毁灭性灾害。据调查,海南省昌江麻区和广东省湛江、雷州北和镇等地剑麻农场及麻农因该虫危害致年减产30%以上,损失惨重。2006年开始,该虫在广东省湛江市剑麻种植区发生蔓延。

2007年,该虫被列入《中华人民共和国进境植物检疫有害生物名录》。目前也没有研究报道该虫传播携带其他检疫性有害生物。由此可见,一旦该虫侵入上海,将会存在广泛的寄主使其适生,并对寄主造成严重破坏,带来经济和生态的双重损失。

(5) 危险性管理难度(P_5):目前,新菠萝灰粉蚧的检测主要是依靠有经验的技术人员通过该虫的典型形态特征进行鉴定,中华人民共和国国家质量监督检验检疫总局发布了《香蕉灰粉蚧和新菠萝灰粉蚧检疫鉴定方法》,规范了该虫的检验鉴定标准。防治新菠萝灰粉蚧药剂以40%氧化乐果乳油为主,杀虫效果达90%以上。但由于该粉蚧能藏在根部和心叶的叶片内危害,药剂很难喷杀到粉蚧,导致喷

三、上海辰山植物园引进植物可能携带有害生物入侵风险分析与评估

药防治难度大,防治不彻底。

新菠萝灰粉蚧已在中国的剑麻上建立种群,繁殖定居,如不及时采取有力的措施,有可能迅速传播、蔓延到菠萝、香蕉、芒果、椰子、甘蔗等作物上,从而对中国南方水果和糖业生产构成严重的威胁。

根据上海辰山植物园外来入侵有害生物多指标评价体系,为新菠萝灰粉蚧各项评判指标赋分(表 3-65),经过计算,新菠萝灰粉蚧的风险值 R 为 2.38,属于高风险等级。

表 3-65 新菠萝灰粉蚧定量风险评估

序 号	指标层(P_{ij})	赋分	赋分理由
传入的可能性(P_1)	国内分布情况(P_{11})	2	国内海南、广东分布报道
	国外分布情况(P_{12})	1	在美国、印度等 30 国家与地区有分布
	有害生物运输过程中的存活率(P_{13})	3	运输过程中存活率超过 40%
	寄主引种数量(P_{14})	2	涉及植物园引种 537 株左右
	有害生物被调运的可能性(P_{15})	3	被调运和携带繁殖体的可能性都大
定殖的可能性(P_2)	有害生物生物学特性(P_{21})	3	繁殖能力和抗逆性都强
	上海地区适生范围(P_{22})	3	在 50% 以上的地区能够适生
扩散的可能性(P_3)	可能存在的传播途径(P_{31})	2	存在 3 种传播途径
	国内的适生范围(P_{32})	2	在国内 25%~50% 的地区能够适生
	天敌存在的可能性(P_{33})	3	本地区不存在有效的天敌
受害寄主经济重要性(P_4)	寄主的种类(P_{41})	3	涉及 12 种
	寄主的潜在损失水平(P_{42})	3	传入后造成树木死亡 ≥20%
	国外重视程度(P_{43})	3	20 个以上的国家把其列为检疫对象
	是否为其他检疫性有害生物的传播媒介(P_{44})	0	不传带任何检疫性有害生物
	非经济方面的潜在损失(P_{45})	3	防治手段和有害生物本身都对生态和社会资源造成严重损害

(续表)

序号	指标层(P_i)	赋分	赋分理由
危险性管理难度(P_5)	检疫识别难度(P_{51})	2	经过专门培训可以鉴定
	除害处理难度(P_{52})	1	除害率50%~100%
	根除难度(P_{53})	3	田间防治效果较高,成本高,难度大

扶桑绵粉蚧

(1) 传入的可能性(P_1):扶桑绵粉蚧(图版8)于2008年8月首次在我国广州市扶桑上发现。其后,又在海南省和浙江省有发现。目前,扶桑绵粉蚧在我国的四川省、云南省、广西壮族自治区、福建省、江西省、湖南省、上海市、新疆维吾尔自治区、河北省以及台湾省都有分布。

扶桑绵粉蚧于1898年美国新墨西哥州发现,1991年在美国开始危害棉花,1992年扩散至中美洲的厄瓜多尔和加勒比地区,2002年在智利首次报道该虫危害扶桑;2005年巴西首次报道该虫危害番茄,随后传入至印度和巴基斯坦,严重危害当地棉花。目前该虫在国际上主要分布于美洲的美国、古巴、智利、墨西哥、阿根廷、牙买加、哥伦比亚、危地马拉、多米尼加;非洲的尼日利亚、贝宁、喀麦隆;欧洲的意大利;亚洲的印度、巴基斯坦、泰国。该虫在被发现后的一个多世纪,就完成了从北美洲到南美洲、欧洲,再到亚洲的扩散历程,在中国大陆仅用3年的时间,发生区就由1个省扩大到12个省(自治区),或许很多地区已经发生,只是尚未发现。

随着上海辰山植物园大量引种该虫的寄主植物,涉及6科,255株植物,包括:锦葵科、菊科、茄科、葫芦科、大戟科、豆科,使得该虫被调运和携带繁殖体的可能性以及在调运过程中的存活率都大大增加。综上所述,可知扶桑绵粉蚧传入上海辰山植物园继而扩散蔓延至整个上海地区的可能性很高,风险大。

(2) 定殖的可能性(P_2):扶桑绵粉蚧在美国的最北发生地密歇根州的纬度为41°41′~47°30′N。该虫繁殖能力很强,兼营有性生殖和孤雌生殖,单头雌成虫产卵量极大,平均400~500粒,卵期短,从低龄若虫到雌成虫均可取食危害,25~30 d 1代,年发生12~15代,世代重叠严重,气候适宜的地区可终年危害。关鑫等测定了该虫除卵期以外其他虫态的过冷却点和结冰点,结果表明,该虫的过冷却点低,耐寒性也较强,可能适宜在我国北方更广泛的区域生存。

由此,就地理位置来看,上海市纬度30°40′~31°53′N,在其可入侵的地理范围内;就扶桑绵粉蚧的生物学特性来讲,该虫的抗逆性和繁殖能力都很强。通过扶桑绵粉蚧的适生区预测分析,上海属于扶桑绵粉蚧适宜的定殖地区。

(3) 扩散的可能性(P_3):扶桑绵粉蚧体小,低龄若虫和雌成虫可以在田间爬动,也可随风、雨水、气流以及田间灌溉进行个体自身传播;扶桑绵粉蚧可以分泌大量的白色蜡质,极易黏附于各种农业工具、设备上,通过农业劳作传播、扩散到健康植株上;同时该虫极易随人为活动迅速扩散。通过扶桑绵粉蚧的中国适生区预测分析可知,扶桑绵粉蚧在中国国内有 25%~50%之间的地区能够适生。该地区没有该虫的有效天敌存在。综上所述,从扩散能力来看,该虫的扩散风险很高,而且没有有效的天敌抑制其扩散。

(4) 受害寄主经济重要性(P_4):扶桑绵粉蚧的食性较广,据文献记载,受其危害的植物至少有 18 科,如葫芦科、豆科、茄科、大戟科、锦葵科、菊科等,包括:苍耳、大戟、羽扇豆、蜀葵、豚草、碱蓬、蓍草、黄花稔、酸浆等 100 多种植物,其中还包括多种重要的经济作物,如棉花、陆地棉、向日葵、南瓜、番茄、番木瓜、人参果、一点红、大花咸丰草、马缨丹、巴豆、马利筋等。此外,该虫对某些观赏园艺植物如芙蓉花等也有严重危害。

该虫主要危害棉花和其他植物的幼嫩部分,包括嫩枝、花芽、叶片和叶柄,通常吸食汁液危害。受害棉株长势衰弱,生长缓慢甚至停止,也可以导致花蕾、幼铃、花脱落;该虫分泌的蜜露可诱发煤污病,最后会造成叶片脱落,严重时会造成棉株成片死亡。2000 年旁遮普棉花减产 12%,2007 年减产达到 40%,仅在旁遮普 2 个月内使用的农药费用超 112 亿美元。

2009 年 2 月 3 日农业部、国家质检总局联合发布的第 1147 号公告中将此虫列入《中华人民共和国进境植物检疫有害生物名录》,为第 436 种检疫性有害生物。2010 年 5 月 5 日,农业部、国家林业局联合发布第 1380 号公告,将扶桑绵粉蚧增列为全国农业、林业植物检疫性有害生物。目前,没有研究报道该虫传播携带其他检疫性有害生物。由此可见,一旦该虫侵入上海,将会存在广泛的寄主使其适生,并对寄主造成严重破坏,带来经济和生态的双重损失。

(5) 危险性管理难度(P_5):目前,扶桑绵粉蚧的检测主要是依靠有经验的技术人员通过该虫的形态特征进行鉴定,而由于在形态上,该虫与同属的石蒜绵粉蚧非常相似,因此鉴定的可靠性也有所下降。在防治上,首先进行针对性的调查和采取检疫措施,以防扩散;如发现并确定是扶桑绵粉蚧,则宜采取化学防治措施。可用噻嗪酮喷雾,效果较好。扶桑绵粉蚧已经实验过很多杀虫剂,大多数都能在 24 h 内防治大约 75%的种群,但在之后 72 h 或 1 周内该虫的死亡率却没有增加。

根据上海辰山植物园外来入侵有害生物多指标评价体系,为扶桑绵粉蚧各项评判指标赋分(表3-66),经过计算,扶桑绵粉蚧的风险值R为2.18,属于高风险等级。

表3-66 扶桑绵粉蚧定量风险评估

序号	指标层(P_{ij})	赋分	赋分理由
传入的可能性(P_1)	国内分布情况(P_{11})	1	国内有12省(自治区、直辖市)有发生报道
	国外分布情况(P_{12})	1	在美国、加拿大等21国家与地区有分布
	有害生物运输过程中的存活率(P_{13})	3	运输过程中存活率超过40%
	寄主引种数量(P_{14})	1	涉及植物园引种255株左右
	有害生物被调运的可能性(P_{15})	3	被调运和携带繁殖体的可能性都大
定殖的可能性(P_2)	有害生物生物学特性(P_{21})	3	繁殖能力和抗逆性都强
	上海地区适生范围(P_{22})	3	在50%以上的地区能够适生
扩散的可能性(P_3)	可能存在的传播途径(P_{31})	2	存在2种传播途径
	国内的适生范围(P_{32})	2	在国内25%～50%的地区能够适生
	天敌存在的可能性(P_{33})	3	本地区不存在有效的天敌
受害寄主经济重要性(P_4)	寄主的种类(P_{41})	2	涉及2种
	寄主的潜在损失水平(P_{42})	3	传入后造成树木死亡≥20%
	国外重视程度(P_{43})	1	有1～2个国家把其列为检疫对象
	是否为其他检疫性有害生物的传播媒介(P_{44})	0	不传带任何检疫性有害生物
	非经济方面的潜在损失(P_{45})	3	防治手段和有害生物本身都对生态和社会资源造成严重损害
危险性管理难度(P_5)	检疫识别难度(P_{51})	2	可以鉴定,可靠性一般
	除害处理难度(P_{52})	1	除害50%～100%
	根除难度(P_{53})	2	防效高,但方法复杂,难度大,成本高

荷兰石竹卷蛾

(1) 传入的可能性(P_1)：目前,荷兰石竹卷蛾(图版 9)在我国无分布。荷兰石竹卷蛾是地中海地区的当地种；目前,分布于阿尔巴尼亚、阿尔及利亚、法国、德国、希腊、意大利、利比亚、卢森堡、马耳他、摩洛哥、波兰、西班牙、瑞士、突尼斯、英国、南非、美国等国家。

随着上海辰山植物园大量引种该虫的寄主,涉及到 7 科,836 株植物,包括：蔷薇科、十字花科、小檗科、大戟科、豆科、木樨科、槭树科,使得该虫被调运和携带繁殖体的可能性以及在调运过程中的存活率都大大增加。综上所述,可知荷兰石竹卷蛾传入上海辰山植物园、继而扩散蔓延至整个上海地区的可能性很高,风险大。

(2) 定殖的可能性(P_2)：在意大利和法国的温室内,荷兰石竹卷蛾一年完成 4~5 代,主要以老熟幼虫或蛹在叶柄或花蕾中越冬。而在室外,由于温度与湿度的不同,一年完成 1~3 代。交配、产卵和羽化的温度阈值分别为 10.5 ℃、12~13 ℃和 14 ℃。在平均温度 15 ℃和 30 ℃的条件下,完成生活周期分别需 123~147 d 和 28~44 d。幼虫可在相对湿度为 10%~15%的条件下存活；40%~70%的相对湿度最适宜该虫生长发育；当相对湿度超过 90%时,幼虫和蛹的死亡率增加。蛹在 -4 ℃下 2 h 即死亡。从世界范围内看,该虫主要分布于 14°~57°N 范围内,主要是属于亚热带季风和季风性湿润气候。

由此,就地理位置来看,上海正处于该虫的纬度分布范围内；就气候类型来看,上海属于典型的亚热带季风和季风性湿润气候。就该虫的生物学特性来讲,该虫的抗逆性和繁殖能力都很强。通过荷兰石竹卷蛾的适生区预测分析,上海属于该虫适宜的定殖地区。

(3) 扩散的可能性(P_3)：该虫长距离传播主要是通过苗木的转运进行。成虫通过短距离的飞行进行短距离扩散。通过该虫的中国适生区预测分析可知,荷兰石竹卷蛾在中国国内有 0~25%的地区能够适生。根据国内外研究资料,现没有发现该虫的有效天敌。综上所述,从扩散能力来看,该虫的扩散风险很高,而且没有有效的天敌抑制其扩散。

(4) 受害寄主经济重要性(P_4)：荷兰石竹卷蛾的主要寄主是石竹属植物；其他观赏植物还包括：金合欢属、槭属、茼蒿属、小冠花属、大戟属、冬青属、茉莉属、月桂属、十大功劳属、天竺葵属、杨属等；果树寄主包括：柑橘属、苹果属、木樨属、李属等；蔬菜寄主植物有甘蓝、胡萝卜、豌豆、马铃薯等。

该虫在地中海地区从 20 世纪 20 年代以来,危害造成的损失仅限于石竹属植物。幼虫取食叶、叶柄和花等,减少切花的产量。在法国尼斯附近,1972~1973年间有25%~35%的石竹属植物受到影响,货物出口的损失达10万法郎。在世界上很多国家和组织都将其列为重要的检疫对象,CAN、南非、阿塞拜疆、智利、乌克兰将其列为A1类的检疫性有害生物;EPPO、土耳其将其列为A2类的检疫性有害生物;约旦、挪威对其实施检疫隔离。

2007年,该虫被列入《中华人民共和国进境植物检疫有害生物名录》。目前没有该病虫传播携带其他检疫性有害生物的报道。由此可见,一旦该虫侵入上海,将会存在广泛的寄主使其适生,并对寄主造成严重破坏,带来经济和生态的双重损失。

(5) 危险性管理难度(P_5):目前,荷兰石竹卷蛾的检测还没有具体的方法,主要是靠有经验或接受过培训的技术人员,通过虫体的形态进行鉴定,具有一定的不可靠性。荷兰石竹卷蛾的控制,主要是通过施用拟除虫菊酯类农药如溴氰菊酯和氰戊菊酯实现。该虫的生物防治还没有有效的方法。

根据上海辰山植物园外来入侵有害生物多指标评价体系,为荷兰石竹卷蛾各项评判指标赋分(表3-67)。经过计算,荷兰石竹卷蛾的风险值R为2.30,属于高风险等级。

表3-67 荷兰石竹卷蛾定量风险评估

序号	指标层(P_{ij})	赋分	赋分理由
传入的可能性(P_1)	国内分布情况(P_{11})	3	国内无分布报道
	国外分布情况(P_{12})	1	在法国、德国等国家与地区有分布
	有害生物运输过程中的存活率(P_{13})	3	运输过程中存活率超过40%
	寄主引种数量(P_{14})	2	涉及植物园引种836株左右
	有害生物被调运的可能性(P_{15})	3	被调运和携带繁殖体的可能性都大
定殖的可能性(P_2)	有害生物生物学特性(P_{21})	3	繁殖能力和抗逆性都强
	上海地区适生范围(P_{22})	3	在50%以上的地区能够适生
扩散的可能性(P_3)	可能存在的传播途径(P_{31})	1	存在1种传播途径
	国内的适生范围(P_{32})	1	在国内0~25%的地区能够适生
	天敌存在的可能性(P_{33})	3	本地区不存在有效的天敌

(续表)

序号	指标层(P_{ij})	赋分	赋分理由
受害寄主经济重要性(P_4)	寄主的种类(P_{41})	2	涉及7种
	寄主的潜在损失水平(P_{42})	3	传入后造成树木死亡≥20%
	国外重视程度(P_{43})	3	20个以上的国家把其列为检疫对象
	是否为其他检疫性有害生物的传播媒介(P_{44})	0	不传带任何检疫性有害生物
	非经济方面的潜在损失(P_{45})	3	防治手段和有害生物本身都对生态和社会资源造成严重损害
危险性管理难度(P_5)	检疫识别难度(P_{51})	2	可以鉴定,可靠性一般
	除害处理难度(P_{52})	3	现在的除害处理方法几乎完全不能除害
	根除难度(P_{53})	2	防效高,但方法复杂,难度大,成本高

● 南洋臀纹粉蚧 ●

(1) 传入的可能性(P_1):南洋臀纹粉蚧是一类具有重要经济意义和国际上关注的重要害虫。目前,南洋臀纹粉蚧主要分布于菲律宾、柬埔寨、孟加拉国、缅甸、日本、斯里兰卡、泰国、印度、印度尼西亚、马来西亚、越南、中国(台湾地区)、科摩罗、马达加斯加、肯尼亚、毛里求斯、塞舌尔、南非、巴布亚新几内亚、多米尼加、海地、圭亚那等。

随着上海辰山植物园的大量引种,有3科121株植物易携带该虫,包括:桃金娘科、安石榴科、豆科;同时,由于该虫危害较隐蔽,可藏在寄主的叶背、果蒂、心叶、果壳缝隙等部位,如抽样的代表性不够或不仔细观察,检疫措施不得力,难以在检疫中及时检出,就不能有效阻止该虫的传入,使得该虫被调运和携带繁殖体的可能性以及在调运过程中的存活率都大大增加。综上所述,可知南洋臀纹粉蚧传入上海辰山植物园、继而扩散蔓延至整个上海地区的可能性很高,风险大。

(2) 定殖的可能性(P_2):关于南洋臀纹粉蚧的危害和生物学方面的报道较少,发生国主要是属于热带雨林气候、热带季风气候和亚热带季风。在爪哇约 40 d 一个世代。

由此可见,就地理位置来看,上海正处于该虫的纬度分布范围内;就气候类型来看,上海属于典型的亚热带季风和季风性湿润气候。就南洋臀纹粉蚧的生物学特性来讲,该虫的抗逆性和繁殖能力都很强。通过南洋臀纹粉蚧的适生区预测分析,上海属于南洋臀纹粉蚧适宜的定殖地区。

(3) 扩散的可能性(P_3):该虫可随丢弃的果皮、果壳等主动扩散,或被动物或风携带进行近距离传播;远距离传播主要是通过带虫的水果或植物材料的调运进行。通过中国适生区预测分析可知,南洋臀纹粉蚧在中国国内有 0~25% 的地区能够适生。国内资料没有显示上海地区有该虫的有效天敌存在。综上所述,从扩散能力来看该虫的扩散风险很高,而且没有有效的天敌抑制其扩散。

(4) 受害寄主经济重要性(P_4):南洋臀纹粉蚧食性很杂,可以取食热带和亚热带的果树及遮荫树种达 35 科之多。其主要寄主是可可、红毛榴莲、番石榴、美洲木棉以及羊蹄甲属、槟榔青属和刺桐属的一些种类,还包括芒果、咖啡、罗望子、椰子、柑橘、柚、杨桃、番荔枝、荔枝、菠萝蜜、柠檬、葡萄和杜鹃花、变叶木、合欢、丁香、佛手瓜等。

该虫在东南亚是可可树上的一种害虫,因危害树枝顶部而对幼树产生严重危害,常发生于果实、树干、树叶上,有报道在咖啡的根部也有发现此虫。该虫的危害可引起幼果脱落,花和枝条顶部干死;还可以分泌蜜露,吸附灰尘,使叶片和果实发黑,难以清除。

2007 年,该虫被列入《中华人民共和国进境植物检疫有害生物名录》。目前,没有研究报道该虫传播携带其他检疫性有害生物。由此可见,一旦该虫侵入上海,将会存在广泛的寄主使其适生,并对寄主造成严重破坏,带来经济和生态的双重损失。

(5) 危险性管理难度(P_5):南洋臀纹粉蚧经常从进口泰国和东南亚水果口岸检疫中截获,但形态学方法很难进行准确鉴定。徐浪等利用 mtDNA COI 基因设计了两条特异性探针,应用 TaqMan 实时荧光 PCR 的方法,对南洋臀纹粉蚧进行了快速准确鉴定。在印度,有施用乐果或亚芬松等进行防治,取得较好的效果。从澳大利亚引进的孟氏小黑瓢虫,在实验室中用南瓜饲养后释放至咖啡种植园,可显著地消灭该虫。但由于该种粉蚧能藏在果实的蒂部、心叶的叶片或果壳缝隙内危害,田间防治很难喷杀到所有虫体,导致喷药防治难度大,防治不彻底。

根据上海辰山植物园外来入侵有害生物多指标评价体系,为南洋臀纹粉蚧各项评判指标赋分(表 3 - 68),经过计算,南洋臀纹粉蚧的风险值 R 为 2.26,属于高风险等级。

三、上海辰山植物园引进植物可能携带有害生物入侵风险分析与评估

表3-68 南洋臀纹粉蚧定量风险评估

序 号	指标层(P_{ij})	赋分	赋分理由
传入的可能性(P_1)	国内分布情况(P_{11})	3	国内无发生报道
	国外分布情况(P_{12})	1	在菲律宾、印度等国家与地区有分布
	有害生物运输过程中的存活率(P_{13})	3	运输过程中存活率超过40%
	寄主引种数量(P_{14})	1	涉及植物园引种121株左右
	有害生物被调运的可能性(P_{15})	3	被调运的和携带繁殖体的可能性都大
定殖的可能性(P_2)	有害生物生物学特性(P_{21})	3	繁殖能力和抗逆性都强
	上海地区适生范围(P_{22})	3	在50%以上的地区能够适生
扩散的可能性(P_3)	可能存在的传播途径(P_{31})	2	存在3种传播途径
	国内的适生范围(P_{32})	1	在国内0～25%地区能够适生
	天敌存在的可能性(P_{33})	3	本地区不存在有效的天敌
受害寄主经济重要性(P_4)	寄主的种类(P_{41})	1	涉及3种
	寄主的潜在损失水平(P_{42})	3	传入后造成树木死亡≥20%
	国外重视程度(P_{43})	1	1～9个国家和地区把其列为检疫对象
	是否为其他检疫性有害生物的传播媒介(P_{44})	0	不传带任何检疫性有害生物
	非经济方面的潜在损失(P_{45})	3	防治手段和有害生物本身都对生态和社会资源造成严重损害
危险性管理难度(P_5)	检疫识别难度(P_{51})	2	经过专门培训的技术人员才能识别
	除害处理难度(P_{52})	1	除害率50%～100%
	根除难度(P_{53})	2	防效高,但方法复杂,难度大,成本高

• 长 林 小 蠹 •

(1) 传入的可能性(P_1):长林小蠹(图版9)原产地位于欧洲地中海沿岸和大

西洋中某些岛屿,我国尚无该虫的报道。不过据统计,2008年全国各口岸从进境辐射松木材中截获长林小蠹38批次,而2009年前3个季度就已截获达72批次。

随着上海辰山植物园大量引种该虫的寄主植物,包括松科、杉科2科119株植物,使得该虫被调运和携带繁殖体的可能性以及在调运过程中的存活率都大大增加。综上所述,可知长林小蠹传入上海辰山植物园继而扩散蔓延至整个上海地区的可能性很高,风险大。

(2) 定殖的可能性(P_2):目前,长林小蠹主要发生国属于亚热带季风和季风性湿润气候。长林小蠹雌虫首先侵入树皮下,在树皮的形成层中筑造一个小配室;雌虫与雄虫交配后,雌虫建造1个长而弯曲的产卵坑道,并在坑道两端的刻痕中产卵,每雌虫最多产卵500粒,以幼虫越冬。幼虫在树皮下取食韧皮部与边材中的淀粉、纤维等,老熟后化蛹,春季羽化后飞出。该虫一般1年3代,成虫大多在凉爽高湿时期活动,世代重叠,使其在1年内多数时间均能侵染传播。受害树木树皮外表有时可见长林小蠹入侵或羽化时留下的侵入孔或羽化孔。

就地理位置来看,上海正处于该虫的纬度分布范围内;就气候类型来看,上海属于典型的亚热带季风和季风性湿润气候。就长林小蠹的生物学特性来讲,该虫的抗逆性和繁殖能力都很强。通过长林小蠹的适生区预测分析,上海属于长林小蠹适宜的定殖地区。

(3) 扩散的可能性(P_3):长林小蠹具有很强的自然传播能力,成虫飞行距离可达几公里,如在澳大利亚,长林小蠹在18个月中传播了25 km;在智利,自20世纪80年代中期传入到该国后,到1991年就已扩散到辐射松的所有分布区。同时,长林小蠹适应环境能力极强,其成虫、幼虫和卵均可随寄主材料(原木木质包装)远距离传播。通过长林小蠹中国适生区预测分析,长林小蠹在中国有50%~100%之间的地区能够适生。国内外研究资料没有发现上海地区存在该虫的有效天敌。综上所述,从扩散能力来看,该虫的扩散风险很高,而且没有有效的天敌抑制其扩散。

(4) 受害寄主经济重要性(P_4):该虫主要危害加那利松、湿地松、阿勒颇松、土耳其松、山松、欧洲黑松、奥地利黑松、克里木松、展叶松、海岸松、意大利松、辐射松、北美乔松、欧洲赤松、落叶松等松属的大多数树种,其他寄主还有冷杉属、云杉属、黄杉属。长林小蠹食性广泛,通常危害新伐木及衰弱木,受伤的健康树也常遭危害。此外,该虫还是2种重要林木真菌病害——松树黑根病菌和蓝变真菌的传播媒介。长林小蠹不仅容易导致树木死亡,而且还严重影响木材品质,一旦传入定殖,将对我国的林业生产和森林生态造成巨大破坏。在世界上很多国家都将其列为重要的检疫对象,NAPPO(北美植物保护组织,共有加拿大、墨西哥、美国3个成员国)将其列入检疫性有害生物预警列表中。

2007年,该虫被列入《中华人民共和国进境植物检疫有害生物名录》。目前还没有研究报道该虫传播携带其他检疫性有害生物。由此可见,一旦该虫侵入上海,将会存在广泛的寄主使其适生,并对寄主造成严重破坏,带来经济和生态的双重损失。

(5) 危险性管理难度(P_5):由于危害松属树种的小蠹科种类甚多,为了获得准确鉴定结果,对于长林小蠹,主要在形态上根据族、属和种的主要特征,逐渐缩小范围,以便做出正确鉴定。2006年,我国发布了《长林小蠹检疫鉴定方法》行业标准,规范了鉴定的方法。对于长林小蠹的防治,胡学难等利用斯氏线虫对其进行了生物防治实验,发现斯氏线虫长林小蠹有较强的致病性和寄生性,值得进一步研究。但是在进境原木上应用斯氏线虫大规模防治长林小蠹还存在一些问题。通过化学方法处理茎和幼苗,对于长林小蠹的防治也是一种可能,但因为费用和环境的问题,化学方法防治可能不能在野外进行。

根据上海辰山植物园外来入侵有害生物多指标评价体系,为长林小蠹各项评判指标赋分(表3-69),经过计算,长林小蠹的风险值R为2.41,属于高风险等级。

表3-69 长林小蠹定量风险评估

序 号	指标层(P_{ij})	赋分	赋分理由
传入的可能性(P_1)	国内分布情况(P_{11})	3	国内无发生报道
	国外分布情况(P_{12})	1	在日本、澳大利亚等国家与地区有分布
	有害生物运输过程中的存活率(P_{13})	3	运输过程中存活率超过40%
	寄主引种数量(P_{14})	1	涉及植物园引种119株左右
	有害生物被调运的可能性(P_{15})	3	被调运和携带繁殖体的可能性都大
定殖的可能性(P_2)	有害生物生物学特性(P_{21})	3	繁殖能力和抗逆性都强
	上海地区适生范围(P_{22})	3	在50%以上的地区能够适生
扩散的可能性(P_3)	可能存在的传播途径(P_{31})	1	存在2种传播途径
	国内的适生范围(P_{32})	3	在国内50%以上地区能够适生
	天敌存在的可能性(P_{33})	3	本地区不存在有效的天敌

(续表)

序　号	指标层(P_{ij})	赋分	赋分理由
受害寄主经济重要性(P_4)	寄主的种类(P_{41})	1	涉及2种
	寄主的潜在损失水平(P_{42})	3	传入后造成树木死亡≥20%
	国外重视程度(P_{43})	1	4个以上国家和地区把其列为检疫对象
	是否为其他检疫性有害生物的传播媒介(P_{44})	0	不传带任何检疫性有害生物
	非经济方面的潜在损失(P_{45})	3	防治手段和有害生物本身都对生态和社会资源造成严重损害
危险性管理难度(P_5)	检疫识别难度(P_{51})	1	可以鉴定,但方法复杂
	除害处理难度(P_{52})	3	现在的除害处理方法几乎完全不能除害
	根除难度(P_{53})	3	田间防治效果差,成本高,难度大

• 云 杉 树 蜂 •

(1) 传入的可能性(P_1)：我国尚无云杉树蜂(图版10)的分布报道。目前,云杉树蜂主要分布于阿尔及利亚、加那利群岛、摩洛哥、南非、蒙古、俄罗斯西伯利亚地区、土耳其、澳大利亚、新西兰、阿根廷、巴西、乌拉圭等地。

随着上海辰山植物园的大量引种,尤其是该虫寄主植物涉及2科119株植物,包括松科、杉科的大量引种,并且由于树蜂科昆虫多数种类经济意义不大,过去研究又少,故对树蜂的检疫有一定程度的松懈;而且木材中的树蜂多以幼虫或卵存在。综上所述,可知云杉树蜂传入上海辰山植物园继而扩散蔓延至整个上海地区的可能性很高,风险大。

(2) 定殖的可能性(P_2)：云杉树蜂属于欧洲、北非的本地种,在地中海地带达到最高密度。1900年在新西兰、1952年在澳大利亚定居。最近,又在意大利、乌拉圭、阿根廷和南非发现该虫。在澳大利亚东南部该虫每年完成一代,而该种群的另一部分在塔斯马尼亚和新西兰较冷的气候里可能要花两年才能完成一代。在澳大利亚,成虫出现于早春到早冬,高峰期在晚夏或早秋。产卵量为21～458个。卵通常10～15 d孵化。但在较冷的气候下,某些卵可以越冬。未受精卵发育成雄虫,而受精卵发育成雌虫。幼虫取食木材中的真菌,其蛀道可以达到树的中心。幼虫6~12龄,幼虫期一般为10~11个月,少数可能为2年。老熟幼虫在靠近树皮处化蛹,3个星期后成虫羽化。生活史通常10~13个月完成,在较冷气候下,幼虫可在木材中存活2年。雄虫较雌虫先羽化。羽化当天雌虫即可产卵。雌虫既可两性生殖又可孤雌生殖,孤雌生殖的后代均为雄虫。在开始飞行期,飞行距离通常少于3 km,但最长可达150 km,雌虫被吸引到生理上受害的树上,特别是那些由环境因素如受干旱影响林分过密引起的衰弱树木,受林业作业、风、电、闪电或火等意外伤害的树木也是重点侵袭对象。有时,该虫也被吸引到修枝或间伐后的树上。

就地理位置来看,上海正处于该虫的纬度分布范围内;就气候类型来看,上海属于典型的亚热带季风和季风性湿润气候。就云杉树蜂的生物学特性来讲,该虫的抗逆性和繁殖能力都很强。通过云杉树蜂的适生区预测分析,上海属云杉树蜂适宜的定殖地区。

(3) 扩散的可能性(P_3):云杉树蜂幼虫可通过木材和木质包装材料长时间、远距离传播;成虫不取食,依靠体内脂肪存活,有较强飞翔能力,可至几千米,借助风力甚至可达更远。随木材、木包装材料进入澳大利亚和新西兰的教训,应引起足够的重视。通过云杉树蜂的中国适生区预测分析可知,云杉树蜂在中国国内有0~25%的地区能够适生。国内外研究资料还没有显示上海地区有该虫的有效天敌的存在。综上所述,从扩散能力来看该虫的扩散风险很高,而且没有有效的天敌抑制其扩散。

(4) 受害寄主经济重要性(P_4):云杉树蜂主要危害松属种类,特别是辐射松;也危害云杉属、冷杉属、落叶松属以及美国松等种类。云杉树蜂在过密的松林和不健康的林分里,能够造成树木的大量死亡,具有潜在的威胁。在澳大利亚,该虫造成80%的三年生以上的辐射松死亡。1年内,云杉树蜂可以在50 000 hm^2的林地上,杀死10~30年生的树木175万株。1946年后,新西兰干旱严重,由于该虫的侵袭,到1951年在120 000 hm^2被人忽视、常受干旱的林区大约有30%的辐射松死亡。在澳大利亚大陆仅仅用于普查和控制该虫的经费达百万美元,这其中不包括云杉树蜂危害而造成的直接经济损失。据报道,云杉树蜂造成的损失最保守也在2 400万~13 000万美元。在世界上很多国家都将其列为重要的检疫对象,东非、智利、巴拉圭将其列为A1类的检疫性有害生物;COSAVE、南非将其列为A2类的检疫性有害生物;加拿大对其实施检疫隔离。

2007年,该虫被列入《中华人民共和国进境植物检疫有害生物名录》。目前也没有研究报道该虫传播携带其他检疫性有害生物。由此可见,一旦该虫侵入上海,将会存在广泛的寄主使其适生,并对寄主造成严重破坏,带来经济和生态的双重损失。

(5) 危险性管理难度(P_5)：对于云杉树蜂的鉴定，中华人民共和国国家质量监督检验检疫总局(2011年)发布了《云杉树蜂检疫鉴定方法》，被确定为国家出入境检验检疫行业标准。这项鉴定标准的制定，对加强口岸检疫、严防该种害虫的传入具有极为重大的意义。云杉树蜂的防治极其困难。1981年在新南威尔士发现该虫以来，每年都要释放大量的寄生蜂和寄生线虫，然而树蜂仍以每年30 km的速度蔓延。云杉树蜂在传入澳大利亚和新西兰后，至今还没有完全铲除。

根据上海辰山植物园外来入侵有害生物多指标评价体系，为云杉树蜂各项评判指标赋分(表3-70)，经过计算，云杉树蜂的风险值R为2.18，属于高风险等级。

表3-70 云杉树蜂定量风险评估

序号	指标层(P_{ij})	赋分	赋分理由
传入的可能性(P_1)	国内分布情况(P_{11})	3	国内无发生报道
	国外分布情况(P_{12})	1	在澳大利亚、新西兰等国家与地区有分布
	有害生物运输过程中的存活率(P_{13})	3	运输过程中存活率超过40%
	寄主引种数量(P_{14})	1	涉及植物园引种119株左右
	有害生物被调运的可能性(P_{15})	3	被调运和携带繁殖体的可能性都大
定殖的可能性(P_2)	有害生物生物学特性(P_{21})	3	繁殖能力和抗逆性都强
	上海地区适生范围(P_{22})	3	在50%以上的地区能够适生
扩散的可能性(P_3)	可能存在的传播途径(P_{31})	1	存在2种传播途径
	国内的适生范围(P_{32})	1	在国内0~25%地区能够适生
	天敌存在的可能性(P_{33})	3	本地区不存在有效的天敌
受害寄主经济重要性(P_4)	寄主的种类(P_{41})	1	涉及2种
	寄主的潜在损失水平(P_{42})	3	传入后造成树木死亡≥20%
	国外重视程度(P_{43})	1	1~9国家和地区把其列为检疫对象
	是否为其他检疫性有害生物的传播媒介(P_{44})	0	不传带任何检疫性有害生物
	非经济方面的潜在损失(P_{45})	3	防治手段和有害生物本身都对生态和社会资源造成严重损害

三、上海辰山植物园引进植物可能携带有害生物入侵风险分析与评估

(续表)

序　号	指标层(P_i)	赋分	赋分理由
危险性管理难度(P_5)	检疫识别难度(P_{51})	1	可以鉴定,但方法复杂
	除害处理难度(P_{52})	3	现在的除害处理方法几乎完全不能除害
	根除难度(P_{53})	3	田间防治效果差,成本高,难度大

● 蔗 根 象 ●

(1) 传入的可能性(P_1):据资料分析,我国还没有蔗根象发生的报道(图版10);现主要分布于美国(佛罗里达州)、波多黎各、牙买加、多米尼加、安的列斯群岛等地。

随着上海辰山植物园大量引种该虫的寄主植物蔷薇科1科,431株植物,使得该虫被调运和携带繁殖体的可能性以及在调运过程中的存活率都大大增加。因此,蔗根象传入上海辰山植物园继而扩散蔓延至整个上海地区的可能性很高,风险大。

(2) 定殖的可能性(P_2):目前,蔗根象是加勒比海地区重要的经济害虫之一,发生国主要是属于亚热带季风和季风性湿润气候。该虫成虫寿命3~4个月,单头雌虫产卵约5 000粒,成虫将叶卷起,或将两片叶粘在一起,产卵于卷叶内或两叶间。7~8 d后卵孵化;幼虫掉落地面,钻入土壤,取食寄主植物的根。几个月后老熟幼虫在土中化蛹,成虫羽化后用上颚挖掘隧道钻出地面,上颚折断。出土后成虫在寄主上聚集,并交配。虽然成虫可全年出现,但在美国佛罗里达中部,成虫主要的羽化时间在5~10月(或11月)。成虫一般不会飞离羽化出土地点很远(估计在300 m以内)。幼虫生活于地下,很难调查,当植物地上部分出现衰弱时才会被发现。

就地理位置来看,上海正处于该虫的纬度分布范围内;就气候类型来看,上海属于典型的亚热带季风和季风性湿润气候。就蔗根象的生物学特性来讲,该虫的抗逆性和繁殖能力都很强。通过蔗根象的适生区预测分析,上海属于蔗根象适宜的定殖地区。

(3) 扩散的可能性(P_3):蔗根象远距离的扩散主要依靠土壤和带土植物运输。另外残留于运输工具如汽车、轮船上的土壤也可能带有象甲幼虫、蛹。通过蔗根象的中国适生区预测分析可知,蔗根象在中国国内有25%~50%的地区能够适生。国内外研究资料还没有显示上海地区有该虫的有效天敌的存在。综上所述,从扩

散能力来看,该虫的扩散风险很高,而且没有有效的天敌抑制其扩散。

(4) 受害寄主经济重要性(P_4):蔗根象的寄主范围很广,危害大约 270 种不同的植物,包括柑橘、甘蔗、蔬菜、马铃薯、木本的观赏植物、甘薯、木瓜、番石榴、红木树、盆景和一些野生植物。蔗根象幼虫生活于土壤中,危害植物根部。常蛀食主根,削弱植物吸收水分、营养的能力,导致植株死亡。另外,由于甲虫危害,植物根部易受真菌侵染而腐烂。仅一头幼虫即可危害致死幼小寄主植物,而几头幼虫可使较大的寄主植物生长势严重衰弱。在美国佛罗里达州等地蔗根象每年造成约 7 000 万美元的损失,柑橘被害面积约 6 667 hm^2。

2007 年,该虫被列入《中华人民共和国进境植物检疫有害生物名录》。目前尚没有研究报道该虫传播携带其他检疫性有害生物。由此可见,一旦该虫侵入上海,将会存在广泛的寄主使其适生,并对寄主造成严重破坏,带来经济和生态的双重损失。

(5) 危险性管理难度(P_5):蔗根象检疫检查主要是检查寄主植物上有无危害状,有无成虫、卵块;检查寄主植物根部有无危害状,取土样筛土或淘土检查有无幼虫、蛹;注意检查运输工具的缝隙、角落中残留的土壤里有无幼虫、蛹。主要的调查方法是白天调查植物上柑橘根部被害状,老熟幼虫印度蔗根象成虫,可摇动植物植株或枝条,成虫会落到地面。摇动寄主植物之前可先在植物下的地面上铺一块浅色帆布。不要在大雨后立即调查虫情,因为通常由于暴雨冲刷成虫会大量掉落地面。在 20 世纪 60 年代,波多黎各主要通过施用氯化碳氢化合物如奥尔德林和氯丹来防治该虫,其他方法譬如喷洒昆虫生长调节剂能有效减少虫卵 95%。

据上海辰山植物园外来入侵有害生物多指标评价体系,为蔗根象各项评判指标赋分(表 3 - 71),经过计算,蔗根象的风险值 R 为 2.03,属于高风险等级。

表 3 - 71 蔗根象定量风险评估

序 号	指标层(P_{ij})	赋分	赋分理由
传入的可能性(P_1)	国内分布情况(P_{11})	3	国内无发生报道
	国外分布情况(P_{12})	1	在美国、加拿大等国家与地区有分布
	有害生物运输过程中的存活率(P_{13})	3	运输过程中存活率超过 40%
	寄主引种数量(P_{14})	1	涉及植物园引种 431 株左右
	有害生物被调运的可能性(P_{15})	3	被调运和携带繁殖体的可能性都大

三、上海辰山植物园引进植物可能携带有害生物入侵风险分析与评估

(续表)

序　号	指标层(P_{1i})	赋分	赋分理由
定殖的可能性(P_2)	有害生物生物学特性(P_{21})	3	繁殖能力和抗逆性都强
	上海地区适生范围(P_{22})	3	在50%以上的地区能够适生
扩散的可能性(P_3)	可能存在的传播途径(P_{31})	1	存在2种传播途径
	国内的适生范围(P_{32})	1	在国内0~25%地区能够适生
	天敌存在的可能性(P_{33})	3	本地区不存在有效的天敌
受害寄主经济重要性(P_4)	寄主的种类(P_{41})	1	涉及1种
	寄主的潜在损失水平(P_{42})	3	传入后造成树木死亡≥20%
	国外重视程度(P_{43})	1	1~9国家和地区把其列为检疫对象
	是否为其他检疫性有害生物的传播媒介(P_{44})	0	不传带任何检疫性有害生物
	非经济方面的潜在损失(P_{45})	3	防治手段和有害生物本身都对生态和社会资源造成严重损害
危险性管理难度(P_5)	检疫识别难度(P_{51})	2	可以鉴定,但方法复杂
	除害处理难度(P_{52})	1	除害率50%~100%
	根除难度(P_{53})	2	防效高,但方法复杂,难度大,成本高

● 苹 果 花 象 ●

(1) 传入的可能性(P_1):根据文献资料,我国还没有分布的报道。目前,苹果花象(图版11)主要分布在北美洲(美国、加拿大),在15°~60°N范围内。

随着上海辰山植物园大量引种该虫的寄主植物,蔷薇科的431株植物易携带该虫,使得该虫被调运和携带繁殖体的可能性以及在调运过程中的存活率都大大增加。因此,苹果花象传入上海辰山植物园继而扩散蔓延至整个上海地区的可能性很高,风险大。

(2) 定殖的可能性(P_2):该虫的发生国主要属于亚热带季风区域。苹果花象每年发生1代,以成虫形态在寄主植物下的地表越冬。进入春季,当地表温度达到约16℃或以上至少24 h,该虫开始活跃;当温度更高时,成虫开始有力地飞行。随着寄主植株的生长,该虫最初在叶柄花芽处取食,随后取食花,最后取食幼果。成虫取

食后不久便开始交配,随后产卵,产卵期长达 60 d 或者更久,平均产卵期为 34.6 d,每头雌虫可产卵 20~100 粒不等,平均产卵 65.8 粒。尽管苹果花象有在取食的寄主上产卵的偏好,然而当没有可用的偏好寄主时,成虫也会主动扩散到相同或不同的寄主上产卵。

就地理位置来看,上海正处于该虫的纬度分布范围内;就气候类型来看,上海属于典型的亚热带季风和季风性湿润气候。就苹果花象的生物学特性来讲,该虫的抗逆性和繁殖能力都很强。通过苹果花象的适生区预测分析,上海属苹果花象适宜的定殖地区。

(3) 扩散的可能性(P_3):苹果花象成虫的飞行能力较强,可在本地不同的果园间进行主动扩散。该虫长距离扩散的途径主要是感染有该虫的寄主植物的贸易往来、土壤基质及运输工具等;该虫也可以以卵、幼虫、成虫随寄主植物果实贸易进行扩散,以蛹随寄主土壤基质运输进行传播。由于该虫是在果实内部取食,肉眼难以直接观察。到达新的领地后,该虫在一个生长季内,群体便能迅速扩大。通过苹果花象的中国适生区预测分析可知,苹果花象在中国国内有 0~25% 的地区能够适生。国内外研究资料还没有显示上海地区有该虫的有效天敌的存在。综上所述,从扩散能力来看该虫的扩散风险很高,而且没有有效的天敌抑制其扩散。

(4) 受害寄主经济重要性(P_4):苹果花象是多食性害虫,可以危害多种蔷薇科植物,其常见寄主为蔷薇科苹果属、山楂属、唐棣属、李属、梨属、花椒属;山茱萸科梾木属等。此外,该虫也可在苦楝的果实中发育;其主要栽培寄主为桤叶唐棣、苹果、野香海棠;次要栽培寄主为酸樱桃、西洋梨;野生寄主为树唐棣、加拿大唐棣、白玉山楂、柔毛山楂、湖北山楂、斑点山楂、苦樱桃、碧桃、黑樱桃、野樱桃、花椒属。该虫能够对苹果和梨造成毁灭性的损失。在美国东北部中西部地区及加拿大的东部地区均有该虫危害苹果的报道。对苹果该虫可造成 50% 甚至更高的产量损失;在科罗拉多,该虫对栽培樱桃造成严重经济损失,1927 至 1929 年,在梨生长季节,该虫对英属哥伦比亚 Salmon Arm 地区的栽培梨造成了严重损失。

世界上很多国家都将其列为重要的检疫对象,欧盟中有 6 个国家(保加利亚、荷兰、捷克、罗马尼亚、斯洛伐克、斯洛文尼亚)以及厄瓜多尔、秘鲁、土耳其、智利等国将其列为检疫性有害生物;比利时、乌克兰将其列为限定性有害生物。

2007 年 5 月 29 日,该虫被列入《中华人民共和国进境植物检疫有害生物名录》。目前，还没有研究报道该虫传播携带其他检疫性有害生物。由此可见，一旦该虫侵入上海，将会存在广泛的寄主使其适生，并对寄主造成严重破坏，带来经济和生态的双重损失。

（5）危险性管理难度（P_5）：目前，苹果花象的检测主要是靠有经验的技术人员通过该虫的形态特征进行检测鉴定。杀虫剂在一定程度上可降低该虫的发生程度。但目前没有专门针对该虫的化学杀虫剂，普通的触杀剂如溴氰菊酯等可防治该虫。

化学杀虫剂喷施的最好时间为约有60%的花瓣脱落时；尽管如此，依然有少数虫会在花瓣脱落后蛀入幼果。同时，在有苹果花象发生的果园，应加强果园卫生管理，每个生长季节内应处理落果至少2次；尽管如此，处理过的果园仍然会有苹果花象发生。由此可见，该虫根除的可能性很低。

根据上海辰山植物园外来入侵有害生物多指标评价体系，为苹果花象各项评判指标赋分（表3-72），经过计算，苹果花象的风险值R为2.43，属于高风险等级。

表3-72　苹果花象定量风险评估

序　号	指标层（P_{ij}）	赋分	赋分理由
传入的可能性（P_1）	国内分布情况（P_{11}）	3	国内无发生报道
	国外分布情况（P_{12}）	1	在美国、加拿大等国家与地区有分布
	有害生物运输过程中的存活率（P_{13}）	3	运输过程中存活率超过40%
	寄主引种数量（P_{14}）	1	涉及植物园引种431株左右
	有害生物被调运的可能性（P_{15}）	3	被调运和携带繁殖体的可能性都大
定殖的可能性（P_2）	有害生物生物学特性（P_{21}）	3	繁殖能力和抗逆性都强
	上海地区适生范围（P_{22}）	3	在50%以上的地区能够适生
扩散的可能性（P_3）	可能存在的传播途径（P_{31}）	2	存在4种传播途径
	国内的适生范围（P_{32}）	2	在国内25%~50%地区能够适生
	天敌存在的可能性（P_{33}）	3	本地区不存在有效的天敌

(续表)

序 号	指标层(P_{ij})	赋分	赋分理由
受害寄主经济重要性(P_4)	寄主的种类(P_{41})	1	涉及1种
	寄主的潜在损失水平(P_{42})	3	传入后造成树木死亡≥20%
	国外重视程度(P_{43})	2	13国家和地区把其列为检疫对象
	是否为其他检疫性有害生物的传播媒介(P_{44})	0	不传带任何检疫性有害生物
	非经济方面的潜在损失(P_{45})	3	防治手段和有害生物本身都对生态和社会资源造成严重损害
危险性管理难度(P_5)	检疫识别难度(P_{51})	2	可以鉴定,可靠性一般
	除害处理难度(P_{52})	3	现在的除害处理方法几乎完全不能除害
	根除难度(P_{53})	2	防效高,但方法复杂,难度大,成本高

● 栗黑水疫霉 ●

(1) 传入的可能性(P_1):栗黑水疫霉病菌能够引起栗树黑水病及多种果树的根、茎腐烂病,我国尚未有该病菌发生的报道。目前,栗黑水疫霉病菌主要分布在日本、印度、丹麦、法国、英国、西班牙、意大利、毛里求斯、南非、加拿大、美国、澳大利亚等国。病菌在寄主死后仍能在土壤中存活数年以上。

随着上海辰山植物园的大量引种,尤其是该菌寄主植物的大量引种,有6科714株植物易携带该菌,包括槭树科、蔷薇科、松科、杜鹃花科、桦木科、壳斗科,使得该菌被调运和携带繁殖体的可能性以及在调运过程中的存活率都大大增加。因此,栗黑水疫霉病菌传入上海辰山植物园继而扩散蔓延至整个上海地区的可能性很高,风险大。

(2) 定殖的可能性(P_2):该菌发生国主要是属于亚热带季风和季风性湿润气候。栗黑水疫霉病菌的抗逆性很强,病菌最低生长温度2℃,最适生长温度22~24℃,最高生长温度32℃。

就地理位置来看,上海正处于该菌的纬度分布范围内;就气候类型来看,上海属于典型的亚热带季风和季风性湿润气候。就栗黑水疫霉病菌的生物学特性来讲,该菌的抗逆性和繁殖能力都很强。通过栗黑水疫霉病菌的适生区预测分析,上海属于栗黑水疫霉病菌适宜的定殖地区。

(3) 扩散的可能性(P_3)：栗黑水疫霉病菌主要通过土壤传播。病菌以菌丝或以卵孢子在田间或土壤中越冬，主要从伤口侵染。较高的土壤湿度、干旱和受伤等不利生长环境容易使寄主感病。潮湿和茎基部积水是诱发该病的主要条件。栗树黑水病的病菌通常侵染树干基部和较大的根，引起树干和根腐烂，如果病害发展较快，则顶部的叶片枯萎，栗树将在被侵染的第一年中死亡；否则在被侵染的第一年，叶和花变小，在第二年底整棵死亡，有时候果实流出的"黑水"将树干基部的树皮染黑。根部病斑流出的蓝黑色的液体将根部附近的土壤染色。

通过栗黑水疫霉病菌的中国适生区预测分析可知，栗黑水疫霉病菌在中国国内有50%～100%地区能够适生。国内外研究资料还没有显示上海地区有该菌的有效天敌的存在。从扩散能力来看，该菌的扩散风险很高，而且没有有效的天敌抑制其扩散。

(4) 受害寄主经济重要性(P_4)：该菌危害寄主广泛，包括栗属，如日本板栗、美洲板栗、美洲榛果栗、欧洲板栗；李属，如李子、杏、樱桃、酸樱桃、扁桃、圆叶樱桃、桃；苹果属，如苹果，槭属，如条纹槭；七叶树属七叶树；木麻黄属木麻黄；匹菊属除虫菊；瓜叶菊属瓜叶菊；石楠属石楠花；山毛榉属山毛榉；胡桃属；羽扇豆属白羽扇豆；假山毛榉属假山毛榉；牛油果属鳄梨；豌豆属豌豆；杜鹃属杜鹃；悬钩子属树莓；千里光属千里光；榆属榆树；人工接种可危害木豆属木豆、胡桃属胡桃、南山毛榉属、栎属和英国榆。

该病菌在侵染初期，症状也不明显；到了后期，树叶变小，变黄，脱落，或不表现出明显症状，而树木很快死亡。该病菌引起的根部腐烂症状是被侵染的根部变褐、变硬、变脆。该病菌除了引起栗树黑水病，还在许多果树上引起根、茎腐烂病。

上海辰山植物园共有6科714株植物易携带该菌，包括槭树科、蔷薇科、松科、杜鹃花科、桦木科、壳斗科。2007年，该菌被列入《中华人民共和国进境植物检疫有害生物名录》。目前，还没有报道该病菌传播携带其他检疫性有害生物。由此可见，一旦该菌侵入上海，将会存在广泛的寄主使其适生，并对寄主造成严重破坏，带来经济和生态的双重损失。

(5) 危险性管理难度(P_5)：国家质量监督检验检疫总局发布了《栗黑水疫霉病菌检疫鉴定方法》行业标准，规范了该菌的鉴定方法。而由于疫霉菌的形态和生物学性状具有较大的变异性，疫霉菌的鉴定一直比较困难。采用传统的形态学方法，很难区分形态相近的种。近年来发展的以核糖体基因转录间隔区（Internal transcribed spacer, ITS）为靶区域的DNA序列分析为疫霉菌的分类鉴定提供了新的方法。王源超等比较了形态非常相近的苎麻疫霉（*P. boehmeriae*）和恶疫霉

($P.\ cactorum$)的 ITS 序列,发现尽管形态特征非常相近,两个种的 ITS 序列存在着显著的差异,提出 ITS 序列可以作为区分上述两种疫霉菌的辅助性状。目前国际基因组数据库 GenBank 中积累了近 50 种疫霉种的 ITS 序列,通过比较这些序列差异部分可望设计引物来检测栗黑水疫霉病菌。

根据上海辰山植物园外来入侵有害生物多指标评价体系,为栗黑水疫霉病菌各项评判指标赋分(表 3-73),经过计算,栗黑水疫霉的风险值 R 为 2.48,属于高风险等级。

表 3-73 栗黑水疫霉定量风险评估

序 号	指标层(P_{ij})	赋分	赋分理由
传入的可能性(P_1)	国内分布情况(P_{11})	3	国内无发生报道
	国外分布情况(P_{12})	1	在美国、加拿大等国家与地区有分布
	有害生物运输过程中的存活率(P_{13})	3	运输过程中存活率超过 40%
	寄主引种数量(P_{14})	2	涉及植物园引种 714 株左右
	有害生物被调运的可能性(P_{15})	3	被调运和携带繁殖体的可能性都大
定殖的可能性(P_2)	有害生物生物学特性(P_{21})	3	繁殖能力和抗逆性都强
	上海地区适生范围(P_{22})	3	在 50% 以上的地区能够适生
扩散的可能性(P_3)	可能存在的传播途径(P_{31})	1	存在 1 种传播途径
	国内的适生范围(P_{32})	3	在国内 50% 以上的地区能够适生
	天敌存在的可能性(P_{33})	3	本地区不存在有效的天敌
受害寄主经济重要性(P_4)	寄主的种类(P_{41})	2	涉及 6 种
	寄主的潜在损失水平(P_{42})	3	传入后造成树木死亡 ≥ 20%
	国外重视程度(P_{43})	3	20 个国家和地区把其列为检疫对象
	是否为其他检疫性有害生物的传播媒介(P_{44})	0	不传带任何检疫性有害生物
	非经济方面的潜在损失(P_{45})	3	防治手段和有害生物本身都对生态和社会资源造成严重损害

(续表)

序　号	指标层(P_{ij})	赋分	赋分理由
危险性管理难度(P_5)	检疫识别难度(P_{51})	1	可以鉴定,但方法复杂
	除害处理难度(P_{52})	3	现在的除害处理方法几乎完全不能除害
	根除难度(P_{53})	3	田间防治效果差,成本高,难度大

• 天竺葵锈病菌 •

(1) 传入的可能性(P_1):2005 年,周彤燊等在昆明西南林学院校园内的天竺葵上发现了此菌,植株受害严重。此前在我国从未有该菌发生的报道,可以肯定是外来入侵种,而且它通过何种渠道侵入我国,尚待考证。目前,天竺葵锈病菌(图版 11)在世界范围内都有分布,欧洲主要集中在地中海带,非洲主要集中在东岸沿海国家;此外,澳大利亚、美国和加拿大以及南美洲都有地区分布。

上海辰山植物园引进植物中包含天竺葵科,8 株植物易携带该菌,使得该菌被调运和携带繁殖体的可能性以及在调运过程中的存活率都有所增加。因此,天竺葵锈病菌进入上海辰山植物园继而扩散蔓延至整个上海地区的可能性很高,风险大。

(2) 定殖的可能性(P_2):天竺葵锈病菌包括夏孢子和冬孢子两个阶段,夏孢子萌发温度 7~27 ℃,在离体叶片上可以存活 11 周。

就地理位置来看,上海正处于该菌的纬度分布范围内;就天竺葵锈病菌的生物学特性来讲,该菌的抗逆性和繁殖能力都很强。通过天竺葵锈病菌的适生区预测分析,上海属天竺葵锈病菌适宜的定殖地区。

(3) 扩散的可能性(P_3):天竺葵锈病菌夏孢子通过空气、衣服、农具和雨溅传播病害。植株受到病害侵染后,叶片很快变黄、干枯,提早脱落,托叶、叶柄及茎也可受害;病菌侵染后组织稍膨大,最后出现坏死,经常造成茎的开裂。天竺葵锈病菌可随风远距离传播,国际贸易中该病菌通过受害的天竺葵插条或植株传播病害的可能性较大。

通过天竺葵锈病菌的中国适生区预测分析可知,天竺葵锈病菌在中国国内有 50%~100% 地区能够适生。国内外研究资料还没有显示上海地区有该菌的有效天敌的存在。从扩散能力来看,该菌的扩散风险很高,而且没有有效的天敌抑制其扩散。

(4) 受害寄主经济重要性(P_4)：天竺葵锈病菌主要感染天竺葵和马蹄纹天竺葵。据报道，此病菌在南非和澳大利亚造成了极大的影响，损失严重。病菌造成天竺葵长势下降，切穗量减少，严重时叶片脱落，由于脱叶植株生长势减弱，并造成产花量的减少，甚至引起植株的死亡。

世界上很多国家都将其列为重要的检疫对象，EPPO（包括30多个国家和地区）将其列为A1类的检疫性有害生物；挪威对其实施检疫隔离。

2007年，该菌被列入《中华人民共和国进境植物检疫有害生物名录》。目前还没有研究报道该病菌传播携带其他检疫性有害生物。由此可见，一旦该菌侵入上海，将会存在广泛的寄主使其适生，并对寄主造成严重破坏，带来经济和生态的双重损失。

(5) 危险性管理难度(P_5)：中国国家质量监督检验检疫总局发布了《天竺葵锈病菌检疫鉴定方法》行业标准，在实验室中通过形态和症状两方面可以鉴定。通过化学和物理的方法可以有效地控制该菌。代森锌和代森锰被认为是抑菌的最好的药物，但是天竺葵锈病想要根除很困难。

根据上海辰山植物园外来入侵有害生物多指标评价体系，为天竺葵锈病菌各项评判指标赋分（表3-74），经过计算，天竺葵锈病菌的风险值R为2.54，属于极高风险等级。

表3-74 天竺葵锈病菌定量风险评估

序　　号	指标层(P_{ij})	赋分	赋分理由
传入的可能性(P_1)	国内分布情况(P_{11})	2	国内有零星发生报道
	国外分布情况(P_{12})	2	在南非、新西兰等48个国家与地区有分布
	有害生物运输过程中的存活率(P_{13})	3	运输过程中存活率超过40%
	寄主引种数量(P_{14})	1	涉及植物园引种8株左右
	有害生物被调运的可能性(P_{15})	3	被调运和携带繁殖体的可能性都大
定殖的可能性(P_2)	有害生物生物学特性(P_{21})	3	繁殖能力和抗逆性都强
	上海地区适生范围(P_{22})	3	在50%以上的地区能够适生

(续表)

序 号	指标层(P_{ij})	赋分	赋分理由
扩散的可能性(P_3)	可能存在的传播途径(P_{31})	2	存在3种传播途径
	国内的适生范围(P_{32})	3	在国内50%以上地区能够适生
	天敌存在的可能性(P_{33})	3	本地区不存在有效的天敌
受害寄主经济重要性(P_4)	寄主的种类(P_{41})	1	涉及1种
	寄主的潜在损失水平(P_{42})	3	传入后造成树木死亡≥20%
	国外重视程度(P_{43})	3	20个以上国家和地区把其列为检疫对象
	是否为其他检疫性有害生物的传播媒介(P_{44})	0	不传带任何检疫性有害生物
	非经济方面的潜在损失(P_{45})	3	防治手段和有害生物本身都对生态和社会资源造成严重损害
危险性管理难度(P_5)	检疫识别难度(P_{51})	1	可以鉴定,但方法复杂
	除害处理难度(P_{52})	3	现在的除害处理方法几乎完全不能除害
	根除难度(P_{53})	3	田间防治效果差,成本高,难度大

● 葡萄皮尔斯病菌 ●

(1) 传入的可能性(P_1):根据文献资料,葡萄皮尔斯病菌只在我国的陕西省(礼泉、乾县、蒲城)、河北省和台湾省有分布报道。目前,葡萄皮尔斯病菌主要分布在美洲国家,从南美洲的阿根廷到北美洲的加拿大,在40°S~47°N范围内。

在上海辰山植物园的引种名单中有许多是该菌的寄主植物,共有10科888株植物易携带该菌,包括忍冬科、悬铃木科、榆科、夹竹桃科、壳斗科、马鞭草科、葡萄科、漆树科、槭树科、蔷薇科,加上该菌在寄主植物体内有9~12个月的潜伏期,使得该菌被调运和携带繁殖体的可能性以及在调运过程中的存活率都大大增加。因此,葡萄皮尔斯病菌传入上海辰山植物园继而扩散蔓延至整个上海地区的可能性很高,风险大。

(2) 定殖的可能性(P_2):该菌的发生地主要属于亚热带季风和季风性湿润气候。葡萄皮尔斯病菌的抗逆性很强,Henneberger等人研究表明,该菌在冰点以下温度也能够生存；而 Feil 等人的另一项相似的研究指出，该菌的野外生长适宜温度为 26～32 ℃，适宜酸碱度为 pH 6.5～6.9。冬季可能是限制葡萄皮尔斯病菌地域传播的关键因素，葡萄皮尔斯病菌只发生在暖冬区域，大概是与细菌在休眠期植物体内的生存有关。温湿的冬季可增大昆虫介体的种群密度，有利于该病害的传播流行，干燥的夏季则有利于病害的发展。

就地理位置来看，上海正处于该菌的纬度分布范围内；就气候类型来看，上海属于典型的亚热带季风和季风性湿润气候。就葡萄皮尔斯病菌的生物学特性来讲，该菌的抗逆性和繁殖能力都很强。通过葡萄皮尔斯病菌的适生区预测分析，上海属葡萄皮尔斯病菌适宜的定殖地区。

(3) 扩散的可能性(P_3)：葡萄皮尔斯病菌主要通过苗木和昆虫介体进行传播。叶蝉科(Cicadellidae)和沫蝉科(Cercopidae)中的大多数昆虫均可作为传播介体。最常见的有红头大叶蝉(*Carneocephala fulgida*)、蓝绿叶蝉(*Graphocephala atropunctata*)、*Draeculacephala minerva*、亮翅叶蝉(*Homalodisca coagulata*)，介体可在野生寄主上吸食和越冬，第二年春天再转移至葡萄；若虫和成虫均具传病能力，通常在病株上吸食带菌后，一般要经过一个循环期后才能传病，有时也能立即传病。野生寄主植物是该病的重要侵染源，不仅提供了大量的介体昆虫，还可提供大量菌源。

通过葡萄皮尔斯病菌的中国适生区预测分析可知，葡萄皮尔斯病菌在中国有25%～50%地区能够适生。国内外研究资料还没有显示上海地区有该菌的有效天敌的存在。总之，从扩散能力来看，该菌的扩散风险很高，而且没有有效的天敌抑制其扩散。

(4) 受害寄主经济重要性(P_4)：该菌除了最主要寄主葡萄以及桃外，还可侵染30多科其他单子叶和双子叶植物，包括豆科、禾本科和蔷薇科等一年生和多年生的木本植物及杂草，如杏树、桃树、李树、柑橘、榆树、栎树、悬铃木、紫花苜蓿、莎草、大麦、圆叶枸子、狗牙根、线叶莎草、红鳞扁莎草、油莎豆、金雀儿、短白胡萝卜、野荠菜、马唐、咸草、假连翘、稗草、野麦属、柳叶草、圆锥柳叶菜、画眉草、芳叶牛儿苗等。除此之外，不同株系的葡萄皮尔斯病菌还能够引起其他多种植物病害，如巴西的柑橘杂色褪绿病(citrus variegated chlorosis)、南美洲的咖啡叶焦病(coffee leaf scorch)、美国南部的假桃病(phony peach disease)、夹竹桃叶焦病(oleander leaf scorch)、叶焦病(pear leaf scorch)、紫花苜蓿矮缩病(alfalfa dwarf)和杏叶焦病(almond leaf scorch)等。1982 年，该病在美国加州南部的圣达安娜河领域首此爆发。此后，美国加州有过 4 次大流行，共毁掉约 3 万 hm² 葡萄园，其中洛杉矶有 5～7 年生的葡萄几乎全部死亡的记录;最近的一次流行是在1995~1997年,造成加州葡萄种植者大约3 300万美元的损失。2000年6月,美国农业部宣布病害情况危急,投入了2 230万资金,在此之前,美国政府还曾为此特别拨款2 530万美元。

世界上很多国家和国际组织都将其列为重要的检疫对象,EPPO、EU、IAPSC、NAPPO、南非、巴西、加拿大、智利、巴拉圭、土耳其、乌克兰将其列为A1类的检疫性有害生物;COSAVE、阿根廷、乌拉圭将其列为A2类的检疫性有害生物;以色列、约旦、新西兰对其实施检疫隔离。

2007年,该菌被列入《中华人民共和国进境植物检疫有害生物名录》。目前还没有研究报道该病菌传播携带其他检疫性有害生物。由此可见,一旦该菌侵入上海,将会存在广泛的寄主使其适生,并对寄主造成严重破坏,带来经济和生态的双重损失。

(5) 危险性管理难度(P_5):目前,葡萄皮尔斯病菌的检测通常在夏末和秋天观察症状,有经验的技术人员在冬眠期和早春也能观察出来。郭向荣等提出了一种采用压力室从葡萄活组织中抽取木质部提取液,进行细菌的直接PCR检测的方法,简化了鉴定程序,并且可以在植株尚未出现症状时,就能够对植株群体进行有效的监测。对于确需引入的苗木要进行温汤消毒,用45 ℃热水浸泡约3 h,50 ℃热水20 min,可消灭该病原细菌。对于从美洲引种的葡萄应隔离种植2年,经检疫不带病后方可放行用于生产,否则就地销毁。葡萄皮尔斯病菌要彻底根除非常困难。该菌对抗生素敏感,经试验,用高浓度农用四环素或农用青霉素给病树"输液",治愈率达85%。

根据上海辰山植物园外来入侵有害生物多指标评价体系为葡萄皮尔斯病菌各项评判指标赋分(表3-75),经过计算,葡萄皮尔斯病菌的风险值R为2.08,属于高风险等级。

表3-75 葡萄皮尔斯病菌定量风险评估

序 号	指标层(P_{ij})	赋分	赋分理由
传入的可能性(P_1)	国内分布情况(P_{11})	2	国内有零星分布报道
	国外分布情况(P_{12})	1	在美国、印度等30个国家与地区有分布
	有害生物运输过程中的存活率(P_{13})	3	运输过程中存活率超过40%
	寄主引种数量(P_{14})	2	涉及植物园引种537株左右
	有害生物被调运的可能性(P_{15})	3	被调运和携带繁殖体的可能性都大

(续表)

序号	指标层(P_{ij})	赋分	赋分理由
定殖的可能性(P_2)	有害生物生物学特性(P_{21})	3	繁殖能力和抗逆性都强
	上海地区适生范围(P_{22})	3	在50%以上的地区能够适生
扩散的可能性(P_3)	可能存在的传播途径(P_{31})	1	存在2种传播途径
	国内的适生范围(P_{32})	2	在国内25%～50%的地区能够适生
	天敌存在的可能性(P_{33})	3	本地区不存在有效的天敌
受害寄主经济重要性(P_4)	寄主的种类(P_{41})	3	涉及12种
	寄主的潜在损失水平(P_{42})	3	传入后造成树木死亡≥20%
	国外重视程度(P_{43})	3	20个以上的国家把其列为检疫对象
	是否为其他检疫性有害生物的传播媒介(P_{44})	0	不传带任何检疫性有害生物
	非经济方面的潜在损失(P_{45})	3	防治手段和有害生物本身都对生态和社会资源造成严重损害
危险性管理难度(P_5)	检疫识别难度(P_{51})	1	可以鉴定,方法复杂
	除害处理难度(P_{52})	1	除害率85%
	根除难度(P_{53})	2	防效高,但方法复杂,难度大,成本高

• 番茄环斑病毒 •

(1) 进入的可能性(P_1): 根据资料,1989～1990年,番茄环斑病毒分别在我国台湾省和浙江省有过发生报道,目前还没有大面积流行的发生。目前,番茄环斑病毒主要分布于加拿大、美国、日本、土耳其、挪威、瑞典、芬兰、俄罗斯、波兰、捷克、匈牙利、德国、奥地利、瑞士、荷兰、比利时、英国、爱尔兰、法国、意大利、澳大利亚、新西兰、墨西哥、牙买加、巴西、智利等国。

该病毒不但能够通过种苗传播,例如红三叶草(种传率3%～7%)、番茄(3%)以及桃、李、悬钩子、杏、蔷薇、唐菖蒲等,同时土壤中的剑线虫也是传毒介体,其中最主要的是 *Xiphinema americanum* 和 *X. americanum* 的3龄幼虫和成虫都可传播,饲毒和接毒都可在1 h内完成,而且线虫传毒效率极高,单头线虫便能接种成功,线虫获毒后能够保持传毒力几周甚至几个月。其次木本植物还可以通过嫁接传毒。有报道称,将该病毒置于2~4℃冷藏库保存或出口运输,其活性不会受到影响。

随着上海辰山植物园从国外尤其是该病发生国的引种,有3科658株植物易携带该病毒,包括忍冬科、榆科、蔷薇科,使得该病毒被调运的可能性以及在调运过程中的存活率都大大增加。因此,番茄环斑病毒传入上海辰山植物园继而扩散蔓延至整个上海地区的可能性很高,风险大。

(2)定殖的可能性(P_2):从其世界分布来看,番茄环斑病毒可在热带、亚热带和温带地区生存,而上海正处于亚热带地区,同时,番茄环斑病毒的抗逆性很强。而上海毗邻地区浙江省已有分布的现实情况,都表明该病毒在上海定殖的可能很大。

(3)扩散的可能性(P_3):番茄环斑病毒的传播途径多样,可通过美洲剑线虫等介体、嫁接和机械接种等方式传播扩散。此外,该病毒还可通过带毒寄主的种子及其他繁殖材料的调运作远距离传播扩散。

利用Maxent生态模型对番茄环斑病毒在中国适生区预测分析可知,该病毒在中国国内超过50%的地区能够适生。同时国内外研究资料还没有显示上海地区有该病毒的有效天敌的存在。综上所述,从扩散能力来看,该病毒的扩散风险很高,而且没有有效的天敌抑制其扩散。

(4)受害寄主经济重要性(P_4):番茄环斑病毒的寄主范围很广,人工接种条件下可侵染35科105属157种以上单子叶和双子叶植物,自然界中多发生在观赏植物、木本和半草本植物上。常见的自然寄主有葡萄、桃、李、樱桃、苹果、榆树、兰花、大豆、菜豆、烟草、黄瓜、番茄、悬钩子、覆盆子、玫瑰、天竺葵、草蓄、唐菖蒲、水仙、五星花、大丽花、八仙花、千日红、接骨木以及果园杂草(如蒲公英、繁缕)等。该病毒感染植株的症状因寄主而异。植株被感染常常造成严重的经济损失甚至绝收。

在美国,该病毒的迅速蔓延导致纽约州的葡萄严重减产;还导致俄勒冈州覆盆子果实减产21%,总产量减产更是超过50%,受害第三年,高达80%的覆盆子果枝死亡。在英国,该病毒对温室作物产生严重的危害(尤其是蔬菜和观赏植物一起种植时)。目前,世界上很多国家和国际组织都将其列为重要的检疫对象,APPPC、EU、IAPSC、阿根廷、巴拉圭、乌克兰将其列为A1类的检疫性有害生物;EPPO、土耳其将其列为A2类的检疫性有害生物;加拿大、以色列、挪威对其实施检疫隔离。

该病毒是我国公布的一类检疫性病毒,并且也是中俄(中方提出)植检植保双边协定规定中的检疫性病害。

目前还没有研究报道该病毒传播携带其他检疫性有害生物。由此可见,一旦该病毒侵入上海,将会存在广泛的寄主使其适生,并对寄主造成严重破坏,带来经济和生态的双重损失。

(5) 危险性管理难度(P_5):可以通过观察植物发病症状的方法对该病毒进行检验检测,当然,由于种传苗往往不显症,所以不能只单凭肉眼观察,必须作其他室内检验。该病毒已制定了鉴定标准。同时,我国针对该病毒的检测方法已做了大量的研究,主要有生物学、血清学、分子生物学等方法。目前尚无针对病毒的有效除害处理方法;一旦检出该病毒,只能采取退货或销毁的检疫措施。应用化学(杀灭美洲剑线虫)和农业(采用无毒繁殖材料、消除或减少侵染源、选用抗病品种)防治方法可减少病害的发生,但效果有限。

根据上海辰山植物园外来入侵有害生物多指标评价体系为番茄环斑病毒各项评判指标赋分(表3-76),经过计算,番茄环斑病毒的风险值R为2.55,属于极高风险等级。

表3-76 番茄环斑病毒定量风险分析

序 号	指标层(P_{ij})	赋分	赋分理由
传入的可能性(P_1)	国内分布情况(P_{11})	2	国内浙江、台湾有发生报道
	国外分布情况(P_{12})	1	在美国、加拿大等28个国家与地区有分布
	有害生物运输过程中的存活率(P_{13})	3	运输过程中存活率超过40%
	寄主引种数量(P_{14})	2	涉及植物园引种658株左右
	有害生物被调运的可能性(P_{15})	3	被调运和携带繁殖体的可能性都大
定殖的可能性(P_2)	有害生物生物学特性(P_{21})	3	繁殖能力和抗逆性都强
	上海地区适生范围(P_{22})	3	在50%以上的地区能够适生
扩散的可能性(P_3)	可能存在的传播途径(P_{31})	2	存在4种传播途径
	国内的适生范围(P_{32})	3	在国内50%以上地区能够适生
	天敌存在的可能性(P_{33})	3	本地区不存在有效的天敌

(续表)

序　号	指标层(P_{ij})	赋分	赋分理由
受害寄主经济重要性(P_4)	寄主的种类(P_{41})	1	涉及3种
	寄主的潜在损失水平(P_{42})	3	传入后造成树木死亡≥20%
	国外重视程度(P_{43})	3	20个以上国家和地区把其列为检疫对象
	是否为其他检疫性有害生物的传播媒介(P_{44})	0	不传带任何检疫性有害生物
	非经济方面的潜在损失(P_{45})	3	防治手段和有害生物本身都对生态和社会资源造成严重损害
危险性管理难度(P_5)	检疫识别难度(P_{51})	1	可以鉴定,但方法复杂
	除害处理难度(P_{52})	3	现在的除害处理方法几乎完全不能除害
	根除难度(P_{53})	3	田间防治效果差,成本高,难度大

● 榆 枯 萎 病 菌 ●

（1）传入的可能性（P_1）：榆树枯萎病菌[*Ophiostoma ulmi*（Buisman）Nannf.]是最具毁灭性的植物病害之一,最早报道于比利时和瑞士;在1881～1921年间,西北欧的比利时、法国等国相继发生这种病害;到1930年已传遍了意大利和保加利亚。

近几年来,榆树枯萎病菌在欧洲、北美和中亚爆发并带来巨大损失。

该病菌极易随进口苗木传入我国,一旦传入中国,将会对很多榆属树种造成不可估量的损失。因此,我国对榆树枯萎病的发生和研究保持高度关注,有关人员纷纷对榆树枯萎病菌鉴定、致病机理、起源、危险性分析及诸多疑似榆树枯萎病菌事件进行研究和报道,但至今没有确切证据表明榆树枯萎病菌在我国境内发生。

该病菌现分布于印度、塔吉克斯坦、爱沙尼亚、立陶宛、摩尔多瓦、乌克兰、乌兹别克斯坦(中部)、伊朗、土耳其、丹麦、挪威、瑞典、波兰、捷克、斯洛伐克、匈牙利、德国、奥地利、瑞士、比利时、英国、法国、西班牙、葡萄牙、意大利、罗马尼亚、保加利亚、希腊、加拿大、美国等39个国家和地区。

在上海辰山植物园大量引种的植物名单中,存在该菌的寄主植物,有1科9株植物是该虫的寄主,使得该菌有了被调运和携带繁殖体的可能性。因此,在上海辰山植物园引种植物中榆树枯萎病菌传入上海辰山植物园继而扩散蔓延至整个上海地区的可能性很高,风险大。

(2) 定殖的可能性(P_2):榆枯萎病广泛分布于欧洲、北美洲各国,在欧洲从东部的乌拉尔山脉向西扩展到爱尔兰,向北扩展到瑞典。在亚洲的印度、伊朗、土耳其及俄罗斯也有发生,发生国家和地区主要位于 20°～70°N,亚热带和温带地区的范围内。

病菌孢子的存活期很长,在伐倒的感病原木上可存活 2 年之久。病菌在衰弱的病株内或被砍伐的病树、死树内的虫道和蛹室中越冬。病害通过带菌的榆属苗木、原木、木制品和包装箱垫的榆木进行远距离传播。田间短距离传播的主要侵染源是昆虫介体。欧美传病的昆虫介体已证实的有 18 种,其中重要的有欧洲榆小蠹 (*Scolytus multistriatus*)、欧洲大榆小蠹 (*S. scolytus*)、短体边材小蠹 (*S. pygmaeus*) 和美洲榆小蠹 (*Hylurgopinus rufipes*)。小蠹于夏、秋两季喜欢在因榆枯萎病菌而导致衰弱或濒于死亡的植株树皮内造穴产卵,因此,在树内幼虫通道和蛹室中常有大量的无性孢子和子囊孢子;次年春季从虫道羽化的成虫体外带菌,带菌成虫需要补充营养,在健康的榆树上取食时,病菌通过虫伤侵入。

就地理位置来看,上海正处于该菌的纬度分布范围内;就气候类型来看,上海属于典型的亚热带季风和季风性湿润气候。就榆枯萎病菌的生物学特性来讲,该菌的抗逆性和繁殖能力都很强。通过榆枯萎病菌的适生区预测分析,上海属于榆枯萎病菌适宜的定殖地区。

(3) 扩散的可能性(P_3):病菌在林中相互间的传播主要通过携带病菌孢子的小蠹虫的取食、交配活动传给健康榆树的。传病媒介小蠹虫有 3 种:欧洲榆小蠹、欧洲大榆小蠹和美洲榆小蠹。同时,该病菌也能通过树间嫁接和根系交叉接合传播。区域间人为的调运病树木材使病害远距离传播。如 20 世纪 20 年代该病通过一船榆木传入美国。60 年代中期该病的一个致病小种也通过同样方法从加拿大传入英国。

通过榆枯萎病菌的中国适生区预测分析可知,榆枯萎病菌在中国国内有 25%～50% 的地区能够适生。现有的研究资料还没有显示上海地区有该菌有效天敌的存在。综上所述,从扩散能力来看,榆枯萎病菌的扩散风险很高,而且没有有效的天敌抑制其扩散。

(4) 受害寄主经济重要性(P_4):该菌的寄主主要是榆属树木,美洲榆(*Ulmus*

americana)、山榆(*U. glabra*)、糙枝榆(*U. fulva*)和翼枝长序榆(*U. alata*)高度感病;荷兰榆(*U. hollandica*)中度感病;椰榆、白榆、光叶榆、英国榆等较抗病。人工接种还可危害榉属(*Zelkova*)和水榆属(*Planera*)树木。此外,病菌还可在20种其他植物材料(小枝和茎干)上生长,产生菌索。各龄榆树均可受害。症状首先出现在病株树冠上部的一个或几个枝条上,叶片发黄,卷曲,萎蔫,以后变褐早落,病情发展快时,枯叶仍保持绿色不脱落。大部分受侵染枝条落叶后立即死亡。病害由小枝向大枝蔓延,数年后整树枯死。发病严重时,有的病株数周内即可整株死亡。一般春季或初夏受侵染的病株死亡较迅速。在抗病树种上病害发展较慢,有时病树还可康复。剥去受侵染枝条的树皮,在木质部外层可见褐色条纹或斑点。树干或枝条横切面,接近外侧的年轮附近有深褐色条纹或斑点,有的斑点密集,可看到连续或不连续的深褐色环;纵剖面具深褐色纵向条纹。这种变色症状可延伸到叶柄和根部,内部输导组织也变色。切开枝杈处可见许多小蠹虫危害造成的坑道。

该菌属于最具毁灭性的病害之一,历史上有两次大规模的流行:20世纪初期,该菌由法国传入中欧、南欧、英国、北美、西亚、南亚、中亚,造成榆树大面积的死亡,如美国1930~1935年,据统计,有250万株榆树死于该菌的侵染;70年代,该菌由英国和北美中西部传入北美、欧洲、中亚、西亚、南亚,造成这些国家大部分成年榆树死亡,如英国南部,1970~1978年,230万棵榆树中有75%死亡;葡萄牙,1979年80%的榆树死亡。

该菌在EPPO组织的国家和地区以及中国属于A1类检验检疫物种,在APPPC组织的国家和地区,以及加拿大,属于A2类检验检疫物种。目前还没有研究报道该病菌传播携带其他检疫性有害生物。由此可见,一旦该菌侵入上海,将会带来经济和生态的双重损失。

(5) 危险性管理难度(P_5):目前,榆树枯萎病菌的检测通常是对进口的榆属苗木和原木,首先从外观上检查,看树干或枝条的横断面上有无深褐色条纹或断续圆环。如果有疑似的症状则根据《榆枯萎病菌检疫鉴定方法》,在实验室分离病原菌,进行菌落形态的鉴定。对于该菌的防治,主要通过营林育林、化学、物理等方法,会取得一定的效果,但很难根除。

根据上海辰山植物园外来入侵有害生物多指标评价体系,为榆树枯萎病各项评判指标赋分(表3-77),经过计算,榆枯萎病菌的风险值R为2.03,属于高风险等级。

表 3-77 榆树枯萎病定量风险评估

序 号	指标层(P_{ij})	赋分	赋分理由
传入的可能性(P_1)	国内分布情况(P_{11})	3	国内有零星分布报道
	国外分布情况(P_{12})	1	在美国、比利时等 39 个国家与地区有分布
	有害生物运输过程中的存活率(P_{13})	3	运输过程中存活率超过 40%
	寄主引种数量(P_{14})	1	涉及植物园引种 9 株左右
	有害生物被调运的可能性(P_{15})	1	被调运和携带繁殖体的可能性一般
定殖的可能性(P_2)	有害生物生物学特性(P_{21})	3	繁殖能力和抗逆性都强
	上海地区适生范围(P_{22})	2	在 20%～50% 的地区能够适生
扩散的可能性(P_3)	可能存在的传播途径(P_{31})	2	存在 3 种传播途径
	国内的适生范围(P_{32})	2	在国内 25%～50% 的地区能够适生
	天敌存在的可能性(P_{33})	3	本地区不存在有效的天敌
受害寄主经济重要性(P_4)	寄主的种类(P_{41})	1	涉及 1 种
	寄主的潜在损失水平(P_{42})	3	传入后造成树木死亡≥20%
	国外重视程度(P_{43})	3	40 个以上的国家把其列为检疫对象
	是否为其他检疫性有害生物的传播媒介(P_{44})	0	不传带任何检疫性有害生物
	非经济方面的潜在损失(P_{45})	3	防治手段和有害生物本身都对生态和社会资源造成严重损害
危险性管理难度(P_5)	检疫识别难度(P_{51})	1	可以鉴定,但方法复杂
	除害处理难度(P_{52})	1	除害率 50%～100%
	根除难度(P_{53})	2	防效高,但方法复杂,难度大,成本高

4. 结论

根据对 14 种检疫性有害生物的定性、定量分析,利用多指标综合评价体系的计算方法,计算各有害生物入侵风险的风险值,计算结果见表 3-78。由表可以看出,14 种有害生物中有 2 种有害生物(番茄环斑病毒、天竺葵锈病菌)风险水平属于极高风险;另外 12 种(无花果蜡蚧、新菠萝灰粉蚧、扶桑绵粉蚧、苹果花象、栗黑水疫霉、荷兰石竹卷蛾、南洋臀纹粉蚧、云杉树蜂、蔗根象、长林小蠹、葡萄皮尔斯病、榆枯萎病菌)属于高度风险,有必要在上海口岸进境检疫与上海辰山植物园的国外引种中实施相应的风险管理。

表 3-78 14 种有害生物风险评估的 R 值和风险水平

编号	有害生物种类	拉丁学名	R 值	风险水平
1	无花果蜡蚧	*Ceroplastes rusci* Linnaeus	2.45	高
2	新菠萝灰粉蚧*	*Dysmicoccus neobrevipes* Beardsley	2.38	高
3	扶桑绵粉蚧*	*Phenacoccus solenopsis* Tinsley	2.18	高
4	荷兰石竹卷蛾	*Cacoecimorpha pronubana*（Hübner）	2.30	高
5	南洋臀纹粉蚧	*Planococcus lilacinus* Cockerell	2.26	高
6	长林小蠹	*Hylurgus ligniperda* Fabricius	2.41	高
7	云杉树蜂	*Sirex noctilio* Fabricius	2.18	高
8	蔗根象	*Diaprepes abbreviata*（L.）	2.03	高
9	苹果花象	*Anthonomus quadrigibbus* Say	2.43	高
10	栗黑水疫霉	*Phytophthora cambivora*（Petri）Buisman	2.48	高
11	天竺葵锈病菌	*Puccinia pelargonii-zonalis* Doidge	2.54	极高
12	葡萄皮尔斯病菌	*Xylella fastidiosa* Wells	2.08	高
13	番茄环斑病毒	Tomato ringspot virus	2.55	极高
14	榆枯萎病菌	*Ophiostoma ulmi*（Buisman）Nannf.	2.03	高

* 为现场调查发现的有害生物。

第四篇

上海迪士尼建设第一期工程与其他地区引进植物及可能携带有害生物风险分析与评估

上海迪士尼项目第一期工程向上海市林业病虫防治检疫站提出引进植物的申请。根据WTO实施动植物卫生检疫措施协议和《植物检疫条例》等的有关规定，对引进植物及其可能携带的有害生物开展风险分析。

上海迪士尼建设第一期工程共引种3 800余株苗木，涉及柏科、蔷薇科、唇形科、桦木科、木犀科、忍冬科、松科等14科，扁柏属、崖柏属、蚌壳蕨属、分药花属、浆果鹃属、椴属、鹅耳枥属、黄杨属、莸属、女贞属、槭树属、紫薇属、火棘属、苹果属、石斑木属、栒子属、樱属、忍冬属、雪松属等20属，美国花柏、北美香柏、美西侧柏、软树蕨、滨藜叶分药花、草莓树、银毛椴、欧洲鹅耳枥、瓜子黄杨、蓝花莸、紫药女贞、银白槭、自由人槭、紫薇、欧洲火棘、海棠、石斑木、柳叶栒子、西南栒子、山樱花、金红久忍冬、蔓生盘叶忍冬、忍冬、大西洋雪松等24种植物（图版12～14、17～18），涉及德国、澳大利亚、意大利、荷兰等4个国家（表4-1）。

表4-1 上海迪士尼建设第一期工程引种名单

序号	中文名	科名	属名	拉丁学名	引种国	株数
1	美国花柏	柏科	扁柏属	*Chamaecyparis lawsoniana*	德国	13
2	北美香柏		崖柏属	*Thuja occidentalis*	德国	17
3	美西侧柏		崖柏属	*Thuja plicata*	德国	2
4	软树蕨	蚌壳蕨科	蚌壳蕨属	*Dicksonia antarctica*	澳大利亚	75
5	滨藜叶分药花	唇形科	分药花属	*Perovskia atriplicifolia*	意大利	200
6	草莓树	杜鹃花科	浆果鹃属	*Arbutus unedo*	意大利	50
7	银毛椴	椴树科	椴属	*Tilia tomentosa*	荷兰	100
8	欧洲鹅耳枥	桦木科	鹅耳枥属	*Carpinus betulus*	荷兰	50
9	欧洲鹅耳枥（特殊造型）			*Carpinus betulus*	德国	27
10	瓜子黄杨	黄杨科	黄杨属	*Buxus microphylla*	意大利	40
11	蓝花莸	马鞭草科	莸属	*Caryopteris × clandonensis*	意大利	200
12	紫药女贞	木犀科	女贞属	*Ligustrum delavayanum*	意大利	10

(续表)

序号	中文名	科名	属名	拉丁学名	引种国	株数
13	银白槭	槭树科	槭树属	*Acer saccharinum*	荷兰	500
14	自由人槭			*Acer rubrum* × *freemanii*	荷兰	1 000
15	紫薇	千屈菜科	紫薇属	*Lagerstroemia indica*	意大利	300
16	欧洲火棘	蔷薇科	火棘属	*Pyracantha coccinea*	意大利	250
17	海棠		苹果属	*Malus spectabilis*	德国	62
18	石斑木		石斑木属	*Rhaphiolepis indica*	意大利	400
19	柳叶栒子		栒子属	*Cotoneaster salicifolius*	意大利	150
20	西南栒子			*Cotoneaster franchetii*	意大利	300
21	山樱花		樱属	*Cerasus serrulata*	德国	37
22	金红久忍冬	忍冬科	忍冬属	*Lonicera heckrottii*	意大利	10
23	蔓生盘叶忍冬			*Lonicera caprifolium*		10
24	忍冬			*Lonicera japonica*		10
25	大西洋雪松	松科	雪松属	*Cedrus atlantica*	意大利	15

一、上海迪士尼建设第一期工程引种植物风险分析

由于此次引种植物种类较多,在开展风险分析之前,对引种名单需要进行一定的筛选,选出应该进行评估的部分物种。

对迪士尼一期引种外来植物的筛选步骤如下:

(1) 对迪士尼一期工程引种名录中所有的陆生植物进行初步筛选,对各个物种的原产地进行一一核实;若原产地明确为本土,则被剔除出评估范围。

(2) 使用预评估方法对原产地核实后的外来陆生植物进行预评估,剔除部分明确不具有入侵性的外来陆生植物。

通过查阅相关数据库(如 CNKI、GBIF 等)以及重要国际与国家组织官网,对各个物种的原产地进行了一一核实,具体结果如表4-2所示。

表4-2 上海迪士尼建设第一期工程引种外来植物原产地及中国栽植情况

序号	中文名	原产地及中国栽植情况
1	美国花柏	美国西部;我国南京、杭州、昆明、庐山等地均有栽培,生长良好
2	北美香柏	北美洲东部;我国郑州、青岛、庐山、上海、南京、杭州等地均有引种栽植
3	美西侧柏	北美洲西部;我国沈阳以南至长江流域地区生长良好
4	软树蕨	澳大利亚
5	滨藜叶分药花	伊朗北部,巴基斯坦,阿富汗,印度西部;我国西藏西部栽植
6	草莓树	原产于地中海地区和西欧北部法国西部及爱尔兰;我国多在大、中城市郊区种植
7	银毛椴	欧洲东南部,亚洲西南部;我国北京、上海崇明岛等地有栽培

(续表)

序号	中文名	原产地及中国栽植情况
8	欧洲鹅耳枥	欧洲；我国上海、芜湖、南京等地近十年开始引种栽培
9	欧洲鹅耳枥（特殊造型）	
10	瓜子黄杨	中国
11	蓝花茋	越南，日本，印度尼西亚，印度；我国江南各省栽植
12	紫药女贞	中国特有植物
13	银白槭	原产北美东部，从加拿大的安大略、魁北克直到美国的佛罗里达州均有分布；我国辽宁北部较多栽植
14	自由人槭	美国；我国山东引进栽植成功
15	紫薇	原产亚洲，广植于热带地区
16	欧洲火棘	欧洲；在我国园林绿化中应用广泛
17	海棠	中国
18	石斑木	中国及印度
19	柳叶枸子	中国特有植物
20	西南枸子	泰国北部，缅甸北部；我国大陆的云南、贵州、四川、西藏等地栽植
21	山樱花	中国，日本，朝鲜
22	金红久忍冬	中国广泛应用于布置园林，绿化环境
23	蔓生盘叶忍冬	欧洲；我国忍冬属植物种类数量占全球忍冬属植物种类的一半以上，是忍冬属植物的集中分布区。忍冬属是广布种，几乎分布在我国各地区，以西南部种类最多
24	忍冬	我国各省均有分布；日本和朝鲜也有分布
25	大西洋雪松	非洲西北部；我国南京等地引种栽培

由表4-2可知，迪士尼一期工程引种的外来植物中，瓜子黄杨、蓝花茋、紫药女贞、紫薇、海棠、石斑木、柳叶枸子、西南枸子、山樱花原产中国，因此这些植物的引种本身是安全的。

美国花柏、北美香柏、美西侧柏、草莓树、银毛椴、欧洲鹅耳枥、银白槭、自由人槭、欧洲火棘、金红久忍冬、蔓生盘叶忍冬、忍冬、大西洋雪松等则在中国已有一定的引种栽培历史，都没有呈现出入侵植物的危害，因此，单就这些植物本身引种的风险是比较小的（不需进行深入的风险分析）。

针对软树蕨（蚌壳蕨科，原产澳大利亚，无引种记录）、滨藜叶分药花（唇形科，原产中亚及我国西藏，无引种记录）这两种国内尚无引种记录的植物进行风险评估〔具体风险评估报告见下文"二、上海迪士尼建设第一期工程引种植物可能携带有害生物风险分析（一）（二）"〕。

二、上海迪士尼建设第一期工程引种植物可能携带有害生物风险分析

通过《中华人民共和国进境植物检疫有害生物名录》以及《中华人民共和国进境植物检疫潜在危险性病、虫、杂草名录(试行)》,查询确认了一期引种植物可能携带的检疫性有害生物名单(表4-3)。

表4-3 引进植物可能携带的检疫性有害生物名单

序号	中文名	科名	属名	可能携带的检疫性有害生物
1	美国花柏	柏科	扁柏属	松唐盾蚧,美柏肤小蠹
2	北美香柏		崖柏属	
3	美西侧柏		崖柏属	
4	软树蕨	蚌壳蕨科	蚌壳蕨属	无
5	滨藜叶分药花	唇形科	分药花属	无
6	草莓树	杜鹃花科	浆果鹃属	无
7	银毛椴	椴树科	椴属	无
8	欧洲鹅耳枥	桦木科	鹅耳枥属	无
9	欧洲鹅耳枥(特殊造型)			无
10	瓜子黄杨	黄杨科	黄杨属	无
11	蓝花莸	马鞭草科	莸属	无
12	紫药女贞	木犀科	女贞属	无
13	银白槭	槭树科	槭树属	栗疫霉黑水病菌,梨带蓟马,荷兰石竹卷蛾,胡桃圆盾蚧,木质部难养细菌
14	自由人槭			

(续表)

序号	中文名	科名	属名	可能携带的检疫性有害生物
15	紫薇	千屈菜科	紫薇属	无
16	欧洲火棘	蔷薇科	火棘属	荷兰石竹卷蛾,苹果绵蚜,草莓滑刃线虫,梨火疫病
17	海棠		苹果属	
18	石斑木		石斑木属	
19	柳叶栒子		栒子属	
20	西南栒子			
21	山樱花		樱属	
22	金红久忍冬	忍冬科	忍冬属	无
23	蔓生盘叶忍冬			
24	忍冬			
25	大西洋雪松	松科	雪松属	松异带蛾,雪松疫霉根腐病菌

迪士尼一期引种植物中可能携带的检疫性有害生物共 13 种,分别是:(三)上海迪士尼建设第一期引进柏科植物(美国花柏、北美香柏、美西侧柏)风险评估报告中松唐盾蚧、美柏肤小蠹;(四)上海迪士尼建设第一期引进槭树属植物(银白槭、自由人槭)风险评估报告中栗黑水疫霉、梨带蓟马、荷兰石竹卷蛾、胡桃圆盾蚧、木质部难养细菌;(五)上海迪士尼建设第一期引进蔷薇科植物风险评估报告中苹果绵蚜、草莓滑刃线虫、荷兰石竹卷蛾、梨火疫病;(六)上海迪士尼建设第一期引进大西洋雪松风险评估报告中松异带蛾、雪松疫霉根腐病菌。对这 13 种检疫性有害生物开展风险评估的时间比较早,尚在本书第二篇所阐述的外来入侵有害生物多指标综合评价体系形成之前,故这 13 种检疫性有害生物风险评估所采用的评价体系,与本书重点阐述的外来入侵有害生物多指标综合评价体系有一定区别,但不影响最终结果。

现针对可能携带的 13 种有害生物进行了风险评估。

(1) 引进软树蕨的风险评估报告;

(2) 引进滨藜叶分药花的风险评估报告;

(3) 引进柏科植物(美国花柏、北美香柏、美西侧柏)的风险评估报告;

(4) 引进槭树属植物(银白槭、自由人槭)的风险评估报告;

(5) 引进蔷薇科植物的风险评估报告;

(6) 引进大西洋雪松的风险评估报告。

(一) 上海迪士尼建设第一期工程引进软树蕨苗木风险评估报告

1. 背景

中文名：软树蕨（图版 12），又名塔斯马尼亚椤、澳大利亚树蕨；拉丁学名：*Dicksonia antarctica*。是植物界蕨类植物门真蕨纲桫椤目蚌壳蕨科蚌壳蕨属（*Dicksonia*）的一种常青树蕨类植物。蚌壳蕨科的成员统称为树蕨，都是陆生蕨类植物，比桫椤科（与之同属于桫椤目）蕨类植物更为原始，至少可以追溯到侏罗纪和白垩纪时期。蚌壳蕨科共 5 个属，中国仅有金毛狗属（*Cibotium*）（为国家Ⅱ级重点保护野生植物）分布；蚌壳蕨属包含了 20～25 个物种，分布在墨西哥至乌拉圭及智利、圣赫勒拿岛、新西兰、澳大利亚、印度尼西亚、新几内亚及菲律宾等地；澳大利亚有 1 属 3 个种分布，以软树蕨体型最大且较容易种植。软树蕨原产于澳大利亚，是澳大利亚的特有物种，从澳大利亚东南方的昆士兰海岸、新南威尔士州和维多利亚州到塔斯马尼亚群岛一带均有广泛分布。

软树蕨高大且健壮，通常高 2～12 m，主干粗大而高耸，笔直不分枝，内为细长的根茎，周覆棕色纤维毛、老化腐败的叶部组织以及大量的气生根形成的垫状物，起覆盖及加固作用。这种纤维状的树干为附生植物如蕨类、兰花和苔藓植物提供了丰富的养料基质及庇护场所。树冠顶端生出冠状叶丛，叶柄粗糙、叶片大型、深绿色，长宽能达数米，冠幅直径可延伸至 2～10 m。叶芽为漩涡型，嫩叶以线圈状萌发而后随着生长而伸直。叶片为三至四回羽状复叶，叶脉分叉，孢子囊群生于叶缘内叶脉顶端，囊群盖为内外两瓣，形如蚌壳，原叶体有鳞片状毛。孢子堆球状，小而圆，直径仅 1 mm。软树蕨生长缓慢，每年仅生长 3.5～5 cm，自然环境下 20 年左右的植株才开始产孢。软树蕨主要以孢子繁殖传播，也可以在根基萌发幼芽，适宜情况下去除地上部分亦可再生。因为这一特性，软树蕨可耐受火害，在合适生境中移栽后也较容易成活。

软树蕨略耐轻寒霜冻，可耐受 −5 ℃的低温，但在寒冷地区会落叶，枯叶挂在枝上以保护主干渡过干冷逆境；当温度长时间低于 −7 ℃时，叶片将落光并重新萌芽。只有 1.2 m 以上的植株可以在完全未受保护的情况下安全度过 −13 ℃低温的冬季。软树蕨喜湿喜阴，适合在含水量较高、年降水量至少 500 mm 的潮湿、阴暗地区生活，比如潮湿的硬叶林、溪床、沟壑，偶尔可以在高海拔地区云雾缭绕的森林中生活。软树蕨对土壤酸碱度要求不高，酸性、中性和碱性土壤中均可生长；但对水肥要求较高，适合在肥沃潮湿、排水良好、有半荫的环境中种植，需定期浇水并保证地面有覆盖物以保湿及提供丰富腐殖质。炎热天气下需增加浇水量,灌溉时需将水浇灌于主干以及周围的土壤,但不可浇灌于树冠,否则易引发真菌病害。软树蕨为树蕨类植物,在自然环境下基本无病害,但经移栽施肥或在温室条件下容易引发猝倒病(*Rhizoctonia*)、顶枯病(*Phyllosticta pteridis*),或受蚂蚁、蜗牛危害。其中顶枯病为南加州地区树蕨类植物的普遍疾病,可严重损坏新、老叶片。

2. 软树蕨在中国适生区预测和上海引种风险分析

采用 Maxent 软件对软树蕨在我国的潜在分布区进行了预测,研究其在我国的适生区大小。具体结果如下:

(1) 软树蕨全球分布现状:根据相关文献专著、数据库(如 CNKI、GBIF 等)以及重要国际与国家组织官网,搜集到软树蕨全球分布点 1 574 个,主要集中在澳大利亚东南沿海地区。软树蕨在我国的引种记录仅有上海辰山植物园珍奇植物馆一个分布点,未查询到野外种植记录。

(2) 软树蕨在中国潜在分布区:根据 Maxent 生态位模型,预测了软树蕨在中国的潜在地理分布区(图版 43),将其潜在地理分布区域划分为四级:高适生区、中适生区、低适生区、非适生区。模型运行所得 AUC 参数为 0.975,说明该模型预测结果较好,具有较高可信度。结果表明,软树蕨在我国适生区域(高适生区及中适生区)范围较小,仅包括台湾大半部地区(22.5°～25.2°N、120.5°～121.7°E,高适生区为主、小部分中适生区)和云南、福建(25.0°～27.2°N、97.7°～100.3°E 和 25.2°～27.6°N、116.4°～120.3°E,中适生区),西藏、广西、湖南、江西、浙江等地区有零星中适生区分布。此外,软树蕨在我国南部有较大范围的低适生区,包括 21.9°～32.1°N、107.4°～122.4°E 和 21.5°～30.1°N、91.5°～105.3°E,在 29.4°～31.9°N、78.8°～84.0°E 区域内有零星低适生区分布,包括浙江、江西、福建、湖南、云南、广西、广东等地,以及有小范围低适生区分布的西藏、四川、湖北、安徽、江苏、上海等地。

(3) 上海地区引进软树蕨风险分析:软树蕨喜阴喜湿,其原产地澳大利亚东南沿海为亚热带季风性湿润气候和温带海洋性气候,全年气候温和,年降水量 500～1 000 mm,含水量充沛。软树蕨在世界其他地区的分布点仅占其总分布点的 2% 左右。软件预测结果亦显示软树蕨仅在中国台湾东南沿海地区有高适生区分布(图版 43)。该地区正好也是亚热带季风性湿润气候,且温度、水分条件与澳大利亚东南沿海较为相近。本次引种软树蕨的上海地区主要为软树蕨非适生区域,仅有小片低适生区分布,且该地区目前唯一的引种记录为温室引种,引种点位于上海辰山植物园珍奇植物馆,馆内的温度常年保持在 30 ℃左右,无野外逸生记录。综合考虑以上因素,单就引种植物自身而言,在上海地区引入软树蕨这一蕨类植物的风险较低,建议定期监控和记录即可。而引种软树蕨可能携带的外来生物则需进一步进行风险分析。

3. 上海地区引种软树蕨传带有害生物风险分析

风险评估程序：

(1) 确定澳大利亚软树蕨苗木上的有害生物名单；

(2) 初步风险评估,根据有害生物的危害特性,并根据检疫性有害生物标准进行筛选,确定潜在的检疫性有害生物；

(3) 对潜在的检疫性有害生物风险评估,按照 FAO 制定的有害生物风险分析准则,从进入、定殖、扩散以及经济重要性方面对潜在的检疫性有害生物作进一步风险评估,确定检疫性有害生物名单及其风险；

(4) 风险管理措施,提出降低检疫性有害生物传入的风险管理措施。

软树蕨有害生物名单：经文献资料采集、检索,确定澳大利亚软树蕨上的有害生物名单(表 4-4),共计真菌 2 种,昆虫 2 种。根据 FAO 关于检疫性有害生物的标准,从该有害生物是否在中国发生以及是否进行官方治理,对澳大利亚软树蕨上发生的 4 种有害生物进行筛选。凡在中国没有分布或有局部分布而处于官方控制下的有害生物,并可随植物材料传入的均为潜在的检疫性有害生物,以此标准未筛选出潜在的检疫性有害生物。

表 4-4 进境澳大利亚软树蕨可能携带的有害生物

编号	拉丁学名	中文名	分类	国内分布	危害部位	经济重要性	潜在的检疫性有害生物
1	*Rhizoctonia*	丝核菌	真菌	广泛	幼苗茎基	较严重	无
2	*Phyllosticta*	顶枯病	真菌	广泛	叶片	较严重	无
3	*Formicidae*	蚂蚁	昆虫	广泛	嫩叶嫩梢	一般	无
4	*Fruticicolidae*	蜗牛	昆虫	广泛	嫩叶嫩梢	一般	无

4. 从澳大利亚引进软树蕨苗木风险分析结论

(1) 在上海地区引进软树蕨苗木的风险较低。软树蕨为澳大利亚特有蕨类植物,在世界其他国家及地区的引种记录较少,多引种栽植于庭园温室内,对光照水肥等生境要求较高。根据适生区预测结果,上海地区主要为其非适生区域,仅有小范围低适生区分布，说明该物种在上海地区主要在温室或人工看护下生长，引入风险较低，建议定期监控和记录。

（2）软树蕨苗木上无潜在的检疫性有害生物。软树蕨为树蕨类植物，在自然环境下基本无病害，但在温室条件下容易引发猝倒病、顶枯病，或受蚂蚁、蜗牛危害。这四类病虫害均可通过常规防治手段预防控制，无检疫性风险。

5. 风险管理措施

根据 SPS 协议 5.4 条款的规定，在制定达到适当的植物卫生保护水平的检疫要求时，尽量减少对贸易的影响。我们在制定风险管理措施时，最大限度地考虑使实施的植物检疫措施对贸易的影响降低到最低。对备选方案优劣的取舍，我们主要是从备选方案的有效性、对贸易的影响和可行性三方面来考虑的。

备选方案1——允许小批量进口澳大利亚软树蕨苗木

由于软树蕨目前在我国的引种记录较少，仅查到上海辰山植物园珍奇植物馆一处引种记录，可参考资料有限。对于小批量引进的软树蕨苗木，通过进口过程的严格检查和隔离检疫等风险管控措施，基本上可以将中方关注的检疫性有害生物除去，从而极大地降低了这些检疫性有害生物传入中国的风险；同时，小批量进口的苗木也同样可以将国外的优良品种引进来，达到改良我国绿化植物品种的目的。建议首先引入少量苗木进行试种，并需满足下列要求：

（1）进口的软树蕨苗木不得带有土壤：根据《中华人民共和国动植物检疫法》的规定，禁止土壤进境，因此输华的澳大利亚软树蕨苗木不得带有土壤。

（2）由原产地植物检疫部门提供不携带风险级别为中、高级检疫性有害生物，不带有土壤的检疫证书。

（3）由引种企业提供：引种原因、数量、规格、用途，引种区域该种苗木有害生物历年发生情况，引种苗木前期生长情况和药剂使用情况，供植物检疫部门审核。

（4）指定入境口岸为上海，引进苗木不得从上海以外的口岸入境。建议设立用于进口苗木查验的专用隔离场站。进境苗木必须由检验检疫部门专业人员进行严格的现场检疫，一旦发现植物病症和病状，应按以下原则处理：

① 发现病毒类病害病状，如花叶、斑驳、皱缩等，应立即进行退运或销毁处理，并对运输工具进行消毒处理；

② 发现真菌或细菌类病害病征或病状，应立即对染病部位进行采样，送检验检疫实验室进行检测，苗木可暂时存放于隔离区域，经检疫结果确认合格后，再进行后续隔离种植；若经检测发现检疫性及风险分析中关注的有害生物，应立即做退

运或销毁处理；

③ 发现非钻蛀型的昆虫类有害生物或相关病征、病状，应立即对虫体或染病部位进行采样，送检验检疫实验室进行检测，苗木可经杀虫剂处理后，暂时存放于隔离区域，经检疫结果确认合格后，再进行后续隔离种植；若经检测发现检疫性及风险分析中关注的有害生物，应立即做退运或销毁处理；

④ 发现钻蛀型昆虫，应立即对苗木进行退运或销毁处理，并对运输工具进行杀虫剂处理；

⑤ 发现线虫类病状，如根结、病瘤等，应立即对染病部位进行采样，送检验检疫实验室进行检测，苗木可暂时存放于隔离区域，经检疫结果确认合格后，再进行后续隔离种植；若经检测发现检疫性及风险分析中关注的有害生物，应立即做退运或销毁处理；

⑥ 发现进境苗木携带有泥土等禁止进境物，应立即做退运或销毁处理，并对运输工具进行消毒处理。

（5）经现场检疫合格的苗木，检验检疫机关出具相关情况通知单，由林业植物检疫部门进行入境后的隔离试种监管工作。进境苗木隔离试种地点限定为上海，并需经林业植物检疫部门核实该种植地具备有效的隔离措施、完备的管理制度和有害生物监测手段。

（6）引进后必须进行隔离试种，隔离试种期至少1年。由种植地林业植物检疫部门负责监管，实时监测有害生物发生情况。在隔离期内，发现引进种苗感染病虫害，进行检测鉴定，若为检疫性或风险分析中重点关注的有害生物，应对该苗木立即进行销毁处理，并对种植区域土壤进行消毒处理。隔离期满，必须经林业植物检疫部门确认不带有危险性、检疫性有害生物后方可进行分散种植。禁止引进企业未经许可，私自对进境苗木进行移植、扦插、售卖等行为。

该备选方案易于操作，可行性佳，建议采纳。

备选方案2——允许大量进口澳大利亚软树蕨苗木

由于引进澳大利亚软树蕨苗木风险较低，且在我国适生范围很小，若确需大批量澳大利亚软树蕨苗木，必须在小批量引种试种合格的基础上进行后评估，并根据实际进口和检疫情况不断完善风险管理措施，符合以下要求：

（1）产区无检疫性有害生物的要求：为使植物检疫措施对贸易的影响降低到最小程度，澳大利亚必须在软树蕨苗木生长产区针对检疫性有害生物进行检测和专门调查，确认出口到中国的软树蕨苗木产区无这些有害生物的发生。

（2）病虫害检测：在软树蕨苗木的生长期和收获期，澳大利亚的检疫人员除按澳大利亚国内的法律要求进行有害生物的定期监测外,在软树蕨苗木出口前还应实施现场检查和土壤取样检测,检查有无中方所关注的检疫性有害生物的存在,确保在出口的软树蕨苗木产区不发生。

(3) 预检:根据中方有关法律规定,在软树蕨苗木生长期,将派中方检疫专家赴澳大利亚进行预检,以保证进口澳大利亚软树蕨苗木完全符合中方的检疫要求。

(二) 上海迪士尼建设第一期工程引进滨藜叶分药花苗木的风险评估

1. 背景

唇形科约有 220 个属,3 500 余种,主要分布中心在地中海沿岸和小亚细亚半岛,是干旱地区的主要植被;中国有 99 属,约 800 余种。唇形科植物一般都含有挥发性芳香油,许多品种被人工种植,一般都很容易用插枝繁殖。其中分药花属约 7 种,分布于伊朗、巴基斯坦、阿富汗、印度及原苏联地区。

滨藜叶分药花(图版 12),拉丁学名 *Perovskia atriplicifolia*;为分药花属多年生草本,基部常木质化;高 100~130 cm。茎直立,近四棱形,密被粉状绒毛,呈灰白色。叶卵圆状披针形,边缘具缺刻状牙齿,两面被粉状绒毛,呈灰绿色;茎、叶揉碎后具辛辣气味。花序生于枝顶,由多数轮伞花序组成长约 30 cm 的疏散长圆锥花序;花萼紫色,极密被长硬毛;花冠淡蓝或淡紫色。花期夏末至初秋。滨藜叶分药花原产中亚地区,包括阿富汗、伊朗、巴基斯坦以及我国西藏自治区。此外,同属的分药花(*P. abrotanoides* Karel.)也原产于我国西藏自治区。滨藜叶分药花是喜光树种,适生能力强,耐旱、耐盐碱且耐寒,适宜种植在养分平均、排水性良好的土壤中,若没有阳光将难以生存。此物种一旦定植成功就不容易被取代,容易通过枝干扦插等繁殖扩散。

上海迪士尼一期工程向上海市林业病虫防治检疫站提出引进滨藜叶分药花 200 株的申请。根据 WTO 实施动植物卫生检疫措施协议和《植物检疫条例》等的有关规定,进行从意大利引进滨藜叶分药花有害生物风险分析。

2. 滨藜叶分药花上海引种风险分析

目前,关于滨藜叶分药花的有效资料较少,未收集到滨藜叶分药花在全球的分布记录,仅匈牙利有引种记录且无具体引种情况介绍。在没有进一步详细资料的情况下,无法根据适生区预测分析对其引种风险进行精确判断。但根据现有资料显示,滨藜叶分药花在光照充足的情况下具有极强的适生性,定植能力强,且有一定的繁殖扩散能力。因此,在上海地区引种该植物风险高。

3. 上海地区引种滨藜叶分药花传带有害生物风险分析

未查询到有害生物信息。现有资料表明，滨藜叶分药花较少受到有害生物的危害，但这可能也与其尚无系统研究有关。初步判断滨藜叶分药花传带有害生物的可能性较小。

4. 从意大利引进滨藜叶分药花苗木的风险分析结论

（1）在上海地区引进滨藜叶分药花苗木的风险较高。滨藜叶分药花在全球尚没有官方分布记录，故无法预测该植物在我国潜在的适生区。根据目前文献资料，在光照充分的情况下，滨藜叶分药花具有极强的适生性、较强的定植能力及繁殖扩散能力。因此，从意大利引进滨藜叶分药花苗木在上海地区具有较高引种风险。

（2）滨藜叶分药花苗木上携带检疫性有害生物的可能性较小。查阅文献资料显示，滨藜叶分药花较少受到有害生物的危害，也可能与其尚无系统研究有关。初步判断，滨藜叶分药花苗木上携带检疫性有害生物的可能性较小。

5. 风险管理措施

根据 SPS 协议 5.4 条款的规定，在制定达到适当的植物卫生保护水平的检疫要求时，尽量减少对贸易的影响。在制定风险管理措施时，最大限度地考虑使实施的植物检疫措施对贸易的影响降低到最低。对备选方案优劣的取舍，主要是从备选方案的有效性、对贸易的影响和可行性三方面来考虑的。

备选方案 1——禁止进口意大利滨藜叶分药花

意大利滨藜叶分药花原产中亚地区，包括巴基斯坦、伊朗、阿富汗及我国西藏自治区。其详细资料、分布信息十分有限，在依据不足的情况下无法对其进行适生区预测、引种风险评估以及携带检疫有害生物风险分析，且现有资料表明其具有一定的引种风险，因此建议禁止进口意大利滨藜叶分药花。

该备选方案可避免检疫性有害生物从意大利传入中国，且防止该植物在上海地区失控逸生，建议不予引进。

备选方案 2——建议少量进口意大利滨藜叶分药花

考虑到现有资料表明滨藜叶分药花具有一定的引种风险，因此，不建议从意大利引进滨藜叶分药花苗木。若需引进，建议首先以科研引种方式，减少引种数量，仅引进少量苗木进行试种，并需满足下列要求：

（1）进口的滨藜叶分药花苗木不得带有土壤：根据《中华人民共和国动植物检

疫法》规定,禁止土壤进境,因此输华的意大利滨藜叶分药花苗木不得带有土壤。

(2) 由原产地植物检疫部门提供不携带风险级别为中、高级检疫性有害生物、不带有土壤的检疫证书。

(3) 由引种企业提供：引种原因、数量、规格、用途,引种区域该种苗木有害生物历年发生情况,引种苗木前期生长和药剂使用情况,供植物检疫部门审核。

(4) 指定入境口岸为上海。建议设立用于进口苗木查验的专用隔离场站。进境苗木必须由检验检疫部门专业人员进行严格的现场检疫,一旦发现植物病症和病状,应按以下原则处理：

① 发现病毒类病害病状,如花叶、斑驳、皱缩等,应立即进行退运或销毁处理,并对运输工具进行消毒处理；

② 发现真菌或细菌类病害病征或病状,应立即对染病部位进行采样,送检验检疫实验室进行检测,苗木可暂时存放于隔离区域,经检疫结果确认合格后,再进行后续隔离种植；若经检测发现检疫性及风险分析中关注的有害生物,应立即做退运或销毁处理；

③ 发现非钻蛀型的昆虫类有害生物或相关病征、病状,应立即对虫体或染病部位进行采样,送检验检疫实验室进行检测,苗木可经杀虫剂处理后,暂时存放于隔离区域,经检疫结果确认合格后,再进行后续隔离种植；若经检测发现检疫性及风险分析中关注的有害生物,应立即做退运或销毁处理；

④ 发现钻蛀型昆虫,应立即对苗木进行退运或销毁处理,并对运输工具进行杀虫剂处理；

⑤ 发现线虫类病状,如根结、病瘤等,应立即对染病部位进行采样,送检验检疫实验室进行检测,苗木可暂时存放于隔离区域,经检疫结果确认合格后,再进行后续隔离种植；若经检测发现检疫性及风险分析中关注的有害生物,应立即做退运或销毁处理；

⑥ 发现进境苗木携带有泥土等禁止进境物,应立即做退运或销毁处理,并对运输工具进行消毒处理。

(5) 经现场检疫合格的苗木,检验检疫机关出具相关情况通知单,由植物检疫部门进行后续隔离试种监管工作。进境苗木隔离试种地点限定为上海,并需经植物检疫部门核实该种植地具备有效的隔离措施、完备的管理制度和有害生物监测手段。

(6) 引进后必须进行隔离试种,隔离试种期至少3年。由种植地植物检疫部门负责监管,实时监测有害生物发生情况。在隔离期内,发现引进种苗感染病虫害,由植物检疫部门进行检测鉴定,若为检疫性或风险分析中重点关注的有害生物,应对该苗木立即进行销毁处理,并对种植区域土壤进行消毒处理。隔离期满,必须经植物检疫部门确认不带有危险性、检疫性有害生物后方可进行分散种植。禁止引进企业未经种植地植物检疫部门许可,私自对进境苗木进行移植、扦插、售卖等行为。

该备选方案易于操作,可行性佳,建议采纳。

备选方案 3——允许进口 200 株意大利滨藜叶分药花苗木

由于引进意大利滨藜叶分药花苗木具较高的风险,若确需大批量意大利滨藜叶分药花苗木,只能是有条件地限量引进,并根据实际进口和检疫情况不断完善风险管理措施。除了需满足允许少量进口意大利滨藜叶分药花苗木的基本条件外,还需符合以下要求:

(1) 产区无检疫性有害生物的要求:为使植物检疫措施对贸易影响降低到最小程度,意大利必须在滨藜叶分药花苗木生长产区针对检疫性有害生物进行检测和专门调查,确认出口到中国的滨藜叶分药花苗木产区无这些有害生物的发生。

(2) 病虫害检测:在滨藜叶分药花苗木的生长期和收获期,意大利的检疫人员除按意大利国内的法律要求进行有害生物的定期监测外,在滨藜叶分药花苗木出口前还应实施现场检查和土壤取样检测,检查有无中方所关注的检疫性有害生物的存在,确保在出口的滨藜叶分药花苗木产区不发生。

(3) 预检:根据中方的有关法律规定,在滨藜叶分药花苗木的生长期,将派中方的检疫专家赴意大利进行预检,以保证进口意大利滨藜叶分药花苗木完全符合中方的检疫要求。

(三) 上海迪士尼建设第一期工程引进柏科植物(美国花柏、北美香柏、美西侧柏)风险评估报告

1. 背景

(1) 美国花柏(图版 14):拉丁学名:*Chamaecyparis lawsoniana*。系柏科扁柏属常绿乔木,别名美国扁柏、劳森花柏等。原产于美国西部;我国南京、杭州、昆明、江西庐山等地均有栽培,生长良好。本种在美国约有 20 个品种,是欧、美园林中常用的树种。

美国扁柏,原产美国,是扁柏属中林木生长最高大的树种。树高可达 60～70 m,胸径可达 2 m 以上。树皮红褐色,鳞状深裂。生鳞叶的小枝下面微有白粉,或部分近无白粉。鳞叶形小,排列紧密,先端钝尖或微钝,背部有腺点。球果球形,直径约 8 mm,红褐色,被白粉;种鳞 4 对,顶部凹槽内有一小尖头;发育种鳞具 2～

4粒种子。木材纹理细密,强度中等,经久耐用;刨光而具光泽,供建筑、装修、地板、造船、飞机用材。木材具香味,可提取芳香油,具有防虫、防湿的功效,是珍贵的用材树种,也是一种优良的绿化树种。美国扁柏有一些优良变异类型,具有很高的利用价值和观赏价值。

美国扁柏其分布区的气候特点为冬季湿润,夏季干燥多雾;1月平均气温6.1~7.8 ℃,7月平均气温15~17.8 ℃,绝对最高温37.8 ℃,绝对最低温-17.8 ℃,年降水量165~1 780 mm,有较强的抗寒能力。

(2) 北美香柏(图版14):拉丁学名:*Thuja occidentalis*。系柏科崖柏属常绿乔木,别名香柏、美国侧柏、黄心柏木等,原产北美洲东部,从加拿大的新斯科舍省到美国的加利福尼亚州都有分布;我国郑州、青岛、江西庐山、上海、南京、杭州等地均有引种栽植。

北美香柏,喜光,耐阴,对土壤要求不严,能生于湿润的石灰岩土壤中。常绿乔木,树高可达20 m,胸径可达2 m;树冠塔形,树皮红褐色或橘褐色。当年生小枝,扁平;三四年生枝,圆形。两侧鳞叶先端内弯,中间鳞叶明显隆起。主枝上的叶有腺体,小枝上的叶无或很小。鳞叶上面深绿色,下面灰绿色或淡黄绿色,无白粉,揉碎后有香气。球果长椭圆形,浅黄褐色。木材黄白,纹理较粗,极耐用,可做独木舟、枕木和建筑用材。据资料报道,4.76 kg的北美香柏木材在静水中可载一个人,其木材的漂浮力强。枝叶可提取芳香油,药用。北美香柏的树形紧密而美观,耐修剪,抗烟尘和抗有毒气体的能力强。其林木生长较慢,寿命长。常用扦插繁殖,亦可播种或嫁接繁育。园林上常作园景树点缀装饰树坛,丛植草坪一角,亦适合作绿篱。我国郑州、青岛、江西庐山、上海、南京、杭州、武汉等地有引种栽培,在北京可种植,其树可露地过冬。

北美香柏其分布地6月的平均气温15.6~21.1 ℃,1月平均气温-12.2~-4.4 ℃;年降水量508~1 400 mm,年均降水的1/3~1/2分布在温暖季节,无霜期约200 d,分布地最北界的加拿大无霜期仅30 d。耐低温,能忍受绝对低温-16 ℃,也耐雪压,但不耐水淹。在中性土壤和石灰岩发育的碱性土生长最好;也能适应沼泽地生长。

(3) 美西侧柏(图版14):拉丁学名:*Thuja plicata*。系柏科崖柏属常绿乔木,别名北美乔柏、西部侧柏、大侧柏、美桧、北美红桧、香杉、西洋杉、美国红杉、北美红杉、美国桧木等,原产于北美洲西部,从阿拉斯加到加利福尼亚州都有分布;在美国和加拿大有大面积的北美乔柏天然林。该树种有150余年的人工栽培历史。

美西侧柏,其叶色亮绿,姿态优美,是北美洲著名的针叶绿化树种。该树种树高可达 60 m，胸径可达 2 m，树冠狭圆锥形，老树具板状根。枝干幼时为肉红色，老干灰棕色到红棕色。枝条多水平生长，分枝能力很强，树形紧凑，适合用作绿篱。着生鳞叶的侧枝呈平展状，中央鳞叶尖头下方有圆形隆起的透明腺点，叶片能散发清淡的香气。喜光，有一定的耐阴性，耐寒性中等，对土壤要求不严，具有一定的耐盐碱能力。在我国沈阳以南至长江流域的地区生长良好。美西侧柏林木的生长速度中等偏慢，幼年期生长较快，成年期后生长缓慢。播种或扦插繁殖。美西侧柏叶色全年亮绿，不会在冬春季节变成土褐色。尤适于宁静肃穆的场所作绿化树种。该树种品种很多，是欧美园林绿化常用的树种。

美西侧柏其生长地的海拔在 2 000 m 左右，年平均气温 10～16.7 ℃，绝对最高温 37.8 ℃，绝对最低温 -9.4 ℃，无霜期 6～11 月；年降水量 635～1 878 mm，集中在冬季；1 月份湿度最大，8 月份最干旱，夏季多雾。土壤为中性至酸性的砂壤土、壤土、黏土。

上海迪士尼建设第一期工程向上海市林业病虫防治检疫站提出引进美国花柏（树高 250～490 cm，胸径 5～11 cm）13 株、北美香柏（树高 240～530 cm，胸径 3～12 cm）17 株、美西侧柏（树高 450 cm，胸径 10～11 cm）2 株，共 32 株的申请。根据 WTO 实施动植物卫生检疫措施协议和《植物检疫条例》等有关规定，进行从德国引进柏科植物（美国花柏、北美香柏、美西侧柏）有害生物风险分析。由于三种柏科植物在我国已有成功引种栽植记录，且无入侵扩散危害当地生态安全记录，因此单就引种植物自身而言，在上海地区引入柏科这三个树种风险较低，建议定期监控和记录即可。而引种这三种柏科植物可能携带的外来生物则需进一步进行风险分析。

2. 有害生物风险评估结果

风险评估程序：

（1）确定三种柏科植物苗木上的有害生物名单；

（2）初步风险评估，根据有害生物的危害特性，并根据检疫性有害生物标准进行筛选，确定潜在的检疫性有害生物；

（3）对潜在的检疫性有害生物风险评估，按照 FAO 制定的有害生物风险分析准则，从进入、定殖、扩散以及经济重要性方面对潜在的检疫性有害生物作进一步风险评估，确定检疫性有害生物名单及其风险；

（4）风险管理措施，提出降低检疫性有害生物传入的风险管理措施。

柏科植物（美国花柏、北美香柏、美西侧柏）有害生物名单：经文献资料采集、检索,确定了柏科植物(美国花柏、北美香柏、美西侧柏)上的有害生物名单(表4-5),共计 2 种,均系昆虫。根据 FAO 关于检疫性有害生物的标准,从该有害生物是否在中国发生以及是否进行官方治理,对柏科植物(美国花柏、北美香柏、美西侧柏)上发生的 2 种有害生物进行筛选。凡在中国没有分布或有局部分布而处于官方控制下的有害生物,并可随植物材料传入的均为潜在的检疫性有害生物,以此标准筛选出 2 种潜在的检疫性有害生物,并对其进行风险评估。

表 4-5 进境柏科植物可能携带的有害生物

编号	拉丁学名	中文名	分类	国内分布	危害部位	经济重要性	检疫性有害生物
1	*Carulaspis juniperi*	松唐盾蚧	昆虫	无	茎、枝、梢、叶和果实	较大	是
2	*Phloeosinus cupressi*	美柏肤小蠹	昆虫	无	茎	较大	是

• 松 唐 盾 蚧 •

松唐盾蚧[*Carulaspis juniperi*(Bouchë)](图版 15)隶属于同翅目盾蚧科(Diaspididae),起源于欧洲,目前在加拿大、美国、墨西哥、荷兰、波兰、新西兰等国有分布。松唐盾蚧雌虫体直径 0.5~20 mm,椭圆形,白色,中央有两个黄色点;雄虫体细长,白色,有轻微的中纵脊,幼虫顶端黄色。松唐盾蚧吸取植物营养,寄主症状表现为萎蔫,枯黄,导致部分甚至整个植物干枯,失去审美价值。主要危害柏科植物。在温暖地区可以在户外生存繁殖,其成虫只能近距离传播,远距离入侵主要依靠国际贸易,可随切花、扦插枝及种苗传播。美国、波兰、新西兰、荷兰等国家将其列为危险性对象。该虫被收录于《中华人民共和国进境植物检疫有害生物名录》中。根据相关文献专著、数据库(如 CNKI、EPPO、GBIF 等)以及重要国际与国家组织官网资料,目前松唐盾蚧在全世界已在 10 个国家有分布记录,国内暂无入侵记录。

根据 Maxent 生态位模型,预测了松唐盾蚧在中国的潜在地理分布区(图版 44),将其潜在地理分布区域划分为四级:高适生区、中适生区、低适生区、非适生区。模型运行所得的 AUC 参数为 0.948,说明该模型预测结果较好,具有较高的可信度。结果表明,松唐盾蚧的适生区域(高适生区及中适生区)主要位于我国南部、西南部以及中东部大部分地区,具体在甘肃、宁夏、陕西、山西、河北、北京、天津、河南、山东、江苏、上海、安徽、福建、浙江、江西、湖南、湖北、广西、广东、云南、贵州、四川、重庆、海南和港澳台等地区有较大范围适生区域。在新疆、西藏、青海等地有部分适生区分布。

根据华东地区外来入侵有害生物多指标综合评价体系,为松唐盾蚧各项评判指标赋分,如表4-6所示。最终松唐盾蚧在该体系中的得分为2.01分,属于高度风险等级(表4-8)。

表4-6 松唐盾蚧(*Carulaspis juniperi*)多指标综合评价体系评价指标

目标层	准则层(P_i)	指标层(P_{ij})	评价指标	赋分	赋分理由
有害生物风险综合评价值(R)	传入的可能性(P_1)	国内分布情况(P_{11})	国内分布>50%(0分)	3	国内目前无入侵记录
			国内分布面积占20%~50%(1分)		
			国内分布面积占0~20%(2分)		
			国内无分布(3分)		
		国外重视程度(P_{12})	0个国家把其列为检疫对象(0分)	1	以下国家或地区将其列为检疫对象:荷兰、波兰、美国、加拿大、新西兰等
			1~9个国家把其列为检疫对象(1分)		
			10~19个国家把其列为检疫对象(2分)		
			20个以上的国家把其列为检疫对象(3分)		
		有害生物运输过程中的存活率(P_{13})	存活率为0(0分)	3	钻蛀型害虫,运输过程中有害生物存活率>40%
			0~10%(1分)		
			10%~40%(2分)		
			运输过程中有害生物存活率>40%(3分)		
		有害生物被截获的可能性(P_{14})	被调运和携带繁殖体的可能性小(1分)	3	被调运和携带繁殖体的可能性大
			被调运和携带繁殖体的可能性一般(2分)		
			被调运和携带繁殖体的可能性大(3分)		

(续表)

目标层	准则层(P_i)	指标层(P_{ij})	评价指标	赋分	赋分理由
有害生物风险综合评价值（R）	定殖的可能性（P_2）	有害生物生物学特性（P_{21}）	生物学特性对有害生物适生无影响(0分)	1	繁殖能力弱，在户外适宜条件下一年1代，由于有蜡壳保护，抗逆性较强
			抗逆性强，繁殖能力弱(1分)		
			繁殖能力强，抗逆性弱(2分)		
			繁殖能力和抗逆性都较强(3分)		
		上海（华东地区）适生范围（P_{22}）	本地区没有适生地理环境条件(0分)	2	上海地区为中适生区
			0～20%(1分)		
			20%～50%(2分)		
			在50%以上的地区能够适生(3分)		
	扩散的可能性（P_3）	可能存在的传播途径（P_{31}）	不可能被携带(0分)	2	其成虫只能近距离传播，远距离入侵主要依靠国际贸易，可随切花、扦插枝及种苗传播
			1～2种(1分)		
			3～5种(2分)		
			5种以上(3分)		
		国外分布情况（P_{32}）	0(0分)	1	全世界目前在9个国家有分布记录
			0～20%的国家有分布(1分)		
			20%～50%的国家有分布(2分)		
			50%以上的国家有分布(3分)		
		国内的适生范围（P_{33}）	适生范围为0(0分)	3	国内50%以上适生区域
			0～25%(1分)		
			25%～50%(2分)		
			在国内50%以上的地区能够适生(3分)		

二、上海迪士尼建设第一期工程引种植物可能携带有害生物风险分析

(续表)

目标层	准则层(P_i)	指标层(P_{ij})	评价指标	赋分	赋分理由
有害生物风险综合评价值（R）	扩散的可能性（P_3）	天敌存在的可能性（P_{34}）	本地区存在有效的天敌,作用明显(1分)	3	不存在有效的天敌
			存在天敌,但作用不明显(2分)		
			本地区不存在有效的天敌(3分)		
	受害寄主经济重要性（P_4）	受害寄主的种类（P_{41}）	无(0分)	1	主要危害柏科植物
			1～4种(1分)		
			5～9种(2分)		
			受害的栽培寄主达10种以上(3分)		
		引种地区受害寄主引进数量（P_{42}）	无(0分)	1	32株
			0～500株(1分)		
			500～1 000株(2分)		
			受害寄主引进数达1 000株以上(3分)		
		受害寄主的潜在损失水平（P_{43}）	传入可造成的树木死亡率或产量损失<1%(0分)	2	吸取植物营养,使植株萎蔫,干枯甚至死亡
			1%≤如传入可造成的树木死亡率或产量损失<5%(1分)		
			5%≤如传入可造成的树木死亡率或产量损失<20%(2分)		
			传入可造成的树木死亡率或产量损失≥20%(3分)		
		是否为其他检疫性有害生物的传播媒介（P_{44}）	不传带任何检疫性有害生物(0分)	0	不传带任何检疫性有害生物
			传带1种(1分)		
			传带2种(2分)		
			可以传带3种以上的检疫性有害生物(3分)		

(续表)

目标层	准则层(P_i)	指标层(P_{ij})	评价指标	赋分	赋分理由
有害生物风险综合评价值(R)	受害寄主经济重要性(P_4)	非经济方面的潜在损失(P_{45})	无社会和生态方面损失(0分)	2	防治不易,分布地寄主种植广泛
			仅防治手段对生态和社会资源造成严重损害(1分)		
			仅有害生物本身对生态和社会资源造成严重损害(2分)		
			防治手段和有害生物本身都对生态和社会资源造成严重损害(3分)		
	危险性管理难度(P_5)	检疫识别难度(P_{51})	检疫鉴定方法简单,非常迅速而且可靠(0分)	2	需专业人员鉴定
			可以鉴定,但方法复杂(1分)		
			当场识别可靠性一般,由经过专门培训的技术人员才能识别(2分)		
			当场识别可靠性低、费时,由专家才能识别确定(3分)		
		除害处理难度(P_{52})	除害率为100%(0分)	2	因覆盖蜡壳,除治不彻底
			除害率50%~100%(1分)		
			除害率<50%(2分)		
			现在的除害处理方法几乎完全不能除害(3分)		
		根除难度(P_{53})	田间防治效果显著,成本很低,简便(0分)	3	因覆盖蜡壳,防治效果差
			田间防治效果显著,简便,但成本很高(1分)		
			防效高,但方法复杂,难度大,成本高(2分)		
			田间防治效果差,成本高,难度大(3分)		
总分(R)				2.01	

美柏肤小蠹

美柏肤小蠹(*Phloeosinus cupressi* Hopkins)(图版15)隶属于鞘翅目小蠹科肤小蠹属,目前在加拿大、美国、墨西哥、澳大利亚、新西兰等国有分布。美柏肤小蠹雄成虫体长2.5~3.6 mm,长宽比1.9∶1.0,体色黑褐色至黑色,鞘翅色较浅,通常暗红褐色;额中上部凹陷,表面光滑而有光泽,在凹缘上有个中等大小孤立的颗粒;在颗粒区两侧有相当大的刻点,在唇基缘上部有一个中瘤,表被短毛。雌虫与雄虫不同的是额面隆起,近中有一中凹陷,从中凹陷到口上片有中隆线,表面密布粗颗粒;沟间部颗粒明显突起,较高,斜面第一和第三沟间部至端部通常有小齿,第二沟间部平坦无齿,略比第一、第三沟间窄,斜面表被丰富鳞片,鳞片长约小于宽的2倍。在新西兰,该虫危害大果柏木、南美扁柏、喜马拉雅柏木、绿干柏、美国扁柏;在美国,该虫危害柏木属、侧柏、大侧柏、北美香柏、北美红杉、黄扁柏;在澳大利亚,此虫危害喜马拉雅柏木、柏松属。在新西兰,每年2个世代。该虫远距离传播主要靠寄主木材调运,近距离传播主要靠成虫迁飞扩散。EPPO组织将其列为一类检疫对象。此虫被收录于《中华人民共和国进境植物检疫有害生物名录》中。根据相关文献专著、数据库(如CNKI、EPPO、GBIF等)以及重要国际与国家组织官网资料,目前美柏肤小蠹在全世界已在5个国家有分布记录,国内暂无入侵记录。

根据Maxent生态位模型,预测了美柏肤小蠹在中国的潜在地理分布区(图版45),将其潜在地理分布区域划分为四级:高适生区、中适生区、低适生区、非适生区。模型运行所得的AUC参数为0.965,说明该模型预测结果较好,具有较高的可信度。结果表明,美柏肤小蠹的适生区域(高适生区及中适生区)主要位于东北、华北、华东以及华南广大地区,其中大部分为高适生区;中适生区范围集中在东北地区。具体在黑龙江、吉林、辽宁、河北、北京、天津、山东、河南、湖北、湖南、四川、重庆、贵州、安徽、江苏、上海、浙江、江西、福建、广西、广东、海南有较大范围适生区域,在内蒙古、西藏、陕西、云南、贵州和台湾等地有小范围适生区域。

根据华东地区外来入侵有害生物多指标综合评价体系,为美柏肤小蠹各项评判指标赋分,如表4-7所示,最终美柏肤小蠹在该体系中的得分为1.47分,属于中度风险等级(表4-8)。

表4-7 美柏肤小蠹（*Phloeosinus cupressi* Hopkins）多指标综合评价体系评价指标

目标层	准则层(P_i)	指标层(P_{ii})	评价指标	赋分	赋分理由
有害生物风险综合评价值(R)	传入的可能性(P_1)	国内分布情况(P_{11})	国内分布>50%(0分)	3	国内目前无入侵记录
			国内分布面积占20%～50%(1分)		
			国内分布面积占0～20%(2分)		
			国内无分布(3分)		
		国外重视程度(P_{12})	0个国家把其列为检疫对象(0分)	2	EPPO组织列为一类检疫对象
			1～9个国家把其列为检疫对象(1分)		
			10～19个国家把其列为检疫对象(2分)		
			20个以上的国家把其列为检疫对象(3分)		
		有害生物运输过程中的存活率(P_{13})	存活率为0(0分)	2	钻蛀型害虫，运输过程中有害生物存活率10%～40%
			0～10%(1分)		
			10%～40%(2分)		
			运输过程中有害生物存活率>40%(3分)		
		有害生物被截获的可能性(P_{14})	被调运和携带繁殖体的可能性小(1分)	2	被调运和携带繁殖体的可能性一般
			被调运和携带繁殖体的可能性一般(2分)		
			被调运和携带繁殖体的可能性大(3分)		
	定殖的可能性(P_2)	有害生物生物学特性(P_{21})	生物学特性对有害生物适生无影响(0分)	1	繁殖能力一般，在户外适宜条件下一年2代
			抗逆性强，繁殖能力弱(1分)		
			繁殖能力强，抗逆性弱(2分)		
			繁殖能力和抗逆性都较强(3分)		

二、上海迪士尼建设第一期工程引种植物可能携带有害生物风险分析

(续表)

目标层	准则层(P_i)	指标层(P_{ij})	评价指标	赋分	赋分理由
有害生物风险综合评价值(R)	定殖的可能性(P_2)	上海(华东地区)适生范围(P_{22})	本地区没有适生地理环境条件(0分)	3	上海地区为高适生区
			0~20%(1分)		
			20%~50%(2分)		
			在50%以上的地区能够适生(3分)		
	扩散的可能性(P_3)	可能存在的传播途径(P_{31})	不可能被携带(0分)	1	该虫远距离传播主要靠寄主木材调运,近距离传播主要靠成虫迁飞扩散
			1~2种(1分)		
			3~5种(2分)		
			5种以上(3分)		
		国外分布情况(P_{32})	0(0分)	1	全世界目前在5个国家有分布记录
			0~20%的国家有分布(1分)		
			20%~50%的国家有分布(2分)		
			50%以上的国家有分布(3分)		
		国内的适生范围(P_{33})	适生范围为0(0分)	3	国内50%以上适生区域
			0~25%(1分)		
			25%~50%(2分)		
			在国内50%以上的地区能够适生(3分)		
		天敌存在的可能性(P_{34})	本地区存在有效的天敌,作用明显(1分)	3	不存在有效的天敌
			存在天敌,但作用不明显(2分)		
			本地区不存在有效的天敌(3分)		

(续表)

目标层	准则层(P_i)	指标层(P_{ij})	评价指标	赋分	赋分理由
有害生物风险综合评价值(R)	受害寄主经济重要性(P_4)	受害寄主的种类(P_{41})	无(0分)	1	主要危害松柏科植物
			1～4种(1分)		
			5～9种(2分)		
			受害的栽培寄主达10种以上(3分)		
		引种地区受害寄主引进数量(P_{42})	无(0分)	1	32株
			0～500株(1分)		
			500～1 000株(2分)		
			受害寄主引进数达1 000株以上(3分)		
		受害寄主的潜在损失水平(P_{43})	传入可造成的树木死亡率或产量损失<1%(0分)	1	次要害虫,影响观赏植物美观
			1%≤如传入可造成的树木死亡率或产量损失<5%(1分)		
			5%≤如传入可造成的树木死亡率或产量损失<20%(2分)		
			传入可造成的树木死亡率或产量损失≥20%(3分)		
		是否为其他检疫性有害生物的传播媒介(P_{44})	不传带任何检疫性有害生物(0分)	0	不传带任何检疫性有害生物
			传带1种(1分)		
			传带2种(2分)		
			可以传带3种以上的检疫性有害生物(3分)		
		非经济方面的潜在损失(P_{45})	无社会和生态方面损失(0分)	1	防治手段对生态和社会资源造成严重损害
			仅防治手段对生态和社会资源造成严重损害(1分)		

二、上海迪士尼建设第一期工程引种植物可能携带有害生物风险分析

(续表)

目标层	准则层(P_i)	指标层(P_{ij})	评价指标	赋分	赋分理由
有害生物风险综合评价值(R)	受害寄主经济重要性(P_4)	非经济方面的潜在损失(P_{45})	仅有害生物本身对生态和社会资源造成严重损害(2分)		
			防治手段和有害生物本身都对生态和社会资源造成严重损害(3分)		
	危险性管理难度(P_5)	检疫识别难度(P_{51})	检疫鉴定方法简单,非常迅速而且可靠(0分)	1	可以鉴定,方法复杂
			可以鉴定,但方法复杂(1分)		
			当场识别可靠性一般,由经过专门培训的技术人员才能识别(2分)		
			当场识别可靠性低、费时,由专家才能识别确定(3分)		
		除害处理难度(P_{52})	除害率为100%(0分)	1	除害率50%~100%
			除害率50%~100%(1分)		
			除害率<50%(2分)		
			现在的除害处理方法几乎完全不能除害(3分)		
		根除难度(P_{53})	田间防治效果显著,成本很低,简便(0分)	1	利用寄主蜂进行生物防治
			田间防治效果显著,简便,但成本很高(1分)		
			防效高,但方法复杂,难度大,成本高(2分)		
			田间防治效果差,成本高,难度大(3分)		
总分(R)				1.47	

[注] $P_1 = \sqrt[4]{P_{11} \times P_{12} \times P_{13} \times P_{14}}$; $P_2 = 0.7 \times P_{21} + 0.3 \times P_{22}$; $P_3 = 0.4 \times P_{31} + 0.1 \times P_{32} + 0.4 \times P_{33} + 0.1 \times P_{34}$; $P_4 = \max(P_{41}, P_{42}, P_{43}, P_{44}, P_{45})$; $P_5 = (P_{51} + P_{52} + P_{53})/3$; $R = \sqrt[5]{P_1 \times P_2 \times P_3 \times P_4 \times P_5}$

表 4-8 外来有害生物风险评价等级划分标准

R 值	风险等级	R 值	风险等级
<0.5(不含 0.5)	低度风险	1.5~2.5(不含 2.5)	高度风险
0.5~1.5(不含 1.5)	中度风险	≥2.5	极高风险

3. 从德国引进柏科植物(美国花柏、北美香柏、美西侧柏)风险分析结论

(1) 在上海地区引进这三种柏科植物的风险较低。在中国,针对三种柏科植物的引种栽植已经有很长的时间,并无三种植物的逃散入侵的记录。因此,在上海地区引入柏科植物(美国花柏、北美香柏、美西侧柏)的风险较低,建议定期监控和记录,重点关注其引种过程可能携带的有害生物。

(2) 柏科植物(美国花柏、北美香柏、美西侧柏)苗木上的潜在的检疫性有害生物有以下 2 种。

① 松唐盾蚧[*Carulaspis juniperi*(Bouché)],属于我国检疫性有害生物,在华东地区外来入侵有害生物多指标综合评价体系中得分为 2.01 分,属于高度风险等级。在我国暂无分布记录。

② 美柏肤小蠹(*Phloeosinus cupressi* Hopkins),属于我国检疫性有害生物,在华东地区外来入侵有害生物多指标综合评价体系中得分为 1.47 分,属于中度风险等级。在我国无分布。

4. 风险管理措施

根据 SPS 协议 5.4 条款的规定,在制定达到适当的植物卫生保护水平的检疫要求时,尽量减少对贸易的影响。我们在制定风险管理措施时,最大限度地考虑使实施的植物检疫措施对贸易的影响降低到最低。对备选方案优劣的取舍,我们主要是从备选方案的有效性、对贸易的影响和可行性三方面来考虑的。

备选方案 1——禁止进口柏科的这三种苗木

美国花柏、北美香柏、美西侧柏上发生着中国关注的 2 种检疫性有害生物,且由进口美国花柏、北美香柏、美西侧柏苗木携带并传入中国的风险中度到高度风险,禁止进口美国花柏、北美香柏、美西侧柏苗木输华。

该备选方案可避免检疫性有害生物传入中国,从有效性而言,该备选方案最有效,但会严重影响贸易。

备选方案 2——允许小批量进口美国花柏、北美香柏、美西侧柏苗木

由于美国花柏、北美香柏、美西侧柏上发生着中国关注的 2 种检疫性有害生物,且这些有害生物由进口美国花柏、北美香柏、美西侧柏苗木携带并传入中国的风险较高,对于小批量引进的美国花柏、北美香柏、美西侧柏苗木,通过进口过程的严格检查和隔离检疫等风险管控措施,基本上可以将中方关注的检疫性有害生物除去,从而极大地降低了这些检疫性有害生物传入中国的风险;同时,小批量进口的苗木也同样可以将国外的优良品种引进来,达到改良我国绿化植物品种的目的。建议首先引入少量苗木进行试种,并需满足下列要求:

(1) 进口的美国花柏、北美香柏、美西侧柏苗木不得带有土壤:根据《中华人民共和国动植物检疫法》的规定,禁止土壤进境,因此从德国输入我国的美国花柏、北美香柏、美西侧柏苗木不得带有土壤。

(2) 由原产地植物检疫部门提供不携带风险级别为中、高级检疫性有害生物,不带有土壤的检疫证书。

(3) 由引种企业提供:引种原因、数量、规格、用途,引种区域该种苗木有害生物历年发生情况,引种苗木前期生长情况和药剂使用情况,供植物检疫部门审核。

(4) 指定入境口岸为上海,引进苗木不得从上海以外的口岸入境。建议设立用于进口苗木查验的专用隔离场站。进境苗木必须由检验检疫部门专业人员进行严格的现场检疫,一旦发现植物病症和病状,应按以下原则处理:

① 发现病毒类病害病状,如花叶、斑驳、皱缩等,应立即进行退运或销毁处理,并对运输工具进行消毒处理;

② 发现真菌或细菌类病害病征或病状,应立即对染病部位进行采样,送检验检疫实验室进行检测,苗木可暂时存放于隔离区域,经检疫结果确认合格后,再进行后续隔离种植;若经检测发现检疫性及风险分析中关注的有害生物,应立即做退运或销毁处理;

③ 发现非钻蛀型的昆虫类有害生物或相关病征、病状,应立即对虫体或染病部位进行采样,送检验检疫实验室进行检测,苗木可经杀虫剂处理后,暂时存放于隔离区域,经检疫结果确认合格后,再进行后续隔离种植;若经检测发现检疫性及风险分析中关注的有害生物,应立即做退运或销毁处理;

④ 发现钻蛀型昆虫,应立即对苗木进行退运或销毁处理,并对运输工具进行杀虫剂处理;

⑤ 发现线虫类病状,如根结、病瘤等,应立即对染病部位进行采样,送检验检

疫实验室进行检测,苗木可暂时存放于隔离区域,经检疫结果确认合格后,再进行后续隔离种植;若经检测发现检疫性及风险分析中关注的有害生物,应立即做退运或销毁处理;

⑥ 发现进境苗木携带有泥土等禁止进境物,应立即做退运或销毁处理,并对运输工具进行消毒处理。

(5) 经现场检疫合格的苗木,检验检疫机关出具相关情况通知单,由林业植物检疫部门进行入境后的隔离试种监管工作。进境苗木隔离试种地点限定为上海,并需经林业植物检疫部门核实该种植地具备有效的隔离措施、完备的管理制度和有害生物监测手段。

(6) 引进后必须进行隔离试种,隔离试种期至少 2 年。由种植地林业植物检疫部门负责监管,实时监测有害生物发生情况。在隔离期内,发现引进种苗感染病虫害,进行检测鉴定,若为检疫性或风险分析中重点关注的有害生物,应对该苗木立即进行销毁处理,并对种植区域土壤进行消毒处理。隔离期满,必须经林业植物检疫部门确认不带有危险性、检疫性有害生物后方可进行分散种植。禁止引进企业未经许可,私自对进境苗木进行移植、扦插、售卖等行为。

该备选方案易于操作,可行性佳,建议采纳。

(四) 上海迪士尼建设第一期工程引进槭树属植物(银白槭、自由人槭)风险评估报告

1. 背景

(1) 银白槭:拉丁学名:*Acer saccharinum*。系槭树科槭树属落叶乔木。别名:白糖槭树,是红槭的近亲,是鸡爪槭的变型种。原产北美东部,从加拿大的安大略、魁北克直到美国的佛罗里达州均有分布。适应性广,从温带到亚热带。中国可在北至辽宁及内蒙古南部,南至云南、广西、广东北部区域内生长。辽宁北部较多,由于生长迅速,易于繁殖和移栽,以及用于城市环境耐受性的观赏和遮阳树,因此被广泛种植。

银白槭树是一个相对快速生长的落叶乔木,成年树通常高 15~25 m,最高可达 35 m。平均年高生长量 80 cm。树干通直,冠幅 11~15 m,高大的则达 21 m;树冠卵形至圆形。成熟的树干上树皮灰色,毛茸茸的。年轻的树枝和树干,树皮光滑,银灰色。先花后叶,叶掌形,对生,叶片 5 裂,长 8~16 cm,宽 6~12 cm,纤细的叶茎长 5~12 cm,叶子在 4 月形成,正面亮绿色,背面银白色,故名银白槭。秋叶黄;花黄绿色至红色,但不是很突出,十分漂亮。花密集成簇,在早春叶之前生

成,种子在初夏成熟,每个翅形果实中都包含一个单一的种子,翅果长 3~5 cm,种子直径 5~10 mm。其最主要的特性是生长速度快,为槭树中长势最快的一种。

银白槭,好光,喜温凉气候,耐寒耐干燥,忌水涝;宜排水良好土壤。银白槭很容易成活,能适应各种土壤,包括潮湿的河岸、湖边、黏土地等,甚至在大多数树种不易成活的土壤中均能生长良好,而且非常耐寒。

(2) 自由人槭:拉丁学名:*Acer rubrum × freemanii*。系槭树科槭树属落叶乔木。别名摩根、弗里曼槭等。原产美国,在中国山东已有引进栽植成功。

自由人槭,一般树高 12~18 m,最高可达 27 m,冠幅达 10 余 m,树型直立向上,树冠呈椭圆形或圆形,开张优美。单叶对生,叶片 3~5 裂,手掌状,叶长 5~10 cm,叶表面亮绿色,叶背泛白,新生叶正面呈微红色,之后变成绿色,直至深绿色,叶背面是灰绿色,部分有白色绒毛。3月末至4月开花,花为红色,稠密簇生,少部分微黄色,先花后叶,叶片巨大。茎光滑,有皮孔,通常为绿色,冬季常变为红色。新树皮光滑,浅灰色。老树皮粗糙,深灰色,有鳞片或皱纹。果实为翅果,多呈微红色,成熟时变为棕色,长 2.5~5 cm。自由人槭是红花槭和银白槭杂交的后代。叶片 3 深裂。夏天树叶是绿色的,而秋天树叶在气候温和的地方变为橙红色到红色、紫色。早春叶前沿着树枝开出艳丽的红色花朵。成熟的树皮灰色上长着砖红色的分支,添加了一个有趣的景观。

自由人槭是一个相对较低维护的树,在秋天落叶到早春期间修剪容易导致伤流。在理想的条件下它生长快速,并且预计寿命为 80 年或更长时间。喜欢充足的阳光和平均潮湿水平的土壤,但也忍受一些长期的积水。对土壤 pH 要求不严。耐寒性强,耐 -35 ℃;适应中性及微酸或微碱性土壤。生长速度较快,年平均生长 80~120 cm(视水土及土壤肥力)。春天开花,有红色花穗,种子为羽翅状果、颜色浅红。树叶成掌状,长 5~10 cm,春天幼芽浅红色,夏季碧绿,秋天为鲜红色,挂色期长、落叶晚。树干笔直,成深褐色,材质坚硬,纹理好。

上海迪士尼一期工程向上海市林业病虫防治检疫站提出引进银白槭 500 株、自由人槭 1 000 株的申请。根据 WTO 实施动植物卫生检疫措施协议和《植物检疫条例》等的有关规定进行银白槭、自由人槭两种植物的有害生物风险分析。由于两种植物在我国已有成功引种栽植记录,且无入侵扩散危害当地生态安全记录,因此单就引种植物自身而言,在上海地区引入这两种槭属植物的风险较低,建议定期监控和记录即可。而引种这两种植物所可能携带的外来生物则需进一步进行风险分析。

2. 有害生物风险评估结果

风险评估程序：

（1）确定自由人槭、银白槭植物苗木上的有害生物名单；

（2）初步风险评估，根据有害生物的危害特性，并根据检疫性有害生物标准进行筛选，确定潜在的检疫性有害生物；

（3）对潜在的检疫性有害生物风险评估，按照 FAO 制定的有害生物风险分析准则，从进入、定殖、扩散以及经济重要性方面对潜在的检疫性有害生物作进一步风险评估，确定检疫性有害生物名单及其风险；

（4）风险管理措施，提出降低检疫性有害生物传入的风险管理措施。

槭树属植物（自由人槭、银白槭）有害生物名单：经文献资料采集、检索，确定槭树属植物（银白槭、自由人槭）上的有害生物名单（表 4-9），共计 10 种。根据 FAO 关于检疫性有害生物的标准，从该有害生物是否在中国发生以及是否进行官方治理，对槭树属植物（银白槭、自由人槭）上发生的 10 种有害生物进行筛选。凡在中国没有分布或有局部分布而处于官方控制下的有害生物，并可随植物材料传入的均为潜在的检疫性有害生物，以此标准筛选出 5 种潜在的检疫性有害生物，并对其进行风险评估。

表 4-9　进境槭树属植物可能携带的有害生物

编号	拉丁学名	中文名	分类	国内分布	危害部位	经济重要性	检疫性有害生物
1	$Phytophthora\ cambivora$	栗黑水疫霉	卵菌	无	茎、枝、梢、叶和果实	较大	是
2	$Taeniothrips\ inconsequens$	梨带蓟马	昆虫	无	芽苞、花、叶和果实	较大	是
3	$Cacoecimorpha\ pronubana$	荷兰石竹卷蛾	昆虫	无	主要为花、叶、果	较大	是
4	$Quadraspidiotus\ juglansregiae$	胡桃圆盾蚧	昆虫	无	枝干	较大	是
5	$Xylella\ fastidiosa$	木质部难养细菌	细菌	陕西省（礼泉、乾县、蒲城）、山西省、河北省	整株植物	较大	是

二、上海迪士尼建设第一期工程引种植物可能携带有害生物风险分析

(续表)

编号	拉丁学名	中文名	分类	国内分布	危害部位	经济重要性	检疫性有害生物
6	*Pseudomonadaceae*	叶斑病	细菌	广泛	叶片	中	否
7	*Tetranychus cinnabarinus*	红蜘蛛	螨	广泛	叶片	中	否
8	*Anoplophora chinensis*	星天牛	昆虫	广泛	枝干	中	否
9	powdery mildew	白粉病	真菌	广泛	叶片	中	否
10	brown spot	褐斑病	真菌	广泛	叶片	中	否

● 栗黑水疫霉 ●

栗黑水疫霉(*Phytophthora cambivora*)隶属于霜霉目腐霉科。目前,栗黑水疫霉主要分布在日本、印度、丹麦、法国、英国、西班牙、意大利、毛里求斯、南非、加拿大、美国、澳大利亚,发生国主要属于亚热带季风和季风性湿润气候。无性生殖阶段,孢子囊卵形或椭圆形,无乳突,(40~81)μm×(27~46)μm,长宽比 1.4~1.68,不易脱落。孢囊着生方式为单生或单合轴方式;有性生殖阶段藏卵器大多光滑,透明或淡黄色,偶有藏卵器壁呈弯曲、轻微泡状,壁厚,直径 33~50 μm。雄器围生,双室,(20~38)μm×(12~21)μm。卵孢子透明或淡黄色,壁厚 3~4.5 μm,满器,直径 31~46 μm。该病菌在侵染初期,症状也不明显;到了后期,树叶变小、变黄、脱落,或不表现出明显症状,而树木很快死亡。被该病菌侵染的根部变褐、变硬、变脆。该病菌除了引起栗树黑水病,还在许多果树上引起根、茎腐烂病。栗黑水疫霉主要通过土壤传播。病菌以菌丝或以卵孢子在田间或土壤中越冬,主要从伤口侵染,远距离入侵主要依靠国际贸易,可随切花、扦插枝及种苗传播。美国、波兰、新西兰、荷兰等国将其列为危险性对象。此病菌被收录于《中华人民共和国进境植物检疫有害生物名录》中,根据相关文献专著、数据库(如 CNKI、EPPO、GBIF 等)以及重要国际与国家组织官网资料,目前栗黑水疫霉在全世界已在十多个国家有分布记录,国内暂无入侵记录。

根据 Maxent 生态位模型,预测了栗黑水疫霉在中国潜在地理分布区(图版38)。将其潜在地理分布区域划分为四级:高适生区、中适生区、低适生区、非适生区。模型运行所得的 AUC 参数为 0.969,说明该模型预测结果较好,具有较高的可信度。

结果表明,栗黑水疫霉的适生区域主要位于18°～43°N,90°～132°E,亚热带、暖温带之间,包括河北、山西、陕西、甘肃、四川、重庆、云南、贵州、广西、广东、湖南、湖北、河南、山东、江苏少部地区、安徽、上海、浙江、江西、福建、海南岛以及台湾等地区。

根据华东地区外来入侵有害生物多指标综合评价体系,为栗黑水疫霉各项评判指标赋分,如表4-10所示。最终栗黑水疫霉在该体系中的得分为2.61分,属于极高风险等级(表4-15)。

表4-10 栗黑水疫霉(*Phytophthora cambivora*)多指标综合评价体系评价指标

目标层	准则层(P_i)	指标层(P_{ij})	评价指标	赋分	赋分理由
有害生物风险综合评价值(R)	传入的可能性(P_1)	国内分布情况(P_{11})	国内分布＞50%(0分)	3	国内无发生报道
			国内分布面积占20%～50%(1分)		
			国内分布面积占0～20%(2分)		
			国内无分布(3分)		
		国外重视程度(P_{12})	0个国家把其列为检疫对象(0分)	3	20个国家和地区把其列为检疫对象
			1～9个国家把其列为检疫对象(1分)		
			10～19个国家把其列为检疫对象(2分)		
			20个以上的国家把其列为检疫对象(3分)		
		有害生物运输过程中的存活率(P_{13})	存活率为0(0分)	2	运输过程中存活率10%～40%
			0～10%(1分)		
			10%～40%(2分)		
			运输过程中有害生物存活率＞40%(3分)		
		有害生物被截获的可能性(P_{14})	被调运和携带繁殖体的可能性小(1分)	2	被调运和携带繁殖体的可能性都一般
			被调运和携带繁殖体的可能性一般(2分)		
			被调运和携带繁殖体的可能性大(3分)		

二、上海迪士尼建设第一期工程引种植物可能携带有害生物风险分析

(续表)

目标层	准则层(P_i)	指标层(P_{ij})	评价指标	赋分	赋分理由
有害生物风险综合评价值(R)	定殖的可能性(P_2)	有害生物生物学特性(P_{21})	生物学特性对有害生物适生无影响(0分)	3	繁殖能力和抗逆性都强
			抗逆性强,繁殖能力弱(1分)		
			繁殖能力强,抗逆性弱(2分)		
			繁殖能力和抗逆性都较强(3分)		
		上海(华东地区)适生范围(P_{22})	本地区没有适生地理环境条件(0分)	3	在50%以上的地区能够适生
			0~20%(1分)		
			20%~50%(2分)		
			在50%以上的地区能够适生(3分)		
	扩散的可能性(P_3)	可能存在的传播途径(P_{31})	不可能被携带(0分)	2	存在1种传播途径
			1~2种(1分)		
			3~5种(2分)		
			5种以上(3分)		
		国外分布情况(P_{32})	0(0分)	1	在美国、加拿大等国家与地区有分布
			0~20%的国家有分布(1分)		
			20%~50%的国家有分布(2分)		
			50%以上的国家有分布(3分)		
		国内的适生范围(P_{33})	适生范围为0(0分)	3	在国内50%以上的地区能够适生
			0~25%(1分)		
			25%~50%(2分)		
			在国内50%以上的地区能够适生(3分)		

(续表)

目标层	准则层(P_i)	指标层(P_{ij})	评价指标	赋分	赋分理由
有害生物风险综合评价值(R)	扩散的可能性(P_3)	天敌存在的可能性(P_{34})	本地区存在有效的天敌,作用明显(1分)	3	本地区不存在有效的天敌
			存在天敌,但作用不明显(2分)		
			本地区不存在有效的天敌(3分)		
	受害寄主经济重要性(P_4)	受害寄主的种类(P_{41})	无(0分)	1	涉及1种
			1~4种(1分)		
			5~9种(2分)		
			受害的栽培寄主达10种以上(3分)		
		引种地区受害寄主引进数量(P_{42})	无(0分)	3	1 500株
			0~500株(1分)		
			500~1 000株(2分)		
			受害寄主引进数达1 000株以上(3分)		
		受害寄主的潜在损失水平(P_{43})	传入可造成的树木死亡率或产量损失<1%(0分)	2	5%~20%
			1%<如传入可造成的树木死亡率或产量损失<5%(1分)		
			5%≤如传入可造成的树木死亡率或产量损失<20%(2分)		
			传入可造成的树木死亡率或产量损失≥20%(3分)		
		是否为其他检疫性有害生物的传播媒介(P_{44})	不传带任何检疫性有害生物(0分)	0	不传带
			传带1种(1分)		
			传带2种(2分)		
			可以传带3种以上的检疫性有害生物(3分)		

二、上海迪士尼建设第一期工程引种植物可能携带有害生物风险分析

(续表)

目标层	准则层(P_i)	指标层(P_{ij})	评价指标	赋分	赋分理由
有害生物风险综合评价值(R)	受害寄主经济重要性(P_4)	非经济方面的潜在损失(P_{45})	无社会和生态方面损失(0分)	3	防治手段和有害生物本身都对生态和社会资源造成严重损害
			仅防治手段对生态和社会资源造成严重损害(1分)		
			仅有害生物本身对生态和社会资源造成严重损害(2分)		
			防治手段和有害生物本身都对生态和社会资源造成严重损害(3分)		
	危险性管理难度(P_5)	检疫识别难度(P_{51})	检疫鉴定方法简单,非常迅速而且可靠(0分)	1	可以鉴定,但方法复杂
			可以鉴定,但方法复杂(1分)		
			当场识别可靠性一般,由经过专门培训的技术人员才能识别(2分)		
			当场识别可靠性低、费时,由专家才能识别确定(3分)		
		除害处理难度(P_{52})	除害率为100%(0分)	3	现在的除害处理方法几乎完全不能除害
			除害率50%~100%(1分)		
			除害率<50%(2分)		
			现在的除害处理方法几乎完全不能除害(3分)		
		根除难度(P_{53})	田间防治效果显著,成本很低,简便(0分)	3	田间防治效果差,成本高,难度大
			田间防治效果显著,简便,但成本很高(1分)		
			防效高,但方法复杂,难度大,成本高(2分)		
			田间防治效果差,成本高,难度大(3分)		
总分(R)				2.61	

梨带蓟马

梨带蓟马（*Taeniothrips inconsequens*）(图版16)隶属于蓟马科带蓟马属,目前在朝鲜、日本、塞浦路斯、土耳其、挪威、瑞典、波兰、捷克、斯洛伐克、匈牙利、德国、奥地利、瑞士、荷兰、英国、法国、意大利等国有分布。梨带蓟马成虫很小,长1.2~1.5 mm,棕色,细长。头部背后肿大,眼睛红色。触角的段Ⅴ和Ⅵ较宽,第三段淡黄色、棕色的。跗骨黄棕色,顶端齿用于挖掘。翅膀细长,附着长毛。后翅棕色。梨带蓟马幼虫身体较小、白色,眼睛红色。有别于其他蓟马幼虫,具有独特的环黑色或棕色刺尖形腹部。该虫远距离传播主要靠寄主苗木调运,近距离传播主要靠成虫迁飞扩散。梨带蓟马被收录于《中华人民共和国进境植物检疫有害生物名录》中,根据相关文献专著、数据库(如CNKI、EPPO、GBIF等)以及重要国际与国家组织官网资料,目前梨带蓟马在全世界已在十几个国家有分布记录,国内暂无入侵记录。

根据Maxent生态位模型,预测了梨带蓟马在中国潜在地理分布区(图版46),将其潜在地理分布区域划分为四级:高适生区、中适生区、低适生区、非适生区。模型运行所得的AUC参数为0.982,说明该模型预测结果较好,具有较高的可信度。结果表明,梨带蓟马的适生区域(高适生区及中适生区)主要位于长江中下游广大地区、华东以及华南广大地区。具体在江苏、安徽、上海、河南南部地区、陕西南部、湖北、重庆、四川、湖南、贵州、江西、浙江、福建、山东以及广西、广东的北部地区有中度到高度适生区域。

根据华东地区外来入侵有害生物多指标综合评价体系,为梨带蓟马各项评判指标赋分,如表4-11所示。最终梨带蓟马在该体系中的得分为1.88分,属于高度风险等级(表4-15)。

表4-11 梨带蓟马(*Taeniothrips inconsequens*)多指标综合评价体系评价指标

目标层	准则层(P_i)	指标层(P_{ij})	评价指标	赋分	赋分理由
有害生物风险综合评价值（R）	传入的可能性（P_1）	国内分布情况（P_{11}）	国内分布>50%(0分)	3	国内目前无入侵记录
			国内分布面积占20%~50%(1分)		
			国内分布面积占0~20%(2分)		
			国内无分布(3分)		

二、上海迪士尼建设第一期工程引种植物可能携带有害生物风险分析

(续表)

目标层	准则层(P_i)	指标层(P_{ij})	评价指标	赋分	赋分理由
有害生物风险综合评价值(R)	传入的可能性(P_1)	国外重视程度(P_{12})	0个国家把其列为检疫对象(0分)	1	1~2个国家将其列为检疫对象
			1~9个国家把其列为检疫对象(1分)		
			10~19个国家把其列为检疫对象(2分)		
			20个以上的国家把其列为检疫对象(3分)		
		有害生物运输过程中的存活率(P_{13})	存活率为0(0分)	2	靠吸取植物汁液为生,存活率10%~40%
			0~10%(1分)		
			10%~40%(2分)		
			运输过程中有害生物存活率>40%(3分)		
		有害生物被截获的可能性(P_{14})	被调运和携带繁殖体的可能性小(1分)	2	被调运和携带繁殖体的可能性一般
			被调运和携带繁殖体的可能性一般(2分)		
			被调运和携带繁殖体的可能性大(3分)		
	定殖的可能性(P_2)	有害生物生物学特性(P_{21})	生物学特性对有害生物适生无影响(0分)	1	繁殖能力一般,在户外适宜条件下一年1代
			抗逆性强,繁殖能力弱(1分)		
			繁殖能力强,抗逆性弱(2分)		
			繁殖能力和抗逆性都较强(3分)		
		上海(华东地区)适生范围(P_{22})	本地区没有适生地理环境条件(0分)	3	上海地区为高适生区
			0~20%(1分)		
			20%~50%(2分)		
			在50%以上的地区能够适生(3分)		

(续表)

目标层	准则层(P_i)	指标层(P_{ij})	评价指标	赋分	赋分理由
有害生物风险综合评价值（R）	扩散的可能性（P_3）	可能存在的传播途径（P_{31}）	不可能被携带(0分)	1	该虫远距离传播主要靠寄主调运，近距离传播主要靠成虫扩散
			1~2种(1分)		
			3~5种(2分)		
			5种以上(3分)		
		国外分布情况（P_{32}）	0(0分)	1	全世界目前十几个国家有分布记录
			0~20%的国家有分布(1分)		
			20%~50%的国家有分布(2分)		
			50%以上的国家有分布(3分)		
		国内的适生范围（P_{33}）	适生范围为0(0分)	3	国内50%以上适生区域
			0~25%(1分)		
			25%~50%(2分)		
			在国内50%以上的地区能够适生(3分)		
		天敌存在的可能性（P_{34}）	本地区存在有效的天敌，作用明显(1分)	3	不存在有效的天敌
			存在天敌，但作用不明显(2分)		
			本地区不存在有效的天敌(3分)		
	受害寄主经济重要性（P_4）	受害寄主的种类（P_{41}）	无(0分)	1	危害槭树属植物
			1~4种(1分)		
			5~9种(2分)		
			受害的栽培寄主达10种以上(3分)		
		引种地区受害寄主引进数量（P_{42}）	无(0分)	3	1 500株
			0~500株(1分)		
			500~1 000株(2分)		
			受害寄主引进数达1 000株以上(3分)		

二、上海迪士尼建设第一期工程引种植物可能携带有害生物风险分析

(续表)

目标层	准则层(P_i)	指标层(P_{ij})	评价指标	赋分	赋分理由
有害生物风险综合评价值(R)	受害寄主经济重要性(P_4)	受害寄主的潜在损失水平(P_{43})	传入可造成的树木死亡率或产量损失<1%(0分)	1	影响观赏植物美观
			1%≤如传入可造成的树木死亡率或产量损失<5%(1分)		
			5%≤如传入可造成的树木死亡率或产量损失<20%(2分)		
			传入可造成的树木死亡率或产量损失≥20%(3分)		
		是否为其他检疫性有害生物的传播媒介(P_{44})	不传带任何检疫性有害生物(0分)	0	不传带任何检疫性有害生物
			传带1种(1分)		
			传带2种(2分)		
			可以传带3种以上的检疫性有害生物(3分)		
		非经济方面的潜在损失(P_{45})	无社会和生态方面损失(0分)	3	防治手段和有害生物本身都对生态和社会资源造成严重损害
			仅防治手段对生态和社会资源造成严重损害(1分)		
			仅有害生物本身对生态和社会资源造成严重损害(2分)		
			防治手段和有害生物本身都对生态和社会资源造成严重损害(3分)		
	危险性管理难度(P_5)	检疫识别难度(P_{51})	检疫鉴定方法简单,非常迅速而且可靠(0分)	2	当场识别可靠性一般,由经过专门培训的技术人员才能识别
			可以鉴定,但方法复杂(1分)		
			当场识别可靠性一般,由经过专门培训的技术人员才能识别(2分)		
			当场识别可靠性低、费时,由专家才能识别确定(3分)		

（续表）

目标层	准则层(P_i)	指标层(P_{ij})	评价指标	赋分	赋分理由
有害生物风险综合评价值（R）	危险性管理难度（P_5）	除害处理难度（P_{52}）	除害率为100%(0分)	1	除害率50%～100%
			除害率50%～100%(1分)		
			除害率<50%(2分)		
			现在的除害处理方法几乎完全不能除害(3分)		
		根除难度（P_{53}）	田间防治效果显著,成本很低,简便(0分)	1	进行生物防治
			田间防治效果显著,简便,但成本很高(1分)		
			防效高,但方法复杂,难度大,成本高(2分)		
			田间防治效果差,成本高,难度大(3分)		
总分（R）				1.88	

● 荷兰石竹卷蛾 ●

荷兰石竹卷蛾（*Cacoecimorpha pronubana*）（图版9），隶属于鳞翅目卷蛾科卷蛾亚科卷蛾属,幼虫杂食性,可取食多种寄主植物,20个以上的国家将其列为检疫对象,是欧洲植保组织（EPPO）成员国禁止入境的检疫性有害生物,也是我国明令禁止入境的检疫性有害生物。该虫是地中海沿岸国家和地区的土著种,食性杂、危害重、分布广泛,是一种重要的经济害虫;成虫借助自身飞行在当地进行传播扩散,可随国际贸易,如寄主植株、切花等的调运进行远距离传播。根据相关文献专著、数据库（如CNKI、EPPO、GBIF等）以及重要国际与国家组织官网资料,荷兰石竹卷蛾目前在世界有52个分布记录,国内暂无记录。

根据Maxent生态位模型,预测了荷兰石竹卷蛾在中国的潜在地理分布区（图版32）,将其潜在地理分布区域划分为四级:高适生区、中适生区、低适生区、非适生区。模型运行所得的AUC参数为0.974,说明该模型预测结果较好,具有较高的可信度。结果表明,荷兰石竹卷蛾的适生区域（高适生区及中适生区）主要位于20°～35°N,101°～112°E之间,在27°～32°N,92°～100°E、29°～32°N,78°～84°E,36°～38°N,75°～81°E区域内有少量分布。具体在重庆、贵州、江西、湖南、福建、浙江、上海、广西、广东及港澳台地区有大片适生区域,在甘肃、陕西、四川、湖北、江苏及安徽有部分适生区域,在西藏、新疆及云南等地有零星适生区域。

根据华东地区外来入侵有害生物多指标综合评价体系,为荷兰石竹卷蛾各项评判指标赋分,如表4-12所示。最终荷兰石竹卷蛾在该体系中的得分为2.35分,属于高度风险等级(表4-15)。

表4-12 荷兰石竹卷蛾(*Cacoecimorpha pronubana*)多指标综合评价体系评价指标

目标层	准则层(P_i)	指标层(P_{ij})	评价指标	赋分	赋分理由
有害生物风险综合评价值(R)	传入的可能性(P_1)	国内分布情况(P_{11})	国内分布>50%(0分)	3	目前我国尚无分布。但CABI所载文献也有报道称在我国出口以色列的鳄梨中发现该虫
			国内分布面积占20%~50%(1分)		
			国内分布面积占0~20%(2分)		
			国内无分布(3分)		
		国外重视程度(P_{12})	0个国家把其列为检疫对象(0分)	3	以下国家、地区及组织将其列为检疫对象:CAN、EPPO、南非、智利、约旦、阿塞拜疆、挪威、土耳其、乌克兰等
			1~9个国家把其列为检疫对象(1分)		
			10~19个国家把其列为检疫对象(2分)		
			20个以上的国家把其列为检疫对象(3分)		
		有害生物运输过程中的存活率(P_{13})	存活率为0(0分)	3	卵、幼虫、蛹均可随受害植株传播,卵成活率较高
			0~10%(1分)		
			10%~40%(2分)		
			运输过程中有害生物存活率>40%(3分)		
		有害生物被截获的可能性(P_{14})	被调运和携带繁殖体的可能性小(1分)	3	可随国际贸易的调运进行远距离传播,如根、树皮、球茎、块茎、鳞茎、果实、茎、芽、木段、切花等
			被调运和携带繁殖体的可能性一般(2分)		
			被调运和携带繁殖体的可能性大(3分)		

(续表)

目标层	准则层(P_i)	指标层(P_{ij})	评价指标	赋分	赋分理由
有害生物风险综合评价值(R)	定殖的可能性(P_2)	有害生物生物学特性(P_{21})	生物学特性对有害生物适生无影响(0分)	2	不耐低温及雨水气候,在欧洲南部每年可繁殖4代
			抗逆性强,繁殖能力弱(1分)		
			繁殖能力强,抗逆性弱(2分)		
			繁殖能力和抗逆性都较强(3分)		
		上海(华东地区)适生范围(P_{22})	本地区没有适生地理环境条件(0分)	3	适应范围广
			0~20%(1分)		
			20%~50%(2分)		
			在50%以上的地区能够适生(3分)		
	扩散的可能性(P_3)	可能存在的传播途径(P_{31})	不可能被携带(0分)	2	可随受害植株的花、花序、花萼、球果、叶片等各个组织器官传播。但也会藏匿于根、茎、块茎、球茎等部位难以发现
			1~2种(1分)		
			3~5种(2分)		
			5种以上(3分)		
		国外分布情况(P_{32})	0(0分)	2	已分布于欧洲各国:阿尔巴尼亚(EPPO国家)、马耳他、意大利、西班牙、英国(包括格恩西岛和泽西岛)、爱尔兰、荷兰、威尔士、法国、希腊、德国、卢森堡、葡萄牙、丹麦、波兰、瑞士、捷克等;非洲国家:阿尔及利亚、利比亚(EPPO国家)、摩洛哥、突尼斯;北美:美国(仅俄勒冈州)
			0~20%的国家有分布(1分)		
			20%~50%的国家有分布(2分)		
			50%以上的国家有分布(3分)		

二、上海迪士尼建设第一期工程引种植物可能携带有害生物风险分析

(续表)

目标层	准则层(P_i)	指标层(P_{ij})	评价指标	赋分	赋分理由
有害生物风险综合评价值(R)	扩散的可能性(P_3)	国内的适生范围(P_{33})	适生范围为0(0分)	2	25%~50%
			0~25%(1分)		
			25%~50%(2分)		
			在国内50%以上的地区能够适生(3分)		
		天敌存在的可能性(P_{34})	本地区存在有效的天敌,作用明显(1分)	3	苏云金杆菌、小腹茧蜂属等,需人为施用
			存在天敌,但作用不明显(2分)		
			本地区不存在有效的天敌(3分)		
	受害寄主经济重要性(P_4)	引种地受害寄主引进种类(P_{41})	无(0分)	3	受害寄主广泛:相思、柑橘属、天竺葵属、松属、杨属、蔷薇属等植物
			1~4种(1分)		
			5~9种(2分)		
			受害的栽培寄主达10种以上(3分)		
		引种地区受害寄主引进数量(P_{42})	无(0分)	3	1 500株
			0~500株(1分)		
			500~1 000株(2分)		
			受害寄主引进数达1 000株以上(3分)		
		受害寄主的潜在损失水平(P_{43})	传入可造成的树木死亡率或产量损失<1%(0分)	3	受害切花将失去经济价值,果树幼果过早凋落或果实腐烂。受害寄主范围广泛,危害大。据报道在尼斯,1972~1973年间,有25%~35%的康乃馨产量受损
			1%≤如传入可造成的树木死亡率或产量损失<5%(1分)		
			5%≤如传入可造成的树木死亡率或产量损失<20%(2分)		

(续表)

目标层	准则层(P_i)	指标层(P_{ij})	评价指标	赋分	赋分理由
有害生物风险综合评价值（R）	受害寄主经济重要性(P_4)	受害寄主的潜在损失水平(P_{43})	传入可造成的树木死亡率或产量损失≥20%（3分）		
		是否为其他检疫性有害生物的传播媒介(P_{44})	不传带任何检疫性有害生物(0分)	0	无
			传带1种(1分)		
			传带2种(2分)		
			可以传带3种以上的检疫性有害生物(3分)		
		非经济方面的潜在损失(P_{45})	无社会和生态方面损失(0分)	2	生态：受害寄主广泛，危害严重；化学防治施用溴氰菊酯、氰戊菊酯，为中毒毒力；生物防治采用信息素、苏云金杆菌等，但苏云金杆菌投入量需高于常规用量
			仅防治手段对生态和社会资源造成严重损害(1分)		
			仅有害生物本身对生态和社会资源造成严重损害(2分)		
			防治手段和有害生物本身都对生态和社会资源造成严重损害(3分)		
	危险性管理难度(P_5)	检疫识别难度(P_{51})	检疫鉴定方法简单，非常迅速而且可靠(0分)	2	害虫或症状通常肉眼可见，但也会藏匿于根、茎、块茎、球茎等部位难以发现，需专业人员鉴定
			可以鉴定，但方法复杂(1分)		
			当场识别可靠性一般，由经过专门培训的技术人员才能识别(2分)		
			当场识别可靠性低、费时，由专家才能识别确定(3分)		

二、上海迪士尼建设第一期工程引种植物可能携带有害生物风险分析

(续表)

目标层	准则层(P_i)	指标层(P_{ij})	评价指标	赋分	赋分理由
有害生物风险综合评价值(R)	危险性管理难度(P_5)	除害处理难度(P_{52})	除害率为100%(0分) 除害率50%~100%(1分) 除害率<50%(2分) 现在的除害处理方法几乎完全不能除害(3分)	1	溴氰菊酯对受害寄主嫩芽部位的幼虫杀灭率大约为90%,其他部位害虫除害率暂无数据
		根除难度(P_{53})	田间防治效果显著,成本很低,简便(0分) 田间防治效果显著,简便,但成本很高(1分) 防效高,但方法复杂,难度大,成本高(2分) 田间防治效果差,成本高,难度大(3分)	2	若使用化学防治,成本较低但危害环境生态;若使用生物防治,则花费较大
总分(R)				2.35	

• 胡 桃 圆 盾 蚧 •

胡桃圆盾蚧(*Quadraspidiotus juglansregiae*),隶属于同翅目盾蚧科,体被长鳞片,近圆形,扁平,红棕色或灰色;是我国明令禁止入境的检疫性有害生物。该虫出现在美国多种落叶乔木和灌木上,以及很少一些松柏植物;可随国际贸易,如寄主植株、切花等的调运进行远距离传播。根据相关文献专著、数据库(如CNKI、EPPO、GBIF等)以及重要国际与国家组织官网资料,胡桃圆盾蚧目前在欧洲和美国有分布记录,国内暂无记录。

根据Maxent生态位模型,预测了胡桃圆盾蚧在中国的潜在地理分布区(图版47),将其潜在地理分布区域划分为四级:高适生区、中适生区、低适生区、非适生区。模型运行所得的AUC参数为0.959,说明该模型预测结果较好,具有较高的可信度。结果表明胡桃圆盾蚧的适生区域(高适生区及中适生区)主要位于长江与黄河中下游

之间区域内,具体在陕西、河南、湖北、安徽、江苏、上海及山东的少部地区。

根据华东地区外来入侵有害生物多指标综合评价体系,为胡桃圆盾蚧各项评判指标赋分,如表4-13所示。最终胡桃圆盾蚧在该体系中的得分为1.78分,属于高度风险等级(表4-15)。

表4-13 胡桃圆盾蚧(*Quadraspidiotus juglansregiae*)多指标综合评价体系评价指标

目标层	准则层(P_i)	指标层(P_{ij})	评价指标	赋分	赋分理由
有害生物风险综合评价值(R)	传入的可能性(P_1)	国内分布情况(P_{11})	国内分布>50%(0分)	3	目前我国尚无分布
			国内分布面积占20%~50%(1分)		
			国内分布面积占0~20%(2分)		
			国内无分布(3分)		
		国外重视程度(P_{12})	0个国家把其列为检疫对象(0分)	1	1~2个国家将其列为检疫对象
			1~9个国家把其列为检疫对象(1分)		
			10~19个国家把其列为检疫对象(2分)		
			20个以上的国家把其列为检疫对象(3分)		
		有害生物运输过程中的存活率(P_{13})	存活率为0(0分)	3	有蜡壳保护,运输过程中有害生物存活率>40%
			0~10%(1分)		
			10%~40%(2分)		
			运输过程中有害生物存活率>40%(3分)		
		有害生物被截获的可能性(P_{14})	被调运和携带繁殖体的可能性小(1分)	3	可随国际贸易的植物调运进行远距离传播
			被调运和携带繁殖体的可能性一般(2分)		
			被调运和携带繁殖体的可能性大(3分)		

二、上海迪士尼建设第一期工程引种植物可能携带有害生物风险分析

(续表)

目标层	准则层(P_i)	指标层(P_{ij})	评价指标	赋分	赋分理由
有害生物风险综合评价值(R)	定殖的可能性(P_2)	有害生物生物学特性(P_{21})	生物学特性对有害生物适生无影响(0分)	1	抗逆性较强
			抗逆性强,繁殖能力弱(1分)		
			繁殖能力强,抗逆性弱(2分)		
			繁殖能力和抗逆性都较强(3分)		
		上海(华东地区)适生范围(P_{22})	本地区没有适生地理环境条件(0分)	3	上海属于高适生区
			0～20%(1分)		
			20%～50%(2分)		
			在50%以上的地区能够适生(3分)		
	扩散的可能性(P_3)	可能存在的传播途径(P_{31})	不可能被携带(0分)	1	可随受害植株的传播
			1～2种(1分)		
			3～5种(2分)		
			5种以上(3分)		
		国外分布情况(P_{32})	0(0分)	2	已分布于欧洲、美国
			0～20%的国家有分布(1分)		
			20%～50%的国家有分布(2分)		
			50%以上的国家有分布(3分)		
		国内的适生范围(P_{33})	适生范围为0(0分)	2	25%～50%之间
			0～25%(1分)		
			25%～50%(2分)		
			在国内50%以上的地区能够适生(3分)		

(续表)

目标层	准则层(P_i)	指标层(P_{ij})	评价指标	赋分	赋分理由
有害生物风险综合评价值(R)	扩散的可能性(P_3)	天敌存在的可能性(P_{34})	本地区存在有效的天敌,作用明显(1分)	3	无
			存在天敌,但作用不明显(2分)		
			本地区不存在有效的天敌(3分)		
	受害寄主经济重要性(P_4)	引种地受害寄主引进种类(P_{41})	无(0分)	3	受害寄主广泛
			1~4种(1分)		
			5~9种(2分)		
			受害的栽培寄主达10种以上(3分)		
		引种地区受害寄主引进数量(P_{42})	无(0分)	3	1 500株
			0~500株(1分)		
			500~1 000株(2分)		
			受害寄主引进数达1 000株以上(3分)		
		受害寄主的潜在损失水平(P_{43})	传入可造成的树木死亡率或产量损失<1%(0分)	2	引起寄主植物萎蔫,影响景观价值
			1%≤如传入可造成的树木死亡率或产量损失<5%(1分)		
			5%≤如传入可造成的树木死亡率或产量损失<20%(2分)		
			传入可造成的树木死亡率或产量损失≥20%(3分)		
		是否为其他检疫性有害生物的传播媒介(P_{44})	不传带任何检疫性有害生物(0分)	0	无
			传带1种(1分)		
			传带2种(2分)		
			可以传带3种以上的检疫性有害生物(3分)		

二、上海迪士尼建设第一期工程引种植物可能携带有害生物风险分析

(续表)

目标层	准则层(P_i)	指标层(P_{ij})	评价指标	赋分	赋分理由
有害生物风险综合评价值(R)	受害寄主经济重要性(P_4)	非经济方面的潜在损失(P_{45})	无社会和生态方面损失(0分)	2	仅有害生物本身对生态和社会资源造成严重损害,防治主要是物理防治有效
			仅防治手段对生态和社会资源造成严重损害(1分)		
			仅有害生物本身对生态和社会资源造成严重损害(2分)		
			防治手段和有害生物本身都对生态和社会资源造成严重损害(3分)		
	危险性管理难度(P_5)	检疫识别难度(P_{51})	检疫鉴定方法简单,非常迅速而且可靠(0分)	2	害虫或症状通常肉眼可见,需专业人员鉴定
			可以鉴定,但方法复杂(1分)		
			当场识别可靠性一般,由经过专门培训的技术人员才能识别(2分)		
			当场识别可靠性低、费时,由专家才能识别确定(3分)		
		除害处理难度(P_{52})	除害率为100%(0分)	1	采取物理方法除治,除害率50%~100%
			除害率50%~100%(1分)		
			除害率<50%(2分)		
			现在的除害处理方法几乎完全不能除害(3分)		
		根除难度(P_{53})	田间防治效果显著,成本很低,简便(0分)	1	物理防治方法显著,但是人工劳力较大
			田间防治效果显著,简便,但成本很高(1分)		
			防效高,但方法复杂,难度大,成本高(2分)		
			田间防治效果差,成本高,难度大(3分)		
总分(R)				1.78	

木质部难养细菌

木质部难养细菌也叫葡萄皮尔斯病菌引起葡萄皮尔斯病。属变形菌门黄色单胞菌目黄单胞菌。目前广泛分布于美国、哥斯达黎加、智利、委内瑞拉、阿根廷、巴西、法国、斯洛文尼亚、新西兰,亚洲的印度和中国台湾地区。中国陕西省(礼泉、乾县、蒲城)于2000年首次报道发现,以后在山西省、河北省又有发现。葡萄皮尔斯病最早发生在美国海湾沿海平原和加利福尼亚州的主要葡萄产区,以后又在哥斯达黎加、墨西哥和委内瑞拉发生。在美国加利福尼亚曾4次大流行,先后毁灭了数万公顷葡萄园,其中洛杉矶就有5~7年生的葡萄几乎全部死亡的记载。最近一次流行是在1995~1997年,造成加利福尼亚州种植者大约3 300万美元的损失。病原是一种细小的革兰氏阴性细菌,具有数层卷绕的细胞壁和胞外纤维束,最近这种细菌定名为 *Xyllela fastidiosa* Wells et al.。在电镜下可见到细菌为杆状,大小为$(0.25~0.5)\mu m \times (1~4)\mu m$,单生,无鞭毛;兼性好气性;革兰氏染色为阴性,细胞壁波纹状,无芽孢;营养要求苛刻,琼脂上不能生长,需要血清蛋白或焦磷酸铁等。波纹的细胞壁是这种细菌的特征。在感病葡萄的木质部做超薄切片,可见到细菌堵塞维管组织。病菌适宜生长温度为26~28 ℃。世界上很多国家和国际组织都将其列为重要的检疫对象,EPPO、EU、IAPSC、NAPPO、南非、巴西、加拿大、智利、巴拉圭、土耳其、乌克兰将其列为A1类的检疫性有害生物;COSAVE、阿根廷、乌拉圭将其列为A2类的检疫性有害生物;以色列、约旦、新西兰对其实施检疫隔离;2007年,该菌被列入《中华人民共和国进境植物检疫有害生物名录》。目前木质部难养细菌在十几个国家有分布记录,国内暂无入侵记录。

根据Maxent生态位模型,预测了木质部难养细菌在中国的潜在地理分布区(图版40),将其潜在地理分布区域划分为四级:高适生区、中适生区、低适生区、非适生区。模型运行所得的AUC参数为0.986,说明该模型预测结果较好,具有较高的可信度。结果表明,葡萄皮尔斯病菌的适生区域主要位于$18°~54°N$,$90°~134°E$,亚热带、暖温带之间,分布于从中国的最北端漠河县到南端三亚市,从西端西藏那曲县到东端黑龙江虎林市广袤区域之间,包括内蒙古、黑龙江、辽宁、河北、北京、天津、山西、陕西、甘肃、四川、云南、重庆、贵州、广西、广东、湖南、湖北、河南、山东、上海、浙江、江西、福建、江苏、安徽、海南和台湾少部分地区。

根据华东地区外来入侵有害生物多指标综合评价体系,为木质部难养细菌各项评判指标赋分,如表4-14所示。最终木质部难养细菌在该体系中的得分为2.20分,属于高度风险等级(表4-15)。

表 4-14 木质部难养细菌（*Xylella fastidiosa* Wells *et al.*）多指标综合评价体系评价指标

目标层	准则层(P_i)	指标层(P_{ij})	评价指标	赋分	赋分理由
有害生物风险综合评价值（R）	传入的可能性（P_1）	国内分布情况（P_{11}）	国内分布>50%(0分)	2	国内有零星分布报道
			国内分布面积占20%~50%(1分)		
			国内分布面积占0~20%(2分)		
			国内无分布(3分)		
		国外重视程度（P_{12}）	0个国家把其列为检疫对象(0分)	3	20个以上的国家把其列为检疫对象
			1~9个国家把其列为检疫对象(1分)		
			10~19个国家把其列为检疫对象(2分)		
			20个以上的国家把其列为检疫对象(3分)		
		有害生物运输过程中的存活率（P_{13}）	存活率为0(0分)	3	运输过程中存活率超过40%
			0~10%(1分)		
			10%~40%(2分)		
			运输过程中有害生物存活率>40%(3分)		
		有害生物被截获的可能性（P_{14}）	被调运和携带繁殖体的可能性小(1分)	3	被调运和携带繁殖体的可能性都大
			被调运和携带繁殖体的可能性一般(2分)		
			被调运和携带繁殖体的可能性大(3分)		
	定殖的可能性（P_2）	有害生物生物学特性（P_{21}）	生物学特性对有害生物适生无影响(0分)	3	繁殖能力和抗逆性都强
			抗逆性强,繁殖能力弱(1分)		

(续表)

目标层	准则层(P_1)	指标层(P_{ij})	评价指标	赋分	赋分理由
有害生物风险综合评价值(R)	定殖的可能性(P_2)	有害生物生物学特性(P_{21})	繁殖能力强,抗逆性弱(2分)		
			繁殖能力和抗逆性都较强(3分)		
		上海(华东地区)适生范围(P_{22})	本地区没有适生地理环境条件(0分)	3	在50%以上的地区能够适生
			0~20%(1分)		
			20%~50%(2分)		
			在50%以上的地区能够适生(3分)		
	扩散的可能性(P_3)	可能存在的传播途径(P_{31})	不可能被携带(0分)	1	存在2种传播途径
			1~2种(1分)		
			3~5种(2分)		
			5种以上(3分)		
		国外分布情况(P_{32})	0(0分)	1	在美国、加拿大等国有分布
			0~20%的国家有分布(1分)		
			20%~50%的国家有分布(2分)		
			50%以上的国家有分布(3分)		
		国内的适生范围(P_{33})	适生范围为0(0分)	2	在国内25%~50%的地区能够适生
			0~25%(1分)		
			25%~50%(2分)		
			在国内50%以上的地区能够适生(3分)		
		天敌存在的可能性(P_{34})	本地区存在有效的天敌,作用明显(1分)	3	本地区不存在有效的天敌
			存在天敌,但作用不明显(2分)		
			本地区不存在有效的天敌(3分)		

二、上海迪士尼建设第一期工程引种植物可能携带有害生物风险分析

(续表)

目标层	准则层(P_i)	指标层(P_{ij})	评价指标	赋分	赋分理由
有害生物风险综合评价值(R)	受害寄主经济重要性(P_4)	受害寄主的种类(P_{41})	无(0分)	3	涉及10种
			1~4种(1分)		
			5~9种(2分)		
			受害的栽培寄主达10种以上(3分)		
		引种地区受害寄主引进数量(P_{42})	无(0分)	3	涉及植物园引种1 500株
			0~500株(1分)		
			500~1 000株(2分)		
			受害寄主引进数达1 000株以上(3分)		
		受害寄主的潜在损失水平(P_{43})	传入可造成的树木死亡率或产量损失<1%(0分)	3	传入后造成树木死亡≥20%
			1%≤如传入可造成的树木死亡率或产量损失<5%(1分)		
			5%≤如传入可造成的树木死亡率或产量损失<20%(2分)		
			传入可造成的树木死亡率或产量损失≥20%(3分)		
		是否为其他检疫性有害生物的传播媒介(P_{44})	不传带任何检疫性有害生物(0分)	0	不传带任何检疫性有害生物
			传带1种(1分)		
			传带2种(2分)		
			可以传带3种以上的检疫性有害生物(3分)		
		非经济方面的潜在损失(P_{45})	无社会和生态方面损失(0分)	3	防治手段和有害生物本身都对生态和社会资源造成严重损害
			仅防治手段对生态和社会资源造成严重损害(1分)		

(续表)

目标层	准则层(P_i)	指标层(P_{ij})	评价指标	赋分	赋分理由
有害生物风险综合评价值(R)	受害寄主经济重要性(P_4)	非经济方面的潜在损失(P_{45})	仅有害生物本身对生态和社会资源造成严重损害(2分)		
			防治手段和有害生物本身都对生态和社会资源造成严重损害(3分)		
	危险性管理难度(P_5)	检疫识别难度(P_{51})	检疫鉴定方法简单,非常迅速而且可靠(0分)	1	可以鉴定,但方法复杂
			可以鉴定,但方法复杂(1分)		
			当场识别可靠性一般,由经过专门培训的技术人员才能识别(2分)		
			当场识别可靠性低、费时,由专家才能识别确定(3分)		
		除害处理难度(P_{52})	除害率为100%(0分)	1	除害率85%
			除害率50%~100%(1分)		
			除害率<50%(2分)		
			现在的除害处理方法几乎完全不能除害(3分)		
		根除难度(P_{53})	田间防治效果显著,成本很低,简便(0分)	2	防效高,但方法复杂,难度大,成本高
			田间防治效果显著,简便,但成本很高(1分)		
			防效高,但方法复杂,难度大,成本高(2分)		
			田间防治效果差,成本高,难度大(3分)		
总分(R)				2.20	

[注] $P_1 = \sqrt[4]{P_{11} \times P_{12} \times P_{13} \times P_{14}}$;$P_2 = 0.7 \times P_{21} + 0.3 \times P_{22}$;$P_3 = 0.4 \times P_{31} + 0.1 \times P_{32} + 0.4 \times P_{33} + 0.1 \times P_{34}$;$P_4 = \max(P_{41}, P_{42}, P_{43}, P_{44}, P_{45})$;$P_5 = (P_{51} + P_{52} + P_{53})/3$;$R = \sqrt[5]{P_1 \times P_2 \times P_3 \times P_4 \times P_5}$

表 4-15　外来有害生物风险评价等级划分标准

R 值	风险等级	R 值	风险等级
<0.5(不含 0.5)	低度风险	1.5~2.5(不含 2.5)	高度风险
0.5~1.5(不含 1.5)	中度风险	≥2.5	极高风险

3. 引进槭树属植物(银白槭、自由人槭)风险分析结论

(1) 在上海地区引进这两种槭树属植物的风险较低。两种槭树属植物在中国的引种栽植已有记录,且无逃散入侵的记录。因此在上海地区引入槭树属植物的风险较低,建议定期监控和记录,重点关注其引种过程可能携带的有害生物。

(2) 槭树属植物苗木上的潜在的检疫性有害生物:有以下 5 种。

① 栗黑水疫霉[*Phytophthora cambivora* (Petri) Buisman],属于我国检疫性有害生物,在华东地区外来入侵有害生物多指标综合评价体系中得分为 2.61 分,属于极高风险等级。在我国暂无分布记录。

② 梨带蓟马(*Taeniothrips inconsequens*),属于我国检疫性有害生物,在华东地区外来入侵有害生物多指标综合评价体系中得分为 1.88 分,属于高度风险等级。在我国无分布。

③ 荷兰石竹卷蛾(*Cacoecimorpha pronubana*),属于我国检疫性有害生物,在华东地区外来入侵有害生物多指标综合评价体系中得分为 2.35 分,属于高度风险等级。在我国无分布。

④ 胡桃圆盾蚧(*Quadraspidiotus juglansregiae*),属于我国检疫性有害生物,在华东地区外来入侵有害生物多指标综合评价体系中得分为 1.78 分,属于高度风险等级。在我国无分布。

⑤ 木质部难养细菌(*Xylella fastidiosa* Wells et al.),属于我国检疫性有害生物,在华东地区外来入侵有害生物多指标综合评价体系中得分为 2.20 分,属于高度风险等级。在我国部分地区有分布。

4. 风险管理措施

根据 SPS 协议 5.4 条款的规定,在制定达到适当的植物卫生保护水平的检疫要求时,尽量减少对贸易的影响。在制定风险管理措施时,最大限度地考虑使实施的植物检疫措施对贸易的影响降低到最低。对备选方案优劣的取舍,主要是从备选方案的有效性、对贸易的影响和可行性三方面来考虑的。

备选方案 1——禁止进口银白槭、自由人槭苗木

银白槭、自由人槭上发生中国关注的 5 种检疫性有害生物,且由进口银白槭、自由人槭苗木携带并传入中国的风险较高,栗黑水疫霉风险值达到极高水平。禁止进口银白槭、自由人槭苗木输华。

该备选方案可避免检疫性有害生物传入中国,从有效性而言,该备选方案最有效,但会严重影响贸易。

备选方案 2——允许小批量进口银白槭、自由人槭苗木

由于银白槭、自由人槭上发生着中国关注的 5 种检疫性有害生物,这些有害生物由进口银白槭、自由人槭苗木携带并传入中国的风险较高。对于小批量引进的银白槭、自由人槭苗木,通过进口过程的严格检查和隔离检疫等风险管控措施,基本上可以将中方关注的检疫性有害生物除去,从而极大地降低了这些检疫性有害生物传入中国的风险;同时,小批量进口的苗木也同样可以将国外的优良品种引进来,达到改良我国绿化植物品种的目的。建议首先引入少量苗木进行试种,并需满足下列要求:

(1) 进口的银白槭、自由人槭苗木不得带有土壤:根据《中华人民共和国动植物检疫法》的规定,禁止土壤进境,因此,输华的银白槭、自由人槭苗木不得带有土壤。

(2) 由原产地植物检疫部门提供不携带风险级别为中、高级检疫性有害生物,不带有土壤的检疫证书。

(3) 由引种企业提供:引种原因、数量、规格、用途,引种区域该种苗木有害生物历年发生情况,引种苗木前期生长情况和药剂使用情况,供植物检疫部门审核。

(4) 指定入境口岸为上海,引进苗木不得从上海以外的口岸入境。建议设立用于进口苗木检验的专用隔离场站。进境苗木必须由检验检疫部门专业人员进行严格的现场检疫,一旦发现植物病症和病状,应按以下原则处理:

① 发现病毒类病害病状,如花叶、斑驳、皱缩等,应立即进行退运或销毁处理,并对运输工具进行消毒处理;

② 发现真菌或细菌类病害病征或病状,应立即对染病部位进行采样,送检疫实验室进行检测,苗木可暂时存放于隔离区域,经检疫结果确认合格后,再进行后续隔离种植;若经检测发现检疫性及风险分析中关注的有害生物,应立即做退运或销毁处理;

③ 发现非钻蛀型的昆虫类有害生物或相关病征、病状,应立即对虫体或染病部位进行采样,送检验检疫实验室进行检测,苗木可经杀虫剂处理后,暂时存放于隔离区域,经检疫结果确认合格后,再进行后续隔离种植;若经检测发现检疫性及风险分析中关注的有害生物,应立即做退运或销毁处理;

④ 发现钻蛀型昆虫,应立即对苗木进行退运或销毁处理,并对运输工具进行杀虫剂处理;

⑤ 发现线虫类病状,如根结、病瘤等,应立即对染病部位进行采样,送检验检疫实验室进行检测,苗木可暂时存放于隔离区域,经检疫结果确认合格后,再进行后续隔离种植;若经检测发现检疫性及风险分析中关注的有害生物,应立即做退运或销毁处理;

⑥ 发现进境苗木携带有泥土等禁止进境物,应立即做退运或销毁处理,并对运输工具进行消毒处理。

(5) 经现场检疫合格的苗木,检验检疫机关出具相关情况通知单,由林业植物检疫部门进行入境后的隔离试种监管工作。进境苗木隔离试种地点限定为上海,并需经林业植物检疫部门核实该种植地具备有效的隔离措施、完备的管理制度和有害生物监测手段。

(6) 引进后必须进行隔离试种,隔离试种期至少3年。由种植地林业植物检疫部门负责监管,实时监测有害生物发生情况。在隔离期内,发现引进种苗感染病虫害,进行检测鉴定,若为检疫性或风险分析中重点关注的有害生物,应对该苗木立即进行销毁处理,并对种植区域土壤进行消毒处理。隔离期满,必须经林业植物检疫部门确认不带有危险性、检疫性有害生物后方可进行分散种植。禁止引进企业未经许可,私自对进境苗木进行移植、扦插、售卖等行为。

该备选方案易于操作,可行性佳,建议采纳。

(五) 上海迪士尼建设第一期工程引进蔷薇科植物风险评估报告

上海迪士尼建设第一期工程引进的蔷薇科植物包括苹果属、火棘属、石斑木属、栒子属、樱属等5属,共计1 199株,涉及欧洲火棘、海棠、石斑木、柳叶栒子、西南栒子、山樱花等6个种类。

1. 背景

(1) 欧洲火棘(图版17):拉丁学名:*Pyracantha coccinea*。系蔷薇科火棘属常绿阔叶树种。欧洲火棘为灌木,株高可达3 m,短侧枝常呈刺状;单叶对生,叶常倒卵状长椭圆形,边缘有锯齿;花两性,白色,呈复伞房花序。花期 4～5 月;梨果较大,近球形,熟时橙黄色,7 月下旬盆栽苗果实已开始着色,8～9 月份全部成熟。欧洲火棘主根不发达,侧根发达,根系密集,为浅根系树种,根系主要分布在 15～35 cm 土层内。

欧洲火棘适应性较强,喜光,耐半阴;对土壤要求不严,耐干旱瘠薄,在石灰岩地和钙质土壤,pH 5～8,在极浅薄、贫瘠的河滩、石砾上均能生长,但以土层深厚、富含 Ca、Mg、K 等元素的黄壤土、黄棕壤土较好。

(2) 海棠:拉丁学名:*Malus spectabilis*。隶属蔷薇科苹果属。为中国著名观赏树种,各地习见栽培。园艺变种有粉红色重瓣者和白色重瓣者。海棠类植物多为用于城市绿化、美化的观赏花木(虽然其中不乏果实有很高食用价值的品种),其中许多是著名的观赏植物,是重要的温带观花树木。原产中国,在山东、河南、陕西、安徽、江苏、湖北、四川、浙江、江西、广东、广西等省(自治区)都有栽培。

海棠,乔木,高可达 8 m;小枝粗壮,圆柱形,幼时具短柔毛,逐渐脱落,老时红褐色或紫褐色,无毛;冬芽卵形,先端渐尖,微被柔毛,紫褐色,有数枚外露鳞片。叶片椭圆形至长椭圆形,长 5～8 cm,宽 2～3 cm,先端短、渐尖或圆钝,基部宽楔形或近圆形,边缘有紧贴细锯齿,有时部分近于全缘,幼嫩时上下两面具稀疏短柔毛,以后脱落,老叶无毛;叶柄长 1.5～2 cm,具短柔毛;托叶膜质,窄披针形,先端渐尖,全缘,内面具长柔毛。花序近伞形,有花 4～6 朵,花梗长 2～3 cm,具柔毛;苞片膜质,披针形,早落;花直径 4～5 cm;萼筒外面无毛或有白色绒毛;萼片三角卵形,先端急尖,全缘,外面无毛或偶有稀疏绒毛,内面密被白色绒毛,萼片比萼筒稍短;花瓣卵形,长 2～2.5 cm,宽 1.5～2 cm,基部有短爪,白色,在芽中呈粉红色;雄蕊 20～25,花丝长短不等,长约花瓣之半;花柱 5,稀 4,基部有白色绒毛,比雄蕊稍长。果实近球形,直径 2 cm,黄色,萼片宿存,基部不下陷,梗洼隆起;果梗细长,先端肥厚,长 3～4 cm。花期 4～5 月,果期 8～9 月。

海棠性喜阳光,不耐阴。对严寒及干旱气候有较强的适应性,忌水湿。

(3) 石斑木(图版 17):拉丁学名:*Rhaphiolepis indica*。系蔷薇科石斑木属。别名春花、雷公树、白杏花、报春花、车轮梅,原产于中国及印度。我国主要分布在华东、华南至西南地区;中亚热带常绿、落叶阔叶林区,南亚热带常绿阔叶林区,热带季雨林及雨林区。

石斑木,常绿灌木,稀小乔木,高可达 4 m;幼枝初被褐色绒毛,以后逐渐脱落近于无毛。叶片集生于枝顶,卵形、长圆形,稀倒卵形或长圆披针形,长 4～8 cm,宽 1.5～4 cm,先端圆钝、急尖、渐尖或长尾尖,基部渐狭连于叶柄,边缘具细钝锯齿,上面光亮、平滑无毛,网脉不显明或显明下陷,下面色淡,无毛或被稀疏绒毛,叶脉稍凸起,网脉明显;叶柄长 5~18 mm,近于无毛;托叶钻形,长 3~4 mm,脱落。顶生圆锥花序或总状花序,总花梗和花梗被锈色绒毛,花梗长 5~15 mm;苞片及小苞片狭披针形,长 2~7 mm,近无毛;花直径 1~1.3 cm;萼筒筒状,长 4~5 mm,边缘及内外面有褐色绒毛,或无毛;萼片 5,三角披针形至线形,长 4.5~6 mm,先端急尖,两面被疏绒毛或无毛;花瓣 5,白色或淡红色,倒卵形或披针形,长 5~7 mm,宽 4~5 mm,先端圆钝,基部具柔毛;雄蕊 15,与花瓣等长或稍长;花柱 2~3,基部合生,近无毛。果实球形,紫黑色,直径约 5 mm,果梗短粗,长 5~10 mm。花期 4 月,果期 7~8 月。

石斑木生性强健,喜光,耐水湿,耐盐碱土,耐热,抗风,耐寒。产于浙江省沿海岛屿,生于海拔不足 100 m 的山坡、路边岩石上;日本也有天然分布。

(4) 柳叶栒子:拉丁学名:*Cotoneaster salicifolius*,系蔷薇科栒子属的植物,为中国特有植物,分布于中国四川、云南、湖北、贵州、湖南等地,生长于海拔 1 800 m 至 3 000 m 的地区,常生于山地及沟边杂木林中。

柳叶栒子,半常绿或常绿灌木,高达 5 m;枝条开张,小枝灰褐色,一年生枝红褐色,嫩时被绒毛,老时脱落。叶片椭圆长圆形至卵状披针形,长 4~8.5 cm,宽 1.5~2.5 cm,先端急尖或渐尖,基部楔形,全缘,上面无毛,侧脉 12~16 对下陷,具浅皱纹,下面被灰白色绒毛及白霜,叶脉明显突起;叶柄粗壮,长 4~5 mm,具绒毛,通常红色。花多而密生成复聚伞花序,总花梗和花梗密被灰白色绒毛,长 3~5 cm;苞片细小,线形,微具柔毛,早落。花梗长 2~4 mm;花直径 5~6 mm;萼筒钟状,外面密生灰白色绒毛,内面无毛;萼片三角形,先端短渐尖,外面密被灰白色绒毛,内面无毛或仅先端有少许柔毛;花瓣平展,卵形或近圆形,直径 3~4 mm,先端圆钝,基部有短爪,白色;雄蕊 20,稍长于花瓣或与花瓣近等长,花药紫色;花柱 2~3,离生,比雄蕊稍短;子房顶端具柔毛。果实近球形,直径 5~7 mm,深红色,小核 2~3。花期 6 月,果期 9~10 月。

(5) 西南栒子(图版 18):拉丁学名:*Cotoneaster franchetii*。别名佛氏栒子。为蔷薇科栒子属的植物。分布在泰国北部、缅甸北部以及中国云南、贵州、四川、西藏等地。生多石向阳山地灌木丛中,海拔 2 000~2 900 m。秋季结实累累,甚为美观。

西南栒子,半常绿灌木,高 1~3 m;枝开张,呈弓形弯曲,暗灰褐色或灰黑色,嫩枝密被糙伏毛,老时逐渐脱落。叶片厚,椭圆形至卵形,长 2~3 cm,宽 1~1.5 cm,先端急尖或渐尖,基部楔形,全缘,上面幼时具伏生柔毛,老时脱落,下面密被带黄色或白色绒毛;叶柄长 2~3 mm,具绒毛;托叶线状披针形,有毛,成长时脱落。花 5~11 朵,成聚伞花序,生于短侧枝顶端,总花梗和花梗密被短柔毛;苞片线形,具柔毛;花梗长 2~4 mm;花直径 6~7 mm;萼筒钟状,外面密被柔毛,内面无毛;萼片三角形,先端急尖或短渐尖,外面密生柔毛,内面先端微具柔毛;花瓣直立,宽倒卵形或椭圆形,长 4 mm,宽 3 mm,先端圆钝,粉红色;雄蕊 20,比花瓣短;花柱 2~3,离生,短于雄蕊;子房先端有柔毛。果实卵球形,直径 6~7 mm,橘红色,初时微具柔毛,最后无毛,常具 3 小核,有时多至 5 核。花期 6~7 月,果期 9~10 月。

(6) 山樱花(图版 18):拉丁学名:*Cerasus serrulata*,为蔷薇科樱属植物。别名野生福岛樱、福岛樱、青肤樱、福建山樱花、草樱、樱花,原产我国台湾海拔 300~2 500 m 山区,我国华南地区及日本琉球群岛也有分布。喜光。喜肥沃、深厚而排水良好的微酸性土壤,中性土也能适应,不耐盐碱。耐寒,喜空气湿度大的环境。根系较浅,忌积水与低湿。

山樱花,乔木,高 3~8 m,树皮灰褐色或灰黑色。小枝灰白色或淡褐色,无毛。冬芽卵圆形,无毛。叶片卵状椭圆形或倒卵椭圆形,长 5~9 cm,宽 2.5~5 cm,先端渐尖,基部圆形,边有渐尖单锯齿及重锯齿,齿尖有小腺体,上面深绿色,无毛,下面淡绿色,无毛,有侧脉 6~8 对;叶柄长 1~1.5 cm,无毛,先端有 1~3 圆形腺体;托叶线形,长 5~8 mm,边有腺齿,早落。花序伞房总状或近伞形,有花 2~3 朵;总苞片褐红色,倒卵长圆形,长约 8 mm,宽约 4 mm,外面无毛,内面被长柔毛;总梗长 5~10 mm,无毛;苞片褐色或淡绿褐色,长 5~8 mm,宽 2.5~4 mm,边有腺齿;花梗长 1.5~2.5 cm,无毛或被极稀疏柔毛;萼筒管状,长 5~6 mm,宽 2~3 mm,先端扩大;萼片三角披针形,长约 5 mm,先端渐尖或急尖,边全缘;花瓣白色,稀粉红色,倒卵形,先端下凹;雄蕊约 38 枚;花柱无毛。核果球形或卵球形,紫黑色,直径 8~10 mm。花期 4~5 月,果期 6~7 月。

上海迪士尼建设一期工程向上海市林业病虫防治检疫站提出引进蔷薇科植物 1 199 株的申请。根据 WTO 实施动植物卫生检疫措施协议和《植物检疫条例》等的有关规定,对这些植物的有害生物进行风险分析。由于引种植物原产于我国,因此单就引种植物自身而言,在上海地区引入这些植物的风险较低,建议定期监控和记录即可。而引种植物上所可能携带的外来生物则需进一步进行风险分析。

2. 有害生物风险评估结果

风险评估程序:

(1) 确定蔷薇科植物苗木上的有害生物名单;

(2) 初步风险评估,根据有害生物的危害特性,并根据检疫性有害生物标准进

行筛选,确定潜在的检疫性有害生物;

(3) 对潜在的检疫性有害生物风险评估,按照 FAO 制定的有害生物风险分析准则,从进入、定殖、扩散以及经济重要性方面对潜在的检疫性有害生物作进一步风险评估,确定检疫性有害生物名单及其风险;

(4) 风险管理措施,提出降低检疫性有害生物传入的风险管理措施。

蔷薇科植物有害生物名单:经文献资料采集、检索,确定蔷薇科植物上的有害生物名单(表 4-16),共计 10 种。根据 FAO 关于检疫性有害生物的标准,从该有害生物是否在中国发生以及是否进行官方治理,对蔷薇科植物上发生的 10 种有害生物进行筛选。凡在中国没有分布或有局部分布而处于官方控制下的有害生物,并可随植物材料传入的均为潜在的检疫性有害生物,以此标准筛选出 4 种潜在的检疫性有害生物,并对其进行风险评估。

表 4-16　进境蔷薇科植物可能携带的有害生物

编号	拉丁学名	中文名	分类	国内分布	危害部位	经济重要性	检疫性有害生物
1	*Eriosoma lanigerum*	苹果绵蚜	昆虫	山东、辽宁、云南、西藏	茎、枝、梢、叶	较大	是
2	*Aphelenchoides fragariae*	草莓滑刃线虫	线虫	福建、四川、重庆、北京、山东、河南	植物地上部位的腋芽和幼嫩的叶和花序	较大	是
3	*Cacoecimorpha pronubana*	荷兰石竹卷蛾	昆虫	无	主要为花、叶、果	较大	是
4	*Erwinia amylovora*	梨火疫病	细菌	无	花、果实和叶片	较大	是
5	*Gymnosporangium yamadai*	海棠锈病	真菌	广泛	叶片	中	否
6	*Stephanitis nashi*	梨花网蝽	昆虫	广泛	叶片	中	否
7	*Yponomeuta padella*	苹果巢蛾	昆虫	广泛	叶片	中	否
8	*Sclerotium bataticola*	茎腐病	真菌	广泛	枝干	中	否
9	*Lycorma delicatula*	斑衣蜡蝉	昆虫	广泛	叶片	中	否
10	*Pythium*	根腐病	真菌	广泛	根茎	中	否

● 苹 果 绵 蚜 ●

苹果绵蚜(*Eriosoma lanigerum*)(图版 16)属于同翅目瘿绵蚜科,是世界性检疫害虫,是《中华人民共和国进境植物检疫有害生物名录》中涉及的重要检疫害虫之一,原产于北美洲东部。无翅孤雌蚜体卵圆形,长 1.7～2.2 mm,头部无额瘤,腹部膨大,黄褐色至赤褐色。复眼暗红色,眼瘤亦红黑色。口喙末端黑色,其余赤褐色,生有若干短毛,其长度达后胸足基节窝。触角 6 节,第三节最长,为第二节的 3 倍,稍短或等于末 3 节之和,第六节基部有一小圆初生感觉孔。腹部体侧有侧瘤,着生短毛;腹背有 4 条纵列的泌腊孔,分泌白色的蜡质和丝质物,群体在苹果树上严重危害时如挂棉绒。腹管环状,退化,仅留痕迹,呈半圆形裂口。尾片呈圆锥形,黑色。有翅孤雌蚜体椭圆形,长 1.7～2.0 mm,体色暗,较瘦。头胸黑色,腹部橄榄绿色,全身被白粉。复眼红黑色,有眼瘤,单眼 3 个,颜色较深。口喙黑色。触角 6 节,第三节最长,有环形感觉器 24～28 个,第四节有环形感觉器 3～4 个,第五节有环形感觉器 1～5 个,第六节基部约有感觉器 2 个。翅透明,翅脉和翅痣黑色。前翅中脉 1 分枝。腹部白色绵状物较无翅雌虫少。腹管退化为黑色环状孔。有性蚜体长 0.6～1 mm,淡黄褐色。触角 5 节,口器退化。头部、触角及足为淡黄绿色,腹部赤褐色。有性雄蚜体长 0.7 mm 左右,体淡绿色。触角 5 节,末端透明,无喙。腹部各节中央隆起,有明显沟痕。若虫分有翅与无翅两型。幼龄若虫略呈圆筒状,绵毛很少,触角 5 节,喙长超过腹部。四龄若虫体形似成虫。卵椭圆形,中间稍细,由橙黄色渐变褐色。该虫最早发现于美国,后传入欧洲、澳大利亚和亚洲的日本、朝鲜、印度等国家,现分布于世界六大洲约 70 个国家和地区,目前该虫在我国仅局限于辽宁、河北、山东、云南、西藏等个别地区局部发生。

根据 Maxent 生态位模型,预测了苹果绵蚜在中国潜在地理分布区(图版 48)。将其潜在地理分布区域划分为四级:高适生区、中适生区、低适生区、非适生区。模型运行所得的 AUC 参数为 0.924,说明该模型预测结果较好,具有较高的可信度。苹果绵蚜中高级风险区区主要集中在辽宁部分地区、山东、河南、山西、陕西、湖北、安徽、江苏部分地区、西藏南部、四川、云南、贵州、广西、广东、海南、福建和台湾地区。

根据华东地区外来入侵有害生物多指标综合评价体系,为苹果绵蚜各项评判指标赋分,如表 4-17 所示。最终苹果绵蚜在该体系中的得分为 2.22 分,属于高风险等级(表 4-20)。

二、上海迪士尼建设第一期工程引种植物可能携带有害生物风险分析

表 4-17 苹果绵蚜(*Eriosoma lanigerum*)多指标综合评价体系评价指标

目标层	准则层(P_i)	指标层(P_{ij})	评价指标	赋分	赋分理由
有害生物风险综合评价值(R)	传入的可能性(P_1)	国内分布情况(P_{11})	国内分布>50%(0分)	2	国内5个省的局部地区发生,分布面积在0~20%范围内
			国内分布面积占20%~50%(1分)		
			国内分布面积占0~20%(2分)		
			国内无分布(3分)		
		国外重视程度(P_{12})	0个国家把其列为检疫对象(0分)	3	为世界性检疫害虫之一
			1~9个国家把其列为检疫对象(1分)		
			10~19个国家把其列为检疫对象(2分)		
			20个以上的国家把其列为检疫对象(3分)		
		有害生物运输过程中的存活率(P_{13})	存活率为0(0分)	3	苹果绵蚜具有很强的生存能力,存活率在40%以上
			0~10%(1分)		
			10%~40%(2分)		
			运输过程中有害生物存活率>40%(3分)		
		有害生物被截获的可能性(P_{14})	被调运和携带繁殖体的可能性小(1分)	3	被调运和携带繁殖体的可能性大
			被调运和携带繁殖体的可能性一般(2分)		
			被调运和携带繁殖体的可能性大(3分)		
	定殖的可能性(P_2)	有害生物生物学特性(P_{21})	生物学特性对有害生物适生无影响(0分)	3	苹果绵蚜生活周期短,繁殖能力强,虫口数量大,在我国已发生的山东青岛一年发生17~18代,河北唐山发生12~14代,辽宁11~13代,云南昆明23~26代,西藏7~23代
			抗逆性强,繁殖能力弱(1分)		
			繁殖能力强,抗逆性弱(2分)		
			繁殖能力和抗逆性都较强(3分)		

(续表)

目标层	准则层(P_i)	指标层(P_{ij})	评价指标	赋分	赋分理由
有害生物风险综合评价值(R)	定殖的可能性(P_2)	上海（华东地区）适生范围(P_{22})	本地区没有适生地理环境条件(0分)	1	上海属于中适生区
			0~20%(1分)		
			20%~50%(2分)		
			在50%以上的地区能够适生(3分)		
	扩散的可能性(P_3)	可能存在的传播途径(P_{31})	不可能被携带(0分)	2	苹果绵蚜传播途径主要靠苗木、接穗、果实及其包装物、果箱、果筐等远距离传播。在田间靠有翅蚜迁飞或剪枝、疏花疏果等农事操作而人为扩散
			1~2种(1分)		
			3~5种(2分)		
			5种以上(3分)		
		国外分布情况(P_{32})	0(0分)	2	分布于世界六大洲苹果产区约70个国家和地区
			0~20%的国家有分布(1分)		
			20%~50%的国家有分布(2分)		
			50%以上的国家有分布(3分)		
		国内的适生范围(P_{33})	适生范围为0(0分)	2	在国内25%~50%的地区能够适生
			0~25%(1分)		
			25%~50%(2分)		
			在国内50%以上的地区能够适生(3分)		
		天敌存在的可能性(P_{34})	本地区存在有效的天敌,作用明显(1分)	3	本地区不存在有效的天敌
			存在天敌,但作用不明显(2分)		
			本地区不存在有效的天敌(3分)		

二、上海迪士尼建设第一期工程引种植物可能携带有害生物风险分析

(续表)

目标层	准则层(P_i)	指标层(P_{ij})	评价指标	赋分	赋分理由
有害生物风险综合评价值（R）	受害寄主经济重要性（P_4）	受害寄主的种类（P_{41}）	无(0分)	2	寄主范围6种以上
			1~4种(1分)		
			5~9种(2分)		
			受害的栽培寄主达10种以上(3分)		
		引种地区受害寄主引进数量（P_{42}）	无(0分)	3	1 199株
			0~500株(1分)		
			500~1 000株(2分)		
			受害寄主引进数达1 000株以上(3分)		
		受害寄主的潜在损失水平（P_{43}）	传入可造成的树木死亡率或产量损失＜1%（0分）	3	对生态效应、出口价值、经济价值和社会价值影响很大，损失＞20%
			1%≤如传入可造成的树木死亡率或产量损失＜5%(1分)		
			5%≤如传入可造成的树木死亡率或产量损失＜20%(2分)		
			传入可造成的树木死亡率或产量损失≥20%（3分）		
		是否为其他检疫性有害生物的传播媒介（P_{44}）	不传带任何检疫性有害生物(0分)	0	不传带
			传带1种(1分)		
			传带2种(2分)		
			可以传带3种以上的检疫性有害生物(3分)		
		非经济方面的潜在损失（P_{45}）	无社会和生态方面损失(0分)	3	防治手段和有害生物本身都对生态和社会资源造成严重损害
			仅防治手段对生态和社会资源造成严重损害(1分)		

(续表)

目标层	准则层(P_i)	指标层(P_{ij})	评价指标	赋分	赋分理由
有害生物风险综合评价值（R）	受害寄主经济重要性（P_4）	非经济方面的潜在损失（P_{45}）	仅有害生物本身对生态和社会资源造成严重损害（2分）		
			防治手段和有害生物本身都对生态和社会资源造成严重损害（3分）		
	危险性管理难度（P_5）	检疫识别难度（P_{51}）	检疫鉴定方法简单,非常迅速而且可靠（0分）	1	可以鉴定,但方法复杂
			可以鉴定,但方法复杂（1分）		
			当场识别可靠性一般,由经过专门培训的技术人员才能识别（2分）		
			当场识别可靠性低、费时,由专家才能识别确定（3分）		
		除害处理难度（P_{52}）	除害率为100%（0分）	1	用熏蒸和药剂处理苗木,可有效除害
			除害率50%～100%（1分）		
			除害率<50%（2分）		
			现在的除害处理方法几乎完全不能除害（3分）		
		根除难度（P_{53}）	田间防治效果显著,成本很低,简便（0分）	2	田间防治困难,不能完全根除
			田间防治效果显著,简便,但成本很高（1分）		
			防效高,但方法复杂,难度大,成本高（2分）		
			田间防治效果差,成本高,难度大（3分）		
总分（R）				2.22	

草莓滑刃线虫

草莓滑刃线虫(*Aphelenchoides fragariae*)隶属于滑刃科滑刃线虫属,是一种叶和芽寄生线虫,可引起草莓春矮病,还可侵染蕨类、百合科等47个科250多种植物。体长0.4~1.2 mm,头部通常略缢缩,口针长度10~12 μm;食道前体部圆柱形,中食道球及中食道球瓣发达,后食道腺叶发达、覆盖肠的背面;雌虫阴门位于虫体的60%~70%;后阴子宫囊通常存在并含有精子;尾圆锥形,尾端及尾尖突形态多样。雄虫尾圆锥形,向腹面弯成钩状;交合刺玫瑰刺形,基顶及基喙通常发达;无交合伞。尾具1~2个尾尖突。在18 ℃下,一个生命周期可以完成10~11代。在土壤中,线虫无法生存超过3个月,但−2 ℃在植物组织中却可以生存和繁殖。线虫远距离传播主要靠寄主苗木调运,近距离主要随水流或者土壤传播。目前世界上土耳其、智利、约旦以及泛非植物检疫理事会组织都将其列为检疫性有害生物。此线虫被收录于《中华人民共和国进境植物检疫有害生物名录》中,据相关文献专著、数据库(如CNKI、EPPO、GBIF等)及重要国际与国家组织官网资料,目前在欧洲、美国、俄罗斯、日本、新西兰、中国等国家和地区有分布。

根据Maxent生态位模型,预测了草莓滑刃线虫在中国的潜在地理分布区(图版49),将其潜在地理分布区域划分为四级:高适生区、中适生区、低适生区、非适生区。模型运行所得的AUC参数为0.981,说明该模型预测结果较好,具有较高的可信度。结果表明,草莓滑刃线虫的适生区域主要位于四川盆地、华北、南部沿海大部分地区,具体在河北、北京、天津、山西、陕西、甘肃、西藏、四川、重庆、云南、贵州、湖南、湖北、河南、安徽、山东、江苏、上海、江西、福建、广东、广西、海南及台湾地区。

根据华东地区外来入侵有害生物多指标综合评价体系,为草莓滑刃线虫各项评判指标赋分,如表4-18所示。最终草莓滑刃线虫在该体系中的得分为2.06分,属于高度风险等级(表4-20)。

表4-18 草莓滑刃线虫(*Aphelenchoides fragariae*)多指标综合评价体系评价指标

目标层	准则层(P_i)	指标层(P_{ij})	评价指标	赋分	赋分理由
有害生物风险综合评价值(R)	传入的可能性(P_1)	国内分布情况(P_{11})	国内分布>50%(0分)	2	国内部分地区有报道
			国内分布面积占20%~50%(1分)		

(续表)

目标层	准则层(P_i)	指标层(P_{ij})	评价指标	赋分	赋分理由
有害生物风险综合评价值(R)	传入的可能性(P_1)	国内分布情况(P_{11})	国内分布面积占 0~20% (2分)		
			国内无分布(3分)		
		国外重视程度(P_{12})	0个国家把其列为检疫对象(0分)	2	土耳其、约旦等
			1~9个国家把其列为检疫对象(1分)		
			10~19个国家把其列为检疫对象(2分)		
			20个以上的国家把其列为检疫对象(3分)		
		有害生物运输过程中的存活率(P_{13})	存活率为0(0分)	3	植物组织中-2℃,能够长期存在
			0~10%(1分)		
			10%~40%(2分)		
			运输过程中有害生物存活率>40%(3分)		
		有害生物被截获的可能性(P_{14})	被调运和携带繁殖体的可能性小(1分)	3	被调运和携带繁殖体的可能性较大
			被调运和携带繁殖体的可能性一般(2分)		
			被调运和携带繁殖体的可能性大(3分)		
	定殖的可能性(P_2)	有害生物生物学特性(P_{21})	生物学特性对有害生物适生无影响(0分)	3	繁殖能力抗逆性都较强
			抗逆性强,繁殖能力弱(1分)		
			繁殖能力强,抗逆性弱(2分)		
			繁殖能力和抗逆性都较强(3分)		

二、上海迪士尼建设第一期工程引种植物可能携带有害生物风险分析

(续表)

目标层	准则层(P_i)	指标层(P_{ij})	评价指标	赋分	赋分理由
有害生物风险综合评价值(R)	定殖的可能性(P_2)	上海(华东地区)适生范围(P_{22})	本地区没有适生地理环境条件(0分) 0～20%(1分) 20%～50%(2分) 在50%以上的地区能够适生(3分)	1	上海地区为低适生区
	扩散的可能性(P_3)	可能存在的传播途径(P_{31})	不可能被携带(0分) 1～2种(1分) 3～5种(2分) 5种以上(3分)	1	该虫远距离传播主要靠寄主调运
		国外分布情况(P_{32})	0(0分) 0～20%的国家有分布(1分) 20%～50%的国家有分布(2分) 50%以上的国家有分布(3分)	1	全世界目前十几个国家有分布记录
		国内的适生范围(P_{33})	适生范围为0(0分) 0～25%(1分) 25%～50%(2分) 在国内50%以上的地区能够适生(3分)	2	国内25%～50%适生区域
		天敌存在的可能性(P_{34})	本地区存在有效的天敌,作用明显(1分) 存在天敌,但作用不明显(2分) 本地区不存在有效的天敌(3分)	3	不存在有效的天敌
	受害寄主经济重要性(P_4)	受害寄主的种类(P_{41})	无(0分) 1～4种(1分) 5～9种(2分)	3	危害47科200多种植物

(续表)

目标层	准则层(P_i)	指标层(P_{ij})	评价指标	赋分	赋分理由
有害生物风险综合评价值(R)	受害寄主经济重要性(P_4)	受害寄主的种类(P_{41})	受害的栽培寄主达10种以上(3分)		
		引种地区受害寄主引进数量(P_{42})	无(0分)	3	1 199株
			0～500株(1分)		
			500～1 000株(2分)		
			受害寄主引进数达1 000株以上(3分)		
		受害寄主的潜在损失水平(P_{43})	传入可造成的树木死亡率或产量损失<1%(0分)	3	产量损失≥20%
			1%≤如传入可造成的树木死亡率或产量损失<5%(1分)		
			5%≤如传入可造成的树木死亡率或产量损失<20%(2分)		
			传入可造成的树木死亡率或产量损失≥20%(3分)		
		是否为其他检疫性有害生物的传播媒介(P_{44})	不传带任何检疫性有害生物(0分)	0	不传带任何检疫性有害生物
			传带1种(1分)		
			传带2种(2分)		
			可以传带3种以上的检疫性有害生物(3分)		
		非经济方面的潜在损失(P_{45})	无社会和生态方面损失(0分)	3	防治手段和有害生物本身都对生态和社会资源造成严重损害
			仅防治手段对生态和社会资源造成严重损害(1分)		
			仅有害生物本身对生态和社会资源造成严重损害(2分)		
			防治手段和有害生物本身都对生态和社会资源造成严重损害(3分)		

二、上海迪士尼建设第一期工程引种植物可能携带有害生物风险分析

(续表)

目标层	准则层(P_i)	指标层(P_{ij})	评价指标	赋分	赋分理由
有害生物风险综合评价值(R)	危险性管理难度(P_5)	检疫识别难度(P_{51})	检疫鉴定方法简单,非常迅速而且可靠(0分)	1	可以鉴定,但方法复杂
			可以鉴定,但方法复杂(1分)		
			当场识别可靠性一般,由经过专门培训的技术人员才能识别(2分)		
			当场识别可靠性低、费时,由专家才能识别确定(3分)		
		除害处理难度(P_{52})	除害率为100%(0分)	1	除害率50%~100%
			除害率50%~100%(1分)		
			除害率<50%(2分)		
			现在的除害处理方法几乎完全不能除害(3分)		
		根除难度(P_{53})	田间防治效果显著,成本很低,简便(0分)	1	田间防治效果显著,简便,但成本很高
			田间防治效果显著,简便,但成本很高(1分)		
			防效高,但方法复杂,难度大,成本高(2分)		
			田间防治效果差,成本高,难度大(3分)		
总分(R)				2.06	

· 荷兰石竹卷蛾 ·

荷兰石竹卷蛾(*Cacoecimorpha pronubana*)(图版9)隶属于鳞翅目卷蛾科卷蛾亚科卷蛾属,幼虫杂食性,可取食多种寄主植物,20个以上的国家将其列为检疫对象,是欧洲植保组织(EPPO)成员国禁止入境的检疫性有害生物,也是我国明令禁止入境的检疫性有害生物。该虫是地中海沿岸国家和地区的土著种,食性杂、危害重、分布广泛,是一种重要的经济害虫。成虫借助自身飞行在当地进行传播扩散,

可随国际贸易,如寄主植株、切花等的调运进行远距离传播。根据相关文献专著、数据库(如 CNKI、EPPO、GBIF 等)以及重要国际与国家组织官网资料,目前荷兰石竹卷蛾在世界上有 52 个分布记录,国内暂无记录。

根据 Maxent 生态位模型,预测了荷兰石竹卷蛾在中国的潜在地理分布区(图版 32),将其潜在地理分布区域划分为四级:高适生区、中适生区、低适生区、非适生区。模型运行所得的 AUC 参数为 0.974,说明该模型预测结果较好,具有较高的可信度。结果表明,荷兰石竹卷蛾的适生区域(高适生区及中适生区)主要位于 20°~35°N,101°~112°E 之间,在 27°~32°N,92°~100°E,29°~32°N,78°~84°E,36°~38°N,75°~81°E 区域内有少量分布。具体在重庆、贵州、江西、湖南、福建、浙江、上海、广西、广东及港澳台地区有大片适生区域,在甘肃、陕西、四川、湖北、江苏及安徽有部分适生区域,在西藏、新疆及云南等地有零星适生区域。

根据华东地区外来入侵有害生物多指标综合评价体系,为荷兰石竹卷蛾各项评判指标赋分,最终荷兰石竹卷蛾在该体系中的得分为 2.35 分,属于高度风险等级(表 4-20)。

荷兰石竹卷蛾(*Cacoecimorpha pronubana*)多指标综合评价体系评价指标参见表 4-12(说明:引种地区受害寄主引进数量为 1 199 株)。

● 梨 火 疫 病 ●

梨火疫病(*Erwinia amylovora*)(图版 19)隶属于肠杆菌科欧文氏杆菌属。一株成年果树染病后,可在几周内死亡。1780 年首次在美国 Hodson 河发现此病害;到 1880 年前后,就摧毁了美国伊利诺伊州、爱达荷州、得克萨斯州的大部分梨园。梨火疫病是 EPPO 的 A2 检疫对象,也是我国明令禁止入境的检疫性有害生物。梨火疫病最早发生于美国东北部,目前已分布世界 40 多个国家。

根据 Maxent 生态位模型,预测了梨火疫病在中国潜在地理分布区(图版 50),将其潜在地理分布区域划分为四级:高适生区、中适生区、低适生区、非适生区。模型运行所得的 AUC 参数为 0.953,说明该模型预测结果较好,具有较高的可信度。结果表明,梨火疫病的适生区域在河南、山东、四川、重庆、贵州、湖北、湖南、广西、广东、江西、浙江、福建等地区,在新疆、西藏、青海、辽宁、吉林及内蒙古等地区有小片适生区分布。

根据华东地区外来入侵有害生物多指标综合评价体系,为梨火疫病各项评判指标赋分,如表 4-19 所示。最终梨火疫病在该体系中的得分为 2.05 分,属于高度风险等级(表 4-20)。

二、上海迪士尼建设第一期工程引种植物可能携带有害生物风险分析

表 4-19 梨火疫病（*Erwinia amylovora*）多指标综合评价体系评价指标

目标层	准则层(P_i)	指标层(P_{ij})	评价指标	赋分	赋分理由
有害生物风险综合评价值（R）	传入的可能性（P_1）	国内分布情况（P_{11}）	国内分布>50%（0分）	3	我国在20世纪40年代曾经有该病发生的记录,但没有任何试验证据,至今也未有任何报道
			国内分布面积占20%~50%（1分）		
			国内分布面积占0~20%（2分）		
			国内无分布（3分）		
		国外重视程度（P_{12}）	0个国家把其列为检疫对象（0分）	3	EEPO A2类检疫性有害生物
			1~9个国家把其列为检疫对象（1分）		
			10~19个国家把其列为检疫对象（2分）		
			20个以上的国家把其列为检疫对象（3分）		
		有害生物运输过程中的存活率（P_{13}）	存活率为0（0分）	3	运输过程中有害生物存活率>40%
			0~10%（1分）		
			10%~40%（2分）		
			运输过程中有害生物存活率>40%（3分）		
		有害生物被截获的可能性（P_{14}）	被调运和携带繁殖体的可能性小（1分）	3	可随国际贸易的植物调运进行远距离传播,被调运和携带繁殖体的可能性大
			被调运和携带繁殖体的可能性一般（2分）		
			被调运和携带繁殖体的可能性大（3分）		
	定殖的可能性（P_2）	有害生物生物学特性（P_{21}）	生物学特性对有害生物适生无影响（0分）	3	繁殖能力和抗逆性都较强
			抗逆性强,繁殖能力弱（1分）		
			繁殖能力强,抗逆性弱（2分）		

(续表)

目标层	准则层(P_i)	指标层(P_{ij})	评价指标	赋分	赋分理由
有害生物风险综合评价值（R）	定殖的可能性（P_2）	有害生物生物学特性（P_{21}）	繁殖能力和抗逆性都较强(3分)	1	上海属于低适生区
		上海（华东地区）适生范围（P_{22}）	本地区没有适生地理环境条件(0分)		
			0～20%(1分)		
			20%～50%(2分)		
			在50%以上的地区能够适生(3分)		
	扩散的可能性（P_3）	可能存在的传播途径（P_{31}）	不可能被携带(0分)	1	寄主植物的溃疡斑、受污染植物、果实及其包装物上的渗出物，是梨火疫病的主要传播途径。其中以苗木和果实传播危险最大
			1～2种(1分)		
			3～5种(2分)		
			5种以上(3分)		
		国外分布情况（P_{32}）	0(0分)	2	发生于美国东北部,目前已分布世界40多个国家
			0～20%的国家有分布(1分)		
			20%～50%的国家有分布(2分)		
			50%以上的国家有分布(3分)		
		国内的适生范围（P_{33}）	适生范围为0(0分)	1	0～25%
			0～25%(1分)		
			25%～50%(2分)		
			在国内50%以上的地区能够适生(3分)		
		天敌存在的可能性（P_{34}）	本地区存在有效的天敌,作用明显(1分)	3	无
			存在天敌,但作用不明显(2分)		

二、上海迪士尼建设第一期工程引种植物可能携带有害生物风险分析

(续表)

目标层	准则层(P_i)	指标层(P_{ij})	评价指标	赋分	赋分理由
有害生物风险综合评价值(R)	扩散的可能性(P_3)	天敌存在的可能性(P_{34})	本地区不存在有效的天敌(3分)		
	受害寄主经济重要性(P_4)	引种地受害寄主引进种类(P_{41})	无(0分)	3	受害寄主广泛
			1~4种(1分)		
			5~9种(2分)		
			受害的栽培寄主达10种以上(3分)		
		引种地区受害寄主引进数量(P_{42})	无(0分)	3	1 199株
			0~500株(1分)		
			500~1 000株(2分)		
			受害寄主引进数达1 000株以上(3分)		
		受害寄主的潜在损失水平(P_{43})	传入可造成的树木死亡率或产量损失<1%(0分)	3	一株成年果树染病后,可在几周内死亡
			1%≤如传入可造成的树木死亡率或产量损失<5%(1分)		
			5%≤如传入可造成的树木死亡率或产量损失<20%(2分)		
			传入可造成的树木死亡率或产量损失≥20%(3分)		
		是否为其他检疫性有害生物的传播媒介(P_{44})	不传带任何检疫性有害生物(0分)	0	无
			传带1种(1分)		
			传带2种(2分)		
			可以传带3种以上的检疫性有害生物(3分)		

(续表)

目标层	准则层(P_i)	指标层(P_{ij})	评价指标	赋分	赋分理由
有害生物风险综合评价值(R)	受害寄主经济重要性(P_4)	非经济方面的潜在损失(P_{45})	无社会和生态方面损失(0分)	2	仅有害生物本身对生态和社会资源造成严重损害,防治主要是物理防治有效
			仅防治手段对生态和社会资源造成严重损害(1分)		
			仅有害生物本身对生态和社会资源造成严重损害(2分)		
			防治手段和有害生物本身都对生态和社会资源造成严重损害(3分)		
	危险性管理难度(P_5)	检疫识别难度(P_{51})	检疫鉴定方法简单,非常迅速而且可靠(0分)	1	可以鉴定,但是方法很复杂
			可以鉴定,但方法复杂(1分)		
			当场识别可靠性一般,由经过专门培训的技术人员才能识别(2分)		
			当场识别可靠性低、费时,由专家才能识别确定(3分)		
		除害处理难度(P_{52})	除害率为100%(0分)	1	采取物理方法除治,除害率50%~100%
			除害率50%~100%(1分)		
			除害率<50%(2分)		
			现在的除害处理方法几乎完全不能除害(3分)		
		根除难度(P_{53})	田间防治效果显著,成本很低,简便(0分)	2	防效高,但方法复杂,难度大,成本高
			田间防治效果显著,简便,但成本很高(1分)		
			防效高,但方法复杂,难度大,成本高(2分)		
			田间防治效果差,成本高,难度大(3分)		
总分(R)				2.05	

[注] $P_1 = \sqrt[4]{P_{11} \times P_{12} \times P_{13} \times P_{14}}$；$P_2 = 0.7 \times P_{21} + 0.3 \times P_{22}$；$P_3 = 0.4 \times P_{31} + 0.1 \times P_{32} + 0.4 \times P_{33} + 0.1 \times P_{34}$；$P_4 = \max(P_{41}, P_{42}, P_{43}, P_{44}, P_{45})$；$P_5 = (P_{51} + P_{52} + P_{53})/3$；$R = \sqrt[5]{P_1 \times P_2 \times P_3 \times P_4 \times P_5}$

表 4-20 外来有害生物风险评价等级划分标准

R值	风险等级	R值	风险等级
<0.5(不含0.5)	低度风险	1.5~2.5(不含2.5)	高度风险
0.5~1.5(不含1.5)	中度风险	≥2.5	极高风险

3. 引进蔷薇科植物风险分析结论

(1) 在上海地区引进蔷薇科植物的风险较低。本次引进蔷薇科植物有些原产于中国,有些已经有引种栽植记录,且无逃散入侵记录。因此,在上海地区引入蔷薇科植物的风险较低,建议定期监控和记录,重点关注其引种过程可能携带的有害生物。

(2) 蔷薇科植物苗木上的潜在检疫性有害生物:有以下4种。

① 苹果绵蚜(*Eriosoma lanigerum*),属于我国检疫性有害生物,在华东地区外来入侵有害生物多指标综合评价体系中得分为2.22分,属于高度风险等级。在我国山东地区分布。

② 草莓滑刃线虫(*Aphelenchoides fragariae*),属于我国检疫性有害生物,在华东地区外来入侵有害生物多指标综合评价体系中得分为2.06分,属于中度风险等级。在我国部分地区有发生报道。

③ 荷兰石竹卷蛾(*Cacoecimorpha pronubana*),属于我国检疫性有害生物,在华东地区外来入侵有害生物多指标综合评价体系中得分为2.45分,属于高度风险等级。在我国无分布。

④ 梨火疫病(*Erwinia amylovora*),属于我国检疫性有害生物,在华东地区外来入侵有害生物多指标综合评价体系中得分为2.05分,属于高度风险等级。在我国台湾地区有发生报道。

4. 风险管理措施

根据 SPS 协议 5.4 条款的规定,在制定达到适当的植物卫生保护水平的检疫要求时,尽量减少对贸易的影响。我们在制定风险管理措施时,最大限度地考虑使实施的植物检疫措施对贸易的影响降低到最低。对备选方案优劣的取舍,我们主要是从备选方案的有效性、对贸易的影响和可行性三方面来考虑的。

备选方案1——禁止进口欧洲火棘、海棠、石斑木、柳叶枸子、西南枸子、山樱花苗木

欧洲火棘、海棠、石斑木、柳叶枸子、西南枸子、山樱花等植物上发生着中国关注的4种检疫性有害生物,且由进口欧洲火棘、海棠、石斑木、柳叶枸子、西南枸子、山樱花苗木携带并传入中国的风险较高,建议禁止进口欧洲火棘、海棠、石斑木、柳叶枸子、西南枸子、山樱花苗木输华。

该备选方案可避免检疫性有害生物传入中国,从有效性而言,该备选方案最有效,但会严重影响贸易。

备选方案2——允许小批量进口欧洲火棘、海棠、石斑木、柳叶枸子、西南枸子及山樱花苗木

由于欧洲火棘、海棠、石斑木、柳叶枸子、西南枸子、山樱花上发生着中国关注的5种检疫性有害生物,且这些有害生物由进口欧洲火棘、海棠、石斑木、柳叶枸子、西南枸子、山樱花苗木携带并传入中国的风险较高。对于小批量引进的欧洲火棘、海棠、石斑木、柳叶枸子、西南枸子、山樱花苗木,通过进口过程的严格检查和隔离检疫等风险管控措施,基本上可以将中方关注的检疫性有害生物除去,从而极大地降低了这些检疫性有害生物传入中国的风险;同时,小批量进口的苗木也同样可以将国外的优良品种引进来,达到改良我国绿化植物品种的目的。建议首先引入少量苗木进行试种,并需满足下列要求:

(1)进口的欧洲火棘、海棠、石斑木、柳叶枸子、西南枸子、山樱花苗木不得带有土壤:根据《中华人民共和国动植物检疫法》的规定,禁止土壤进境,因此输华的欧洲火棘、海棠、石斑木、柳叶枸子、西南枸子、山樱花苗木不得带有土壤。

(2)由原产地植物检疫部门提供不携带风险级别为中、高级检疫性有害生物,不带有土壤的检疫证书。

(3)由引种企业提供:引种原因、数量、规格、用途,引种区域该种苗木有害生物历年发生情况,引种苗木前期生长情况和药剂使用情况,供植物检疫部门审核。

(4)指定入境口岸为上海,引进苗木不得从上海以外的口岸入境。建议设立用于进口苗木查验的专用隔离场站。进境苗木必须由检验检疫部门专业人员进行严格的现场检疫,一旦发现植物病症和病状,应按以下原则处理:

① 发现病毒类病害病状,如花叶、斑驳、皱缩等,应立即进行退运或销毁处理,并对运输工具进行消毒处理;

②发现真菌或细菌类病害病征或病状,应立即对染病部位进行采样,送检验检疫实验室进行检测,苗木可暂时存放于隔离区域,经检疫结果确认合格后,再进行后续隔离种植;若经检测发现检疫性及风险分析中关注的有害生物,应立即做退运或销毁处理;

③发现非钻蛀型的昆虫类有害生物或相关病征、病状,应立即对虫体或染病部位进行采样,送检验检疫实验室进行检测,苗木可经杀虫剂处理后,暂时存放于隔离区域,经检疫结果确认合格后,再进行后续隔离种植;若经检测发现检疫性及风险分析中关注的有害生物,应立即做退运或销毁处理;

④发现钻蛀型昆虫,应立即对苗木进行退运或销毁处理,并对运输工具进行杀虫剂处理;

⑤发现线虫类病状,如根结、病瘤等,应立即对染病部位进行采样,送检验检疫实验室进行检测,苗木可暂时存放于隔离区域,经检疫结果确认合格后,再进行后续隔离种植;若经检测发现检疫性及风险分析中关注的有害生物,应立即做退运或销毁处理;

⑥发现进境苗木携带有泥土等禁止进境物,应立即做退运或销毁处理,并对运输工具进行消毒处理。

(5)经现场检疫合格的苗木,检验检疫机关出具相关情况通知单,由林业植物检疫部门进行入境后的隔离试种监管工作。进境苗木隔离试种地点限定为上海,并需经林业植物检疫部门核实该种植地具备有效的隔离措施、完备的管理制度和有害生物监测手段。

(6)引进后必须进行隔离试种,隔离试种期至少3年。由种植地林业植物检疫部门负责监管,实时监测有害生物发生情况。在隔离期内,发现引进种苗感染病虫害,进行检测鉴定,若为检疫性或风险分析中重点关注的有害生物,应对该苗木立即进行销毁处理,并对种植区域土壤进行消毒处理。隔离期满,必须经林业植物检疫部门确认不带有危险性、检疫性有害生物后方可进行分散种植。禁止引进企业未经许可,私自对进境苗木进行移植、扦插、售卖等行为。

该备选方案易于操作,可行性佳,建议采纳。

(六) 上海迪士尼建设第一期工程引进大西洋雪松风险评估报告

1. 背景

大西洋雪松(图版18),拉丁学名: *Cedrus atlantica*。系松科雪松属常绿乔木,原产非洲西北部的阿特拉斯山、海拔1 300~2 300 m林中。分布于阿尔及利亚,摩洛哥等地,中国南京等地引种栽培。

　　大西洋雪松是乔木,在原产地高达 30 m,胸径达 1.5 m;枝平展或斜展,具多数分枝,树冠幼时尖塔形;小枝不等长,排成二列,互生或对生,常不下垂;大枝顶部通常硬,向上伸展,一年生长枝淡黄褐色,被短柔毛,二三年生枝呈深灰色。冬芽球状圆锥形,长约 6 mm。叶在长枝上辐射伸展,短枝之叶成簇生状(每年生出新叶 19～28 枚),针形,具短尖头,深绿色,横切面常呈四方形,各面有 2～5 条气孔线,多少被白粉,长 1.5～3.5 cm,宽约 1 mm。雄球花生于 5～7 年生的短枝上,圆柱形,长 2.5～4 cm,基卵状披针形的苞片;雌球花阔卵圆状,受精前带紫色。球果次年成熟,淡褐色,卵状圆柱形或近圆柱形,长约 7 cm,径约 4 cm,种鳞近扇形或倒三角形,基部楔形,宽约 3.5 cm;种子近三角状,长约 12 mm,种翅宽大,楔形,连同种子长 2.5～2.8 cm。作园林树,材质优良,可作建筑、家具等用。

　　上海迪士尼一期工程向上海市林业病虫防治检疫站提出引进大西洋雪松 15 株的申请。根据 WTO 实施动植物卫生检疫措施协议和《植物检疫条例》等的有关规定进行大西洋雪松有害生物风险分析。由于大西洋雪松在我国已有成功引种栽植记录,无入侵扩散危害当地生态安全记录;且松科大型乔木自然繁殖能力弱,成为入侵种的可能性较小,因此单就引种植物自身而言,在上海地区引入大西洋雪松的风险较低,建议定期监控和记录即可。而引种大西洋雪松所可能携带的外来生物则需进一步进行风险分析。

2. 有害生物风险评估结果

风险评估程序:

(1) 确定大西洋雪松植物苗木上的有害生物名单;

(2) 初步风险评估,根据有害生物的危害特性,并根据检疫性有害生物标准进行筛选,确定潜在的检疫性有害生物;

(3) 对潜在的检疫性有害生物风险评估,按照 FAO 制定的有害生物风险分析准则,从进入、定殖、扩散以及经济重要性方面对潜在的检疫性有害生物作进一步风险评估,确定检疫性有害生物名单及其风险;

(4) 风险管理措施,提出降低检疫性有害生物传入的风险管理措施。

　　大西洋雪松有害生物名单:经文献资料采集、检索,确定大西洋雪松可能携带的有害生物共计 4 种,其中:昆虫 3 种,卵菌 1 种(表 4-21)。根据 FAO 关于检疫性有害生物的标准,从该有害生物是否在中国发生以及是否进行官方治理,对大西洋雪松上发生的 4 种有害生物进行筛选。凡在中国没有分布或有局部分布而处于官方控制下的有害生物,并可随植物材料传入的均为潜在的检疫性有害生物,以此标准筛选出 2 种潜在的检疫性有害生物,并对其进行风险评估。

表 4-21 进境大西洋雪松可能携带的有害生物

编号	拉丁学名	中文名	分类	国内分布	危害部位	经济重要性	检疫性有害生物
1	Thaumetopoea pityocampa	松异带蛾	昆虫	无	叶	较大	是
2	Phytophthora lateralis	雪松疫霉根腐病菌	卵菌	无	茎、枝干	较大	是
3	Ceroplastes rubens	红龟蜡蚧	昆虫	广泛	叶片、枝干,主要危害枝条	大	否
4	Monochamus alternatus	松褐天牛	昆虫	广泛	叶片、枝干	大	否

● 松 异 带 蛾 ●

松异带蛾(*Thaumetopoea pityocampa*)(图版 19)隶属于鳞翅目带蛾科。它原产于地中海地区、北非、中东和欧洲南部的一些地区。目前在阿尔巴尼亚、奥地利、保加利亚、克罗地亚、法国、德国、匈牙利、意大利、希腊、荷兰、葡萄牙、斯洛文尼亚、西班牙、瑞士、英国、阿尔及利亚、利比亚、摩洛哥、突尼斯、塞浦路斯、以色列、黎巴嫩、叙利亚、土耳其等国有分布。松异带蛾幼虫有足,末龄幼虫长 25～40 mm,头壳黑色,腹部和胸部侧面的毛根据位置的不同有差异;背部毛的颜色黄色至橘黄色。成虫雌性,长 36～49 mm,触角梳状,胸部有浅灰色的毛;后翅白色,在肛区有一个深色的斑;腹部肥大,圆柱形,末端为黑色。雄性,长 31～39 mm,触角梳状,胸部有大量的毛;腹部细,似圆锥形,端部有大量的毛。主要危害雪松属,如北非雪松;落叶松属,如小干松;松属,如地中海松、欧洲山松、欧洲黑松、海岸松;橡属。一年一代。该虫成虫有一定的飞行能力,卵和幼虫都有可能随苗木传播扩散。南非将其列为 1 类检疫性对象。同时,该虫被收录于《中华人民共和国进境植物检疫有害生物名录》中。

根据 Maxent 生态位模型,预测了松异带蛾在中国潜在地理分布区(图版 51),将其潜在地理分布区域划分为四级:高适生区、中适生区、低适生区、非适生区。模型运行所得的 AUC 参数为 0.959,说明该模型预测结果较好,具有较高的可信度。结果表明,松异带蛾的适生区域(高适生区及中适生区)主要位于我国长江中下游南部大部分地区。具体在浙江、福建、江西、湖南、广东、广西、贵州、四川、重庆和台湾等地区。

根据华东地区外来入侵有害生物多指标综合评价体系,为松异带蛾各项评判指标赋分,如表4-22所示。最终松异带蛾在该体系中的得分为1.78分,属于高度风险等级(表4-24)。

表4-22 松异带蛾(*Thaumetopoea pityocampa*)多指标综合评价体系评价指标

目标层	准则层(P_i)	指标层(P_{ij})	评价指标	赋分	赋分理由
有害生物风险综合评价值（R）	传入的可能性（P_1）	国内分布情况（P_{11}）	国内分布>50%(0分)	3	国内目前无入侵记录
			国内分布面积占20%～50%(1分)		
			国内分布面积占0～20%(2分)		
			国内无分布(3分)		
		国外重视程度（P_{12}）	0个国家把其列为检疫对象(0分)	1	南非
			1～9个国家把其列为检疫对象(1分)		
			10～19个国家把其列为检疫对象(2分)		
			20个以上的国家把其列为检疫对象(3分)		
		有害生物运输过程中的存活率（P_{13}）	存活率为0(0分)	2	运输过程中有害生物存活率10%～40%
			0～10%(1分)		
			10%～40%(2分)		
			运输过程中有害生物存活率>40%(3分)		
		有害生物被截获的可能性（P_{14}）	被调运和携带繁殖体的可能性小(1分)	2	被调运和携带繁殖体的可能性一般
			被调运和携带繁殖体的可能性一般(2分)		

二、上海迪士尼建设第一期工程引种植物可能携带有害生物风险分析

(续表)

目标层	准则层(P_i)	指标层(P_{ij})	评价指标	赋分	赋分理由
有害生物风险综合评价值(R)	传入的可能性(P_1)	有害生物被截获的可能性(P_{14})	被调运和携带繁殖体的可能性大(3分)		
	定殖的可能性(P_2)	有害生物生物学特性(P_{21})	生物学特性对有害生物适生无影响(0分)	2	繁殖能力强
			抗逆性强,繁殖能力弱(1分)		
			繁殖能力强,抗逆性弱(2分)		
			繁殖能力和抗逆性都较强(3分)		
		上海(华东地区)适生范围(P_{22})	本地区没有适生地理环境条件(0分)	1	上海地区为低适生区
			0~20%(1分)		
			20%~50%(2分)		
			在50%以上的地区能够适生(3分)		
	扩散的可能性(P_3)	可能存在的传播途径(P_{31})	不可能被携带(0分)	1	该虫成虫有一定的飞行能力,卵和幼虫都有可能随苗木传播扩散
			1~2种(1分)		
			3~5种(2分)		
			5种以上(3分)		
		国外分布情况(P_{32})	0(0分)	1	全世界目前在20多个国家有分布记录
			0~20%的国家有分布(1分)		
			20%~50%的国家有分布(2分)		
			50%以上的国家有分布(3分)		
		国内的适生范围(P_{33})	适生范围为0(0分)	2	国内25%~50%适生区域
			0~25%(1分)		
			25%~50%(2分)		
			在国内50%以上的地区能够适生(3分)		

(续表)

目标层	准则层(P_i)	指标层(P_{ij})	评价指标	赋分	赋分理由
有害生物风险综合评价值（R）	扩散的可能性（P_3）	天敌存在的可能性（P_{34}）	本地区存在有效的天敌，作用明显（1分）	3	不存在有效的天敌
			存在天敌，但作用不明显（2分）		
			本地区不存在有效的天敌（3分）		
	受害寄主经济重要性（P_4）	受害寄主的种类（P_{41}）	无（0分）	2	危害雪松属，如北非雪松；落叶松属，如小干松；松属，如地中海松，欧洲山松，欧洲黑松，海岸松；橡属
			1~4种（1分）		
			5~9种（2分）		
			受害的栽培寄主达10种以上（3分）		
		引种地区受害寄主引进数量（P_{42}）	无（0分）	1	15株
			0~500株（1分）		
			500~1 000株（2分）		
			受害寄主引进数达1 000株以上（3分）		
		受害寄主的潜在损失水平（P_{43}）	传入可造成的树木死亡率或产量损失<1%（0分）	2	5%≤如传入可造成的树木死亡率或产量损失<20%
			1%≤如传入可造成的树木死亡率或产量损失<5%（1分）		
			5%≤如传入可造成的树木死亡率或产量损失<20%（2分）		
			传入可造成的树木死亡率或产量损失≥20%（3分）		
		是否为其他检疫性有害生物的传播媒介（P_{44}）	不传带任何检疫性有害生物（0分）	0	不传带任何检疫性有害生物
			传带1种（1分）		
			传带2种（2分）		
			可以传带3种以上的检疫性有害生物（3分）		

二、上海迪士尼建设第一期工程引种植物可能携带有害生物风险分析

(续表)

目标层	准则层(P_i)	指标层(P_{ij})	评价指标	赋分	赋分理由
有害生物风险综合评价值(R)	受害寄主经济重要性(P_4)	非经济方面的潜在损失(P_{45})	无社会和生态方面损失(0分)	2	防治不易,分布地寄主种植广泛
			仅防治手段对生态和社会资源造成严重损害(1分)		
			仅有害生物本身对生态和社会资源造成严重损害(2分)		
			防治手段和有害生物本身都对生态和社会资源造成严重损害(3分)		
	危险性管理难度(P_5)	检疫识别难度(P_{51})	检疫鉴定方法简单,非常迅速而且可靠(0分)	2	需专业人员鉴定
			可以鉴定,但方法复杂(1分)		
			当场识别可靠性一般,由经过专门培训的技术人员才能识别(2分)		
			当场识别可靠性低、费时,由专家才能识别确定(3分)		
		除害处理难度(P_{52})	除害率为100%(0分)	1	除害率50%~100%
			除害率50%~100%(1分)		
			除害率<50%(2分)		
			现在的除害处理方法几乎完全不能除害(3分)		
		根除难度(P_{53})	田间防治效果显著,成本很低,简便(0分)	2	防效高,但方法复杂,难度大,成本高
			田间防治效果显著,简便,但成本很高(1分)		
			防效高,但方法复杂,难度大,成本高(2分)		
			田间防治效果差,成本高,难度大(3分)		
总分(R)				1.78	

雪松疫霉根腐病菌

雪松疫霉根腐病菌($Phytophthora\ lateralis$)隶属于霜霉科疫霉属,能引起雪松根部腐烂病。该病菌在世界广泛分布,2010年在我国台湾首次报道,大陆地区尚未发现,是一类危险性植物检疫性病害。

根据 Maxent 生态位模型,预测了雪松疫霉根腐病菌在中国的潜在地理分布区(图版52),将其潜在地理分布区域划分为四级:高适生区、中适生区、低适生区、非适生区。模型运行所得的 AUC 参数为 0.993,说明该模型预测结果较好,具有较高的可信度。结果表明,雪松疫霉根腐病菌的适生区域(高适生区及中适生区)主要位于华北、华东以及华南广大地区,具体在山东、河南、陕西、四川、重庆、湖北、湖南、安徽、江苏、上海、浙江、福建、江西、贵州、云南和台湾地区等有较大范围适生区域,在新疆、西藏、甘肃、山西、河北有小范围适生区域。

根据华东地区外来入侵有害生物多指标综合评价体系,为雪松疫霉根腐病菌各项评判指标赋分,如表4-23所示。最终雪松疫霉根腐病菌在该体系中的得分为1.99分,属于高度风险等级(表4-24)。

表4-23 雪松疫霉根腐病菌($Phytophthora\ lateralis$)多指标综合评价体系评价指标

目标层	准则层(P_i)	指标层(P_{ij})	评价指标	赋分	赋分理由
有害生物风险综合评价值(R)	传入的可能性(P_1)	国内分布情况(P_{11})	国内分布>50%(0分)	2	该病菌在世界广泛分布,2010年在我国台湾首次报道
			国内分布面积占20%~50%(1分)		
			国内分布面积占0~20%(2分)		
			国内无分布(3分)		
		国外重视程度(P_{12})	0个国家把其列为检疫对象(0分)	3	该物种是EPPO组织2类检疫性有害生物
			1~9个国家把其列为检疫对象(1分)		
			10~19个国家把其列为检疫对象(2分)		
			20个以上的国家把其列为检疫对象(3分)		

二、上海迪士尼建设第一期工程引种植物可能携带有害生物风险分析

(续表)

目标层	准则层(P_i)	指标层(P_{ij})	评价指标	赋分	赋分理由
有害生物风险综合评价值(R)	传入的可能性(P_1)	有害生物运输过程中的存活率(P_{13})	存活率为0(0分)	2	运输过程中有害生物存活率10%~40%
			0~10%(1分)		
			10%~40%(2分)		
			运输过程中有害生物存活率>40%(3分)		
		有害生物被截获的可能性(P_{14})	被调运和携带繁殖体的可能性小(1分)	3	被调运和携带繁殖体的可能性大
			被调运和携带繁殖体的可能性一般(2分)		
			被调运和携带繁殖体的可能性大(3分)		
	定殖的可能性(P_2)	有害生物生物学特性(P_{21})	生物学特性对有害生物适生无影响(0分)	3	繁殖、抗逆性较强
			抗逆性强,繁殖能力弱(1分)		
			繁殖能力强,抗逆性弱(2分)		
			繁殖能力和抗逆性都较强(3分)		
		上海(华东地区)适生范围(P_{22})	本地区没有适生地理环境条件(0分)	2	上海地区为中适生区
			0~20%(1分)		
			20%~50%(2分)		
			在50%以上的地区能够适生(3分)		
	扩散的可能性(P_3)	可能存在的传播途径(P_{31})	不可能被携带(0分)	1	该菌远距离传播主要靠寄主木材调运
			1~2种(1分)		
			3~5种(2分)		
			5种以上(3分)		

(续表)

目标层	准则层(P_i)	指标层(P_{ij})	评价指标	赋分	赋分理由
有害生物风险综合评价值(R)	扩散的可能性(P_3)	国外分布情况(P_{32})	0(0分)	1	目前全世界在8个国家有分布记录
			0~20%的国家有分布(1分)		
			20%~50%的国家有分布(2分)		
			50%以上的国家有分布(3分)		
		国内的适生范围(P_{33})	适生范围为0(0分)	2	国内25%~50%适生区域
			0~25%(1分)		
			25%~50%(2分)		
			在国内50%以上的地区能够适生(3分)		
		天敌存在的可能性(P_{34})	本地区存在有效的天敌,作用明显(1分)	3	不存在有效的天敌
			存在天敌,但作用不明显(2分)		
			本地区不存在有效的天敌(3分)		
	受害寄主经济重要性(P_4)	受害寄主的种类(P_{41})	无(0分)	2	不仅危害雪松,还可以侵染短叶红豆杉、美国尖叶扁柏、猕猴桃、杜松、侧柏、杜鹃花属植物
			1~4种(1分)		
			5~9种(2分)		
			受害的栽培寄主达10种以上(3分)		
		引种地区受害寄主引进数量(P_{42})	无(0分)	1	15株
			0~500株(1分)		
			500~1 000株(2分)		
			受害寄主引进数达1 000株以上(3分)		
		受害寄主的潜在损失水平(P_{43})	传入可造成的树木死亡率或产量损失<1%(0分)	3	为破坏性的有害生物,致死植物
			1%≤如传入可造成的树木死亡率或产量损失<5%(1分)		

二、上海迪士尼建设第一期工程引种植物可能携带有害生物风险分析

(续表)

目标层	准则层(P_i)	指标层(P_{ij})	评价指标	赋分	赋分理由
有害生物风险综合评价值(R)	受害寄主经济重要性(P_4)	受害寄主的潜在损失水平(P_{43})	5%≤如传入可造成的树木死亡率或产量损失<20%(2分)		
			传入可造成的树木死亡率或产量损失≥20%(3分)		
		是否为其他检疫性有害生物的传播媒介(P_{44})	不传带任何检疫性有害生物(0分)	0	不传带任何检疫性有害生物
			传带1种(1分)		
			传带2种(2分)		
			可以传带3种以上的检疫性有害生物(3分)		
		非经济方面的潜在损失(P_{45})	无社会和生态方面损失(0分)	2	仅有害生物本身对生态和社会资源造成严重损害
			仅防治手段对生态和社会资源造成严重损害(1分)		
			仅有害生物本身对生态和社会资源造成严重损害(2分)		
			防治手段和有害生物本身都对生态和社会资源造成严重损害(3分)		
	危险性管理难度(P_5)	检疫识别难度(P_{51})	检疫鉴定方法简单,非常迅速而且可靠(0分)	1	可以鉴定,方法复杂
			可以鉴定,但方法复杂(1分)		
			当场识别可靠性一般,由经过专门培训的技术人员才能识别(2分)		
			当场识别可靠性低、费时,由专家才能识别确定(3分)		

(续表)

目标层	准则层(P_i)	指标层(P_{ij})	评价指标	赋分	赋分理由
有害生物风险综合评价值（R）	危险性管理难度（P_5）	除害处理难度（P_{52}）	除害率为100%(0分)	1	除害率50%～100%
			除害率 50%～100%（1分)		
			除害率<50%(2分)		
			现在的除害处理方法几乎完全不能除害(3分)		
		根除难度（P_{53}）	田间防治效果显著，成本很低，简便(0分)	1	没有有效的控制措施来防治该病。主要采取物理防治手段
			田间防治效果显著，简便，但成本很高(1分)		
			防效高，但方法复杂，难度大，成本高(2分)		
			田间防治效果差，成本高，难度大(3分)		
总分(R)				1.99	

[注] $P_1 = \sqrt[4]{P_{11} \times P_{12} \times P_{13} \times P_{14}}$；$P_2 = 0.7 \times P_{21} + 0.3 \times P_{22}$；$P_3 = 0.4 \times P_{31} + 0.1 \times P_{32} + 0.4 \times P_{33} + 0.1 \times P_{34}$；$P_4 = \max(P_{41}, P_{42}, P_{43}, P_{44}, P_{45})$；$P_5 = (P_{51} + P_{52} + P_{53})/3$；$R = \sqrt[5]{P_1 \times P_2 \times P_3 \times P_4 \times P_5}$

表 4-24　外来有害生物风险评价等级划分标准

R值	风险等级	R值	风险等级
<0.5(不含0.5)	低度风险	1.5～2.5(不含2.5)	高度风险
0.5～1.5(不含1.5)	中度风险	≥2.5	极高风险

3. 引进大西洋雪松风险分析结论

（1）在上海地区引进大西洋雪松的风险较低。大西洋雪松在我国已有成功引种栽植记录，无入侵扩散危害当地生态安全记录。且松科大型乔木自然繁殖能力弱，成为入侵种的可能性较小，因此，单就引种植物自身而言，在上海地区引入大西洋雪松的风险较低，建议定期监控和记录即可。而引种大西洋雪松所可能携带的外来生物则需进一步进行风险分析。

（2）大西洋雪松苗木上潜在的检疫性有害生物：有以下2种。

① 松异带蛾（*Thaumetopoea pityocampa*），属于我国检疫性有害生物，在华东地区外来入侵有害生物多指标综合评价体系中得分为 1.78 分，属于高度风险等级。在我国暂无分布记录。

② 雪松疫霉根腐病菌（*Phytophthora lateralis*），属于我国检疫性有害生物，在华东地区外来入侵有害生物多指标综合评价体系中得分为 1.99 分，属于高度风险等级。在我国台湾早期有过发生报道。

4. 风险管理措施

根据 SPS 协议 5.4 条款的规定，在制定达到适当的植物卫生保护水平的检疫要求时，尽量减少对贸易的影响。我们在制定风险管理措施时，最大限度地考虑使实施的植物检疫措施对贸易的影响降低到最低。对备选方案优劣的取舍，我们主要是从备选方案的有效性、对贸易的影响和可行性三方面来考虑。

备选方案 1——禁止进口大西洋雪松苗木

大西洋雪松上发生着中国关注的 2 种检疫性有害生物，且由进口大西洋雪松苗木携带并传入中国的风险较高，禁止进口大西洋雪松苗木输华。

该备选方案可避免检疫性有害生物传入中国，从有效性而言，该备选方案最有效，但会严重影响贸易。

备选方案 2——允许小批量进口大西洋雪松苗木

由于大西洋雪松上发生着中国关注的 2 种检疫性有害生物，且这些有害生物由进口大西洋雪松苗木携带并传入中国的风险较高。对于小批量引进的大西洋雪松苗木，通过进口过程的严格检查和隔离检疫等风险管控措施，基本上可以将中方关注的检疫性有害生物除去，从而极大地降低了这些检疫性有害生物传入中国的风险；同时，小批量进口的苗木也同样可以将国外的优良品种引进来，达到改良我国绿化植物品种的目的。建议首先引入少量苗木进行试种，并需满足下列要求：

（1）进口的大西洋雪松苗木不得带有土壤：根据《中华人民共和国动植物检疫法》的规定，禁止土壤进境，因此输华的大西洋雪松苗木不得带有土壤。

（2）由原产地植物检疫部门提供不携带风险级别为中、高级检疫性有害生物，不带有土壤的检疫证书。

（3）由引种企业提供：引种原因、数量、规格、用途，引种区域该种苗木有害生物历年发生情况，引种苗木前期生长情况和药剂使用情况，供植物检疫部门审核。

（4）指定入境口岸为上海，引进苗木不得从上海以外的口岸入境。建议设立用于进口苗木查验的专用隔离场站。进境苗木必须由检验检疫部门专业人员进行

严格的现场检疫,一旦发现植物病症和病状,应按以下原则处理:

① 发现病毒类病害病状,如花叶、斑驳、皱缩等,应立即进行退运或销毁处理,并对运输工具进行消毒处理;

② 发现真菌或细菌类病害病征或病状,应立即对染病部位进行采样,送检验检疫实验室进行检测,苗木可暂时存放于隔离区域,经检疫结果确认合格后,再进行后续隔离种植;若经检测发现检疫性及风险分析中关注的有害生物,应立即做退运或销毁处理;

③ 发现非钻蛀型的昆虫类有害生物或相关病征、病状,应立即对虫体或染病部位进行采样,送检验检疫实验室进行检测,苗木可经杀虫剂处理后,暂时存放于隔离区域,经检疫结果确认合格后,再进行后续隔离种植;若经检测发现检疫性及风险分析中关注的有害生物,应立即做退运或销毁处理;

④ 发现钻蛀型昆虫,应立即对苗木进行退运或销毁处理,并对运输工具进行杀虫剂处理;

⑤ 发现线虫类病状,如根结、病瘤等,应立即对染病部位进行采样,送检验检疫实验室进行检测,苗木可暂时存放于隔离区域,经检疫结果确认合格后,再进行后续隔离种植;若经检测发现检疫性及风险分析中关注的有害生物,应立即做退运或销毁处理;

⑥ 发现进境苗木携带有泥土等禁止进境物,应立即做退运或销毁处理,并对运输工具进行消毒处理。

(5) 经现场检疫合格的苗木,检验检疫机关出具相关情况通知单,由林业植物检疫部门进行入境后的隔离试种监管工作。进境苗木隔离试种地点限定为上海,并需经林业植物检疫部门核实该种植地具备有效的隔离措施、完备的管理制度和有害生物监测手段。

(6) 引进后必须进行隔离试种,隔离试种期至少 3 年。由种植地林业植物检疫部门负责监管,实时监测有害生物发生情况。在隔离期内,发现引进种苗感染病虫害,进行检测鉴定,若为检疫性或风险分析中重点关注的有害生物,应对该苗木立即进行销毁处理,并对种植区域土壤进行消毒处理。隔离期满,必须经林业植物检疫部门确认不带有危险性、检疫性有害生物后方可进行分散种植。禁止引进企业未经许可,私自对进境苗木进行移植、扦插、售卖等行为。

该备选方案易于操作,可行性佳,建议采纳。

三、2014~2015年上海引进植物及可能携带有害生物风险分析与评估

（一）从巴基斯坦引进雪松苗木风险评估报告

1. 背景

中文名：雪松，又名喜马拉雅雪松。拉丁学名：*Cedrus deodara*。隶属于松柏纲松柏目松科雪松属，该属共有4种植物，其球果形状相似，较难区别，且能发生种间杂交。雪松属中有3种原产于地中海地区山地，另1种原产于喜马拉雅地区西部，分布于阿富汗东部、巴基斯坦南部、印度、中国西藏和尼泊尔西部，即为本次评估物种喜马拉雅雪松。

雪松原产于喜马拉雅地区，垂直分布高度为海拔1 500~3 200 m，在我国广泛栽培作庭园树。为大型常绿乔木，高可达40~50 m，最高可达60 m，胸径可达3 m，树皮深灰色，有不规则鳞状块片；其树形与杉树接近，树冠尖塔形，大枝平展，基部宿存芽鳞向外反曲，小枝略下垂。一年生长枝淡灰黄色，密生短绒毛，微有白粉，二三年生枝呈灰色、淡褐灰色或深灰色。叶针形，2.5~5 cm长，偶尔可达7 cm，宽1~1.5 mm，上部较宽，先端尖锐，下部渐窄，常呈三棱形，背脊明显，质硬，色泽从亮绿色至灰绿色变化，在长枝上散生，短枝上簇生，叶腹面两侧各有2~3条气孔线，背面4~6条，幼时气孔线有白粉。10~11月开花。雄球花长卵圆形或椭圆状卵圆形，长4~6 cm，花粉秋天时飞散。球果筒状，成熟前淡绿色，微有白粉，卵圆形或宽椭圆形，7~13 cm长，5~9 cm宽，顶端钝圆，有短梗，翌年成熟，熟时赤褐色。

雪松喜生长于年降水量600~1 000 mm的暖温带至中亚热带气候地区，在中国长江中下游一带生长最好。雪松喜光，抗寒性较强，成年植株可耐-25 ℃的短期低温，但不耐湿热。对土壤要求不严，但最适宜在土层深厚、排水良好的酸性土壤

上生长，亦可适应黏重黄土或瘠薄旱地，但不耐水湿。

雪松的主要病虫害共有 13 种，包括：*Siroccocus tsugae*，*Cinara curvipes*，*Gnathotrichus sulcatus*，*Leptoglossus occidentalis*，松干基褐腐病菌（*Phellinus weirii*），樟疫霉（*Phytophthora cinnamomi*），松毛虫（*Dendrolimus spectabilis*），镰刀菌（*Fusarium fuliginosporum*），松材线虫（*Bursaphelenchus xylophilus*），*Phacidium coniferarum*，木蠹象（*Pissodes nemorensis*），松墨天牛（*Monochamus alternatus*）和松异带蛾（*Thaumetopoea pityocampa*）。

根据 WTO 实施动植物卫生检疫措施协议、《植物检疫条例》等的有关规定，采用 Maxent 软件对雪松在我国的潜在分布区进行了预测，研究其在我国的适生区大小，并根据华东地区外来陆生植物入侵风险评估体系进行从巴基斯坦引进雪松苗木的有害生物风险分析。

2. 雪松（*Cedrus deodara*）在上海引种风险分析

开展风险分析之前，对引种植物进行一定的筛选，具体步骤如下：

（1）初步筛选，核实各物种原产地，若原产地明确为本土，则无需评估。

（2）使用预评估方法对非本土原产的外来陆生植物进行预评估，排除部分明确不具有入侵性的外来陆生植物。

根据以上步骤，通过查阅相关数据库（如 CNKI、GBIF）等以及重要国际与国家组织官网，对雪松的原产地进行核实。资料显示，雪松自然分布于阿富汗东部、巴基斯坦南部、印度、中国西藏和尼泊尔西部；在我国有自然分布区存在，广泛栽培作庭园树。

此外，该树种为松柏纲松柏目松科雪松属乔木，生长较为缓慢，且未有入侵其他引种地的记录，因此，单就引种植物自身而言，在上海地区引入雪松的风险较低，建议定期监控和记录即可。而引种所可能携带的外来生物则需进一步进行风险分析。

3. 上海地区引种雪松（*Cedrus deodara*）传带有害生物风险分析

风险评估程序：

（1）确定巴基斯坦雪松苗木上的有害生物名单；

（2）初步风险评估，根据有害生物的危害特性，并根据检疫性有害生物标准进行筛选，确定潜在的检疫性有害生物；

（3）对潜在的检疫性有害生物风险评估，按照 FAO 制定的有害生物风险分析

准则,从进入、定殖、扩散以及经济重要性方面对潜在的检疫性有害生物作进一步风险评估,确定检疫性有害生物名单及其风险;

(4) 风险管理措施,提出降低检疫性有害生物传入的风险管理措施。

经文献资料采集、检索,确定巴基斯坦雪松上的有害生物共计13种,包括4种真菌,1种卵菌,1种线虫以及7种昆虫,并对这13种有害生物的国内、国际分布情况进行统计(表4-25)。根据FAO关于检疫性有害生物的标准,从该有害生物是否在中国发生以及是否进行官方治理,对巴基斯坦雪松上发生的13种有害生物进行筛选。凡在中国没有分布或有局部分布而处于官方控制下的有害生物,并可随植物材料传入的均为潜在的检疫性有害生物,以此标准筛选出9种潜在的检疫性有害生物,其中被收录于《中华人民共和国进境植物检疫有害生物名录》或"国家林业局2013年第4号公告:全国林业检疫性、危险性有害生物名单"的有害生物4种,在我国无分布的潜在有害生物5种。但这9种潜在检疫性有害生物在巴基斯坦均无官方记录,因此在本节内容叙述中不对其进行风险评估,但引种时仍需谨慎对待。

表4-25 进境巴基斯坦雪松(*Cedrus deodara*)可能携带的有害生物

编号	拉丁学名	中文名	分类	国内分布	国际分布	检疫性有害生物
1	*Sirococcus tsugae*		真菌	无	加拿大、美国、德国	否
2	*Phellinus weirii*	松干基褐腐病菌	真菌	吉林、青海	加拿大、美国、中国、日本	否
3	*Fusarium fuliginosporum*	镰刀菌	真菌	广泛	广泛	否
4	*Phacidium coniferarum*		真菌	无	美洲、欧洲、大洋洲	否
5	*Phytophthora cinnamomi*	樟疫霉	卵菌	江苏	美洲、非洲、亚洲、欧洲广泛分布。其中亚洲国家有:中国、印度、印度尼西亚、以色列、约旦、马来西亚、菲律宾、越南	否

(续表)

编号	拉丁学名	中文名	分类	国内分布	国际分布	检疫性有害生物
6	Bursaphelenchus xylophilus	松材线虫	线虫	江苏、浙江、安徽、福建、江西、山东、河南、湖北、湖南、广东、广西、重庆、四川、贵州、云南、陕西、台湾等地	加拿大、墨西哥、美国、中国、日本、韩国、葡萄牙、西班牙等多个国家	是
7	Cinara curvipes		昆虫	无	加拿大、墨西哥、美国、捷克、德国、塞尔维亚、斯洛伐克、瑞士、英国	否
8	Gnathotrichus sulcatus		昆虫	无	加拿大、墨西哥、美国	否
9	Leptoglossus occidentalis		昆虫	无	加拿大、墨西哥、美国、日本、欧洲多个国家	否
10	Dendrolimus spectabilis	松毛虫	昆虫	河北、黑龙江、江苏、吉林、辽宁、山东	中国、日本、韩国、朝鲜、俄罗斯	否
11	Pissodes nemorensis	木蠹象	昆虫	无	南非、加拿大、美国、日本、俄罗斯	是
12	Monochamus alternatus	松墨天牛	昆虫	安徽、福建、广东、广西、贵州、海南、河北、河南、河北、湖南、江苏、江西、吉林、陕西、山西、四川、香港、新疆、云南、浙江、台湾	中国、日本、韩国、老挝、越南	林业危险性有害生物
13	Thaumetopoea pityocampa	松异带蛾	昆虫	无	非洲、亚洲、欧洲都有分布。其中亚洲国家有：以色列、黎巴嫩、叙利亚	是

4. 从巴基斯坦引进雪松苗木风险分析结论

（1）在上海地区引进雪松的风险较低。雪松自然分布于阿富汗东部、巴基斯坦南部、印度、中国西藏和尼泊尔西部；在我国有自然分布区存在，广泛栽培作庭园树。此外，该树种为松柏纲松柏目松科雪松属乔木，生长较为缓慢，且未有入侵其他引种地的记录，因此，单就引种植物自身而言，在上海地区引入雪松的风险较低，建议定期监控和记录即可。

（2）雪松苗木上存在 9 种潜在的检疫性有害生物。雪松苗木上可能携带的有害生物达 13 种。经过筛选，有潜在的检疫性有害生物 9 种：$Sirococcus\ tsugae$，$Phacidium\ coniferarum$，松材线虫（$Bursaphelenchus\ xylophilus$），$Cinara\ curvipes$，$Gnathotrichus\ sulcatus$，$Leptoglossus\ occidentalis$，木蠹象（$Pissodes\ nemorensis$），松墨天牛（$Monochamus\ alternatus$）和松异带蛾（$Thaumetopoea\ pityocampa$）。其中松材线虫、木蠹象、松褐天牛和松异带蛾被收录于《中华人民共和国进境植物检疫有害生物名录》或"国家林业局 2013 年第 4 号公告：全国林业检疫性、危险性有害生物名单"中。这 9 种潜在的检疫性有害生物在引种植物产地巴基斯坦均无官方分布记录。引种雪松苗木携带这 9 种潜在的检疫性有害生物的可能性较低，因此本节内容中未做具体风险评估，但引种中仍存在风险，需谨慎对待。

5. 风险管理措施

根据 SPS 协议 5.4 条款的规定，在制定达到适当的植物卫生保护水平的检疫要求时，尽量减少对贸易的影响。我们在制定风险管理措施时，最大限度地考虑使实施的植物检疫措施对贸易的影响降低到最低。对备选方案优劣的取舍，主要从备选方案的有效性、对贸易的影响和可行性三方面来考虑。

备选方案 1——允许小批量进口巴基斯坦雪松苗木

由于雪松在我国广泛用于庭园树种，引种植物自身的风险较低。虽然未查询到雪松苗木上可能携带的 9 种潜在检疫性有害生物在巴基斯坦的官方分布记录，但仍值得我们在检疫工作中加以关注。对于小批量引进的雪松苗木，通过进口过程的严格检查和隔离检疫等风险管控措施，基本上可以将中方关注的检疫性有害生物除去，从而极大地降低了这些检疫性有害生物传入中国的风险；同时，小批量进口的苗木也同样可以将国外的优良品种引进来，达到改良我国绿化植物品种的目的。建议首先引入少量苗木进行试种，并需满足下列要求：

（1）进口的雪松苗木不得带有土壤：根据《中华人民共和国动植物检疫法》的

规定,禁止土壤进境,因此输华的巴基斯坦雪松苗木不得带有土壤。

(2) 由原产地植物检疫部门提供不携带风险级别为中、高级检疫性有害生物、不带有土壤的检疫证书。

(3) 由引种企业提供:引种原因、数量、规格、用途,引种区域该种苗木有害生物历年发生情况,引种苗木前期生长情况和药剂使用情况,供植物检疫部门审核。

(4) 指定入境口岸为上海,引进苗木不得从上海以外的口岸入境。建议设立用于进口苗木查验的专用隔离场站。进境苗木必须由检验检疫部门专业人员进行严格的现场检疫,一旦发现植物病症和病状,应按以下原则处理:

① 发现病毒类病害病状,如花叶、斑驳、皱缩等,应立即进行退运或销毁处理,并对运输工具进行消毒处理;

② 发现真菌或细菌类病害病征或病状,应立即对染病部位进行采样,送检验检疫实验室进行检测,苗木可暂时存放于隔离区域,经检疫结果确认合格后,再进行后续隔离种植;若经检测发现检疫性及风险分析中关注的有害生物,应立即做退运或销毁处理;

③ 发现非钻蛀型的昆虫类有害生物或相关病征、病状,应立即对虫体或染病部位进行采样,送检验检疫实验室进行检测,苗木可经杀虫剂处理后,暂时存放于隔离区域,经检疫结果确认合格后,再进行后续隔离种植;若经检测发现检疫性及风险分析中关注的有害生物,应立即做退运或销毁处理;

④ 发现钻蛀型昆虫,应立即对苗木进行退运或销毁处理,并对运输工具进行杀虫剂处理;

⑤ 发现线虫类病状,如根结、病瘤等,应立即对染病部位进行采样,送检验检疫实验室进行检测,苗木可暂时存放于隔离区域,经检疫结果确认合格后,再进行后续隔离种植;若经检测发现检疫性及风险分析中关注的有害生物,应立即做退运或销毁处理;

⑥ 发现进境苗木携带有泥土等禁止进境物,应立即做退运或销毁处理,并对运输工具进行消毒处理。

(5) 经现场检疫合格的苗木,检验检疫机关出具相关情况通知单,由林业植物检疫部门进行入境后的隔离试种监管工作。进境苗木隔离试种地点限定为上海,并需经林业植物检疫部门核实该种植地具备有效的隔离措施、完备的管理制度和有害生物监测手段。

(6) 引进后必须进行隔离试种,隔离试种期至少 2 年。由种植地林业植物检疫部门负责监管,实时监测有害生物发生情况。在隔离期内,发现引进种苗感染病虫害,进行检测鉴定,若为检疫性或风险分析中重点关注的有害生物,应对该苗木立即进行销毁处理,并对种植区域土壤进行消毒处理。隔离期满,必须经林业植物检疫部门确认不带有危险性、检疫性有害生物后方可进行分散种植。禁止引进企业未经许可,私自对进境苗木进行移植、扦插、售卖等行为。

该备选方案易于操作,可行性佳,建议采纳。

备选方案2——允许大量进口巴基斯坦雪松苗木

由于引进巴基斯坦雪松苗木自身的风险较低,而其可能携带的潜在检疫性有害生物在巴基斯坦尚无官方记录,若确需大批量巴基斯坦雪松苗木,必须在小批量引种试种合格的基础上进行后评估,并根据实际进口和检疫情况不断完善风险管理措施,符合以下要求:

(1) 产区无检疫性有害生物的要求:为了使植物检疫措施对贸易的影响降低到最小程度,巴基斯坦必须在雪松苗木的生长产区针对检疫性有害生物进行检测和专门调查,确认出口到中国的雪松苗木产区无这些有害生物的发生。

(2) 病虫害检测:在雪松苗木的生长期和收获期,巴基斯坦的检疫人员除按法律要求进行有害生物的定期监测外,在雪松苗木出口前还应实施现场检查和土壤取样检测,检查有无中方所关注的检疫性有害生物的存在,确保在出口的雪松苗木产区不发生。

(3) 预检:根据中方的有关法律规定,在雪松苗木的生长期,将派中方的检疫专家赴巴基斯坦进行预检,以保证进口雪松苗木完全符合中方的检疫要求。

(二) 从荷兰引进美人蕉种球风险评估报告

1. 背景

中文名:美人蕉。拉丁学名:*Canna indica*。又名蕉芋、红艳蕉、小花美人蕉、小芭蕉、旱藕、蕉藕。美人蕉是美人蕉科美人蕉属的多年生草本植物。原产热带美洲、印度、马来半岛等热带地区。我国于19世纪中叶将其引入,现在长江流域以南各地有栽培。美人蕉在亚洲已成为高价值淀粉的新型原料来源。目前,美人蕉已在我国华南地区逸为野生,因其植株高大,根茎发达,一旦入侵,较难治理。其主要控制措施为人工管护,拔除时需注意清理根茎,危害程度较轻微。

美人蕉为多年生宿根草本植物,高可达2~3 m,全株绿色无毛,被蜡质白粉。根茎发达,多分支,粗壮,具块状根茎。茎丛生,粗壮直立。单叶互生;具鞘状的叶柄；叶片卵状长圆形，长10～30 cm，宽达10 cm。总状花序，花单生或对生；苞片卵形，绿色，长约1.2 cm；萼片3，披针形，长约1 cm，绿白色，先端带红色；花冠裂片披针形，长3～3.5 cm，绿色或红色；外轮退化，雄蕊3～2枚，鲜红色，其中2枚倒披针形，长3.5～4 cm，宽5～7 mm，另一枚如存在则特别小，长1.5 cm，宽仅1 mm；唇瓣披针形，长3 cm，弯曲；发育雄蕊长2.5 cm，花药室长6 mm；花柱扁平，长3 cm，一半和发育雄蕊的花丝连合。蒴果长卵形，绿色，有软刺，长1.2～1.8 cm。三瓣开裂，瘤状，内有种子数十粒。花、果期3～12月。

美人蕉是亚热带和热带常用的观花植物，喜阳光充足的温暖地区，不耐寒。对土壤要求不严，在疏松肥沃、排水良好的砂土壤中生长最佳，忌涝，但也适应于肥沃黏质土壤生长。美人蕉的常见真菌病害有瘟病(*Pyricularia cannaecola*)、青枯病(*Ralstonia solanacearum*)和美人蕉锈病(*Puccinia thaliae*)；细菌病害有美人蕉芽腐病(*Xanthomonas* sp.)；病毒及类菌质体病害有菜豆黄花叶病毒(Bean yellow mosaic virus)、美人蕉黄花斑驳病毒(Canna yellow mottle virus)、黄瓜花叶病毒(Cucumber mosaic virus)、孤挺花花叶病毒(Hippeastrum mosaic virus)、番茄不孕病毒(Tomato aspermy virus)、美人蕉矮化类病毒(Canna stunt viroid)和紫菀黄化病(Aster yellows)等；主要虫害有银纹夜蛾(*Argyrogramma agnate*)、灰翅夜蛾(*Spodoptera littoralis*)、铜绿丽金龟子(*Anomala corpulenta*)、灰巴蜗牛(*Bradybaena ravida*)和同型巴蜗牛(*Bradybaena similaris*)。

2015年3月，上海鲜花港企业发展有限公司向上海市林业病虫防治检疫站提出引进美人蕉种球7 400个的申请。根据WTO实施动植物卫生检疫措施协议、《植物检疫条例》等的有关规定，采用Maxent软件对美人蕉在我国的潜在分布区进行了预测，研究其在我国的适生区大小，并根据华东地区外来陆生植物入侵风险评估体系进行从荷兰引进美人蕉种球的有害生物风险分析。

2. 美人蕉(*Canna indica*)在中国适生区预测和上海引种风险分析

采用Maxent软件对美人蕉在我国的潜在分布区进行了预测，研究其在我国的适生区大小。具体结果如下：

(1) 美人蕉(*Canna indica*)全球分布现状：根据相关文献专著、数据库(如CNKI、GBIF等)以及重要国际与国家组织官网，搜集到美人蕉全球分布点77个，主要集中在亚热带和热带沿海地区；在我国，长江流域以南各地有栽培。

(2) 美人蕉(*Canna indica*)中国潜在分布区：根据Maxent生态位模型，预测了美人蕉在中国的潜在地理分布区，将其潜在地理分布区域划分为四级：高适生区、中适生区、低适生区、非适生区。模型运行所得的 AUC 参数为 0.906,说明该模型预测结果较好,具有较高的可信度。结果表明,美人蕉在我国的适生区域(高适生区及中适生区)范围较广,主要位于 18.2°～40.6°N,92.1°～123.3°E 之间,包括辽宁、河北、北京、天津、山东、山西、陕西、甘肃、四川、西藏、云南、贵州、重庆、湖北、湖南、广西、广东、江西、福建、浙江、安徽、河南、江苏、上海、海南及港澳台等地区,且多为高适生区(图版 53)。

(3) 上海地区引进美人蕉风险分析:根据华东地区外来陆生植物入侵风险评估体系,为美人蕉各项评判指标赋分,如表 4-26 所示。最终美人蕉在该体系中的得分为 64 分,属于中等风险等级(表 4-27),即在上海地区的危害性有待观察的外来植物,需进行定期监控和记录。

表 4-26 美人蕉(Canna indica)定量风险评估

一级指标	二级指标	三级指标	赋分标准	赋分	赋分理由
一、物种本身特性(70%)	1. 环境适应性(9%)	(1) 原产地(3%)	① 美洲(3分) ② 欧洲及地中海沿岸(2分) ③ 其他地区(1分)	3	原产南美洲
		(2) 全球分布范围(3%)	① 广泛,主要分布区≥4大洲(3分) ② 较广,主要分布区为2～3大洲(2分) ③ 局部,主要分布区仅1大洲(1分) ④ 稀少(0分)	3	分布广泛
		(3) 主要自然分布区(3%)	① 亚热带、暖温带有广泛分布,或热带至亚热带都有分布,或热带至寒温带都有分布(3分) ② 主要分布于热带及亚热带(1.5分) ③ 主要分布于气候较干旱、寒冷或高海拔地区(0分)	1.5	主要分布于热带及亚热带

(续表)

一级指标	二级指标	三级指标	赋分标准	赋分	赋分理由
一、物种本身特性(70%)	2. 入侵史(8%)	（1）国内是否有入侵记录(3%)	① 是(3分) ② 未知(1.5分) ③ 否(0分)	3	华南地区已逸为野生
		（2）国内是否有同属植物入侵记录(2%)	① 是(2分) ② 未知(1分) ③ 否(0分)	2	我国目前引种栽培柔瓣美人蕉、兰花美人蕉、蕉芋等
		（3）国外是否有入侵记录(3%)	① 是(3分) ② 未知(1.5分) ③ 否(0分)	3	美属萨摩亚,斐济,关岛,夏威夷,新西兰等
	3. 生长与逃逸状况(10%)	（1）在引种地露天环境生长状况(2%)	① 良好(2分) ② 一般(1分) ③ 不良(0分)	2	在引种地生长良好
		（2）在引种地是否有逸生(2%)	① 是(2分) ② 未知(1分) ③ 否(0分)	2	在我国华南地区逸为野生
		（3）在引种种植区域的逸生范围(2%)	① 距离种植区域≥50 m(2分) ② 距离种植区域10～50 m(1分) ③ 距离种植区域<10 m(0.5分) ④ 无逸生(0分)	1	依靠根茎逸生,逸生距离有限
		（4）在引种种植区域的逸生数量(2%)	① 逸生植株≥50株(2分) ② 逸生植株<50株(1分) ③ 无逸生(0分)	1	依靠根茎逸生,逸生数量有限
		（5）是否能在引种地露天条件下进行自然的有性或无性繁殖(2%)	① 是(2分) ② 未知(1分) ③ 否(0分)	2	用种子和根茎传播

(续表)

一级指标	二级指标	三级指标	赋分标准	赋分	赋分理由
一、物种本身特性(70%)	4.生物学特征(18%)	(1)生活型(2%)	① 草本(草质藤本)(2分) ② 半灌木、速生灌木、速生乔木、速生木质藤本(1分) ③ 生长速率较慢的木本(0.5分)	2	多年生草本
		(2)自然条件下的主要繁殖方式(3%)	① 可以同时进行有性及无性繁殖(3分) ② 以有性繁殖为主(1.5分) ③ 以无性繁殖为主(1.5分)	3	用种子和根茎传播
		(3)自然条件下的无性繁殖能力(3%)	① 较强,能使物种大量繁殖,种群数量迅速增加(3分) ② 一般,仅在一定范围内进行无性繁殖,不会肆意扩张(1.5分) ③ 缺乏无性繁殖能力(0分)	1.5	根茎发达
		(4)自然条件下的平均有性繁殖频率(2%)	① 一年中有性繁殖期可≥4个月,或一年中可进行两次或两次以上有性繁殖(2分) ② 繁殖期少于4个月,或一年只一次有性繁殖(1分) ③ 多年一次有性繁殖,或有性繁殖能力很弱(0分)	2	花、果期3～12月

(续表)

一级指标	二级指标	三级指标	赋分标准	赋分	赋分理由
一、物种本身特性(70%)	4.生物学特征(18%)	(5)单株种子量(2%)	① 单株平均种子量≥1 000粒(2分)	1	美人蕉果实为蒴果,内有种子数十粒
			② 单株平均种子量10～1 000粒(1分)		
			③ 单株平均种子量≤10粒,或几乎不结实(0分)		
		(6)种子萌发率(繁殖体出苗率)(2%)	① 适宜条件下萌发率(出苗率)≥60%(2分)	1	美人蕉较少用播种法,种子需经催芽处理后才能萌发
			② 在适宜条件下,萌发率(出苗率)为25%～60%,或者比率浮动较大(1分)		
			③ 在可萌发条件下,萌发率(出苗率)<25%,或几乎无种子(0分)		
		(7)适宜的生境类型(2%)	① 可见于各类生境类型(林地、湿地、路边、舍旁等),对干湿、遮阳光照等没有特定要求,不同生境都能生长繁殖良好(2分)	2	美人蕉喜阳光充足的高温环境,对土壤适应性强,忌涝,在黏重土壤中生长不良。但在湿润肥沃的深厚土壤中生长旺盛
			② 主要生长繁殖于少类生境中,对干湿、遮阳光照等有特定要求,或仅在人类活动干扰地区(农田、苗圃、荒地、林缘、牧场、路边、宅旁、堤岸、人造绿化带等)可大量生长及繁殖(1分)		
			③ 只能生于特定的生境中,或需经过人工栽培养护方能生长繁殖(0分)		

(续表)

一级指标	二级指标	三级指标	赋分标准	赋分	赋分理由
一、物种本身特性(70%)	4. 生物学特征(18%)	(8) 耐胁迫能力(2%)	① 对多种类型的胁迫具有较高的抗逆性(2分) ② 对某些特定类型的胁迫具有较强的抗逆性(1分) ③ 耐胁迫能力较弱(0分)	1	喜高温,但不耐寒,畏冰霜和强风
	5. 扩散方式与能力(9%)	(1) 种子(繁殖体)的主要传播方式(3%)	① 主要通过风力或兼具多种传播方式(3分) ② 主要通过自然散落、水流传播、动物携带等方式传播(2分) ③ 主要通过人为采收、翻耕等传播(1分)	1	自然环境中主要靠根茎传播,种子需人为催芽处理
		(2) 种子(繁殖体)的传播扩散能力(2%)	① 种子(繁殖体)质量很轻,极易传播扩散,或具其他极易传播条件(2分) ② 种子(繁殖体)质量较轻,较易传播扩散,或具其他较易传播条件(1分) ③ 种子(繁殖体)质量较重,较难传播扩散,或缺乏大量传播扩散条件(0分)	0	种子自然萌发低,缺乏大量传播扩散的条件
		(3) 种子(繁殖体)是否具有便于传播的附属器官或结构(2%)	① 是(2分) ② 未知(1分) ③ 否(0分)	0	不具有便于传播的附属器官
		(4) 是否具扩散制约因素(天敌、缺乏传粉媒介等)(2%)	① 是(0分) ② 未知(1分) ③ 否(2分)	2	无制约扩散的天敌

(续表)

一级指标	二级指标	三级指标	赋分标准	赋分	赋分理由
一、物种本身特性(70%)	6. 潜在危害与影响(10%)	(1) 占领生境能力(3%)	① 很强,在生长季节能够高频率且高密度出现于适宜生境内(3分)	1	在适宜的环境中可依靠根茎扩散
			② 较强,在生长季节能高频率出现适宜生境内(2分)		
			③ 一般,在生长季节会适量出现于适宜生境内(1分)		
			④ 较弱,在生长季节只会少量出现于适宜生境内(0分)		
		(2) 是否具有化感作用(3%)	① 是(3分)	0	无
			② 未知(1.5分)		
			③ 无(0分)		
		(3) 是否可与当地农作物种子混杂,或与引种地内同属农作物(或珍稀植物)杂交(2%)	① 是(2分)	0	无
			② 未知(1分)		
			③ 否(0分)		
		(4) 是否具有毒性或为过敏原(2%)	① 是(2分)	0	无,本身为药用植物,且可作为淀粉原料
			② 未知(1分)		
			③ 否(0分)		
	7. 防控难度(6%)	(1) 识别难度(2%)	① 较高,在短期内无法预测其入侵性,难以判断其在本地适应演变之后是否会具有危害,或可获得的物种信息量很有限(2分)	0.5	国内多地已有引种记录,基本可确定其入侵性
			② 一般,短期内能够初步判断其在本地的适应繁殖状况,但不明确是否会有潜在的进化演变可能及其他不良影响,或可获得的物种信息量较有限(1分)		

(续表)

一级指标	二级指标	三级指标	赋分标准	赋分	赋分理由
一、物种本身特性(70%)	7. 防控难度(6%)	(1) 识别难度(2%)	③ 较低,基本能根据实际情况或现有信息判断其在本地入侵性高低,或可获得的物种信息量较大(0.5分)		
		(2) 监控难度(2%)	① 较高,种子或繁殖体的传播途径较多,可传播的距离较远,具有不确定性,不易受到监控(2分)	0.5	主要靠根茎扩散,距离有限
			② 一般,种子或繁殖体的传播途径和距离有限,较易受到监控(1分)		
			③ 较低,种子或繁殖体的传播基本可被监控(0.5分)		
		(3) 防治难度与成本(2%)	① 对当前或潜在的扩散入侵缺乏有效的防治手段,采取多种防治手段也较难抑制该物种的繁殖扩散,防治的成本较高;可依据的防治信息和经验较为有限;不排除需使用化学药剂(对其他物种及环境造成负面影响);若使用生物防治,则其副作用未知(2分)	0.5	注意观测,人工拔除,清理根茎
			② 可根据实际情况采取较有效的应对措施,减少人为引种即可有效减少危害,防治成本一般;有一定的物种防治信息和经验可作为依据;不排除需使用化学药剂(对其他物种及环境造成负面影响)(1分)		
			③ 用简单无副作用手段即可基本防治,可避免用化学药剂(不会对其他物种及环境造成负面影响)(0.5分)		
			④ 不需防治,很容易通过人为手段进行控制(0分)		

(续表)

一级指标	二级指标	三级指标	赋分标准	赋分	赋分理由
二、引种地自然环境(10%)	1. 引种地地理概况(4%)	（1）具体引种地点及周边主要地区类型(2%)	① 城镇(2分)	2	城镇
			② 农田、牧场、苗圃、荒地、人工景观带等(2分)		
			③ 森林、湿地、草甸等(0.5分)		
		（2）引种地及周边主要地貌类型(2%)	① 平原、岛屿(2分)	2	平原
			② 盆地、河谷(1分)		
			③ 山地、丘陵(0.5分)		
	2. 引种地自然概况(6%)	（1）引种地所在市（县）的总体（自然生长及人工栽植）植被覆盖率(2%)	① 植被覆盖率≥50%(0.5分)	1	上海城区绿地覆盖率2012年超过38%
			② 植被覆盖率15%～50%(1分)		
			③ 植被覆盖率<15%(2分)		
		（2）引种地植物物种丰富度(2%)	① 较高,且本地物种占绝对优势(0.5分)	1	一般,且有较多外来物种
			② 一般,且有较多的外来物种(1分)		
			③ 较低,且外来物种入侵现象普遍而严重(2分)		
		（3）引种地及周边自然景观面积比例(2%)	① 自然景观面积比例≥40%(0.5分)	2	≤15%
			② 自然景观面积比例15%～40%(1分)		
			③ 自然景观面积比例<15%(2分)		
三、引种地人类活动(20%)	1. 引种地人类活动概况(4%)	（1）引种地所在市（县）的人口密度(2%)	① 人口密度≥1 500人/km^2(2分)	2	≥1 500人/km^2
			② 人口密度500～1 500人/km^2(1分)		
			③ 人口密度<500人/km^2(0.5分)		

三、2014～2015年上海引进植物及可能携带有害生物风险分析与评估

（续表）

一级指标	二级指标	三级指标	赋分标准	赋分	赋分理由
三、引种地人类活动(20%)	1. 引种地人类活动概况（4%）	（2）引种地城市化程度（2%）	① 城市化程度较高,城市化不断推进,农牧业发达,林木采伐量大,土地及自然资源不断被开发(2分)	2	城市化程度高
			② 城市化程度一般,城市化推进进度一般,资源被不断开发但尚能保留部分原有天然生态系统(1分)		
			③ 城市化程度较低,城市化程度低且推进缓慢,农牧业强度较低,自然资源基本能够被保留(0.5分)		
	2. 引种地交通概况(4%)	（1）引种地在华东的交通地位(2%)	① 交通枢纽(2分)	2	交通枢纽
			② 普通地区(1分)		
			③ 交通较不发达地区(0.5分)		
		（2）引种地与周边联系程度(2%)	① 较高,每天有很多车次、船只来往(2分)	2	较高
			② 一般,有较便利的铁路、公路、水路,但来往频度一般(1分)		
			③ 较低,交通不便,与周边联系较少(0.5分)		
	3. 引种地农林牧业概况(4%)	（1）引种地所在市(县)的农田、苗圃、牧场、采伐林场等占地面积比例(2%)	① 农林牧场等面积比例≥30%(2分)	2	农林牧场等占地面积比例为29.4%(2013年上海农业用地280万亩)
			② 农林牧场等面积比例15%～30%(1分)		
			③ 农林牧场等面积比例<15%(0.5分)		

(续表)

一级指标	二级指标	三级指标	赋分标准	赋分	赋分理由
三、引种地人类活动(20%)	3.引种地农林牧业概况(4%)	(2)引种地所在市(县)的农业耕作、苗圃经营、林木采伐、放牧强度(2%)	① 高强度使用当地土地,且趋于环境承载饱和(2分)	2	较高
			② 农林牧业程度化较高,但未高强度使用当地土地,常进行作物轮作、林木间伐、放牧休整等手段缓解土地使用度(1分)		
			③ 农林牧业程度化较低,使用土地强度较低(0.5分)		
	4.引种方的管理(8%)	(1)引种植物信息登记完善程度(2%)	① 较高,具有较完善且准确的引种来源、物种登记信息(0.5分)	0.5	较完善
			② 一般,具有简单准确的引种及物种登记信息(1分)		
			③ 较低,缺乏基本的引种及物种登记信息,或登记信息错误很多(2分)		
		(2)引种方对引种植物的责任管理(2%)	① 较完善,相应引种植物有对应的责任管理人,对引种植物会进行定期记录监控,并有一定的管理措施(0.5分)	0.5	较完善
			② 一般,相应引种植物所对应的责任管理人不明确,对引种植物不定期进行简单记录和管理(1分)		
			③ 较差,相应引种植物无对应的责任管理人,对引种植物管理较为粗放,或基本无责任管理意识(2分)		

(续表)

一级指标	二级指标	三级指标	赋分标准	赋分	赋分理由
三、引种地人类活动(20%)	4.引种方的管理(8%)	(3)具体引种地周围是否有隔离带(包括林带、河流、围墙等)(2%)	①是(0.5分) ②部分隔离(1分) ③否(2分)	0.5	是
		(4)具体引种地周围隔离带有效性(2%)	①较高,两至多层隔离带,且能够在一定程度上阻挡风力、水流、散落传播种子(繁殖体)的扩散(0.5分) ②一般,一层隔离带,阻止风力、水流传播种子(繁殖体)扩散的作用有限(1分) ③较低,隔离带形同虚设,或无隔离(2分)	1	一般
总分				64	

表4-27 "已存在"状态风险评估体系风险等级分值划分

等 级	分值区域	说 明
高风险等级(一级风险)	78.5～100	在上海地区为恶性的外来入侵植物,严禁再次人为引入,并需防止无意传入
较高风险等级(二级风险)	69.5～78	在上海地区具有一定危害性的入侵植物,建议禁止大规模引入,需进行严格监控
中等风险等级(三级风险)	63.5～69	在上海地区的危害性有待观察的外来植物,但需进行定期监控和记录
低等风险等级(四级风险)	0～63	在上海地区不具有入侵风险的外来植物,若需大规模引入,则仍需进行定期监控

美人蕉是亚热带和热带常用的观花植物,喜阳光充足的温暖地区,不耐寒,原产热带美洲、印度、马来半岛等热带地区,现在我国长江流域以南各地多有栽培。美人蕉在世界各地的分布点多处于热带及亚热带沿海地区。软件预测结果亦显示美人蕉在我国黄河以南地区主要为中至高适生区分布(图版53),且本次引种美人

蕉的上海地区主要为美人蕉的高适生区域,其物候条件较适宜美人蕉的生长定植。综合考虑以上因素,单就引种植物自身而言,在上海地区引入美人蕉这一草本植物的风险为中等级别。而引种美人蕉可能携带的外来生物则需要进一步进行风险分析。

3. 上海地区引种美人蕉传带有害生物风险分析

风险评估程序:

(1) 确定荷兰美人蕉种球上的有害生物名单;

(2) 初步风险评估,根据有害生物的危害特性,并根据检疫性有害生物标准进行筛选,确定潜在的检疫性有害生物;

(3) 对潜在的检疫性有害生物风险评估,按照 FAO 制定的有害生物风险分析准则,从进入、定殖、扩散以及经济重要性方面对潜在的检疫性有害生物作进一步风险评估,确定检疫性有害生物名单及其风险;

(4) 风险管理措施,提出降低检疫性有害生物传入的风险管理措施。

美人蕉有害生物名单:经文献资料采集、检索,确定荷兰美人蕉上的有害生物名单(表4-28),共计真菌2种,细菌2种,病毒及类菌质体病害7种,昆虫3种,软体动物2种。根据 FAO 关于检疫性有害生物的标准,从该有害生物是否在中国发生以及是否进行官方治理,对荷兰美人蕉上发生的14种有害生物进行筛选。凡在中国没有分布或有局部分布而处于官方控制下的有害生物,并可随植物材料传入的均为潜在的检疫性有害生物,以此标准筛选出1种潜在的检疫性有害生物。

表4-28 进境荷兰美人蕉(*Canna indica*)可能携带的有害生物

编号	学名	中文名	分类	国内分布	危害部位	经济重要性	潜在的检疫性有害生物
1	*Pyricularia cannaecola*	瘟病	真菌	广泛	叶、茎、叶鞘	较严重	否
2	*Puccinia thaliae*	美人蕉锈病	真菌	南方	叶	较严重	否
3	*Ralstonia solanacearum*	青枯病	细菌	广泛	茎干和根系	较严重	否

（续表）

编号	学名	中文名	分类	国内分布	危害部位	经济重要性	潜在的检疫性有害生物
4	Xanthomonas sp.	美人蕉芽腐病	细菌	广泛	主要是幼叶，严重时全株	较严重	否
5	Bean yellow mosaic virus	菜豆黄花叶病毒	病毒	局部（广东、福建、云南、新疆）	叶	大	是
6	Canna yellow mottle virus	美人蕉黄斑驳病毒	病毒	无	叶、茎、花	较严重	否
7	Cucumber mosaic virus	黄瓜花叶病毒	病毒	广泛	叶	较严重	否
8	Hippeastrum mosaic virus	孤挺花花叶病毒	病毒	广泛	叶、花	一般	否
9	Tomato aspermy virus	番茄不孕病毒	病毒	广泛	种子、幼苗	较严重	潜在危险
10	Canna stunt viroid	美人蕉矮化类病毒	类病毒	北京等地	叶	一般	否
11	Aster yellows	紫菀黄化病	类菌质体	少	叶	一般	否
12	Argyrogramma agnate	银纹夜蛾	昆虫	广泛	叶、茎、花、果实	一般	否
13	Spodoptera littoralis	灰翅夜蛾	昆虫	江苏、上海、浙江、福建、广东、四川	叶	较严重	潜在危险
14	Anomala corpulenta	铜绿丽金龟子	昆虫	广泛	叶	一般	否
15	Bradybaena ravida	灰巴蜗牛	软体动物	广泛	茎、叶	一般	否
16	Bradybaena similaris	同型巴蜗牛	软体动物	广泛	茎、叶	一般	否

● 菜豆黄花叶病毒 ●

菜豆黄花叶病毒(Bean yellow mosaic virus)隶属于马铃薯 Y 病毒科(Potyviridae)马铃薯 Y 病毒属(Potyvirus),为阿根廷 A1 级检疫对象,一般可表现为植株矮化,叶片上出现明脉、斑驳,或绿色部分深浅不均,凸凹不平,有时叶片皱缩,扭曲畸形。病株一般开花迟缓或花蕾脱落。目前在国内多地分布,其毒源主要是越冬的寄主和带毒的种子,主要通过蚜虫刺吸侵染传播。除侵染普通菜豆、豌豆外,各地检疫部门陆续在进口唐菖蒲、剑兰等植物内检测出该病毒。根据相关文献专著、数据库(如 CNKI、GBIF 等)以及重要国际与国家组织官网资料,菜豆黄花叶病毒目前广泛分布于非洲、北美洲、亚洲、欧洲、大洋洲。

根据 Maxent 生态位模型,预测了菜豆黄花叶病毒在中国的潜在地理分布区(图版54),将其潜在地理分布区域划分为四级:高适生区、中适生区、低适生区、非适生区。模型运行所得的 AUC 参数为 0.945,说明该模型预测结果较好,具有较高的可信度。结果表明,菜豆黄花叶病毒的适生区域(高适生区及中适生区)主要位于 18°~39°N,92°~123°E;以及 38°~47°N,80°~86°E 之间三块点状分布,包括新疆、西藏、云南、四川、重庆、贵州、广西、广东、海南、湖南、湖北、陕西、甘肃、山西、河南、河北、北京、天津、山东、江苏、上海、安徽、浙江、福建、江西和台湾等地区,适生范围较广。

根据华东地区外来入侵有害生物多指标综合评价体系,为菜豆黄花叶病毒各项指标赋分(表4-29),最终菜豆黄花叶病毒在该体系中的得分为 2.26,属于较高风险等级。

表4-29 菜豆黄花叶病毒(Bean yellow mosaic virus)多指标综合评价体系评价指标

目标层	准则层(P_i)	指标层(P_{ij})	评价指标	赋分	赋分理由
有害生物风险综合评价值(R)	传入的可能性(P_1)	国内分布情况(P_{11})	国内分布>50%(0分)	2	广东、福建、新疆等地
			国内分布面积占 20%~50%(1分)		
			国内分布面积占 0~20%(2分)		
			国内无分布(3分)		

三、2014～2015 年上海引进植物及可能携带有害生物风险分析与评估

(续表)

目标层	准则层(P_i)	指标层(P_{ij})	评价指标	赋分	赋分理由
有害生物风险综合评价值(R)	传入的可能性(P_1)	国外分布情况(P_{12})	0(0 分)	3	50% 以上国家已有分布
			0～20%的国家有分布(1 分)		
			20%～50%的国家有分布(2 分)		
			50%以上的国家有分布(3 分)		
		有害生物运输过程中的存活率(P_{13})	存活率为 0(0 分)	3	超过 20 种蚜虫可以传播此类病毒
			0～10%(1 分)		
			10%～40%(2 分)		
			运输过程中有害生物存活率>40%(3 分)		
		寄主引种数量(P_{14})	无(0 分)	3	引种 7 400 个种球
			0～500 株(1 分)		
			500～1 000 株(2 分)		
			受害寄主引进数达 1 000 株以上(3 分)		
		有害生物被调运的可能性(P_{15})	被调运和携带繁殖体的可能性 0～20%(1 分)	3	被调运传播可能性大
			被调运和携带繁殖体的可能性 20%～50%(2 分)		
			被调运和携带繁殖体的可能性都大 50%～100%(3 分)		
	定殖的可能性(P_2)	有害生物生物学特性(P_{21})	生物学特性对有害生物适生无影响(0 分)	3	繁殖力和抗逆性都强
			抗逆性强,繁殖能力弱(逆境条件下存活率 50%～80%,繁殖量小,一年一代或多年一代)(1 分)		
			繁殖能力强,抗逆性弱(逆境条件下存活率 0～50%,繁殖量大,年繁殖世代 2～4 代)(2 分)		
			繁殖能力和抗逆性都较强(逆境条件下存活率>80%,繁殖量大,年繁殖世代 4 代以上)(3 分)		

(续表)

目标层	准则层(P_i)	指标层(P_{ij})	评价指标	赋分	赋分理由
有害生物风险综合评价值(R)	定殖的可能性(P_2)	上海(华东)地区适生范围(P_{22})	本地区没有适生地理环境条件(0分)	2	适生范围较广
			0～20%(1分)		
			20%～50%(2分)		
			在50%以上的地区能够适生(3分)		
	扩散的可能性(P_3)	可能存在的传播途径(P_{31})	不可能被携带(0分)	1	主要靠蚜虫刺吸传播及机械接种
			1～2种(1分)		
			3～5种(2分)		
			5种以上(3分)		
		国内的适生范围(P_{32})	适生范围为0(0分)	3	南北地区皆可发生
			0～25%(1分)		
			25%～50%(2分)		
			在国内50%以上的地区能够适生(3分)		
		天敌存在的可能性(P_{33})	本地区存在有效的天敌,作用明显(1分)	3	无
			存在天敌,但作用不明显(2分)		
			本地区不存在有效的天敌(3分)		
	受害寄主经济重要性(P_4)	寄主的种类(P_{41})	无(0分)	3	矮牵牛、曼陀罗、苜蓿、蚕豆、剑兰、苋色藜、菜豆、豌豆、红三叶、唐菖蒲、美人蕉、昆诺阿藜等
			1～4种(1分)		
			5～9种(2分)		
			受害的栽培寄主达10种以上(3分)		
		寄主的潜在损失水平(P_{42})	传入可造成的树木死亡率或产量损失<1%(0分)	2	造成植株黄化、矮小、病叶易早落
			1%≤如传入可造成的树木死亡率或产量损失<5%(1分)		

(续表)

目标层	准则层(P_i)	指标层(P_{ij})	评价指标	赋分	赋分理由
有害生物风险综合评价值(R)	受害寄主经济重要性(P_4)	寄主的潜在损失水平(P_{42})	5%≤如传入可造成的树木死亡率或产量损失＜20%(2分)		
			传入可造成的树木死亡率或产量损失≥20%(3分)		
		国外重视程度(P_{43})	0 无(0分)	1	阿根廷
			1～9个国家把其列为检疫对象(1分)		
			10～19个国家把其列为检疫对象(2分)		
			20个以上的国家把其列为检疫对象(3分)		
		是否为其他检疫性有害生物的传播媒介(P_{44})	不传带任何检疫性有害生物(0分)	0	无
			传带1种(1分)		
			传带2种(2分)		
			可以传带3种以上的检疫性有害生物(3分)		
		非经济方面的潜在损失(P_{45})	无社会和生态方面损失(0分)	0	无
			仅防治手段对生态和社会资源造成严重损害(1分)		
			仅有害生物本身对生态和社会资源造成严重损害(2分)		
			防治手段和有害生物本身都对生态和社会资源造成严重损害(3分)		
	危险性管理难度(P_5)	检疫识别难度(P_{51})	检疫鉴定方法简单,非常迅速而且可靠(0分)	2	可通过ELISA试剂盒检测
			可以鉴定,但方法复杂(1分)		

(续表)

目标层	准则层(P_i)	指标层(P_{ij})	评价指标	赋分	赋分理由
有害生物风险综合评价值（R）	危险性管理难度（P_5）	检疫识别难度（P_{51}）	当场识别可靠性一般，由经过专门培训的技术人员才能识别(2分)		
			当场识别可靠性低、费时，由专家才能识别确定(3分)		
		除害处理难度（P_{52}）	除害率为100%(0分)	1	及时拔除病株、喷药治蚜
			除害率50%～100%（1分）		
			除害率<50%(2分)		
			现在的除害处理方法几乎完全不能除害(3分)		
		根除难度（P_{53}）	田间防治效果显著,成本很低,简便(0分)	2	选择抗病品种、及时喷药治蚜
			田间防治效果显著,简便,但成本很高(1分)		
			防效高,但方法复杂,难度大,成本高(2分)		
			田间防治效果差,成本高,难度大(3分)		
总分(R)				2.26	

[注] $P_1 = \sqrt[5]{P_{11} \times P_{12} \times P_{13} \times P_{14} \times P_{15}}$；$P_2 = 0.7 \times P_{21} + 0.3 \times P_{22}$；$P_3 = 0.5 \times P_{31} + 0.4 \times P_{32} + 0.1 \times P_{33}$；$P_4 = \max(P_{41}, P_{42}, P_{43}, P_{44}, P_{45})$；$P_5 = (P_{51} + P_{52} + P_{53})/3$；$R = \sqrt[5]{P_1 \times P_2 \times P_3 \times P_4 \times P_5}$

4. 从荷兰引进美人蕉种球风险分析结论

（1）在上海地区引进美人蕉种球的风险较低。美人蕉是亚热带和热带常用的观花植物,喜阳光充足的温暖地区,不耐寒；原产热带美洲、印度、马来半岛等热带地区,现在我国长江流域以南各地多有栽培。美人蕉在我国黄河以南主要为中至高适生区分布,且本次引种美人蕉的上海地区主要为美人蕉的高适生区域,其物候条件较适宜美人蕉的生长定殖。综合考虑以上因素,单就引种植物自身而言,在上海地区引入美人蕉这一草本植物的风险为中等级别。而引种美人蕉可能携带的外来生物则需进一步进行风险分析。

(2) 美人蕉种球上有 1 种潜在的检疫性有害生物。菜豆黄花叶病毒(Bean yellow mosaic virus)为阿根廷 A1 级检疫对象,其毒源主要是越冬的寄主和带毒的种子,主要通过蚜虫刺吸侵染传播。除侵染普通菜豆、豌豆外,各地检疫部门陆续在进口唐菖蒲、剑兰等植物内检测出该病毒。目前,在我国新疆、福建、广东等地有分布,且该病毒在华东地区外来入侵有害生物多指标综合评价体系中的得分为 2.26,属于较高风险等级,因此,仍需加强检疫。

5. 风险管理措施

根据 SPS 协议 5.4 条款的规定,在制定达到适当的植物卫生保护水平的检疫要求时,尽量减少对贸易的影响,在制定风险管理措施时,最大限度地考虑使实施的植物检疫措施对贸易的影响降低到最低。对备选方案优劣的取舍,主要是从备选方案的有效性、对贸易的影响和可行性三方面来考虑的。

备选方案 1——允许小批量进口荷兰美人蕉种球

美人蕉是亚热带和热带常用的观花植物,喜阳光充足的温暖地区,不耐寒,原产热带美洲、印度、马来半岛等热带地区,现在我国长江流域以南各地多有栽培。上海地区主要为美人蕉的高适生区域,其物候条件较适宜美人蕉的生长定殖。对于小批量引进的美人蕉种球,通过进口过程的严格检查和隔离检疫等风险管控措施,基本上可以将中方关注的检疫性有害生物除去,从而极大地降低了这些检疫性有害生物传入中国的风险;同时,小批量进口的种球也同样可以将国外的优良品种引进来,达到改良我国绿化植物品种的目的。建议首先引入少量种球进行试种,并需满足下列要求:

(1) 进口的美人蕉种球不得带有土壤:根据《中华人民共和国动植物检疫法》的规定,禁止土壤进境,因此输华的荷兰美人蕉种球不得带有土壤。

(2) 由原产地植物检疫部门提供不携带风险级别为中、高级检疫性有害生物,不带有土壤的检疫证书。

(3) 由引种企业提供:引种原因、数量、规格、用途,引种区域该种种球有害生物历年发生情况,引种种球前期生长情况和药剂使用情况,供植物检疫部门审核。

(4) 指定入境口岸为上海,引进种球不得从上海以外的口岸入境。建议设立用于进口种球查验的专用隔离场站。进境种球必须由检验检疫部门专业人员进行严格的现场检疫,一旦发现植物病症和病状,应按以下原则处理:

① 发现病毒类病害病状,如花叶、斑驳、皱缩等,应立即进行退运或销毁处理,

并对运输工具进行消毒处理;

② 发现真菌或细菌类病害病征或病状,应立即对染病部位进行采样,送检验检疫实验室进行检测,种球可暂时存放于隔离区域,经检疫结果确认合格后,再进行后续隔离种植;若经检测发现检疫性及风险分析中关注的有害生物,应立即做退运或销毁处理;

③ 发现非钻蛀型的昆虫类有害生物或相关病征、病状,应立即对虫体或染病部位进行采样,送检验检疫实验室进行检测,种球可经杀虫剂处理后,暂时存放于隔离区域,经检疫结果确认合格后,再进行后续隔离种植;若经检测发现检疫性及风险分析中关注的有害生物,应立即做退运或销毁处理;

④ 发现钻蛀型昆虫,应立即对种球进行退运或销毁处理,并对运输工具进行杀虫剂处理;

⑤ 发现线虫类病状,如根结、病瘤等,应立即对染病部位进行采样,送检验检疫实验室进行检测,种球可暂时存放于隔离区域,经检疫结果确认合格后,再进行后续隔离种植;若经检测发现检疫性及风险分析中关注的有害生物,应立即做退运或销毁处理;

⑥ 发现进境种球携带有泥土等禁止进境物,应立即做退运或销毁处理,并对运输工具进行消毒处理。

(5) 经现场检疫合格的种球,检验检疫机关出具相关情况通知单,由林业植物检疫部门进行入境后的隔离试种监管工作。进境种球隔离试种地点限定为上海,并需经林业植物检疫部门核实该种植地具备有效的隔离措施、完备的管理制度和有害生物监测手段。

(6) 引进后必须进行隔离试种,隔离试种期至少 2 年。由种植地林业植物检疫部门负责监管,实时监测有害生物发生情况。在隔离期内,发现引进种苗感染病虫害,进行检测鉴定,若为检疫性或风险分析中重点关注的有害生物,应对该种球立即进行销毁处理,并对种植区域土壤进行消毒处理。隔离期满,必须经林业植物检疫部门确认不带有危险性、检疫性有害生物后方可进行分散种植。禁止引进企业未经许可,私自对进境种球进行移植、扦插、售卖等行为。

该备选方案易于操作,可行性佳,建议采纳。

备选方案 2——允许大量进口荷兰美人蕉种球

美人蕉这一草本植物在我国长江流域以南各地多有栽培,在上海地区的风险级别为中等,且该植物可能携带的有害生物较多,其中有一种为潜在检疫性有害生物,若确需大批量荷兰美人蕉种球,必须在小批量引种试种合格的基础上进行后评估,并根据实际进口和检疫情况不断完善风险管理措施,符合以下要求:

(1) 产区无检疫性有害生物的要求:为了使植物检疫措施对贸易的影响降低到最小程度,荷兰必须在美人蕉种球的生长产区针对检疫性有害生物进行检测和专门调查,确认出口到中国的美人蕉种球产区无这些有害生物的发生。

(2) 病虫害检测:在美人蕉种球的生长期和收获期,荷兰的检疫人员除按荷兰国内的法律要求进行有害生物的定期监测外,在美人蕉种球出口前还应实施现场检查和土壤取样检测,检查有无中方所关注的检疫性有害生物的存在,确保在出口的美人蕉种球产区不发生。

(3) 预检:根据中方的有关法律规定,在美人蕉种球的生长期,将派中方的检疫专家赴荷兰进行预检,以保证进口荷兰美人蕉种球完全符合中方的检疫要求。

(三) 从台湾地区引进台湾五针松苗木风险评估报告

1. 背景

中文名:台湾五针松。拉丁学名:*Pinus morrisonicola*。别名台湾松、台湾白松、台湾五须松;是松杉纲松杉目松科松属的针叶乔木。分布区域:原产于中国台湾,目前已由人工引种栽培,中国特有。

台湾五针松为乔木,高可达 30 m,胸径 1.2 m;树皮灰暗色、粗糙,呈鳞片状;树冠圆锥形;树枝近平展或微向上开展;一年生新枝红褐色,幼时被淡黄色细毛,后渐脱落;冬芽卵圆形,淡褐色,无树脂。针叶 5 针一束,长 4~9 cm,直径 0.6~1 mm,微弯曲,边缘具细锯齿,先端渐尖,仅腹面每侧有 6~8 条白色气孔线;横切面三角形,单层皮下层细胞,个别有散生的少量第二层细胞,通常腹面无树脂道,仅背面有 2 个边生树脂道;叶鞘早落。球果圆锥状椭圆形或卵状椭圆形,长 7~11 cm,径 5~7 cm,通常 3~4 个聚生,有树脂,梗长 5~10 mm,成熟时种鳞张开;中部种鳞楔状椭圆形,长 3~3.5 cm,宽 1.5~2 cm,种子椭圆状卵圆形或长卵圆形,长 8~10 mm,径 5~6 mm,种翅淡褐色,长 1.5~2 cm,宽 5~8 mm。

台湾五针松是台湾的特有植物。产于台湾中央山脉(模式标本产地)海拔 300~2 300 m 地带,沿山脊散生,一般生于针阔混交林中,不成纯林。目前主要在高海拔地区生长,较少种植于低海拔地区。

台湾五针松的病害较多,主要有:寄生植物 6 种:*Arceuthobium americanum*,

Arceuthobium campylopodum，*Arceuthobium laricis*，*Arceuthobium occidentale*，*Arceuthobium tsugense*，*Arceuthobium vaginatum*；真菌病害18种：松生枝干溃疡病菌(*Atropellis pinicola*)，嗜松枝干溃疡病菌(*Atropellis piniphila*)，油松疱锈病菌(*Cronartium coleosporioides*)，北美松疱锈病菌(*Cronartium comandrae*)，香蕨木柱锈菌(*Cronartium comptoniae*)，松纺锤瘤锈病菌(*Cronartium fusiforme*)，*Cronartium himalayense*，*Cronartium kamtschaticum*，松瘤锈病菌(*Cronartium quercuum*)，*Dothistroma septosporum*，*Endocronartium harknessii*，松树脂溃疡病菌(*Gibberella circinata*)，冷杉枯梢病菌(*Gremmeniella abietina*)，杨树叶锈病菌(*Melampsora medusae*)，松针褐斑病菌(*Mycosphaerella dearnessii*)，松针褐枯病菌(*Mycosphaerella gibsonii*)，针叶松黑根病菌(*Ophiostoma wageneri*)，松干基褐腐病(*Phellinus weirii*)；线虫病害1种：松材线虫(*Bursaphelenchus xylophilus*)；以及虫害29种：云杉色卷蛾(*Choristoneura fumiferana*)，*Choristoneura lambertiana*，间大小蠹(*Dendroctonus adjunctus*)，西部松大小蠹(*Dendroctonus brevicomis*)，南部松大小蠹(*Dendroctonus frontalis*)，云杉大小蠹(*Dendroctonus micans*)，山松大小蠹(*Dendroctonus ponderosae*)，落叶松毛虫(*Dendrolimus superans*)，沟贵小蠹(*Gnathotrichus sulcatus*)，*Ips amitinus*，粗齿小蠹(*Ips calligraphus*)，*Ips cembrae*，*Ips confusus*，重齿小蠹(*Ips duplicatus*)，南部松齿小蠹(*Ips grandicollis*)，天山重齿小蠹(*Ips hauseri*)，*Ips lecontei*，云杉松齿小蠹(*Ips pini*)，加州松小蠹(*Ips plastographus*)，十二齿小蠹(*Ips sexdentatus*)，落叶松八齿小蠹(*Ips subelongatus*)，云杉八齿小蠹(*Ips typographus*)，喜马拉雅杉木蠹象(*Pissodes nemorensis*)，*Pissodes castaneus*，白松木蠹象(*Pissodes strobi*)，北亚断眼天牛(*Tetropium gracilicorne*)，松异带蛾(*Thaumetopoea pityocampa*)，松墨天牛(*Monochamus alternatus*)，卡罗莱纳墨天牛(*Monochamus carolinensis*)。

  根据WTO实施动植物卫生检疫措施协议、《植物检疫条例》等的有关规定，采用Maxent软件对台湾五针松在我国大陆的潜在分布区进行了预测，研究其在我国大陆的适生区大小，并根据华东地区外来陆生植物入侵风险评估体系进行从中国台湾引进五针松苗木的有害生物风险分析。

2. 引种台湾五针松苗木在大陆适生区预测和上海引种风险分析

  开展风险分析之前，对引种植物进行一定的筛选，具体步骤如下：
  (1)初步筛选，核实各物种原产地，若原产地明确为本土，则无需评估。

(2) 使用预评估方法对非本土原产的外来陆生植物进行预评估，排除部分明确不具有入侵性的外来陆生植物。

根据以上步骤，通过查阅相关数据库（如 CNKI、GBIF）等以及重要国际与国家组织官网，对台湾五针松的原产地进行核实。资料显示，台湾五针松原产于中国台湾，目前已由人工引种栽培，为中国特有植物。此外，该树种为松杉纲松杉目松科松属的针叶乔木，生长较为缓慢，一般生于针阔混交林中，不成纯林。且未有入侵其他引种地的记录，因此单就引种植物自身而言，在上海地区引入台湾五针松的风险较低，建议定期监控和记录即可。而引种所可能携带的外来生物则需进一步进行风险分析。

3. 上海地区引种台湾五针松传带有害生物风险分析

风险评估程序：

（1）确定台湾五针松苗木上的有害生物名单；

（2）初步风险评估，根据有害生物的危害特性，并根据检疫性有害生物标准进行筛选，确定潜在的检疫性有害生物；

（3）对潜在的检疫性有害生物风险评估，按照 FAO 制定的有害生物风险分析准则，从进入、定殖、扩散以及经济重要性方面对潜在的检疫性有害生物作进一步风险评估，确定检疫性有害生物名单及其风险；

（4）风险管理措施，提出降低检疫性有害生物传入的风险管理措施。

台湾五针松有害生物名单：经文献资料采集、检索，确定五针松可能携带的有害生物共计 54 种，其中：寄生植物 6 种；真菌病害 18 种；线虫病害 1 种；虫害 29 种（表 4-30）。根据 FAO 关于检疫性有害生物的标准，从该有害生物是否在我国大陆发生以及是否进行官方治理，对 54 种有害生物进行筛选。凡在我国大陆没有分布或有局部分布而处于官方控制下的有害生物，并可随植物材料传入的均为潜在的检疫性有害生物，以此标准筛选出潜在的检疫性有害生物 50 种，其中被收录于《中华人民共和国进境植物检疫有害生物名录》和"国家林业局 2013 年第 4 号公告：全国林业检疫性、危险性有害生物名单"的有害生物 33 种，在我国大陆无分布的潜在有害生物 17 种，其中在台湾有官方记录的潜在检疫性有害生物为 3 种，分别是松针褐枯病菌（*Mycosphaerella gibsonii*）、松材线虫（*Bursaphelenchus xylophilus*）和松墨天牛（*Monochamus alternatus*）。因此我们着重对这 3 种有害生物进行风险评估。

表4-30 进境台湾五针松(*Pinus morrisonicola*)可能携带的有害生物

编号	有害生物拉丁学名	中文名	分类	国内分布	国际分布	检疫性有害生物
1	*Arceuthobium americanum*		植物	无	加拿大、美国	潜在
2	*Arceuthobium campylopodum*		植物	无	加拿大、美国、墨西哥	潜在
3	*Arceuthobium laricis*		植物	无	加拿大、美国	潜在
4	*Arceuthobium occidentale*		植物	无	美国	潜在
5	*Arceuthobium tsugense*		植物	无	加拿大、美国	潜在
6	*Arceuthobium vaginatum*		植物	无	美国、墨西哥	潜在
7	*Atropellis pinicola*	松生枝干溃疡病菌	真菌	无	加拿大、美国	是
8	*Atropellis piniphila*	嗜松枝干溃疡病菌	真菌	无	加拿大、美国	是
9	*Cronartium coleosporioides*	油松疱锈病菌	真菌	无	加拿大、美国	是
10	*Cronartium comandrae*	北美松疱锈病菌	真菌	无	加拿大、美国	是
11	*Cronartium comptoniae*	香蕨木柱锈菌	真菌	无	加拿大、美国	潜在
12	*Cronartium fusiforme*	松纺锤瘤锈病菌	真菌	无	美国	是
13	*Cronartium himalayense*		真菌	无	印度、尼泊尔	潜在
14	*Cronartium kamtschaticum*		真菌	无	日本、俄罗斯	潜在
15	*Cronartium quercuum*	松瘤锈病菌	真菌	安徽、甘肃、广西、贵州、黑龙江、湖北、湖南、江苏、江西、陕西、四川、云南、浙江等地	美洲、亚洲、欧洲多个国家有分布	林业危险性有害生物

三、2014～2015年上海引进植物及可能携带有害生物风险分析与评估

(续表)

编号	有害生物拉丁学名	中文名	分类	国内分布	国际分布	检疫性有害生物
16	*Dothistroma septosporum*		真菌	黑龙江、内蒙古	非洲、美洲、亚洲、欧洲多有分布	否
17	*Endocronartium harknessii*		真菌	无	加拿大、墨西哥、美国、	是
18	*Gibberella circinata*	松树脂溃疡病菌	真菌	无	南非、智利、海地、墨西哥、美国、乌拉圭、日本、韩国	潜在
19	*Gremmeniella abietina*	冷杉枯梢病菌	真菌	无	非洲、美洲、亚洲、欧洲和大洋洲都有分布	是
20	*Melampsora medusae*	杨树叶锈病菌	真菌	无	非洲、美洲、亚洲、欧洲和大洋洲都有分布	是
21	*Mycosphaerella dearnessii*	松针褐斑病菌	真菌	福建、广东、广西、江苏、江西、浙江	非洲、美洲、亚洲、欧洲都有分布	是
22	*Mycosphaerella gibsonii*	松针褐枯病菌	真菌	安徽、福建、广东、广西、湖南、江苏、江西、香港、台湾	非洲、亚洲、美洲、欧洲、大洋洲都有分布	是
23	*Ophiostoma wageneri*	针叶松黑根病菌	真菌	无	加拿大、美国	是
24	*Phellinus weirii*	松干基褐腐病	真菌	吉林、青海	加拿大、美国、中国、日本	否
25	*Bursaphelenchus xylophilus*	松材线虫	线虫	江苏、浙江、安徽、福建、江西、山东、河南、湖北、湖南、广东、广西、重庆、四川、贵州、云南、陕西、台湾等地	加拿大、墨西哥、美国、中国、日本、韩国、葡萄牙、西班牙等多个国家	是

(续表)

编号	有害生物拉丁学名	中文名	分类	国内分布	国际分布	检疫性有害生物
26	*Choristoneura fumiferana*	云杉色卷蛾	昆虫	无	加拿大、美国	是
27	*Choristoneura lambertiana*		昆虫	无	加拿大、美国	潜在
28	*Dendroctonus adjunctus*	间大小蠹	昆虫	无	墨西哥、美国、危地马拉	潜在
29	*Dendroctonus brevicomis*	西部松大小蠹	昆虫	无	加拿大、墨西哥、美国	潜在
30	*Dendroctonus frontalis*	南部松大小蠹	昆虫	无	伯利兹、危地马拉、洪都拉斯、墨西哥、美国、尼加拉瓜	潜在
31	*Dendroctonus micans*	云杉大小蠹	昆虫	黑龙江、辽宁、青海、四川	日本、中国、奥地利、比利时、克罗地亚、捷克、丹麦等	林业危险性有害生物
32	*Dendroctonus ponderosae*	山松大小蠹	昆虫	无	加拿大、墨西哥、美国、	潜在
33	*Dendrolimus superans*	落叶松毛虫	昆虫	无	日本、俄罗斯、韩国	潜在
34	*Gnathotrichus sulcatus*	沟贵小蠹	昆虫	无	加拿大、墨西哥、美国	潜在
35	*Ips amitinus*		昆虫	无	主要分布在欧洲	是
36	*Ips calligraphus*	粗齿小蠹	昆虫	无	南非、加拿大、古巴、危地马拉、海地、洪都拉斯、牙买加、墨西哥、尼加拉瓜、美国、菲律宾等	是
37	*Ips cembrae*		昆虫	无	主要分布于欧洲	是

(续表)

编号	有害生物拉丁学名	中文名	分类	国内分布	国际分布	检疫性有害生物
38	*Ips confusus*		昆虫	无	墨西哥、美国	是
39	*Ips duplicatus*	重齿小蠹	昆虫	内蒙古、黑龙江	主要分布于欧洲、亚洲,有日本、中国、哈萨克斯坦	否
40	*Ips grandicollis*	南部松齿小蠹	昆虫	无	南非、巴哈马、加拿大、危地马拉、洪都拉斯、牙买加、墨西哥、尼加拉瓜、美国、澳大利亚等	是
41	*Ips hauseri*	天山重齿小蠹	昆虫	无	哈萨克斯坦、塔吉克斯坦、俄罗斯	是
42	*Ips lecontei*		昆虫	无	巴西、危地马拉、洪都拉斯、墨西哥、美国	是
43	*Ips pini*	云杉松齿小蠹	昆虫	无	加拿大、墨西哥、美国	是
44	*Ips plastographus*	加州松小蠹	昆虫	无	加拿大、美国	是
45	*Ips sexdentatus*	十二齿小蠹	昆虫	河北、黑龙江、吉林、陕西、山西、四川、云南	主要分布于欧洲、亚洲国家有中国、朝鲜、韩国、泰国、缅甸	林业危险性有害生物
46	*Ips subelongatus*	落叶松八齿小蠹	昆虫	北京、河北、黑龙江、吉林、辽宁、内蒙古、山西、新疆、云南	中国、日本、朝鲜、韩国、蒙古、俄罗斯	林业危险性有害生物
47	*Ips typographus*	云杉八齿小蠹	昆虫	黑龙江	主要分布于欧洲、亚洲有中国、日本、朝鲜、韩国、塔吉克斯坦	林业危险性有害生物

(续表)

编号	有害生物拉丁学名	中文名	分类	国内分布	国际分布	检疫性有害生物
48	*Pissodes castaneus*		昆虫	无	非洲、美洲、欧洲都有分布	是
49	*Pissodes nemorensis*	木蠹象	昆虫	无	南非、加拿大、美国、日本、俄罗斯	是
50	*Pissodes strobi*	白松木蠹象	昆虫	无	加拿大、墨西哥、美国	是
51	*Tetropium gracilicorne*	北亚断眼天牛	昆虫	黑龙江	中国、日本、哈萨克斯坦、蒙古、俄罗斯	否
52	*Thaumetopoea pityocampa*	松异带蛾	昆虫	无	非洲、亚洲、欧洲都有分布	是
53	*Monochamus alternatus*	松墨天牛	昆虫	安徽、福建、广东、广西、贵州、海南、河北、河南、湖北、湖南、江苏、江西、吉林、陕西、山西、四川、香港、新疆、云南、浙江、台湾	中国、日本、韩国、老挝、越南	林业危险性有害生物
54	*Monochamus carolinensis*	卡罗莱纳墨天牛	昆虫	无	加拿大、墨西哥、美国	是

● 松针褐枯病菌 ●

松针褐枯病菌(*Mycosphaerella gibsonii*)隶属于子囊菌门(Ascomycota),座囊菌纲(Dothidemycetes),座囊菌科(Dothideaceae),球腔菌属(*Mycosphaerella*)。其无性阶段为 *Pseudocercospora pini-densiflorae* (Hori & Nambu) Deighton。可侵染加勒比松、地中海松、海岸松、辐射松、加纳利松、苏门答腊松、多脂松、北美乔松、欧洲赤松、五叶松、糖松、黑材松、欧洲黑松、意大利五针松、粗糙松、西黄松、扭叶松、柔松、山松、芒松、瘤果松、赤松、黑松、五针松、琉球松、马尾松、美洲短叶松等多种松属树种。感病幼苗针叶上可产生浅绿色、黄褐色至灰色的病斑,能引起松树严重针叶枯萎。尤其是在晚期苗圃中,该病成了育苗的主要障碍,可引起幼苗生长迟缓,在某些情况下幼苗死亡率高达85%。该病菌通过感病针叶组织中的菌丝体或不成熟的子座越冬,初侵染源为气传孢子,可通过风或雨水近距离传播,另外感病移栽苗、切枝的调运是其远距离传播主要途径。

可通过检查幼苗针叶是否具有浅绿色、黄褐色至灰色病斑,针叶是否坏死脱落,煤烟状病斑上是否有黑点而确定疑似感病样品;再将煤烟状黑点部位进行切片镜检,观察子座、分生孢子梗及分生孢子特征等。若病叶子实体未成熟可及时培养后再切片镜检。其无性阶段分生孢子梗密集,丛生,暗褐色,直或稍弯,极少分隔,不分枝;$2.5 \mu m \times (10 \sim 45) \mu m$。分生孢子产生部位不加厚,无疤痕而具细点。分生孢子单生,顶侧生,淡黄褐色,长棍棒形,直或微弯,$3 \sim 7$分隔,基部平截或圆,不加厚,顶端钝圆,大小$(20 \sim 60) \mu m \times (2.5 \sim 4.5) \mu m$,大多数$(40 \sim 50) \mu m \times (2.5 \sim 4.5) \mu m$。子座暗褐色,具疣状突起,充满气孔空隙,直径$60 \sim 96 \mu m$,子囊双囊壁,棍棒形至圆筒形,$(33 \sim 38) \mu m \times (5.5 \sim 7) \mu m$;具加厚的钝圆顶端,极少具气囊,$(32 \sim 36) \mu m \times (6 \sim 8) \mu m$;8个孢子,排成倾斜两列。子囊间组织有或无。子囊孢子无色,1个分隔,椭圆形至楔形,$(7.5 \sim 12.5) \mu m \times (1.8 \sim 2.8) \mu m$,具油滴。由于分生孢子的差异,该病原菌分为3个生态型,分别为亚洲型、非洲-中美洲型以及菲律宾型。松针褐枯病菌与松针红斑病菌(*Mycosphaerella pini*)、松针褐斑病菌(*Mycosphaerella dearnessii*)十分近似,主要通过感病症状、培养性状和分生孢子形态进行区别。

根据EPPO、CABI等组织官网、CNKI等数据库文献资料显示,松针褐枯病菌主要分布于非洲的肯尼亚、马达加斯加、马拉维、南非、斯威士兰、坦桑尼亚、赞比亚、津巴布韦;美洲的牙买加、尼加拉瓜;亚洲的孟加拉国、印度、日本、朝鲜、韩国、中国、马来西亚、尼泊尔、菲律宾、斯里兰卡、泰国、越南;大洋洲的巴布亚新几内亚。在我国主要分布于安徽、福建、广东、广西、湖南、江苏、江西、香港和台湾等地区。

根据Maxent生态位模型预测,将松针褐枯病菌在中国的潜在地理分布区域划分为4级:高适生区、中适生区、低适生区和非适生区。模型运行所得的AUC参数为0.965,说明该模型预测结果较好,具有较高的可信度。松针褐枯病菌在中国的潜在分布区预测结果如图版55所示。适生等级在中度以上的区域主要位于$18° \sim 38°N$,$97° \sim 122°E$之间,以及$26° \sim 29°N$,$93° \sim 96°E$和$39° \sim 40°N$,$121° \sim 123°E$之间的小块区域。主要集中在我国的山东、河南、陕西、四川、重庆、贵州、云南、湖南、湖北、广西、广东、江西、福建、安徽、浙江、江苏、上海、海南、港澳台等地区,以及辽宁、西藏小部分地区。

根据华东地区外来入侵有害生物多指标综合评价体系,为松针褐枯病菌各项指标赋分(表4-31),最终松针褐枯病菌在该体系中的得分为2.21,属于高风险等级(表4-32)。

表4-31 松针褐枯病菌(*Mycosphaerella gibsonii*)多指标综合评价体系评价指标

目标层	准则层(P_i)	指标层(P_{ij})	评价指标	赋分	赋分理由
有害生物风险综合评价值(R)	传入的可能性(P_1)	国内分布情况(P_{11})	国内分布>50%(0分)	2	安徽、福建、广东、广西、湖南、江苏、江西、香港和台湾地区
			国内分布面积占20%~50%(1分)		
			国内分布面积占0~20%(2分)		
			国内无分布(3分)		
		国外分布情况(P_{12})	0(0分)	1	非洲:肯尼亚、马达加斯加、马拉维、南非、斯威士兰、坦桑尼亚、赞比亚、津巴布韦;美洲:牙买加、尼加拉瓜;亚洲:孟加拉国、印度、日本、朝鲜、韩国、马来西亚、尼泊尔、菲律宾、斯里兰卡、泰国、越南;大洋洲:巴布亚新几内亚
			0~20%的国家有分布(1分)		
			20%~50%的国家有分布(2分)		
			50%以上的国家有分布(3分)		
		有害生物运输过程中的存活率(P_{13})	存活率为0(0分)	3	运输过程中有害生物存活率>40%
			0~10%(1分)		
			10%~40%(2分)		
			运输过程中有害生物存活率>40%(3分)		
		寄主引种数量(P_{14})	无(0分)	3	1 000株以上
			0~500株(1分)		
			500~1 000株(2分)		
			受害寄主引进数达1 000株以上(3分)		

三、2014～2015 年上海引进植物及可能携带有害生物风险分析与评估

(续表)

目标层	准则层(P_i)	指标层(P_{ij})	评价指标	赋分	赋分理由
有害生物风险综合评价值(R)	传入的可能性(P_1)	有害生物被调运的可能性(P_{15})	被调运和携带繁殖体的可能性 0～20%(1分)	3	感病移栽苗、切枝的调运是其远距离传播主要途径,被调运传播可能性大
			被调运和携带繁殖体的可能性 20%～50%(2分)		
			被调运和携带繁殖体的可能性都大 50%～100%(3分)		
	定殖的可能性(P_2)	有害生物生物学特性(P_{21})	生物学特性对有害生物适生无影响(0分)	1	潜伏期较长,每年春天为分生孢子分散期
			抗逆性强,繁殖能力弱(逆境条件下存活率50%～80%,繁殖量小,一年一代或多年一代)(1分)		
			繁殖能力强,抗逆性弱(逆境条件下存活率0～50%,繁殖量大,年繁殖世代2～4代)(2分)		
			繁殖能力和抗逆性都较强(逆境条件下存活率＞80%,繁殖量大,年繁殖世代4代以上)(3分)		
		上海(华东)地区适生范围(P_{22})	本地区没有适生地理环境条件(0分)	3	适生范围广,在上海 50%以上的地区能够适生
			0～20%(1分)		
			20%～50%(2分)		
			在 50%以上的地区能够适生(3分)		
	扩散的可能性(P_3)	可能存在的传播途径(P_{31})	不可能被携带(0分)	2	气传孢子可通过风或雨水近距离传播,感病移栽苗、切枝的调运是其远距离传播主要途径
			1～2种(1分)		
			3～5种(2分)		
			5种以上(3分)		

(续表)

目标层	准则层(P_i)	指标层(P_{ij})	评价指标	赋分	赋分理由
有害生物风险综合评价值（R）	扩散的可能性（P_3）	国内的适生范围（P_{32}）	适生范围为0(0分)	2	国内适生范围25%～50%
			0～25%(1分)		
			25%～50%(2分)		
			在国内50%以上的地区能够适生(3分)		
		天敌存在的可能性（P_{33}）	本地区存在有效的天敌，作用明显(1分)	3	无
			存在天敌，但作用不明显(2分)		
			本地区不存在有效的天敌(3分)		
	受害寄主经济重要性（P_4）	寄主的种类（P_{41}）	无(0分)	3	可侵染加勒比松、地中海松、海岸松、辐射松、加纳利松、苏门答腊松、多脂松、北美乔松、欧洲赤松、五叶松、糖松、黑材松、欧洲黑松、意大利五针松、粗糙松、西黄松、扭叶松、柔松、山松、芒松、瘤果松、赤松、黑松、五针松、琉球松、马尾松、美洲短叶松等多种松属树种
			1～4种(1分)		
			5～9种(2分)		
			受害的栽培寄主达10种以上(3分)		
		寄主的潜在损失水平（P_{42}）	传入可造成的树木死亡率或产量损失<1%(0分)	3	感病幼苗针叶上可产生浅绿色、黄褐色至灰色的病斑，能引起松树的严重针叶枯萎。尤其是在晚期苗圃中，该病成了育苗的主要障碍，可引起幼苗生长迟缓，在某些情况下死亡率高达85%
			1%≤如传入可造成的树木死亡率或产量损失<5%(1分)		
			5%≤如传入可造成的树木死亡率或产量损失<20%(2分)		

(续表)

目标层	准则层(P_i)	指标层(P_{ij})	评价指标	赋分	赋分理由
有害生物风险综合评价值(R)	受害寄主经济重要性(P_4)	寄主的潜在损失水平(P_{42})	传入可造成的树木死亡率或产量损失≥20%(3分)		
		国外重视程度(P_{43})	无(0分)	3	CAN、COSAVE、EPPO、EU 等组织,阿根廷、巴西、智利、乌拉圭、约旦、挪威、俄罗斯、乌克兰等国家将其列为检疫对象
			1～9 个国家把其列为检疫对象(1分)		
			10～19 个国家把其列为检疫对象(2分)		
			20 个以上的国家把其列为检疫对象(3分)		
		是否为其他检疫性有害生物的传播媒介(P_{44})	不传带任何检疫性有害生物(0分)	0	无
			传带 1 种(1分)		
			传带 2 种(2分)		
			可以传带 3 种以上的检疫性有害生物(3分)		
		非经济方面的潜在损失(P_{45})	无社会和生态方面损失(0分)	2	仅有害生物本身对生态和社会资源造成严重损害
			仅防治手段对生态和社会资源造成严重损害(1分)		
			仅有害生物本身对生态和社会资源造成严重损害(2分)		
			防治手段和有害生物本身都对生态和社会资源造成严重损害(3分)		
	危险性管理难度(P_5)	检疫识别难度(P_{51})	检疫鉴定方法简单,非常迅速而且可靠(0分)	2	由于分生孢子的差异,该病原菌分为 3 个生态型,分别为亚洲型、非洲-中美洲型以及菲律宾型。松针褐枯病菌与
			可以鉴定,但方法复杂(1分)		

(续表)

目标层	准则层(P_i)	指标层(P_{ij})	评价指标	赋分	赋分理由
有害生物风险综合评价值(R)	危险性管理难度(P_5)	检疫识别难度(P_{51})	当场识别可靠性一般,由经过专门培训的技术人员才能识别(2分)		松针红斑病菌、松针褐斑病菌十分近似,需通过感病症状、培养性状和分生孢子形态进行区别
			当场识别可靠性低、费时,由专家才能识别确定(3分)		
		除害处理难度(P_{52})	除害率为100%(0分)	2	现有方法只能防治,感病籽苗必须移除并焚毁
			除害率50%~100%(1分)		
			除害率<50%(2分)		
			现在的除害处理方法几乎完全不能除害(3分)		
		根除难度(P_{53})	田间防治效果显著,成本很低,简便(0分)	3	在苗圃,可通过代森锰锌或戴森锰铜等杀真菌剂对生长期的幼苗进行防治,且必须将染病籽苗在感病初期及时移除并焚毁
			田间防治效果显著,简便,但成本很高(1分)		
			防效高,但方法复杂,难度大,成本高(2分)		
			田间防治效果差,成本高,难度大(3分)		
总分(R)				2.21	

[注] $P_1 = \sqrt[5]{P_{11} \times P_{12} \times P_{13} \times P_{14} \times P_{15}}$; $P_2 = 0.7 \times P_{21} + 0.3 \times P_{22}$; $P_3 = 0.5 \times P_{31} + 0.4 \times P_{32} + 0.1 \times P_{33}$; $P_4 = \max(P_{41}, P_{42}, P_{43}, P_{44}, P_{45})$; $P_5 = (P_{51} + P_{52} + P_{53})/3$; $R = \sqrt[5]{P_1 \times P_2 \times P_3 \times P_4 \times P_5}$

表4-32 外来有害生物风险评价等级划分标准

R值	风险等级	R值	风险等级
R<0.5	低度风险	1.5≤R<2.5	高度风险
0.5≤R<1.5	中度风险	R≥2.5	极高风险

松材线虫

松材线虫病,即松树萎蔫病,是由松材线虫引起的一种毁灭性松树病害,可危害50多种松属树种和10多种非松属树种。能够导致感染该病的松树在60～90 d内枯死,且传播蔓延速度快,防治的难度极大,所以又被称为"松树癌症""无烟的森林火灾"等。该病于1905年在日本九州岛的长崎首次暴发,但当时并不知其病原是松材线虫(*B. xylophilus*),因而未受到重视。直至1969年,Tokushige 和 Kiyohara 指出该病与一种伞滑刃线虫(*B. sp.*)有关后,才引起广泛深入的研究。1982年在我国南京中山陵首次发现此病,当年仅见有病死木260株;但至1992年,南京市及市郊累计,有病死木多达140万株左右,损失木材5万 m^3。目前疫区范围已经扩大到江苏、浙江、安徽、福建、江西、山东、湖北、湖南、广东、广西、四川、重庆、贵州、云南、陕西等15省(自治区、直辖市),累计致死松树5亿多株,毁灭松林30多万 hm^2,造成经济损失上千亿元,并对庐山、黄山和三峡库区等旅游胜地的安全也构成严重的威胁。

目前松材线虫在包括美国、加拿大、墨西哥、中国、韩国、日本、葡萄牙、西班牙等多个国家有分布。在美国、加拿大、墨西哥三个国家,松材线虫并未对松林造成严重危害;而在中日韩三国则引起了松树的大量死亡,严重影响了当地的生态安全,同时也使松木板材及观赏松木的市场受到严重冲击,已成为影响世界经济贸易的重要因素之一,因此受到各国的重视,相继被列为重要检疫对象,在我国属于二级检疫对象。仅1998年至1999年一年当中,中国检验检疫机构分别从来自美国、日本的木质包装材料中截获松材线虫的批次达44次和28次。因此对该病在我国的适生性进行预测分析,一方面对于可能发生的地区,应该引起当地相关部门的高度重视,采取适当的检疫检验措施防止松材线虫的入侵;另一方面也可为相关部门制定相应的检疫对策提供依据。

根据 Maxent 生态位模型预测,将松材线虫在中国的潜在地理分布区域划分为5级:极高适生区、高适生区、中适生区、低适生区和非适生区。模型运行所得的 AUC 参数为0.988,说明该模型预测结果较好,具有较高的可信度。松材线虫在中国的潜在分布区预测结果如图版21所示。适生等级在中度以上的区域主要位于20°～40°N, 90°～125°E之间的亚热带、暖温带,主要集中在我国的华东和华南地区,包括河北、辽宁、四川、山西、陕西、河南、山东、江苏、浙江、福建、广东、广西、江西、贵州、重庆、湖南及湖北以及台湾南部地区,适生范围较广。

第四篇 上海迪士尼建设第一期工程与其他地区引进植物及可能携带有害生物风险分析与评估

根据华东地区外来入侵有害生物多指标综合评价体系，为松材线虫各项指标赋分（表4-33），最终松材线虫在该体系中的得分为2.72，属于极高风险等级（表4-32）。

表4-33 松材线虫（*Bursaphelenchus xylophilus*）多指标综合评价体系评价指标

目标层	准则层(P_i)	指标层(P_{ij})	评价指标	赋分	赋分理由
有害生物风险综合评价值（R）	传入的可能性（P_1）	国内分布情况（P_{11}）	国内分布>50%(0分)	2	已知江苏、浙江、安徽、福建、江西、山东、河南、湖北、湖南、广东、广西、重庆、贵州、四川、云南、陕西、台湾有分布
			国内分布面积占20%~50%(1分)		
			国内分布面积占0~20%(2分)		
			国内无分布(3分)		
		国外分布情况（P_{12}）	0(0分)	1	美国、加拿大、墨西哥、韩国、日本、葡萄牙、西班牙等多个国家
			0~20%的国家有分布(1分)		
			20%~50%的国家有分布(2分)		
			50%以上的国家有分布(3分)		
		有害生物运输过程中的存活率（P_{13}）	存活率为0(0分)	3	电力、交通、建筑等各类工程建设中未经处理或处理不彻底的感病原木、木材及包装材料均可造成松材线虫传播
			0~10%(1分)		
			10%~40%(2分)		
			运输过程中有害生物存活率>40%(3分)		
		寄主引种数量（P_{14}）	无(0分)	3	1 000株以上
			0~500株(1分)		
			500~1 000株(2分)		
			受害寄主引进数达1 000株以上(3分)		

(续表)

目标层	准则层(P_i)	指标层(P_{ij})	评价指标	赋分	赋分理由
有害生物风险综合评价值（R）	传入的可能性（P_1）	有害生物被调运的可能性（P_{15}）	被调运和携带繁殖体的可能性 0～20％（1分）	3	被调运传播可能性大
			被调运和携带繁殖体的可能性 20％～50％（2分）		
			被调运和携带繁殖体的可能性都大 50％～100％（3分）		
	定殖的可能性（P_2）	有害生物生物学特性（P_{21}）	生物学特性对有害生物适生无影响（0分）	3	繁殖力和抗逆性都强
			抗逆性强，繁殖能力弱（逆境条件下存活率50％～80％，繁殖量小，一年一代或多年一代）（1分）		
			繁殖能力强，抗逆性弱（逆境条件下存活率0～50％，繁殖量大，年繁殖世代2～4代）（2分）		
			繁殖能力和抗逆性都较强（逆境条件下存活率＞80％，繁殖量大，年繁殖世代4代以上）（3分）		
		上海（华东）地区适生范围（P_{22}）	本地区没有适生地理环境条件（0分）	3	适生范围广，在上海50％以上的地区能够适生
			0～20％（1分）		
			20％～50％（2分）		
			在50％以上的地区能够适生（3分）		

(续表)

目标层	准则层(P_i)	指标层(P_{ij})	评价指标	赋分	赋分理由
有害生物风险综合评价值（R）	扩散的可能性（P_3）	可能存在的传播途径（P_{31}）	不可能被携带(0分)	3	松材线虫的自然传播主要通过媒介昆虫（主要为松墨天牛，其他墨天牛属昆虫也可作为其媒介昆虫）；但我国松材线虫疫情扩展主要由人为传播引起（包括未经处理或处理不彻底的感病原木、木材及包装材料等）
			1~2种(1分)		
			3~5种(2分)		
			5种以上(3分)		
		国内的适生范围（P_{32}）	适生范围为0(0分)	2	国内适生范围25%~50%
			0~25%(1分)		
			25%~50%(2分)		
			在国内50%以上的地区能够适生(3分)		
		天敌存在的可能性（P_{33}）	本地区存在有效的天敌，作用明显(1分)	2	目前已知松材线虫天敌有几种真菌和捕食螨类，其媒介昆虫的天敌也较多，但对这些天敌的研究还处于初级阶段，作用不明显
			存在天敌，但作用不明显(2分)		
			本地区不存在有效的天敌(3分)		
	受害寄主经济重要性（P_4）	寄主的种类（P_{41}）	无(0分)	3	松材线虫寄主植物主要为松科松属植物，10种以上
			1~4种(1分)		
			5~9种(2分)		
			受害的栽培寄主达10种以上(3分)		
		寄主的潜在损失水平（P_{42}）	传入可造成的树木死亡率或产量损失<1%(0分)	3	当存在适宜寄主、有效媒介昆虫和有利环境条件时，松材线虫一经传入将迅速定殖并扩散蔓延，感病松树大部分当年枯死，经济损失严重
			1%≤如传入可造成的树木死亡率或产量损失<5%(1分)		
			5%≤如传入可造成的树木死亡率或产量损失<20%(2分)		

(续表)

目标层	准则层(P_i)	指标层(P_{ij})	评价指标	赋分	赋分理由
有害生物风险综合评价值（R）	受害寄主经济重要性（P_4）	寄主的潜在损失水平（P_{42}）	传入可造成的树木死亡率或产量损失≥20%（3分）		
		国外重视程度（P_{43}）	无（0分）	3	APPPC、COSAVE、EPPO、EU等组织，阿根廷、巴西、智利、巴拉圭、乌拉圭、以色列、约旦、哈萨克斯坦、阿塞拜疆、摩尔多瓦、挪威、俄罗斯、土耳其、乌克兰等国家将其列为检疫对象
			1～9个国家把其列为检疫对象（1分）		
			10～19个国家把其列为检疫对象（2分）		
			20个以上的国家把其列为检疫对象（3分）		
		是否为其他检疫性有害生物的传播媒介（P_{44}）	不传带任何检疫性有害生物（0分）	0	无
			传带1种（1分）		
			传带2种（2分）		
			可以传带3种以上的检疫性有害生物（3分）		
		非经济方面的潜在损失（P_{45}）	无社会和生态方面损失（0分）	2	松材线虫对我国松林造成严重威胁，对生态和社会资源均造成严重损害
			仅防治手段对生态和社会资源造成严重损害（1分）		
			仅有害生物本身对生态和社会资源造成严重损害（2分）		
			防治手段和有害生物本身都对生态和社会资源造成严重损害（3分）		
	危险性管理难度（P_5）	检疫识别难度（P_{51}）	检疫鉴定方法简单，非常迅速而且可靠（0分）	3	松材线虫鉴定必须通过显微镜镜检或分子生物学检测才能确定。对野外取样技术要求也较高。需要专门培训
			可以鉴定，但方法复杂（1分）		

(续表)

目标层	准则层(P_i)	指标层(P_{ij})	评价指标	赋分	赋分理由
有害生物风险综合评价值(R)	危险性管理难度(P_5)	检疫识别难度(P_{51})	当场识别可靠性一般,由经过专门培训的技术人员才能识别(2分)		并熟练掌握专业技术的人员,经过长时间学习并掌握一定仪器设备的使用才能胜任鉴定工作
			当场识别可靠性低、费时,由专家才能识别确定(3分)		
		除害处理难度(P_{52})	除害率为100%(0分)	3	松材线虫侵染循环复杂、扩散蔓延迅速,抗逆及繁殖能力强,导致其除治难度高;且松材线虫及其媒介昆虫侵染的隐蔽性使得常用杀线剂和施药方法难以取得较好的效果,因此难以根除
			除害率50%~100%(1分)		
			除害率<50%(2分)		
			现在的除害处理方法几乎完全不能除害(3分)		
		根除难度(P_{53})	田间防治效果显著,成本很低,简便(0分)	3	目前普遍采用对患病松树进行择伐或皆伐,砍伐疫木必须在安全期内进行热处理或变性处理,成本高,难度大
			田间防治效果显著,简便,但成本很高(1分)		
			防效高,但方法复杂,难度大,成本高(2分)		
			田间防治效果差,成本高,难度大(3分)		
总分(R)				2.72	

[注] $P_1 = \sqrt[5]{P_{11} \times P_{12} \times P_{13} \times P_{14} \times P_{15}}$; $P_2 = 0.7 \times P_{21} + 0.3 \times P_{22}$; $P_3 = 0.5 \times P_{31} + 0.4 \times P_{32} + 0.1 \times P_{33}$; $P_4 = \max(P_{41}, P_{42}, P_{43}, P_{44}, P_{45})$; $P_5 = (P_{51} + P_{52} + P_{53})/3$; $R = \sqrt[5]{P_1 \times P_2 \times P_3 \times P_4 \times P_5}$

松 墨 天 牛

松墨天牛(*Monochamus alternatus*)(图版20),又名松褐天牛、松天牛,隶属于鞘翅目天牛科沟胫天牛亚科墨天牛属。是我国松树的重要蛀干害虫,也是松树的毁灭性病害松材线虫病(*B. xylophilus*)的主要媒介昆虫。在松材线虫的扩散和侵染的过程中，松墨天牛起着携带、传播和协助病原侵入寄主的关键性作用。松墨天牛可危害松属40多个树种，也可对银杏等一些树种造成危害，这些寄主植物在我国广泛分布。2003年被列入国家林业局林业危险性有害生物名单。松墨天牛属于东洋区种类，根据相关文献专著、数据库（如CNKI、GBIF等）以及重要国际与国家组织官网资料，松墨天牛目前主要分布于中国、日本、老挝、越南、朝鲜半岛等地。

根据Maxent生态位模型，预测了松墨天牛在中国潜在地理分布区（图版56），将其潜在地理分布区域划分为四级：高适生区、中适生区、低适生区、非适生区。模型运行所得的AUC参数为0.994，说明该模型预测结果较好，具有较高的可信度。结果表明，松墨天牛在中国的适生区域（高适生区及中适生区）主要位于18°～47°N，101°～134°E区域内，及27°～30°N，92°～97°E之间的块状分布，包括黑龙江、吉林、辽宁、河北、北京、山西、陕西、甘肃小部地区、西藏小部分地区、四川、重庆、贵州、云南、广西、广东、海南、湖南、湖北、河南、江西、安徽、福建、浙江、上海、安徽、江苏、山东及港澳台等地区，适生范围较广。

根据华东地区外来入侵有害生物多指标综合评价体系，为松墨天牛的各项指标赋分（表4-34），最终松墨天牛在该体系中的得分为2.25，属于高度风险等级（表4-32）。

表4-34 松墨天牛（*Monochamus alternatus*）多指标综合评价体系评价指标

目标层	准则层(P_i)	指标层(P_{ij})	评价指标	赋分	赋分理由
有害生物风险综合评价值（R）	传入的可能性（P_1）	国内分布情况（P_{11}）	国内分布＞50%（0分）	1	河北、北京、山西、陕西、甘肃、河南、四川、重庆、云南、贵州、广西、广东、海南、湖南、湖北、江西、安徽、福建、浙江、上海、安徽、江苏、山东及港澳台地区有分布
			国内分布面积占20%～50%（1分）		
			国内分布面积占0～20%（2分）		
			国内无分布（3分）		
		国外分布情况（P_{12}）	0（0分）	1	日本、老挝、越南、朝鲜半岛等地
			0～20%的国家有分布（1分）		
			20%～50%的国家有分布（2分）		
			50%以上的国家有分布（3分）		

(续表)

目标层	准则层(P_i)	指标层(P_{ij})	评价指标	赋分	赋分理由
有害生物风险综合评价值（R）	传入的可能性（P_1）	有害生物运输过程中的存活率（P_{13}）	存活率为0(0分)	3	松墨天牛自然传播距离较短，但可以幼虫或蛹藏匿于苗木、木材、家具、木质包装材料等，进行远距离传播
			0~10%(1分)		
			10%~40%(2分)		
			运输过程中有害生物存活率>40%(3分)		
		寄主引种数量（P_{14}）	无(0分)	3	1 000株以上
			0~500株(1分)		
			500~1 000株(2分)		
			受害寄主引进数达1 000株以上(3分)		
		有害生物被调运的可能性（P_{15}）	被调运和携带繁殖体的可能性0~20%(1分)	3	被调运传播可能性大
			被调运和携带繁殖体的可能性20%~50%(2分)		
			被调运和携带繁殖体的可能性都大50%~100%(3分)		
	定殖的可能性（P_2）	有害生物生物学特性（P_{21}）	生物学特性对有害生物适生无影响(0分)	3	繁殖力和抗逆性都强
			抗逆性强，繁殖能力弱(逆境条件下存活率50%~80%，繁殖量小，一年一代或多年一代)(1分)		
			繁殖能力强，抗逆性弱(逆境条件下存活率0~50%，繁殖量大，年繁殖世代2~4代)(2分)		
			繁殖能力和抗逆性都较强(逆境条件下存活率>80%，繁殖量大，年繁殖世代4代以上)(3分)		

(续表)

目标层	准则层(P_i)	指标层(P_{ij})	评价指标	赋分	赋分理由
有害生物风险综合评价值（R）	定殖的可能性（P_2）	上海（华东）地区适生范围（P_{22}）	本地区没有适生地理环境条件(0分) 0～20%(1分) 20%～50%(2分) 在50%以上的地区能够适生(3分)	3	适生范围广，在上海50%以上的地区能够适生
	扩散的可能性（P_3）	可能存在的传播途径（P_{31}）	不可能被携带(0分) 1～2种(1分) 3～5种(2分) 5种以上(3分)	2	松墨天牛自然传播距离较短，但可以幼虫或蛹藏匿于苗木、木材、家具、木质包装材料等，进行远距离传播
		国内的适生范围（P_{32}）	适生范围为0(0分) 0～25%(1分) 25%～50%(2分) 在国内50%以上的地区能够适生(3分)	2	国内适生范围25%～50%
		天敌存在的可能性（P_{33}）	本地区存在有效的天敌，作用明显(1分) 存在天敌，但作用不明显(2分) 本地区不存在有效的天敌(3分)	2	松墨天牛的取食性天敌有郭公虫、天牛斑扣甲等，寄生性天敌有管氏肿腿蜂、花绒寄甲等，但多需要人为干预才有一定防效
	受害寄主经济重要性（P_4）	寄主的种类（P_{41}）	无(0分) 1～4种(1分) 5～9种(2分) 受害的栽培寄主达10种以上(3分)	3	可危害40余种松属树种及银杏等树种

(续表)

目标层	准则层(P_i)	指标层(P_{ij})	评价指标	赋分	赋分理由
有害生物风险综合评价值（R）	受害寄主经济重要性（P_4）	寄主的潜在损失水平（P_{42}）	传入可造成的树木死亡率或产量损失<1%（0分）	2	松墨天牛幼虫钻蛀衰弱木韧皮部及木质部,切断疏导组织,可造成树木成片枯死,成虫啃食松树嫩枝,导致树势衰弱,产卵期成虫在衰弱木树干上刻槽产卵。另松墨天牛为松材线虫媒介昆虫,造成松林大面积死亡,严重威胁我国松林健康
			1%≤如传入可造成的树木死亡率或产量损失<5%（1分）		
			5%≤如传入可造成的树木死亡率或产量损失<20%（2分）		
			传入可造成的树木死亡率或产量损失≥20%（3分）		
		国外重视程度（P_{43}）	无(0分)	3	COSAVE、EPPO、EU、阿根廷、加拿大、智利、巴拉圭、乌拉圭、挪威、俄罗斯、乌克兰等国家组织将其列为检疫对象
			1～9个国家把其列为检疫对象(1分)		
			10～19个国家把其列为检疫对象(2分)		
			20个以上的国家把其列为检疫对象(3分)		
		是否为其他检疫性有害生物的传播媒介（P_{44}）	不传带任何检疫性有害生物(0分)	1	松材线虫
			传带1种(1分)		
			传带2种(2分)		
			可以传带3种以上的检疫性有害生物(3分)		
		非经济方面的潜在损失（P_{45}）	无社会和生态方面损失(0分)	2	松墨天牛及其携带的检疫性有害生物松材线虫对我国松林造成严重威胁,对生态和社会资源均造成严重损害
			仅防治手段对生态和社会资源造成严重损害(1分)		
			仅有害生物本身对生态和社会资源造成严重损害(2分)		

(续表)

目标层	准则层(P_i)	指标层(P_{ij})	评价指标	赋分	赋分理由
有害生物风险综合评价值(R)	受害寄主经济重要性(P_4)	非经济方面的潜在损失(P_{45})	防治手段和有害生物本身都对生态和社会资源造成严重损害(3分)		
	危险性管理难度(P_5)	检疫识别难度(P_{51})	检疫鉴定方法简单,非常迅速而且可靠(0分)	2	松墨天牛隐蔽性较强,但通过解剖检查,依据形态学特征可以鉴定该虫
			可以鉴定,但方法复杂(1分)		
			当场识别可靠性一般,由经过专门培训的技术人员才能识别(2分)		
			当场识别可靠性低、费时,由专家才能识别确定(3分)		
		除害处理难度(P_{52})	除害率为100%(0分)	1	因松墨天牛取食及繁殖特性,其侵染较为隐蔽,且寄生范围广,因此处理难度较高
			除害率50%~100%(1分)		
			除害率<50%(2分)		
			现在的除害处理方法几乎完全不能除害(3分)		
		根除难度(P_{53})	田间防治效果显著,成本很低,简便(0分)	2	目前通过检疫措施、物理措施(饵木诱杀、衰弱木处理等)、化学措施(噻虫啉、甲维盐·阿维菌素等)和生物防治(管氏肿腿蜂、花绒寄甲、白僵菌等),但铲除难度相对较高
			田间防治效果显著,简便,但成本很高(1分)		
			防效高,但方法复杂,难度大,成本高(2分)		
			田间防治效果差,成本高,难度大(3分)		
总分(R)				2.25	

[注] $P_1 = \sqrt[5]{P_{11} \times P_{12} \times P_{13} \times P_{14} \times P_{15}}$;$P_2 = 0.7 \times P_{21} + 0.3 \times P_{22}$;$P_3 = 0.5 \times P_{31} + 0.4 \times P_{32} + 0.1 \times P_{33}$;$P_4 = \max(P_{41}、P_{42}、P_{43}、P_{44}、P_{45})$;$P_5 = (P_{51} + P_{52} + P_{53})/3$;$R = \sqrt[5]{P_1 \times P_2 \times P_3 \times P_4 \times P_5}$

4. 引进五针松风险分析结论

（1）在上海地区引进台湾五针松本身的风险较低。台湾五针松原产于台湾，目前已由人工引种栽培，为中国特有植物。此外，该树种为松杉纲松杉目松科松属的针叶乔木，生长较为缓慢，一般生于针阔混交林中，不成纯林；且未有入侵其他引种地的记录。因此，单就引种植物自身而言，在上海地区引入台湾五针松的风险较低，建议定期监控和记录即可。

（2）台湾五针松上可能携带检疫性有害生物：台湾五针松可能携带的有害生物多达54种，其中在台湾有官方记录检疫性有害生物为3种，分别是松针褐枯病菌（*Mycosphaerella gibsonii*），松材线虫（*Bursaphelenchus xylophilus*）和松墨天牛（*Monochamus alternatus*）。

① 松针褐枯病菌：被收录于《中华人民共和国进境植物检疫有害生物名录》中，为我国检疫性有害生物，可侵染多种松属树种，能引起松树的严重针叶枯萎。此外，松针褐枯病菌在华东地区外来入侵有害生物多指标综合评价体系中的得分为2.21，属于高风险等级，需加强检疫。

② 松材线虫：可引起毁灭性松树病害，危害50多种松属树种和10多种非松属树种，被收录于《中华人民共和国进境植物检疫有害生物名录》中，为我国检疫性有害生物。Maxent生态位模型预测结果表明，松材线虫在我国适生范围较广。此外，松材线虫在华东地区外来入侵有害生物多指标综合评价体系中的得分为2.72，属于极高风险等级，需加强检疫。

③ 松墨天牛：是我国松树的重要蛀干害虫，也是松树的毁灭性病害松材线虫病（*B. xylophilus*）的主要媒介昆虫，被收录于我国"国家林业局2013年第4号公告：全国林业危险性有害生物名单"中。松墨天牛在华东地区外来入侵有害生物多指标综合评价体系中的得分为2.25，属于高度风险等级，需加强检疫。

5. 风险管理措施

根据SPS协议5.4条款的规定，在制定达到适当的植物卫生保护水平的检疫要求时，尽量减少对贸易的影响。在制定风险管理措施时，要最大限度地考虑使实施的植物检疫措施对贸易的影响降低到最低。对备选方案优劣的取舍，主要是从备选方案的有效性、对贸易的影响和可行性三方面来考虑。

备选方案1——禁止引入台湾五针松苗木

台湾五针松苗木上可能有潜在的检疫性有害生物33种，其中在台湾地区有官方记录的检疫性有害生物为3种,由于引入台湾五针松苗木携带并传入内地的风险较高,建议禁止引入台湾五针松苗木输入大陆。

该备选方案可避免检疫性有害生物从台湾地区传入内地,从有效性而言,该备选方案最有效,但会严重影响贸易。

备选方案2——允许小批量引入台湾五针松苗木

台湾五针松苗木上发生着潜在的检疫性有害生物33种,其中在台湾地区有官方记录的潜在检疫性有害生物为3种,对于小批量引进的苗木,通过进口过程的严格检查和隔离检疫等风险管控措施,基本上可以将关注的检疫性有害生物除去,从而极大地降低这些检疫性有害生物传入上海的风险;同时,小批量引入的苗木也同样可以将优良品种引进来,达到改良绿化植物品种的目的。建议首先引入少量苗木进行试种,并需满足下列要求:

(1) 引入的台湾五针松苗木不得带有土壤:根据《中华人民共和国动植物检疫法》的规定,禁止土壤进境,因此引入的五针松苗木不得带有土壤。

(2) 由原产地植物检疫部门提供不携带风险级别为中、高级检疫性有害生物,不带有土壤的检疫证书。

(3) 由引种企业提供:引种原因、数量、规格、用途,引种区域该种苗木有害生物历年发生情况,引种苗木前期生长情况和药剂使用情况,供植物检疫部门审核。

(4) 指定入境口岸为上海,引进苗木不得从上海以外的口岸入境。建议设立用于引入苗木查验的专用隔离场站。进境苗木必须由检验检疫部门专业人员进行严格的现场检疫,一旦发现植物病症和病状,应按以下原则处理:

① 发现病毒类病害病状,如花叶、斑驳、皱缩等,应立即进行退运或销毁处理,并对运输工具进行消毒处理;

② 发现真菌或细菌类病害病征或病状,应立即对染病部位进行采样,送检验检疫实验室进行检测,苗木可暂时存放于隔离区域,经检疫结果确认合格后,再进行后续隔离种植;若经检测发现检疫性及风险分析中关注的有害生物,应立即做退运或销毁处理;

③ 发现非钻蛀型的昆虫类有害生物或相关病征、病状,应立即对虫体或染病部位进行采样,送检验检疫实验室进行检测,苗木可经杀虫剂处理后,暂时存放于隔离区域,经检疫结果确认合格后,再进行后续隔离种植;若经检测发现检疫性及风险分析中关注的有害生物,应立即做退运或销毁处理;

④ 发现钻蛀型昆虫,应立即对苗木进行退运或销毁处理,并对运输工具进行

杀虫剂处理;

⑤ 发现线虫类病状,如根结、病瘤等,应立即对染病部位进行采样,送检验检疫实验室进行检测,苗木可暂时存放于隔离区域,经检疫结果确认合格后,再进行后续隔离种植;若经检测发现检疫性及风险分析中关注的有害生物,应立即做退运或销毁处理;

⑥ 发现进境苗木携带有泥土等禁止进境物,应立即做退运或销毁处理,并对运输工具进行消毒处理。

(5) 经现场检疫合格的苗木,检验检疫机关出具相关情况通知单,由林业植物检疫部门进行入境后的隔离试种监管工作。进境苗木隔离试种地点限定为上海,并需经林业植物检疫部门核实该种植地具备有效的隔离措施、完备的管理制度和有害生物监测手段。

(6) 引进后必须进行隔离试种,隔离试种期至少 2 年。由种植地林业植物检疫部门负责监管,实时监测有害生物发生情况。在隔离期内,发现引进种苗感染病虫害,进行检测鉴定,若为检疫性或风险分析中重点关注的有害生物,应对该苗木立即进行销毁处理,并对种植区域土壤进行消毒处理。隔离期满,必须经林业植物检疫部门确认不带有危险性、检疫性有害生物后方可进行分散种植。禁止引进企业未经许可,私自对进境苗木进行移植、扦插、售卖等行为。

该备选方案易于操作,可行性佳,建议采纳。

备选方案 3——允许大量引入台湾五针松苗木

由于引进台湾五针松苗木风险较低,且在大陆多地有分布,若确需大批量台湾五针松苗木,必须在小批量引种试种合格的基础上进行后评估,并根据实际引入和检疫情况不断完善风险管理措施,符合以下要求:

(1) 产区无检疫性有害生物:为了使植物检疫措施对贸易的影响降低到最小程度,台湾地区必须在五针松苗木的生长产区,针对检疫性有害生物进行检测和专门的调查,以确认输出到大陆的五针松苗木产区无这些有害生物的发生。

(2) 病虫害检测:在五针松苗木的生长期和收获期,台湾地区的检疫人员除按法律要求进行有害生物的定期监测外,在台湾五针松苗木输出前还应实施现场检查和土壤取样检测,检查有无大陆所关注的检疫性有害生物的存在,确保在输出的五针松苗木产区不发生。

(3) 预检:根据有关法律规定,在台湾五针松苗木的生长期,将派大陆的检疫专家赴台湾地区进行预检,以保证引入五针松苗木完全符合大陆的检疫要求。

(四)从台湾地区引进真柏苗木风险评估报告

1. 背景

中文名:真柏。拉丁学名:*Juniperus chinensis*。是松杉纲松杉目柏科圆柏亚科圆柏属常绿针叶树种,自然分布于亚洲东北部,包括中国、蒙古、日本、韩国和俄罗斯东南部地区。

真柏多为灌木,也有乔木形态,高可达 1~20 m。枝干常屈曲匍匐,枝条褐色,其上密生小枝,枝梢及小枝向上斜展呈密丛状。其叶条状披针形,常交互对生或三叶交叉轮生,先端渐尖,长 3~8 mm,紧密排列,微斜展。真柏多为雌雄异体,但也有部分植株雌雄同体,球果近球形,深蓝色,被白粉,成熟时黑色,径 8~9 mm,有 2~3 粒种子;种子长约 4 mm,有棱脊。

真柏喜光、略耐阴,耐寒性强,亦耐瘠薄;能生于岩石缝中,对土壤要求不严;中性土壤、石灰性土壤均能适应;在肥沃深厚及腐殖质丰富的土壤中生长最好。

真柏由于其匍匐特性,多用于盆栽造型素材。台湾栽培界的真柏,除日本传统品种外,主要还有"山采真柏"和"田培真柏"两个大类。

真柏的病虫害主要有:柏小爪螨(*Oligonychus perditus*),*Siphonatrophia cupressi*,*Aschistonyx eppoi*,*Cinara curvipes*,*Heterobasidion irregulare*,*Seiridium cardinale*,*Gymnosporangium asiaticum*,松干基褐腐病菌(*Phellinus weirii*),樟疫霉(*Phytophthora cinnamomi*),桧梓锈病菌(*Gymnosporangium clavipes*),美洲山楂锈病菌(*Gymnosporangium globosum*),美洲苹果锈病菌(*Gymnosporangium juniperi-virginianae*,*Gymnosporangium sabinae*,*Gymnosporangium unicorne*,*Gymnosporangium yamadae*),云杉色卷蛾(*Choristoneura fumiferana*),*Callidiellum rufipenne*,*Phacidium coniferarum*,*Stigmina deflectens*,重齿小蠹(*Ips duplicatus*)。

根据 WTO 实施动植物卫生检疫措施协议、《植物检疫条例》等的有关规定,进行从我国台湾引进真柏苗木的有害生物风险分析。

2. 引种真柏苗木在上海引种风险分析

开展风险分析之前,对引种植物进行一定的筛选,具体步骤如下:

(1) 初步筛选,核实各物种原产地,若原产地明确为本土,则无需评估。

(2) 使用预评估方法对非本土原产的外来陆生植物进行预评估,排除部分明确不具有入侵性的外来陆生植物。

根据以上步骤,通过查阅相关数据库(如 CNKI、GBIF)等以及重要国际与国家组织官网,对真柏的原产地进行核实。资料显示,真柏自然分布于亚洲东北部,包括中国、蒙古、日本、韩国和俄罗斯东南部地区,在我国有自然分布区存在。此外,该树种为柏科圆柏属植物,生长较为缓慢,且未有入侵其他引种地的记录,因此,单就引种植物自身而言,在上海地区引入真柏的风险较低,建议定期监控和记录即可。而引种所可能携带的外来生物则需进一步进行风险分析。

3. 上海地区引种真柏传带有害生物风险分析

风险评估程序:

(1) 确定真柏苗木上的有害生物名单;

(2) 初步风险评估,根据有害生物的危害特性,并根据检疫性有害生物标准进行筛选,确定潜在的检疫性有害生物;

(3) 对潜在的检疫性有害生物风险评估,按照 FAO 制定的有害生物风险分析准则,从进入、定殖、扩散以及经济重要性方面对潜在的检疫性有害生物作进一步风险评估,确定检疫性有害生物名单及其风险;

(4) 风险管理措施,提出降低检疫性有害生物传入的风险管理措施。

经文献资料采集、检索,确定真柏可能携带的有害生物共计 20 种,包括 7 种昆虫,12 种真菌以及 1 种卵菌,并对这 20 种有害生物的国内、国际分布情况进行统计(表 4 - 35)。根据 FAO 关于检疫性有害生物的标准,从该有害生物是否在中国大陆发生以及是否进行官方治理,对以上 20 种有害生物进行筛选。凡在中国大陆没有分布或有局部分布而处于官方控制下的有害生物,并可随植物材料传入的均为潜在的检疫性有害生物,以此标准筛选出 4 种潜在的检疫性有害生物:梣梓锈病菌(*Gymnosporangium clavipes*),美洲山楂锈病菌(*Gymnosporangium globosum*),美洲苹果锈病菌(*Gymnosporangium juniperi-virginianae*)和云杉色卷蛾(*Choristoneura fumiferana*)。但这 4 种检疫性有害生物在引种植物产地我国台湾地区均无官方分布记录,因此在本报告中不进行具体风险评估。

表 4-35 进境真柏可能携带的有害生物

编号	有害生物拉丁学名	中文名	分类	国内分布	国际分布	检疫性有害生物
1	*Oligonychus perditus*	柏小爪螨	昆虫	广泛	中国、美国、日本、韩国、荷兰	否
2	*Siphonatrophia cupressi*		昆虫	无	洪都拉斯、墨西哥、美国、法国、意大利	否
3	*Aschistonyx eppoi*		昆虫	无	日本	否
4	*Cinara curvipes*		昆虫	无	加拿大、墨西哥、美国、捷克、德国、塞尔维亚、斯洛伐克、瑞士、英国	否
5	*Choristoneura fumiferana*	云杉色卷蛾	昆虫	无	加拿大、美国	是
6	*Callidiellum rufipenne*	红翅杉天牛	昆虫	河北	美洲、非洲、亚洲、欧洲、大洋洲均有分布	否
7	*Ips duplicatus*	重齿小蠹	昆虫	黑龙江、内蒙古	亚洲、欧洲均有分布	否
8	*Phacidium coniferarum*		真菌	无	美洲、欧洲、大洋洲均有分布	否
9	*Stigmina deflectens*		真菌	无	加拿大、奥地利、芬兰、罗马尼亚、乌克兰	否
10	*Seiridium cardinale*		真菌	无	美洲、非洲、亚洲、欧洲、大洋洲均有分布	否
11	*Phellinus weirii*	松干基褐腐病菌	真菌	吉林、青海	加拿大、美国、中国、日本	否
12	*Heterobasidion irregulare*		真菌	无	加拿大、古巴、墨西哥、美国、意大利	否
13	*Gymnosporangium asiaticum*	亚洲胶锈菌	真菌	广泛分布	美洲、亚洲、欧洲广泛分布	否

(续表)

编号	有害生物拉丁学名	中文名	分类	国内分布	国际分布	检疫性有害生物
14	*Gymnosporangium clavipes*	桧梓锈病菌	真菌	无	加拿大、美国、危地马拉、墨西哥、荷兰	是
15	*Gymnosporangium globosum*	美洲山楂锈病菌	真菌	无	加拿大、美国、墨西哥、荷兰	是
16	*Gymnosporangium juniperi-virginianae*	美洲苹果锈病菌	真菌	无	加拿大、美国、荷兰	是
17	*Gymnosporangium sabinae*		真菌	陕西	非洲、美洲、亚洲、欧洲等广泛分布	否
18	*Gymnosporangium unicorne*		真菌	无	韩国	否
19	*Gymnosporangium yamadae*	山田胶锈菌	真菌	广泛分布	美国、中国、日本、韩国、朝鲜、荷兰	否
20	*Phytophthora cinnamomi*	樟疫霉	卵菌	江苏	美洲、非洲、亚洲、欧洲广泛分布	否

4. 引进真柏风险分析结论

(1) 在上海地区引进真柏的风险较低。真柏自然分布于亚洲东北部,包括中国、蒙古、日本、韩国和俄罗斯东南部地区。该树种为柏科圆柏属植物,生长较为缓慢,且未有入侵其他引种地的记录,因此,单就引种植物自身而言,在上海地区引入真柏的风险较低,建议定期监控和记录即可。

(2) 真柏上存在4种检疫性有害生物。真柏苗木上可能携带的有害生物达20种,其中,桧梓锈病菌(*Gymnosporangium clavipes*)、美洲山楂锈病菌(*Gymnosporangium globosum*)、美洲苹果锈病菌(*Gymnosporangium juniperi-virginianae*)和云杉色卷蛾(*Choristoneura fumiferana*)均为检疫性有害生物。由于这4种检疫性有害生物在引种植物产地我国台湾均无分布记录。引种真柏苗木携带这4种检疫性有害生物的可能性较低,因此,本报告中未做具体风险评估,但引种中仍存在风险,需谨慎对待。

5. 风险管理措施

根据 SPS 协议 5.4 条款的规定,在制定达到适当的植物卫生保护水平的检疫要求时,尽量减少对贸易的影响;在制定风险管理措施时,最大限度地考虑使实施的植物检疫措施对贸易的影响降低到最低。对备选方案优劣的取舍,主要是从备选方案的有效性、对贸易的影响和可行性三方面来考虑的。

备选方案 1——允许小批量引入真柏苗木

由于真柏苗木目前在我国大陆多地均有分布,对于小批量引入的苗木,通过引入过程的严格检查和隔离检疫等风险管控措施,基本上可以将我国大陆关注的检疫性有害生物除去,从而极大地降低了这些检疫性有害生物传入大陆的风险;同时,小批量引入的苗木也同样可以将优良品种引进来,达到改良绿化植物品种的目的。建议首先引入少量苗木进行试种,并需满足下列要求:

(1) 引入的真柏苗木不得带有土壤:根据《中华人民共和国动植物检疫法》的规定,禁止土壤进境,因此,引入的真柏苗木不得带有土壤。

(2) 由原产地植物检疫部门提供不携带风险级别为中、高级检疫性有害生物,不带有土壤的检疫证书。

(3) 由引种企业提供:引种原因、数量、规格、用途,引种区域该种苗木有害生物历年发生情况,引种苗木前期生长情况和药剂使用情况,供植物检疫部门审核。

(4) 指定入境口岸为上海,引入苗木不得从上海以外的口岸入境。建议设立用于引入苗木查验的专用隔离场站。引入苗木必须由检验检疫部门专业人员进行严格的现场检疫,一旦发现植物病症和病状,应按以下原则处理:

① 发现病毒类病害病状,如花叶、斑驳、皱缩等,应立即进行退运或销毁处理,并对运输工具进行消毒处理;

② 发现真菌或细菌类病害病征或病状,应立即对染病部位进行采样,送检验检疫实验室进行检测,苗木可暂时存放于隔离区域,经检疫结果确认合格后,再进行后续隔离种植;若经检测发现检疫性及风险分析中关注的有害生物,应立即做退运或销毁处理;

③ 发现非钻蛀型的昆虫类有害生物或相关病征、病状,应立即对虫体或染病部位进行采样,送检验检疫实验室进行检测,苗木可经杀虫剂处理后,暂时存放于隔离区域,经检疫结果确认合格后,再进行后续隔离种植;若经检测发现检疫性及风险分析中关注的有害生物,应立即做退运或销毁处理;

④ 发现钻蛀型昆虫，应立即对苗木进行退运或销毁处理，并对运输工具进行杀虫剂处理；

⑤ 发现线虫类病状，如根结、病瘤等，应立即对染病部位进行采样，送检验检疫实验室进行检测，苗木可暂时存放于隔离区域，经检疫结果确认合格后，再进行后续隔离种植；若经检测发现检疫性及风险分析中关注的有害生物，应立即做退运或销毁处理；

⑥ 发现引入苗木携带有泥土等禁止进境物，应立即做退运或销毁处理，并对运输工具进行消毒处理。

（5）经现场检疫合格的苗木，检验检疫机关出具相关情况通知单，由林业植物检疫部门进行入境后的隔离试种监管工作。引入苗木隔离试种地点限定为上海，并需经林业植物检疫部门核实该种植地具备有效的隔离措施、完备的管理制度和有害生物监测手段。

（6）引入后必须进行隔离试种，隔离试种期至少 2 年。由种植地林业植物检疫部门负责监管，实时监测有害生物发生情况。在隔离期内，发现引入种苗感染病虫害，进行检测鉴定，若为检疫性或风险分析中重点关注的有害生物，应对该苗木立即进行销毁处理，并对种植区域土壤进行消毒处理。隔离期满，必须经林业植物检疫部门确认不带有危险性、检疫性有害生物后方可进行分散种植。禁止引进企业未经许可，私自对引入苗木进行移植、扦插、售卖等行为。

该备选方案易于操作，可行性佳，建议采纳。

备选方案 2——允许大量引入台湾地区真柏苗木

由于引入台湾地区真柏苗木自身及携带检疫性有害生物的风险较低，若确需大批量台湾地区真柏苗木，必须在小批量引种试种合格的基础上进行后评估，并根据实际引入和检疫情况不断完善风险管理措施，符合以下要求：

（1）产区无检疫性有害生物：为了使植物检疫措施对贸易的影响降低到最小程度，台湾地区必须在真柏苗木的生长产区针对检疫性有害生物进行检测和专门调查，确认输出到大陆的真柏苗木产区无这些有害生物的发生。

（2）病虫害检测：在真柏苗木的生长期和收获期，台湾地区的检疫人员除按台湾地区的相关规定进行有害生物的定期监测外，在真柏苗木输出前还应实施现场检查和土壤取样检测，检查有无大陆方所关注的检疫性有害生物的存在，确保在输出的真柏苗木产区不发生。

（3）预检：根据有关法律规定，在真柏苗木的生长期，将派大陆方的检疫专家赴台湾地区进行预检，以保证输出真柏苗木完全符合大陆方的检疫要求。

参考文献

[1] Anthony L. Koop, Larry Fowler, Leslie P. Newton, et al. Development and validation of a weed screening tool for the United States[J]. Biol Invasions, 2012,14(2):273~294.

[2] Bailey J P, Bimova K, Mandak B. The potential role of polyploidy and hybridisation in the further evolution of the highly invasive Fallopia taxa in Europe [J]. Ecological Research, 2007,22(6):920~928.

[3] Černý K, Gregorová B, Strnadová V, et al. *Phytophthora cambivora* causing ink disease of sweet chestnut recorded in the Czech Republic[J]. Czech Mycology, 2008, 60(2):265~274.

[4] Chen G Q, Guo S L, Li P Y. Applying DNA C-values to evaluate invasiveness of angiosperms: validity and limitation [J]. Biological Invasions, 2010,12(5):1 335~1 348.

[5] Crawley M J. The population biology of invaders and Discussion [J]. Philosophical Transactions of the Royal Society of London, 1986,314(314):711~731.

[6] Davis M A, Grime J P, Thompson K. Fluctuating resources in plant communities: a general theory of invasibility [J]. Journal of Ecology, 2000,88(3):528~534.

[7] Dudik M, Phillips S J, Schapire R E. Performance Guarantees for Regularized Maximum Entropy Density Estimation [C]. MProceedings of the 17th Annual Conference on Computational Learning Theory, 2004.

[8] Elith J, Graham C H, Anderson R P. Novel methods improve prediction of species' distributions from occurrence data [J]. Ecography, 2006,29(2):129~151.

[9] FAO. International standards for phytosanitary measures. Part 1: import regulations: guidelines for pest analysis (draft standard). In: *Secretariate* of the International Plant Convention. Rome: Food and Agriculture Organization of the United Nations, 1996.

[10] FAO. International Standards for Phytosanitary Measures-Pest risk analysis for quarantine pests including analysis of environmental risks and living modified organisms [S]. Rome, 2004. ISPM No. 11.

[11] Feil H, Purcell A H. Temperature-Dependent Growth and survival of *Xylella fastidiosa* in Vitro and in Potted Grapevines [J]. Plant Disease, 2001,85(12):1 230~1 234.

[12] Feng Y L, Lei Y B, Wang R F, et al. Evolutionary tradeoffs for nitrogen allocation to photosynthesis versus cell walls in an invasive plant [J]. Proceedings of the National Academy of Sciences, 2009,106(6):1 853~1 856.

[13] Galvez L C, Korus K, Fernandez J, et al. The Threat of Pierce's Disease to Midwest Wine and Table Grapes [J]. 2010:2 010~2 015.

[14] Genovesi P. Eradications of invasive alien species in Europe: a review [J]. Biol Invasions,

2005,7(1):127~133.

[15] Henneberger T S M, Stevenson K L, Britton K O, et al. Distribution of *Xylella fastidiosa* in Sycamore Associated with Low Temperature and Host Resistance[J]. Plant disease, 2004,88(9):951~958.

[16] Hernandez P A, Gatherine C H, Master L L. The effect of sample size and species characteristics on performance of different species distribution modeling methods [J]. Ecography, 2006,29(5):773~785.

[17] Jane Elith, Catherine H. Graham, Robert P. Anderson, et al. Novel methods improve prediction of species' distributions from occurrence data [J]. Ecography, 2006, 29(2):129~151.

[18] Jennifer L. Bear, Katherine M. Giljohann, Roger D. Cousens, et al. The seed ecology of two invasive Hieracium (Asteraceae) species [J]. Australian Journal of Botany, 2012,60(7):615~624.

[19] Jeschke J M, Strayer D L. Invasion success of vertebrates in Europe and North America. PNatl Acad Sci USA, 2005,102(20):7 198~7 202.

[20] Jetter K M, Godfrey K. Diaprepes root weevil, a new California pest, will raise costs for pest control and trigger quarantines [J]. California agriculture, 2009,63(3):121~126.

[21] Kot M, Medloek J, Reluga T, et al. Stochasticity, invasions, and branching random walks [J]. Theoretical population biology, 2004,66(3):175~184.

[22] Maria Fernanda Pereira Lavieri Gomes, istina de Oliveira Massoco, Jose Guilherme Xavier. Comfrey (Symphytum officinale L.) and Experimental Hepatic Carcinogenesis: A Short-term Carcinogenesis Model Study [J]. Evidence-Based Complementary and Alternative Medicine, 2010,7(2):197~202.

[23] Martin Krivánek, Petr Pysek. Predicting invasions by woody species in a temperate zone: a test of three risk assessment schemes in the Czech Republic(Central Europe)[J]. Diversity and Distributions, 2006,12(3):319~327.

[24] Masaaki Tachibana, Kazuyuki Itoh, Hiroaki Watanabe. Mode of reproduction of *Barbarea vulgaris* in two different habitats in Tohoku, Japan [J]. Weed Biology and Management, 2010,10(1):9~15.

[25] Nuria Gasso, Corina Basnou, Montserrat Vila. Predicting plant invaders in the Mediterranean through a weed risk assessment system[J]. Biol Invasions, 2010,12(3):463~476.

[26] Oliver J D. Mile-a-minute weed (*Polygonum perfoliatum* L.), an Invasive Vine in Natural and Disturbed Sites [J]. Cast anea, 1996,61(3):244~251.

[27] Phillips D, Chandrashekar M, Roberts W P. Pest risk analysis and its implications for pest and disease exclusion from Australia [J]. Australasian Plant Pathology, 1994, 23(3):97~105.

[28] Phillips S J, Anderson R P, Schapire R E. Maximum entropy modeling of species geographic distributions [J]. Ecological Modelling, 2006,190(3~4):231~259.

[29] Pimentel D S, McNair J, Janecka J, et al. Economic and environmental threats of alien plant, animal and microbe invasions [J]. Agriculture Ecosystems and Environment, 2001,84(1):1~20.

[30] Qiang S. Applied AFLP to analyze genetic diversity of Eupatorium adenophorum [J]. Nanjing Agric Univ, 2004,27(1):62.

[31] Ren M X, Zhang Q G, Zhang D Y. Random amplified polymorphic DNA markers reveal low genetic variation and a single dominant genotype in *Eichhornia crassipes*, populations

throughout China [J]. Weed Research, 2005, 45(3):236~244.

[32] Rice E L. Allelopathy, 2nd edition [M]. New York: Academic Press, 1984.

[33] Royer M H. Integrating computerized decision aids into the pest risk analysis process. NAPPO Annual Meeting, Quebec, 1989.

[34] Sutherst R W, Maywald G F. A computerised system for matching climates in ecology [J]. Agriculture, Ecosystems & Environment, 1985, 13(3):281~299.

[35] Swets K A. Measuring the Accuracy of Diagnostic Systems [J]. Science, 1988, 240(4857): 1 285~1 293.

[36] Tkacz B M. Pest risks associated with importing wood to the United States [J]. Canadian Journal of Plant Pathology. 2002, 24(2):111~116.

[37] Turcker K C, Richardson D M. An expert system for screening potentially invasive alien plants in South African fynbos [J]. Journal of Environmental Management, 1995, 44(4): 309~338.

[38] Van Kleunen M, Weber E, Fischer M. A meta-analysis of trait differences between invasive and non-invasive plant species [J]. Ecology Letters, 2009, 13(2):235~245.

[39] Vanagas G. Receiver operating characteristic curves and comparison of cardiac surgery risk stratification systems. Interactive Cardiovascular and Thoracic Surgery, 2004, 3 (2): 319~322.

[40] Wang J, Kropff M J, Lammert B, *et al*. Using CA model to obtain insight into mechanism of plant population spread in a controllable system: annual weeds as an example [J]. Ecological Modeling, 2003, 166(3):277~286.

[41] Weissling T J, Peña J E, Giblin-Davis R M, *et al*. Diaprepes Root Weevil, *Diaprepes abbreviatus* (Linnaeus)(Insecta: Coleoptera: Curculionidae) [J]. 2011.

[42] 毕巍巍,徐萌,韩东洋,等.大花金鸡菊入侵对植物多样性的影响[J].草业科学,2013,30(5):687~693.

[43] 曾辉,黄冠胜,林伟,等.利用MaxEnt预测橡胶南美叶疫病菌在全球的潜在地理分布[J].植物保护,2008,34(3):88~92.

[44] 柴燕.上海口岸进境天竺葵种苗风险分析及检疫监管措施[J].植物检疫,2008(S1).

[45] 常建娥,蒋太立.层次分析法确定权重的研究[J].武汉理工大学学报:信息与管理工程版,2007,29(1):153~156.

[46] 常志隆,周益林,赵遵田,等.基于MaxEnt模型的小麦印度腥黑穗病在中国的适生性分析[J].植物保护,2010,36(3):110~112.

[47] 陈兵,康乐.生物入侵及其与全球变化的关系[J].生态学杂志,2003,22(1):31~34.

[48] 陈风敢.广东外来有害生物入侵现状及对策探讨[J].资源与环境,2006(5):131.

[49] 陈劲松.两种检疫性蚧虫传入福建热区的风险性分析[J].福建热作科技,2011,36(1):30~33.

[50] 陈圣宾,李振基.外来植物入侵的化感作用机制探讨[J].生态科学,2005,24(1):69~74.

[51] 陈思,丁建清.外来湿地植物再力花适生性分析[J].植物科学学报,2011,29(6):675~682.

[52] 程俊峰,万方浩,郭建英.西花蓟马在中国适生区的基于CLIMEX的GIS预测[J].中国农业科学,2006.39(3):525~529.

[53] 楚燕杰.葡萄皮尔斯病及防治技术[J].河北果树,2002(01):44~45.

[54] 崔迪,王继华,陈捷,等.链格孢属真菌对农作物的危害[J].哈尔滨师范大学自然科学学报,2005,21(4):87~91.

[55] 崔延昏.外来入侵新虫害—扶桑绵粉蚧[J].现代农村科技,2011(16):19.

[56] 大卫·爱博思著,鄢建,王洪兵,张艺兵编译.植物卫生与检疫原理[M].中国农业科学技术出

版社,2012:292～301.

[57] 邓雪,李家铭,曾浩健,等.层次分析法权重计算方法分析及其应用研究[J].数学的实践与认识,2012,42(7):93～100.

[58] 丁晖,石碧清,徐海根.外来物种风险评估指标体系和评估方法[J].生态与农村环境学报,2006,22(2):92～96.

[59] 丁燕.葡萄皮尔斯病防治研究新进展[J].中外葡萄与葡萄酒.2003(04):70～71.

[60] 董文勇,林谷园,陈艳.福建口岸截获重要林木害虫长林小蠹[J].福建林业科技,2010,37(2):112～114.

[61] 杜宇,杨碧,周力兵,等.输华石竹属种苗检疫性有害生物风险评估[J].植物检疫,2001,15(5):300～303.

[62] 范京安,赵学谦.农作物外来有害生物风险评估体系与方法研究[J].植物检疫,1997,11(2):75～81.

[63] 冯璐,刘建宏,李永和,等.基于Maxent生态位模型的楚雄腮扁叶蜂潜在分布区预测[J].西部林业科学,2013,42(2):49～55.

[64] 付改兰,冯玉龙.外来入侵植物和本地植物核DNA C-值的比较及其与入侵性的关系[J].生态学杂志,2007,26(10):1 590～1 594.

[65] 傅辽,黄冠胜,李志红,等.新菠萝灰粉蚧在中国目前及未来的潜在地理分布研究[J].植物检疫,2012,26(4).

[66] 高步衢主编.林木引种检疫[M].北京:中国科学技术出版社,2000.

[67] 高国伟,李宁辉,喻闻.外来生物入侵经济损失评估的研究进展[J].环境与可持续发展,2007,3:4～7.

[68] 高增祥,季荣,徐汝梅,等.外来种入侵的过程、机理和预测[J].生态学报,2003,23(3):559～570.

[69] 耿宇鹏,张文驹,李博,等.表型可塑性与外来植物的入侵能力[J].生物多样性,2004,12(4):447～455.

[70] 顾忠盈,吴新华,杨光,等.我国外来生物入侵现状及防范对策[J].江苏农业科学,2006(6):418～421.

[71] 关鑫,陆永跃,曾玲,等.扶桑绵粉蚧的过冷却点和体液结冰点测定[J].环境昆虫学报,2009,31(4):381～383.

[72] 郭琼霞,虞赟,黄可辉,等.外来入侵植物——"加拿大一枝黄花"传入中国的定量风险研究[J].武夷科学,2005,21:82～85.

[73] 郭水良,陈国奇,毛俐慧.DNA C-值与被子植物入侵性关系的数据统计分析——以中国境内有分布的539种被子植物为例[J].生态学报,2008,28(8):3 698～3 705.

[74] 郭向荣,张蜀秋,Jiang Lu.葡萄木质部液中皮尔斯病病原细菌的直接检测[J].农业生物技术学报,2003.

[75] 郭孝.聚合草的栽培技术与合理利用[J].中国畜牧杂志,2004,40(9):62～64.

[76] 国家林业局.国家林业局公告(2013年第2号)[EB/OL].[2013-01-15]http://www.forestry.gov.cn//portal/main/s/3597/content-581163.html.

[77] 韩丽娟,巩江,骆蓉芳,等.中药毛蕊花研究现状[J].安徽农业科学,2010,38(26):14 346～14 347.

[78] 何冬梅,鲁小珍,伊贤贵,等.安徽省蚌埠市外来入侵植物调查及对策研究[J].安徽农业科学,2010,38(6):3 081～3 083.

[79] 和丽忠,陈锦玉,董宝生,等.国内植物化感作用研究概况[J].云南农业科技,2001,1:37～41.

[80] 贺俊英,谢彩琴,HE Jun-ying,等.繁殖生物学特性在外来入侵植物入侵性中的意义[J].内蒙古师范大学学报(自然科学汉文版),2009,38(2):217～221.

[81] 洪绂曾.关于聚合草的正确评价[J].吉林农业科学,1980,1:90～94.

[82] 侯柏华,张润杰.基于CLIMEX的橘小实蝇在中国适生区的预测[J].生态学报,2005,25(7):1 570～1 574.

[83] 胡群,刘文云.基于层次分析法的SWOT方法改进与实例分析[J].情报理论与实践,2009,3(32):68～71.

[84] 胡松梅,龚泽修,蒋道松.生物能源植物柳枝稷简介[J].草业科学,2008,25(6):29～33.

[85] 胡学难,吴佳教,梁帆,等.斯氏线虫对进境原木上长林小蠹的防治试验[J].植物检疫,2004,18(5):269～272.

[86] 黄华,郭水良,强胜.中国境内外来杂草的特点危害及其综合治理对策[J].农业环境学学报,2003,2(4):509～512.

[87] 黄建辉,韩兴国,杨亲二,等.外来种入侵的生物学与生态学基础的若干问题[J].生物多样性,2003,11(3):240～247.

[88] 黄民权.聚合草——一种引入的致癌植物[J].植物杂志,1999,1:11.

[89] 纪睿,廖太林,李百胜.栗黑水疫霉[J].植物检疫,2009,23(6):40～41.

[90] 江红,郭兴泉,龚伟,等.生物入侵预测模型研究进展[J].环境保护科学,2009,35(6):37～40.

[91] 姜罡丞,王珂,董东平.许昌市城郊外来入侵植物调查及危害风险评价[J].河南师范大学学报,2009,37(6):168～170.

[92] 蒋青,梁忆冰,王乃扬.有害生物危险性评价指标体系的初步确立[J].植物检疫,1994,8(6):331～334.

[93] 解炎,李振宇,伍松.保护中国的生物多样性(二)[M].北京:中国环境科学出版社,1996,91～106.

[94] 雷军成,徐海根.基于Maxent的加拿大一枝黄花在中国的潜在分布区预测[J].生态与农村环境学报,2010,26(2):137～141.

[95] 雷江丽,谢良生,庄雪影,等.深圳市植物物种指数与本地植物指数分析[J].中国城市林业,2009,7(3):13～15.

[96] 雷军成,徐海根.外来入侵植物假高粱在我国的潜在分布区分析[J].植物保护,2011,37(3):87～97.

[97] 李博,徐炳声,陈家宽.从上海外来杂草区系剖析植物入侵的一般特征[J].生物多样性,2001,9(4):446～457.

[98] 李桂芬,马洁,魏梅生,等.番茄环斑病毒单克隆抗体的制备及检测[J].植物检疫,2009,23(6):16～18.

[99] 李海斌,武三安.外来入侵新害虫——无花果蜡蚧[J].应用昆虫学报,2013,50(5):1 295～1 300.

[100] 李浩然,泽桑梓,刘宏屏,等.植物的化感作用及其在林业经营中的运用[J].西部林业科学,2006,35(1):121～124.

[101] 李红梅,韩红香,薛大勇.利用GARP生态位模型预测日本松干蚧在中国的地理分布[J].昆虫学报,2005,48(1):95～100.

[102] 李娟,赵宇翔,陈小平,等.林业有害生物风险分析指标体系及赋分标准的探讨[J].中国森林病虫,2013,32(3):10～15.

[103] 李君,强胜.多倍化是杂草起源与演化的驱动力[J].南京农业大学学报,2012,35(5):64～76.

[104] 李双成,高江波.基于GARP模型的紫茎泽兰空间分布预测——以云南纵向岭谷为例[J].生态学杂志,2008,27(9):1 531～1 536.

[105] 李涛,何友元,张俊华,等.基于GARP的欧洲大蚊在中国的适生性分析[J].植物检疫,2012,26(1):15～18.

参考文献

[106] 李尉民.有害生物风险分析[M].北京:中国农业出版社,2003.
[107] 李振宇,解焱.中国外来入侵种[M].北京:中国林业出版社,2002:2.
[108] 梁忆冰,詹国平,徐亮,等.进境花卉有害生物风险初步分析[J].植物检疫,1999,13(1):17~22.
[109] 梁勇,戴小鹏,李旺.基于AHP外来入侵物种风险评估研究[J].计算机与现代化,2012(9):205~208.
[110] 廖文胜,刘利军,谢琼,等.浅析外来生物入侵与林业外来有害生物防控[J].林业科技情报,2011,43(2):28~30.
[111] 刘豹,许树柏,赵焕臣,等.层次分析法——规划决策的工具[J].系统工程,1984,2(2):23~30.
[112] 刘春兴,林震,温俊宝.国外生物入侵管理体制改革的三种典型模式——以新西兰、美国和日本为例[J].中国行政管理,2009,10:109~112.
[113] 刘红霞,温俊宝,骆有庆,等.森林有害生物风险分析研究进展.北京林业大学学报[J].2001,23(6):46~51.
[114] 刘辉.外来生物入侵与防控对策[J].科技信息.2012(3):545~546.
[115] 刘建,李钧敏,余华,等.植物功能性状与外来植物入侵[J].生物多样性,2010,18(6):569~576.
[116] 刘伦辉,谢寿昌,张建华.紫茎泽兰在我国的分布、危害与防除途径的探讨[J].生态学报,1985,5(1):1~6.
[117] 刘奇志,边勇,种焱,等.美国检疫线虫及潜在检疫线虫风险分析[J].植物检疫,2007,21(1):61~63.
[118] 刘荣永,姚希猛,邓汉华,等.3种药剂对剑麻新菠萝灰粉蚧的影响[J].北京农业,2011(3).
[119] 娄远来,王庆亚,邓渊钰.空心莲子草根中异常结构及不定芽的发育解剖学研究[J].广西植物,2004,24(2):125~127.
[120] 马金双.中国入侵植物名录[M].北京:高等教育出版社,2013.
[121] 马平,杜宇,李正跃,等.云南外来入侵有害生物多指标综合评价体系的建立[J].植物保护,2008,(3):99~104.
[122] 茅永琴,仇学平,曹方元,等.加拿大一枝黄花发生与防控措施[J].安徽农学通报,2010,16(8):84~100.
[123] 马永清,郝智强,熊韶峻,等.我国柳枝稷规模化种植现状与前景[J].中国农业大学学报,2012,17(6):133~137.
[124] 马玉忠.保护生物多样性,防止外来入侵物种[J].中国经济周刊,2009,21:43~45.
[125] 农业部.中华人民共和国进境植物检疫性有害生物名录(第862号公告)[R].2007.
[126] 欧健,卢昌义.厦门市外来物种入侵现状及其风险评价指标体系[J].生态学杂志,2006,25(10):1 240~1 244.
[127] 潘沧桑.松材线虫病研究进展[J].厦门大学学报:自然科学版,2011,50(2):476~483.
[128] 秦卫华,余水评,蒋明康,等.上海市国家级自然保护区外来入侵植物调查研究[J].杂草科学,2007(1):29~33.
[129] 任海,张倩媚,彭少麟.植物入侵与其它全球变化因子间的相互作用[J].热带地理,2002,22(3):275~278.
[130] 邵春利,谢冰.有害生物入侵的危害及防治措施[J].上海化工,2007,32(2):1~3.
[131] 石刚荣,马成仓.外来植物成功入侵的生物学特征[J].应用生态学报,2006,17(4):727~732.
[132] 宋红敏,张清芬,韩雪梅,等.CLIMEX:预测物种分布区的软件[J].昆虫知识,2004,41(4):379~386.

[133] 宋莉英,吴海昌,彭少麟.二氧化碳浓度升高对植物入侵的影响[J].生态环境,2006,15(1):158～163.
[134] 苏燕春.扶桑绵粉蚧发生为害与防控对策[J].广西农学报,2011,26(6):37～39.
[135] 孙卫邦,向其柏.谈生物入侵与外来观赏植物的引种利用[J].中国园林,2004,20(9):54～56.
[136] 覃振强,吴建辉,任顺祥,等.外来入侵害虫新菠萝灰粉蚧在中国的风险性分析[J].中国农业科学,2010,43(3):626～631.
[137] 滕凯,张卫东,杜希豪,等.高度警惕长林小蠹随新西兰针叶原木入侵[J].植物检疫,2012,1;030.
[138] 万方浩,郭建英,王德浑.中国外来入侵生物的危害与管理对策[J].生物多样性,2002,10(1):119～125.
[139] 万方浩,刘全儒,谢明,等.生物入侵 中国外来入侵植物图谱[M].北京:科学出版社,2012.
[140] 万方祥.北美洲自然地理[M].北京:商务印书馆,1959.
[141] 汪成平,刘占元,王应伦.菜豆象入侵陕西的风险分析[J].陕西农业科学,2010(5):80～86.
[142] 王静,黄正文,王寻.全球环境变化与生物入侵[J].成都大学学报(自然科学版),2012,31(1):29～34.
[143] 王峻,林朝森,何钦煜,等.进境植物检疫有害生物图文信息检索系统[J].植物检疫,1999,13(1):56～58.
[144] 王敏敏,叶建仁,潘宏阳.松材线虫病致病机理和防治技术研究进展[J].南京林业大学学报:自然科学版,2006,30(2):103～107.
[145] 王嫩仙.杭州市外来入侵植物初步研究[J].林业调查规划,2008,33(3):125～128.
[146] 王卿,安树青,马志军,等.入侵植物互花米草——生物学、生态学及管理[J].植物分类学报,2006,44(5):559～588.
[147] 王瑞,万方浩.外来入侵植物意大利苍耳在我国适生区预测[J].草业学报,2010,19(6):222～230.
[148] 王雅男,万方浩,沈文君.外来入侵物种的风险评估定量模型及应用[J].昆虫学报,2007,50(5):512～520.
[149] 王艳平,武三安,张润志.入侵害虫扶桑绵粉蚧在中国的风险分析[J].应用昆虫学报,2009,46(1):101～106.
[150] 王英凯.基于德尔菲法和层次分析法原理的科研项目评价模型[J].山西财经大学学报,2001,23;148～149.
[151] 王颖,章桂明,杨伟东,等.基于MAXENT的大豆南北方茎溃疡病菌在中国适生区的预测[J].植物检疫,2009,23(4):14～16.
[152] 王源超,张正光,郑小波.核糖体基因ITS序列作为区分苎麻疫霉和恶疫霉辅助性状的研究[J].菌物系统,2000,19:485～491.
[153] 王运生,谢丙炎,万方浩,等.ROC曲线分析在评价入侵物种分布模型中的应用[J].生物多样性,2007,15(4):365～372.
[154] 韦美玉,陈世军,刘丽萍.外来入侵植物粉花月见草的繁殖生物学特性[J].广西植物,2009,29(2):227～230.
[155] 卫兵,叶永忠,彭少麟.小花山桃草季节生长动态及入侵特性[J].生态学报,2003,16(8):1 679～1 686.
[156] 魏小春,李锡香,沈镝,等.不同氮肥水平对欧洲山芥营养品质的影响[J].华北农学报,2012,27(增):288～291.
[157] 吴海荣,强胜,段惠,等.假高粱的特征特性及控制[J].杂草科学,2004,1;52～54.
[158] 吴金泉,Michael T. Smith.发达国家应战外来入侵生物的成功方法[J].江西农业大学学报,

2010,32(5):1 040～1 055.

[159] 吴磊,黄成林,汪小飞.有害生物风险分析方法综述[J].黄山学院学报,2011,13(5):77～81.
[160] 吴杨,王昶远,董晓文,等.外来有害生物的危害与防范对策[J].辽宁林业科技,2010(3):38～39.
[161] 夏更生,张成良.番茄环斑病毒研究进展[J].植物检疫,1990,4(3):394～396.
[162] 肖正清,周冠华,权文婷.恶性外来入侵植物紫茎泽兰在云南的分布格局[J].自然灾害学报,2009,18(5):86～87.
[163] 徐海根,强胜.中国外来入侵生物[M].北京:科学出版社,2011.
[164] 徐海根,王健民,强胜,等.《生物多样性公约》热点研究:外来物种入侵、生物安全、遗传资源[M].北京:科学出版社,2004.
[165] 徐会,孙世群,王晓辉.安徽省外来物种风险评估指标体系的构建[J].安徽农业科学,2008,36(1):248～249.
[166] 徐浪,余道坚,焦懿,等.大洋臀纹粉蚧和南洋臀纹粉蚧 TaqMan 实时荧光 PCR 检测方法[J].植物检疫,2010,24(2):24～28.
[167] 徐梅,黄蓬英,安榆林,等.检疫性有害生物—南洋臀纹粉蚧[J].植物检疫,2008,22(2):100～102.
[168] 徐妙芳,唐志荣,陈集双.入侵有害植物资源化利用及相关问题[J].生态安全,2007,7:34～36.
[169] 闫小玲,寿海洋,马金双.中国外来入侵植物研究现状及存在的问题[J].植物分类与资源学报,2012,34(3):287～313.
[170] 闫小玲.观赏植物引种与外来入侵种研究[J].园艺与种苗,2012,8:41～45.
[171] 杨波,薛跃规,唐小飞,等.外来入侵植物飞机草在中国的适生区预测[J].植物保护,2009,35(4):70～73.
[172] 杨铭,杨桦,杨少雄.农业外来有害生物入侵现状及防控对策[J].陕西师范大学学报:自然科学版,2006,34(5):22～26.
[173] 杨淑性,白宗仁.聚合草开花结实生物学特性的研究[J].西北农学院学报,1979,1:97～101.
[174] 杨晓军,安榆林.进口辐射松原木截获长林小蠹的检疫鉴定[J].植物检疫,2002,16(5):288～289.
[175] 殷玉生,安榆林.云杉树蜂风险评估[J].植物检疫,2002,16(4):224～226.
[176] 尹鸿刚.天津地区林业有害生物风险评估体系的建立[J].天津农业科学,2009,15(5):72～74.
[177] 印丽萍,叶军,易建平,等.进口花卉在上海地区的逸生和防治对策[J].植物保护,2004,30(5):71～73.
[178] 余岩,陈立立,何兴金.基于 GARP 的加拿大一枝黄花在中国的分布区预测[J].云南植物研究,2009,31(1):57～62.
[179] 虞晓芬,傅玳.多指标综合评价方法综述[J].统计与决策,2004,11:110～121.
[180] 张川红,郑勇奇.外来树种对自然生态系统入侵风险评价指标体系[J].林业科学,2008,44(10):88～93.
[181] 张海娟,陈勇,黄烈健,等.基于生态位模型的薇甘菊在中国适生区的预测[J].农业工程学报,2011,27(增1):413～419.
[182] 张会儒,朴春根,曾大鹏.林木病虫害文献检索系统[J].植物检疫,1999,13(1):54～57.
[183] 张建,王朝晖.外来有害植物一年蓬生物学特性及危害的调查研究[J].农业科技通讯,2009,6:105～106.
[184] 张锴,梁军,严冬辉,等.中国松材线虫病研究[J].世界林业研究,2010,23(3):59～63.
[185] 张培,叶建仁,张勇,等.榆枯萎病国内外研究进展[J].植物检疫,2014(06).

[186] 张晴柔,蒋赏,鞠瑞亭,等.上海市外来入侵物种[J].生物多样性,2013,21(6):732~737.
[187] 张润志,张大勇,叶万辉,等.农业外来生物入侵种研究现状与发展趋势[J].植物保护,2004(3):5~9.
[188] 张未仲.葡萄"皮尔斯病"的发生与防治研究进展[J].山西果树,2006(01):40~41.
[189] 张则乐,鞠瑞亭,李跃忠.绿化林业外来生物入侵形势引起的立法思考[J].植物检疫,2008,22(2):112~115.
[190] 章春彪,陆国权.柳枝稷研究进展[J].现代农业科技,2013,11:175~176.
[191] 赵广琦,崔心红,张群,等.水生植物引种的安全生态评价[J].广西植物,2009,29(4):488~492.
[192] 赵文娟,陈林,丁克坚,等.利用 MAXENT 预测玉米霜霉病在中国的适生性区[J].植物保护,2009,35(2):32~38.
[193] 赵宇.检疫性病害葡萄皮尔斯病[J].植物检疫.2010(02):37~39.
[194] 赵宇翔.中国林业生物安全风险管理[M].中国林业出版社,2013.
[195] 郑卉,何兴金.苋属4种外来有害杂草在中国的适生区预测[J].植物保护,2011,37(2):81~86.
[196] 郑景明,李俊清,孙启祥,等.外来木本植物入侵的生态预测与风险评价综述[J].生态学报,2008,28(11):5 549~5 560.
[197] 中国地图出版社.中学教师地图集(中国地图分册)[M].北京:中国地图出版社,2001.
[198] 中国科学院植物志编辑委员会.中国植物志(第七十五卷)[M].北京:科学出版社,1979.
[199] 中华人民共和国国家质量监督检验检疫总局.栗黑水疫霉检疫鉴定方法.中华人民共和国出入境检验检疫行业标准(SNT 2759-2011).2011.
[200] 中华人民共和国国家质量监督检验检疫总局.天竺葵锈病菌检疫鉴定方法.中华人民共和国出入境检验检疫行业标准(SN/T 3429-2012).2012.
[201] 中华人民共和国国家质量监督检验检疫总局.香蕉灰粉蚧和新菠萝灰粉蚧检疫鉴定方法.中华人民共和国出入境检验检疫行业标准(SN/T 2034-2007).2007.
[202] 中华人民共和国国家质量监督检验检疫总局.榆枯萎病菌检疫鉴定方法.中华人民共和国出入境检验检疫行业标准(SN/T 1272-2003).2003.
[203] 中华人民共和国国家质量监督检验检疫总局.云杉树蜂检疫鉴定方法.中华人民共和国出入境检验检疫行业标准(SNT 2963-2011).2011.
[204] 中华人民共和国国家质量监督检验检疫总局.长林小蠹检疫鉴定方法.中华人民共和国出入境检验检疫行业标准(SN/T 1722-2006).2006
[205] 钟艮平,沈文君,万方浩,等.用 GARP 生态位模型预测刺萼龙葵在中国的潜在分布区[J].生态学杂志,2009,28(1):162~166.
[206] 周彤燊,庄剑云.马蹄纹天竺葵柄锈菌在中国的发现[J].菌物研究,2006,3(2):50~51.
[207] 周伟,赵衡,杨熙.利用 GARP 生态位模型预测牛蛙和薇甘菊在中国的地理分布[J].西南林业大学学报,2012,32(1):51~55.
[208] 周贤,张俊华,陈乃中.检疫性有害生物——苹果花象[J].植物检疫,2012,26(5):25~28.
[209] 朱世新,覃海宁,陈艺林.中国菊科植物外来种概述[J].广西植物,2005,25(1):69~76.

附录一
引进林木种子、苗木检疫审批与监管规定

第一章 总则

第一条 为了规范从国外(含境外,下同)引进林木种子、苗木的检疫管理,有效防止外来有害生物入侵,保护我国的国土生态安全、经济贸易安全,根据《行政许可法》《森林法》《种子法》《植物检疫条例》《植物检疫条例实施细则(林业部分)》的相关规定,制定本规定。

第二条 凡从国外引进林木种子、苗木(以下简称"林木引种")的检疫申请、受理、审批和监督管理,适用本规定。

第三条 本规定所称林木种子、苗木,是指林木的种植材料或者繁殖材料,包括籽粒、果实和根、茎、苗、芽、叶等,绿化、水土保持用的草种,以及省、自治区、直辖市人民政府已经规定由林业行政主管部门管理的种类。

第四条 国家林业局负责全国林木引种的检疫管理,各省级林业行政主管部门负责本辖区林木引种的检疫管理,其所属的植物检疫机构负责执行林木引种检疫审批和监管任务。

国家林业局和各省级林业行政主管部门应当推行网上申报、审批管理,构建林木引种可追溯监管平台,建立和完善报检员制度、检疫备案制度,提高林木引种检疫审批工作效率和信息化水平。

第五条 林木引种检疫管理工作坚持公开透明、加强事中事后监管、落实责任主体、服务社会经济发展的原则,实行引种风险管理和种植地属地监管制度。

第六条 林木引种检疫管理工作应当加强与农业、质检等部门的沟通和协作;鼓励行业协会等社团组织参与有关工作,支持规范、诚信、创新型企业发展;服务国家和地方社会经济发展。

第二章 检疫申请

第七条 除草种和暂免隔离试种植物种类(见附件1)以外,引进的其他种类

均应当进行隔离试种。引进需要隔离试种种类的申请人,应当具有国家认定的普及型国外引种试种苗圃资格的种植地。属于科研引种或者政府、团体、科研、教学部门交换、交流引种但不具备上述种植条件的申请人,引进的林木种子、苗木应当种植在达到国家林业局国外引种隔离试种苗圃认定条件的种植地。

第八条 国务院有关部门所属的在京单位向国家林业局提出林木引种检疫申请。其他申请林木引种的单位或者个人(以下简称"申请人")申请引进需要隔离试种的种类时,应当向隔离试种地的省级林业行政主管部门所属的植物检疫机构提出林木引种检疫申请;引进不需要隔离试种的种类时,应当向申请人所在地省级林业行政主管部门所属的植物检疫机构提出林木引种检疫申请。

第九条 林木引种实行"谁申请谁负责"的责任制度。申请人负责提交申请材料,并对其真实性负责。

第十条 申请人申请林木引种时,除提交《引进林木种子、苗木检疫审批申请表》(式样见附件2)以外,还应当根据以下情况,提交相应的材料:

(一)属于经营性引种的,申请人应当提交林木种苗进出口经营资格的证明材料;

(二)属于科研引种以及政府、团体、科研、教学部门交流、交换引种的,申请人应当提交科研项目任务书、合同、协议书、隔离措施等材料;

(三)属于展览引种的,申请人应当提交展会批准文件、展览期间的管理措施、展览结束后的处理措施,以及展览区域安全性评定等材料;

(四)属于首次申请引种的和每年第一次申请引种的,申请人应当出示企业法人营业执照或者个人身份证并提交复印件;

(五)属于国内首次引种以及国内、省内首次引种国家和地区的,为便于及时准确进行审批,申请人可提供拟引进种类在原产地的有害生物发生危害情况的材料;在首次引种隔离试种期满后,申请人应当提交首次引种的疫情监测情况的材料。隔离试种成功后,申请人方可再次引进同一种类。

第十一条 根据申请引进种类的不同,申请人还应当符合下列相应要求:

(一)引进需要隔离试种种类的,申请人申请引进的种类、数量应当与隔离试种地的试种条件、试种能力一致,严禁超试种条件、试种能力申请引种;

(二)引进不需要隔离试种种类的,除检验检疫的原因不能按时提交外,申请人应当在申请种类入境后30天内,向负责审批的植物检疫机构提交出入境检验检疫机构出具的入境货物检验检疫证明的材料;

(三)引进草种的,申请人在引进并确定种植地点后30天内,应当向负责审批的植物检疫机构提交种植地点、种植数量、种植类型、种植人及其联系方式等信息的材料,核销每批次引进种类的数量。每批次引进的草种应当在8个月内核销完;

(四)引进除草种以外的其他种类的,引进种类在到达国内并通关后7天内,申请人应当以书面等形式向负责审批的植物检疫机构提交引进回执(式样见附件3),核销每批次引进种类的数量。

第十二条 申请人应当在签订的贸易合同、协议中订明中国法定的检疫要求,并订明输出国家或者地区政府植物检疫机关出具检疫证书,证明符合中国的检疫要求。

第三章 受理与审批

第十三条 负责审批的植物检疫机构应当根据行政许可有关法律法规规定和职权范围,对申请人提交的申请做出受理或者不予受理决定。对申请材料齐全、符合规定形式,或者申请人按照要求提交全部补正申请材料的,应当予以受理;对申请材料不齐全或者不符合有关规定要求的,应当当场或者在五日内一次性告知申请人需要补正的全部内容。

第十四条 负责审批的植物检疫机构应当对受理的检疫申请材料进行审查。

(一)申请材料齐全、符合规定要求的,应当自受理申请之日起,在二十个工作日内作出审批决定,并签发《国外引进林木种子、苗木检疫审批单》(以下简称"检疫审批单")。检疫审批单批准的有效期限为3个月,特殊情况的可适当延长,但最长不得超过6个月。在二十个工作日内不能作出决定的,经植物检疫机构负责人批准后,可延长十日;

(二)需要对申请材料的实质内容进行现场核实的,应当出具现场核查通知书并指派两名以上工作人员进行核查。现场核查的时间不计算在本条第一项规定的时间内;

(三)植物检疫机构应当逐步减少引进用于土壤直接种植草皮草种的审批,按照每年递减20%的比例,5年后不再审批此类草种的引进。

第十五条 国家实行林木引种风险管理制度。属于以下一种或多种情况的,由国家林业局组织开展风险评估:

(一)国内首次引进或者首次引种国家和地区的;

(二)国内有关部门或者国际有关组织已发布相关疫情警示和引种要求的,或者已确定拟引种国家发生相关重大植物疫情的;

(三)科研以及政府、团体、科研、教学部门交流、交换引种的;

（四）国内无法确定风险但经实地调研确需引进的。属于此类情况的,应当实施基于国外引种地风险查定的风险评估工作。风险查定的有关情况在国家林业局网站上公布;

（五）需带土引进的。国家原则上禁止审批该类引种事项。确需带土引进的,应当经国外引种地风险查定合格,通过专家全面评定,具备严格、可行的监管措施,并商国家质量监督检验检疫总局后开展;

（六）除上述情况以外,引进超过附件4中单次和年度引进数量的。

省级植物检疫机构审查到上述申请引进种类时,应当出具风险评估通知书,并告知申请人需报国家林业局进行风险评估;应当按照程序审核后报国家林业局进行风险评估,并根据风险评估结果依法做出行政许可决定。

国家和地方政府为发展社会经济需要确需引进经风险评估为风险特别大的种类,并且拟种植地县级以上地方政府做出负责监管和承担引进风险与疫情除治承诺、明确政府有关责任人的,可经国外引种地风险查定合格,在国家林业局确定的种植地内进行试种引种。

第十六条 属于国内已进行过引种,但拟引种种植地所在省级行政区没有引进过的,由省级植物检疫机构组织开展风险评估。

第十七条 申请引进种类属于第十五条第一、二、四、五项的,负责审批的植物检疫机构应当书面通知申请人,在申请人书面反馈需要风险评估或者引种地风险查定意见后,组织开展风险评估或者引种地风险查定。风险评估和风险查定的时间不计算在第十四条第一项规定的时间内。其中,风险评估时间一般控制在3个月以内;风险查定的时间一般控制在1年以内。

负责审批的植物检疫机构在确定可以引进第十五条第一、二、三项的种类后,首次审批时,审批数量一般为10株以内或相当于10株以内的数量。

第十八条 负责审批的植物检疫机构应当根据引进种类的不同,确定每批次引进种类的隔离试种方式和时限、监管单位及其联系方式;根据隔离试种条件和试种能力确定引种种类和引种数量。其中,隔离试种方式和时限应当按照以下规定进行确定：

（一）属于引进第十五条第一、二、三项的和第十六条情况的,应当全部进行隔离试种。其中,一年生植物不得少于1个生长周期,多年生植物不得少于2年;

（二）引进乔木、灌木、竹、藤等种类的,应当全部进行隔离试种,时间不得少于6个月。其中,属于实施引种地风险查定并用于经营性种植的种类,可在有害生物发生季节隔离试种期满3个月后,向所在地的省级植物检疫机构申请检疫,经检疫合格后可进行分散种植。分散种植时,申请人应当向所在省的省级植物检疫机构提供分散种植地点,并负责在分散种植后一年内,每季度报告一次疫情监测情况;属于实施引种地风险查定并用于生产性种植的种类,不得进行分散种植;

(三)引进花卉、药用植物、种球、营养繁殖苗等种类的(暂免隔离试种种类除外),应当进行抽样隔离试种,时间不得少于1～4周,抽样比例为每批次引进数量的0.5%～5%,抽样数量最低不得少于100件,不足100件的应当全部隔离试种。

第十九条　申请人需要延续检疫审批单时,应当在有效期限届满前30日内提出延续申请。审批单有效期限届满没有进行延续的,审批单自动作废。已逾有效期限或者需要变更引进种类、类型、数量、用途、引种地、输出国、供货商、种植地点等审批信息的,申请人应当重新办理检疫审批手续。获批准而没有引进的,申请人应当在有效期届满后7天内将审批单退回受理申请的植物检疫机构。实际引进数量与审批数量不一致的,申请人应当在引进种类到达国内并通关后的7天内,向受理申请的植物检疫机构报告。

第二十条　省级植物检疫机构应当在每年1月31日前,将本省上年度检疫审批情况及签发的检疫审批单据报送国家林业局。

第二十一条　检疫审批单由国家林业局统一印制。暂免隔离试种植物种类名单、风险管理表由国家林业局根据社会经济发展水平、检疫监管能力、国内外有害生物发生危害情况,以及林木引种的实际情况进行调整和修订。

第四章　检疫监管

第二十二条　县级以上地方各级林业植物检疫机构负责本辖区内引进种类的监管。

负责审批的省级林业植物检疫机构不能对审批引进的种类实施监管时,应当及时确定委托监管单位,并发送委托监管通知书(式样见附件5),杜绝无监管主体的情况发生。

国家林业局采取定期和不定期抽查方式,对各地林木引种检疫审批和监管工作进行检查。

第二十三条　国外林木引种隔离试种苗圃除具备国家林业局已规定的认定条件外,还应当具备以下条件:

(一)种植地为独立苗圃,周围环境和隔离设施设备建设情况达到防止有害生物自然传播和及时有效进行除害处理的隔离种植要求,并通过生产、管理、科研等单位专家的论证;

（二）具有监控设备、危险物品存放警示标志、苗圃进出入口车辆消毒池、温室进出入口缓冲隔离间和进出风口隔离控制装置等设施设备；

（三）从事经营性引进种植的，应当具有林木种苗进出口贸易资格的《林木种子经营许可证》。

国外林木引种隔离试种苗圃资格证书的有效期为3年。隔离试种苗圃应当建立和完善隔离试种档案。档案应当包括种植地基本情况、每批次引进种类的隔离试种情况（试种种类、数量和隔离时间等）、有害生物疫情监测和防治情况、出圃时的检疫情况，以及隔离试种种类的出圃批次、时间、数量、去向等。

第二十四条　负责审批的植物检疫机构在收到申请人提交的林木引种回执后，应当实施或者通知委托监管单位实施监管。

（一）监管单位应当定期对隔离试种地进行检查，发现未按规定进行隔离试种以及隔离试种地不符合规定条件的，应当立即向负责审批的植物检疫机构报告，并按照有关规定进行处理。

（二）隔离试种的种类需要分散种植时，申请人应当向种植地的县级以上植物检疫机构申请检疫，检疫合格并取得植物检疫证书后方可分散种植。

（三）省级植物检疫机构应当每年对隔离试种地有害生物发生情况、隔离试种条件、隔离后的分散种植情况等进行定期和不定期的调查和检查，并在每年1月31日前，将本省上年度调查和检查情况报送国家林业局。

第二十五条　申请人应当在每年12月31日前，将本年度引进种类的疫情监测情况报告给所在地省级植物检疫机构。

第二十六条　申请人在引种种植地发现疫情时，应当迅速报告给所在地省级植物检疫机构。申请人应当立即停止移植或者销售活动，并在植物检疫机构的指导和监督下，及时采取封锁、控制和扑灭等措施，严防疫情扩散。因申请人引种种植造成的疫情，实施疫情除治的费用和造成的损失由申请人承担和赔偿。在发现疫情前已经移植和销售的，应当在植物检疫机构的监督下，限期及时追回。

第五章　有关责任

第二十七条　林木引种检疫审批和监管人员违反本规定，有下列情形之一的，视情节由其上级行政机关或者监察机关责令改正，或者依法给予行政处分；构成犯罪的，依法追究刑事责任：

（一）违反本规定进行审批和监管的；

（二）审批国家禁止引进或者经风险评估确定不能引进的林木种子、苗木；

（三）索取或者收受他人财物或者谋取其他利益的；

（四）违反法律法规定的其他行为。

第二十八条　申请人存在以下行为之一的，负责审批的植物检疫机构应当给予通报，并作为重点监管对象管理：

（一）获批准但没有引进的审批单，未在规定时间退回的；

（二）实际林木引种数量与审批数量相差大或者审批单延期、变更频次高的；

（三）引进后未按规定提交引进回执、入境货物检验检疫材料、核销材料的，或者未按规定进行核销和报告分散种植情况和疫情监测情况的。

第二十九条　申请人隐瞒有关情况或者提交虚假材料的，申请人在一年内不得再次申请引种。

第三十条　申请人以欺骗、贿赂等不正当手段取得林木引种审批许可的，申请人在三年内不得再次申请引种；构成犯罪的，依法追究刑事责任。

第三十一条　申请人存在以下行为之一的，应当依法给予行政处罚；构成犯罪的，依法追究刑事责任：

（一）涂改、倒卖、出租、出借检疫审批证件的，或者以其他形式非法转让林木引种许可的；

（二）超越审批许可范围进行活动的；

（三）未按照规定进行隔离试种的，以及隔离试种期满后，未按照规定办理检疫手续进行分散种植的；

（四）向负责监管的单位隐瞒有关情况、提供虚假材料或者拒绝提供反映其活动情况的真实材料的；

（五）违反本规定或者国家有关规定，引起植物疫情的，或者有引起植物疫情危险的；

（六）法律、法规规定的其他违法违规行为。

第六章　附则

第三十二条　本规定由国家林业局负责解释。

第三十三条　各省级林业行政主管部门应当根据本规定，结合当地具体情况，制定实施办法，并报国家林业局备案。

第三十四条　本规定中的《引进林木种子、苗木检疫审批申请表》、《林木种子、苗木引进回执》、《引进林木种子、苗木委托监管通知书》由省级林业主管部门按照国家林业局规定的式样自行印制。

第三十五条 本规定自2014年4月1日起执行,有效期至2019年3月31日。《国家林业局关于印发〈引进林木种子苗木及其他繁殖材料检疫审批和监管规定〉的通知》(林造发〔2003〕80号)同时废止。

附件：1. 暂免隔离试种植物种类名单

2. 引进林木种子、苗木检疫审批申请表(式样)

3. 林木种子、苗木引进回执(式样)

4. 引进林木种子、苗木风险管理表

5. 引进林木种子、苗木委托监管通知书(式样)

附件1

暂免隔离试种植物种类名单

蝴蝶兰 *Phalaenopsis* spp.

丽穗凤梨 *Vriesea carinata*

果子蔓 *Guzmania* spp.

大花蕙兰 *Cymbidium* spp.

康乃馨 *Dianthus caryophyllus*

红掌 *Anthurium andreanum*

注：1. 以上植物以拉丁学名为准。

2. 以上植物只限于人工培育的种类、品种。

附件2

引进林木种子、苗木检疫审批申请表(式样)

申请编号：_____   申请日期：___年___月___日

申请单位(个人)名称(姓名)		本表所填内容真实;严格遵守林木引种检疫的有关规定。特此声明。 (签章) 年 月 日
法人代表		
单位地址(邮编)		
联系人		
电话(手机)		

附录一
引进林木种子、苗木检疫审批与监管规定

(续表)

植物中文名	科名：		引进数量	
	属名：		引种地	
	种名：		输出国	
植物拉丁名			供货商	
引进类型				
引进用途				
种植地点			是否认证	
建议有效期限	年 月 日至		年 月 日	
入境口岸				
风险评估情况				
引种地有害生物发生情况				
引种核销情况				
以下内容由负责审批的林业植物检疫机构填写：				
监管单位			联系人	
联系方式	电话：	传真：		
审核意见	经办人（签字） 负责人（签字）		（盖章） 年 月 日	
备注				

填表说明

1. 引进类型包括实生苗、营养繁殖苗、林木种子、草花种子、草种、插条、接穗、砧木、种球等。其中，属于营养繁殖苗的，还应当在该栏中注明组培苗、插根苗等类型；属于实生苗的，还应当按照大苗木、小苗木分类依据，注明胸径的大小；属于暂免隔离试种的，还应当注明引进的是否为人工培育的种类。

2. 引进数量采用阿拉伯数字填写，并标注千克、株、粒、个等中文单位。

3. 引种地指引进林木种子、苗木的具体生产地，应当填写引种地国家名称和该国最高行政区划名称，如从美国、加拿大、俄罗斯、澳大利亚等国家引种时，引种

产地填写至州(省、郡)或地区。

4. 引进用途包括造林、观赏、园林绿化、水土保持、草皮生产、生物质产品原料、果品生产、科研、展览等。其中,用于草皮生产的还应当注明种植类型:土壤直接种植草皮、沙培种植种皮、无土介质种植种皮等,土壤直接种植草皮还应当填写种植草种数量。

5. 种植地点指填写国家林业局认证的普及型隔离试种苗圃的具体地点[填写格式:省级行政区名称＋县级行政区名称＋乡(镇)名称＋村名称＋普及型隔离试种苗圃名称]或者符合要求的种植地的具体地点。申请引进不需要隔离试种的种类时,填写"—"。"是否认证"指是否为国家林业局认证的普及型隔离试种苗圃。

6. 供货商指直接提供拟引进林木种子、苗木的国外企业名称。

7. 风险评估情况填写风险评估时间、风险评估结果的简介(可咨询受理申请的林业植物检疫机构后填写)。属于风险评估后第一次申请引进的,应当附有相应的风险评估报告。

8. 引种地有害生物发生情况填写引种地主要有害生物的种类,或者以附件形式提交官方发布的有害生物种类、发生情况的材料。

9. 申请表应当使用计算机填写,A4纸打印。

附件3

林木种子、苗木引进回执(式样)

申请人提交申请的林业植物检疫机构名称:

我单位申请引进的____引进种类的中文名____(《引进林木种子、苗木检疫审批单》编号:_____),已于_____年___月___日入境,请予以监管。有关引种信息如下:

引进植物中文名:_____

拉丁学名:_____

引种材料类型:_____

引种数量(单位):_____

实际引进数量(单位):_____

引种地:_____

供货商:_____

种植地点:_____

附录一
引进林木种子、苗木检疫审批与监管规定

其他信息：_____

_____

_____

（申请人签章）

年　月　日

备注：1. 引进后7天内，由申请人将回执及有关入境证明材料提交至受理申请的林业植物检疫机构。

　　　2. 对没有发送回执的申请人，不予办理审批事项。

附件4

引进林木种子、苗木风险管理表

类　别		单次引进数量	年度引进数量
林木种子		400千克	8 000千克
草本花卉种子		50千克	500千克
种球		400 000个	2 000 000个
组培苗		100 000株	1 000 000株
接穗（插条）		2 000个	30 000株
大苗木（胸径5 cm以上）		50株	500株
小苗木（胸径5 cm以下）		1 000株	5 000株
草本花卉		8 000株	160 000株
草种	用于土壤直接种植草皮的	按每年递减20%引进量核定，5年内递减完	
	采用沙培、无土介质种植草皮的	5 000千克	50 000千克
	作为绿化、水土保持种植但不移植的	10 000千克	100 000千克

附件5

引进林木种子、苗木委托监管通知书（式样）

<u>被委托单位名称</u>　：

　　为严防外来有害生物入侵，有效实施引进林木种子、苗木的监管，按照有关规

定,特委托你单位对从国外引进的＿＿种类名称＿＿（《引进林木种子、苗木检疫审批单》编号：＿＿＿＿＿＿＿＿）实施监管,监管期限为＿＿＿＿天(年)。有关引种信息如下：

申请人：＿＿＿＿＿＿＿＿＿＿＿＿＿＿＿＿＿＿＿＿＿＿＿＿＿

引进时间：＿＿＿＿＿＿＿＿＿＿＿＿＿＿＿＿＿＿＿＿＿＿＿

引种数量：＿＿＿＿＿＿＿＿＿＿＿＿＿＿＿＿＿＿＿＿＿＿＿

种植地点：＿＿＿＿＿＿＿＿＿＿＿＿＿＿＿＿＿＿＿＿＿＿＿

种植联系人：＿＿＿＿＿＿＿＿＿＿＿＿＿＿＿＿＿＿＿＿＿＿

联系电话：＿＿＿＿＿＿填写手机和固定电话＿＿＿＿＿＿

请你单位严格按照《植物检疫条例》、《植物检疫条例实施细则（林业部分）》、《引进林木种子、苗木检疫审批与监管规定》等有关规定进行管理,并调查和核实种植种类、种植地点和种植数量,加强种植监管。有关种植情况的核实结果请及时反馈我单位。发现疫情的,应当按照国家林业局林业有害生物报告制度进行报告,及时开展防治,严防疫情扩散。

委托单位联系方式：

地址（邮编）：＿＿＿＿＿＿＿＿＿＿＿＿＿＿＿＿＿＿＿＿

联系人：＿＿＿＿＿＿＿ 电话：＿＿＿＿＿＿＿ 传真：＿＿＿＿＿＿＿

（负责审批的林业植物检疫机构印章）

年　　月　　日

附录二
国际植物保护公约

（新修订文本）

联合国粮食及农业组织 1999 年于罗马

各缔约方：

认识到国际合作对防治植物及植物产品有害生物，防止其在国际上扩散，特别是防止其传入受威胁地区的必要性；

认识到植物检疫措施应在技术上合理、透明，其采用方式对国际贸易既不应构成任意或不合理歧视的手段，也不应构成变相的限制；

希望确保对针对以上目的的措施进行密切协调；

希望为制定和应用统一的植物检疫措施以及制定有关国际标准提供框架；

考虑到国际上批准的保护植物、人畜健康和环境应遵循的原则；

注意到作为乌拉圭回合多边贸易谈判的结果而签订的各项协定，包括《卫生和植物检疫措施实施协定》；

达成如下协议：

第 1 条

宗旨和责任

1. 为确保采取共同而有效的行动来防止植物及植物产品有害生物的扩散和传入，并促进采取防治有害生物的适当措施，各缔约方保证采取本公约及按第Ⅺ条签订的补充协定规定的法律、技术和行政措施。

2. 每一缔约方应承担责任，在不损害按其他国际协定承担的义务的情况下，在其领土之内达到本公约的各项要求。

3. 为缔约方的粮农组织成员组织与其成员国之间达到本公约要求的责任，应按照各自的权限划分。

4. 除了植物和植物产品以外，各缔约方可酌情将仓储地、包装材料、运输工具、集装箱、土壤及可能藏带或传播有害生物的其他生物、物品或材料列入本公约的规定范围之内，在涉及国际运输的情况下尤其如此。

第 2 条

术语使用

1. 就本公约而言,下列术语含义如下:

"有害生物低度流行区"——主管当局确定的由一个国家、一个国家的一部分、几个国家的全部或一部分组成的一个地区;在该地区特定有害生物发生率低并有有效的监测、控制或消灭措施;

"委员会"——按第 XII 条建立的植物检疫措施委员会;

"受威胁地区"——生态因素有利于有害生物定殖、有害生物在该地区的存在将带来重大经济损失的地区;

"定殖"——当一种有害生物进入一个地区后在可以预见的将来长期生存;

"统一的植物检疫措施"——各缔约方按国际标准确定的植物检疫措施;

"国际标准"——按照第 X 条第 1 款和第 2 款确定的国际标准;

"传入"——导致有害生物定殖的进入;

"有害生物"——任何对植物和植物产品有害的植物、动物或病原体的种、株(品)系或生物型;

"有害生物风险分析"——评价生物或其他科学和经济证据以确定是否应限制某种有害生物以及确定对它们采取任何植物检疫措施的力度的过程;

"植物检疫措施"——旨在防止有害生物传入和/或扩散的任何法律、法规和官方程序;

"植物产品"——未经加工的植物性材料(包括谷物)和那些虽经加工,但由于其性质或加工的性质而仍有可能造成有害生物传入和扩散危险的加工品;

"植物"——活的植物及其器官,包括种子和种质;

"检疫性有害生物"——对受其威胁的地区具有潜在经济重要性、但尚未在该地区发生,或虽已发生但分布不广并进行官方防治的有害生物;

"区域标准"——区域植物保护组织为指导该组织的成员而确定的标准;

"限定物"——任何能藏带或传播有害生物的植物、植物产品、仓储地、包装材料、运输工具、集装箱、土壤或任何其他生物、物品或材料,特别是在涉及国际运输的情况下;

"非检疫性限定有害生物"——在栽种植物上存在、影响这些植物本来的用途、在经济上造成不可接受的影响,因而在输入缔约方境内受到限制的非检疫性有害生物;

"限定有害生物"——检疫性有害生物和/或非检疫性限定有害生物;

"秘书"——按照第Ⅻ条任命的委员会秘书；

"技术上合理"——利用适宜的有害生物风险分析，或适当时利用对现有科学资料的类似研究和评价，得出的结论证明合理。

2. 本条中规定的定义仅适用于本公约，并不影响各缔约方根据国内的法律或法规所确定的定义。

第3条

与其他国家国际协定的关系

本协定不妨碍缔约方按照有关国际协定享有的权利和承担的义务。

第4条

与国家植物保护组织安排有关的一般性条款

1. 每一缔约方应尽力成立一个官方国家植物保护组织。该组织负有本条规定的主要责任。

2. 国家官方植物保护组织的责任应包括下列内容：

（a）为托运植物、植物产品和其他限定物颁发与输入缔约方植物检疫法规有关的证书；

（b）监视生长的植物，包括栽培地区（特别是大田、种植园、苗圃、园地、温室和实验室）和野生植物以及储存或运输中的植物和植物产品，尤其要达到报告有害生物的发生、爆发和扩散以及防治这些有害生物的目的，其中包括第Ⅷ条1(a)款提到的报告；

（c）检查国际货运业务承运的植物和植物产品，酌情检查其他限定物，尤其为了防止有害生物的传入和/或扩散；

（d）对国际货运业务承运的植物、植物产品和其他限定物货物进行杀虫或灭菌处理以达到植物检疫要求；

（e）保护受威胁地区，划定、保持和监视非疫区和有害生物低度流行区；

（f）进行有害生物风险分析；

（g）通过适当程序确保经有关构成、替代和重新感染核证之后的货物在输出之前保持植物检疫安全；

（h）人员培训和培养。

3. 每一缔约方应尽力在以下方面作出安排：

（a）在缔约方境内分发关于限定有害生物及其预防和治理方法资料；

（b）在植物保护领域内的研究和调查；

（c）颁布植物检疫法规；

(d) 履行为实施本公约可能需要的其他职责。

4. 每一缔约方应向秘书提交一份关于其国家官方植物保护组织及其变化情况的说明,如有要求,缔约方应向其他缔约方提供关于其植物保护组织安排的说明。

第 5 条

植物检疫证明

1. 每一缔约方应为植物检疫证明做好安排,目的是确保输出的植物、植物产品和其他限定物及其货物符合按照本条第 2(b)款出具的证明。

2. 每一缔约方应按照以下规定为签发植物检疫证书做好安排:

(a) 应仅由国家官方植物保护组织或在其授权下进行导致发放植物检疫证书的检验和其他有关活动。植物检疫证书应由具有技术资格、经国家官方植物保护组织适当授权、代表它并在它控制下的公务官员签发。这些官员能够得到这类知识和信息,因而输入缔约方当局可信任地接受植物检疫证书作为可靠的文件。

(b) 植物检疫证书或有关输入缔约方当局接受的相应的电子证书应采用与本公约附件样本中相同的措辞。这些证书应按有关国际标准填写和签发。

(c) 证书涂改而未经证明应属无效。

3. 每一缔约方保证不要求进入其领土的植物或植物产品或其他限定物货物带有与本公约附件所列样本不一致的检疫证书。对附加声明的任何要求应仅限于技术上合理的要求。

第 6 条

限定有害生物

1. 各缔约方可要求对检疫性有害生物和非检疫性限定有害生物采取植物检疫措施,但这些措施应:

(a) 不严于该输入缔约方领土内存在同样有害生物时所采取的措施;

(b) 仅限于保护植物健康和/或保障原定用途所必需的、有关缔约方在技术上能提出正当理由的措施。

2. 各缔约方不得要求对非限定有害生物采取植物检疫措施。

第 7 条

对输入的要求

1. 为了防止限定有害生物传入它们的领土和/或扩散,各缔约方应有主权按照适用的国际协定来管理植物、植物产品和其他限定物的进入,为此目的,他们可以:

(a) 对植物、植物产品及其他限定物的输入规定和采取植物检疫措施,如检验、禁止输入和处理;

(b) 对不遵守按(a)项规定,采取植物检疫措施的植物、植物产品及其他限定物,或将其货物拒绝入境,或扣留,或要求进行处理、销毁,或从缔约方领土上运走;

(c) 禁止或限制限定有害生物进入其领土;

(d) 禁止或限制植物检疫关注的生物防治剂和声称有益的其他生物进入其领土。

2. 为了尽量减少对国际贸易的干扰,每一缔约方在按本条第 1 款行使其权限时保证依照下列各点采取行动:

(a) 除非出于植物检疫方面的考虑有必要并在技术上有正当理由采取这样的措施,否则各缔约方不得根据他们的植物检疫法采取本条第 1 款中规定的任何一种措施。

(b) 植物检疫要求、限制和禁止一经采用,各缔约方应立即公布并通知他们认为可能直接受到这种措施影响的任何缔约方。

(c) 各缔约方应根据要求向任何缔约方提供采取植物检疫要求、限制和禁止的理由。

(d) 如果某一缔约方要求仅通过规定的入境地点输入某批特定的植物或植物产品,选择的地点不得妨碍国际贸易。该缔约方应公布这些入境地点的清单,并通知秘书、该缔约方所属区域植物保护组织以及该缔约方认为直接受影响的所有缔约方并应要求通知其他缔约方。除非要求有关植物、植物产品或其他限定物附有检疫证书或提交检验或处理,否则不应对入境的地点作出这样的限制。

(e) 某一缔约方的植物保护组织应适当注意到植物、植物产品或其他限定物的易腐性,尽快地对供输入的这类货物进行检验或采取其他必要的检疫程序。

(f) 输入缔约方应尽快将未遵守植物检疫证明的重大事例通知有关的输出缔约方,或酌情报告有关的转口缔约方。输出缔约方或适当时有关转口缔约方应进行调查并应要求将其调查结果报告有关输入缔约方。

(g) 各缔约方应仅采取技术上合理、符合所涉及的有害生物风险、限制最少、对人员、商品和运输工具的国际流动妨碍最小的植物检疫措施。

(h) 各缔约方应根据情况的变化和掌握的新情况,确保及时修改植物检疫措施,如果发现已无必要应予以取消。

(i) 各缔约方应尽力拟定和增补使用科学名称的限定有害生物清单,并将这类清单提供给秘书、他们所属的区域植物保护组织,并应要求提供给其他缔约方。

(j) 各缔约方应尽力对有害生物进行监视,收集并保存关于有害生物状况的足够资料,用于协助有害生物的分类,以及制订适宜的植物检疫措施。这类资料应根据要求向缔约方提供。

3. 缔约方对于可能不能在其境内定殖、但如果进入可能造成经济损失的有害生物可采取本条规定的措施。对这类有害生物采取的措施必须在技术上合理。

4. 各缔约方仅在这些措施对防止有害生物传入和扩散有必要且技术上合理时可对通过其领土的过境货物实施本规定的措施。

5. 本条不得妨碍输入缔约方为科学研究、教育目的或其他用途输入植物、植物产品和其他限定物以及植物有害生物作出特别规定,但须充分保障安全。

6. 本条不得妨碍任何缔约方在检测到对其领土造成潜在威胁的有害生物时采取适当的紧急行动或报告这一检测结果。应尽快对任何这类行动作出评价以确保是否有理由继续采取这类行动。所采取的行动应立即报告各有关缔约方、秘书及其所属的任何区域植物保护组织。

第8条

国际合作

1. 各缔约方在实现本公约的宗旨方面应通力合作,特别是:

(a) 就交换关于植物有害生物的资料进行合作,尤其是按照委员会可能规定的程序报告可能构成当前或潜在危险的有害生物的发生、爆发或蔓延情况;

(b) 在可行的情况下,参加防治可能严重威胁作物生产并需要采取国际行动来应付紧急情况的有害生物的任何特别活动;

(c) 尽可能在提供有害生物风险分析所需要的技术和生物资料方面进行合作。

2. 每一缔约方应指定一个归口单位负责交换与实施本公约有关的情况。

第9条

区域植物保护组织

1. 各缔约方保证就在适当地区建立区域植物保护组织相互合作。

2. 区域植物保护组织应在所包括的地区发挥协调机构的作用,应参加为实现本公约的宗旨而开展的各种活动,并应酌情收集和传播信息。

3. 区域植物保护组织应与秘书合作以实现公约的宗旨,并在制定标准方面酌情与秘书和委员会合作。

4. 秘书将召集区域植物保护组织代表定期举行技术磋商会,以便:

(a) 促进制定和采用有关国际植物检疫措施标准;

(b) 鼓励区域间合作,促进统一的植物检疫措施,防治有害生物并防止其扩散和/或传入。

第 10 条

标准

1. 各缔约方同意按照委员会通过的程序在制定标准方面进行合作。

2. 各项国际标准应由委员会通过。

3. 区域标准应与本公约的原则一致；如果适用范围较广，这些标准可提交委员会，供作后备国际植物检疫措施标准考虑。

4. 各缔约方开展与本公约有关的活动时应酌情考虑国际标准。

第 11 条

植物检疫措施委员会

1. 各缔约方同意在联合国粮食及农业组织（粮农组织）范围内建立植物检疫措施委员会。

2. 该委员会的职能应是促进全面落实本公约的宗旨，特别是：

（a）审议世界植物保护状况以及对控制有害生物在国际上扩散及其传入受威胁地区而采取行动的必要性；

（b）建立并不断审查制定和采用标准的必要体制安排及程序，并通过国际标准；

（c）按照第XIII条制订解决争端的规则和程序；

（d）建立为适当行使其职能可能需要的委员会附属机构；

（e）通过关于承认区域植物保护组织的指导方针；

（f）就本公约涉及的事项与其他有关国际组织建立合作关系；

（g）采纳实施本公约所必需的建议；

（h）履行实现本公约宗旨所必需的其他职能。

3. 所有缔约方均可成为该委员会的成员。

4. 每一缔约方可派出一名代表出席委员会会议。该代表可由一名副代表、若干专家和顾问陪同。副代表、专家和顾问可参加委员会的讨论，但无表决权，副代表获得正式授权代替代表的情况除外。

5. 各缔约方应尽一切努力就所有事项通过协商一致达成协议。如果为达成协商一致穷尽一切努力而仍未达成一致意见，作为最后手段应由出席并参与表决的缔约方的三分之二多数作出决定。

6. 为缔约方的粮农组织成员组织及为缔约方的该组织成员国，均应按照粮农组织《章程》和《总规则》经适当变通行使其成员权利及履行其成员义务。

7. 委员会可按要求通过和修改其议事规则,但这些规则不得与本公约或粮农组织《章程》相抵触。

8. 委员会主席应召开委员会的年度例会。

9. 委员会主席应根据委员会至少三分之一成员的要求召开委员会特别会议。

10. 委员会应选举其主席和不超过两名的副主席,每人的任期均为两年。

第 12 条

秘书处

1. 委员会秘书应由粮农组织总干事任命。

2. 秘书应由可能需要的秘书处工作人员协助。

3. 秘书应负责实施委员会的政策和活动并履行本公约可能委派给秘书的其他职能,并应就此向委员会提出报告。

4. 秘书应:

(a) 在国际标准通过之后六十天内向所有缔约方散发;

(b) 按照第Ⅶ条第2(d)款向所有缔约方散发缔约方提供的入境地点清单;

(c) 向所有缔约方和区域植物保护组织散发按照第Ⅶ条第2(i)款禁止或限制进入的限定有害生物清单;

(d) 散发从缔约方收到的关于第Ⅶ条第2(b)款提到的植物检疫要求、限制和禁止的信息以及第Ⅳ条第4款提到的国家官方植物保护组织介绍。

5. 秘书应提供用粮农组织正式语言翻译的委员会会议文件和国际标准。

6. 在实现公约目标方面,秘书应与区域植物保护组织合作。

第 13 条

争端的解决

1. 如果对于本公约的解释和应用存在任何争端或如果某一缔约方认为另一缔约方的任何行动有违后者在本公约第Ⅴ条和第Ⅶ条条款下承担的义务,尤其关于禁止或限制输入来自其领土的植物或其他限定物品的依据,有关各缔约方应尽快相互磋商解决这一争端。

2. 如果按第1款所提及的办法不能解决争端,该缔约方或有关各缔约方可要求粮农组织总干事任命一个专家委员会按照委员会制定的规则和程序审议争端问题。

3. 该委员会应包括各有关缔约方指定的代表。该委员会应审议争端问题,同时考虑到有关缔约方提出的所有文件和其他形式的证据。该委员会应为寻求解决办法准备一份关于争端的技术性问题的报告。报告应按照委员会制定的规则和程序拟订和批准,并由总干事转交有关缔约方。该报告还可应要求提交负责解决贸易争端的国际组织的主管机构。

4. 各缔约方同意,这样一个委员会提出的建议尽管没有约束力,但将成为有关各缔约方对引起争议的问题进行重新考虑的基础。

5. 各有关缔约方应分担专家的费用。

6. 本条条款应补充而非妨碍处理贸易问题的其他国际协定规定的争端解决程序。

第 14 条

替代以前的约定

本公约应终止和代替各缔约方之间于 1881 年 11 月 3 日签订的有关采取措施防止 Phylloxera vastatrix 的国际公约、1889 年 4 月 15 日在伯尔尼签订的补充公约和 1929 年 4 月 16 日在罗马签订的《国际植物保护公约》。

第 15 条

适用的领土范围

1. 任何缔约方可以在批准或参加本公约时或在此后的任何时候向总干事提交一项声明,说明本公约应扩大到包括其负责国际关系的全部或任何领土,从总干事接到这一声明之后三十天起,本公约应适用于声明中说明的全部领土。

2. 根据本条第 1 款向粮农组织总干事提交声明的任何缔约方,可以在任何时候提交另一声明修改以前任何声明的适用范围或停止使用本公约中有关任何领土的条款。这些修改或停止使用应在总干事接到声明后第三十天开始生效。

3. 粮农组织总干事应将所收到的按本条内容提交的任何声明通知所有缔约方。

第 16 条

补充协定

1. 各缔约方可为解决需要特别注意或采取行动的特殊植物保护问题签定补充协定。这类协定可适用于特定区域、特定有害生物、特定植物和植物产品、植物和植物产品国际运输的特定方法,或在其他方面补充本公约的条款。

2. 任何这类补充协定应在每一有关的缔约方根据有关补充协定的条款接受以后开始对其生效。

3. 补充协定应促进公约的宗旨,并应符合公约的原则和条款以及透明和非歧视原则,避免伪装的限制,尤其关于国际贸易的伪装的限制。

第 17 条

批准和加入

1. 本公约应在 1952 年 5 月 1 日以前交由所有国家签署并应尽早加以批准。

批准书应交粮农组织总干事保存,总干事应将交存日期通知每一签署国。

2. 一俟本公约根据第 XXII 条开始生效,即应供非签署国和粮农组织的成员组织自由加入。加入应于向粮农组织总干事交存加入书后生效,总干事应将此通知所有缔约方。

3. 当粮农组织成员组织成为本公约缔约方时,该成员组织应在其加入时依照粮农组织《章程》第 II 条第 7 款的规定,酌情通报其根据本公约接受书对其依照粮农组织《章程》第 II 条第 5 款提交的权限声明作必要的修改或说明。本公约任何缔约方均可随时要求已加入本公约的成员组织提供情况,即在成员组织及其成员国之间,哪一方负责实施本公约所涉及的任何具体事项。该成员组织应在合理的时间内告知上述情况。

第 18 条

非缔约方

各缔约方应鼓励未成为本公约缔约方的任何国家或粮农组织的成员组织接受本公约,并应鼓励任何非缔约方采取与本公约条款及根据本公约通过的任何标准一致的植物检疫措施。

第 19 条

语言

1. 本公约的正式语言应为粮农组织的所有正式语言。

2. 本公约不得解释为要求各缔约方以缔约方语言以外的语言提供和出版文件或提供其副本,但以下第 3 款所述情况除外。

3. 下列文件应至少使用粮农组织的一种正式语言:

(a) 按第 IV 条第 4 款提供的情况;

(b) 提供关于按第 VII 条第 2(b) 款传送的文件的文献资料的封面说明;

(c) 按第 VII 条第 2(b)、(d)、(i) 和 (j) 款提供的情况;

(d) 提供关于按第 VIII 条第 1(a) 款提供的资料的文献资料和有关文件简短概要的说明;

(e) 要求主管单位提供资料的申请及对这类申请所做的答复,但不包括任何附带文件;

(f) 缔约方为委员会会议提供的任何文件。

第 20 条

技术援助

各缔约方同意通过双边或有关国际组织促进向有关缔约方,特别是发展中国家缔约方提供技术援助,以便促进本公约的实施。

第 21 条

修正

1. 任何缔约方关于修正本公约的任何提案应送交粮农组织总干事。

2. 粮农组织总干事从缔约方收到的关于本公约的任何修正案,应提交委员会的例会或特别会议批准,如果修正案涉及技术上的重要修改或对各缔约方增加新的义务,应在委员会之前由粮农组织召集的专家咨询委员会审议。

3. 对本公约提出的除附件修正案以外的任何修正案的通知应由粮农组织总干事送交各缔约方,但不得迟于将要讨论这一问题的委员会会议议程发出的时间。

4. 对本公约提出的任何修正案应得到委员会批准,并应在三分之二的缔约方同意后第三十天开始生效。就本条而言,粮农组织的成员组织交存的接受书不应在该组织的成员国交存接受书以外另外计算。

5. 然而,涉及缔约方承担新义务的修正案,只有在每一缔约方接受后第三十天开始对其生效。涉及新义务的修正案的接受书应交粮农组织总干事保存,总干事应将收到接受修正案的情况及修正案开始生效的情况通知所有缔约方。

6. 修正本公约附件中的植物检疫证书样本的建议应提交秘书并应由委员会审批。已获批准的本公约附件中的植物检疫证书样本的修正案应在秘书通知缔约方九十天后生效。

7. 从本公约附件中的植物检疫证书样本的修正案生效起不超过十二个月的时期内,就本公约而言,原先的证书也应具有法律效力。

第 22 条

生效

本公约一俟三个签署国批准,即应在它们之间开始生效。本公约应在后来每一个批准或参加的国家或粮农组织的成员组织交存其批准书或加入书之日起对其生效。

第 23 条

退出

1. 任何缔约方可在任何时候通知粮农组织总干事宣布退出本公约。总干事应立即通知所有缔约方。

2. 退出应从粮农组织总干事收到通知之日起一年以后生效。

附录三
区域植物保护组织

区域植物保护组织(The Regional Plant Protection Organizations,简称 RPPOs)在区域范围内负责协调有关 IPPC 的活动;在新修订的 IPPC 中,区域性植物保护组织的作用扩展到与 IPPC 秘书处一起协调工作。

1. 亚洲及太平洋区域植物保护委员会

全称 Asian and Pacific Plant Protection Commission,简称 APPPC。成立于 1956 年,总部位于泰国曼谷。现有成员 25 个,包括:澳大利亚、孟加拉国、柬埔寨、中国、斐济、朝鲜、法国、印度、印度尼西亚、老挝、马来西亚、缅甸、尼泊尔、新西兰、巴基斯坦、巴布亚新几内亚、菲律宾、韩国、萨摩亚、东帝汶、所罗门群岛、斯里兰卡、泰国、汤加、越南。

2. 卡塔赫拉协定委员会

全称 Comunidad Andina,简称 CA。成立于 1969 年,总部位于秘鲁。现有成员 4 个,包括:玻利维亚、哥伦比亚、厄瓜多尔、秘鲁。

3. 植物健康委员会

全称 Comite Regional De Sanidad Vegetal para El Cono Sur,简称 COSAVE。成立于 1980 年,总部位于巴拉圭。现有成员 6 个,包括:阿根廷、玻利维亚、巴西、智利、巴拉圭、乌拉圭。

4. 欧洲和地中海植物保护组织

全称 European and Mediterranean Plant Protection Organization,简称 EPPO。成立于 1951 年,总部位于巴黎。现有成员 51 个,包括:阿尔巴尼亚、阿尔及利亚、奥地利、阿塞拜疆、白俄罗斯、比利时、波斯尼亚和黑塞哥维那、保加利亚、克罗地亚、塞浦路斯、捷克、丹麦、爱沙尼亚、芬兰、法国、格鲁吉亚、德国、希腊、匈牙利、爱尔兰、以色列、意大利、约旦、哈萨克斯坦、吉尔吉斯斯坦、拉脱维亚、立陶宛、卢森堡、马其顿、马耳他、摩尔多瓦、摩洛哥、荷兰、挪威、波兰、葡萄牙、罗马尼亚、俄罗斯、塞尔维亚、斯洛伐克、斯洛文尼亚、西班牙、瑞典、瑞士、突尼斯、土耳其、乌克兰、英国、乌兹别克斯坦。

5. 非洲植物卫生理事会

全称 Inter African Phytosanitary Council,简称 IAPSC。成立于1964年,总部位于喀麦隆的雅温德。现有成员54个,包括：阿尔及利亚、安哥拉、贝宁、博茨瓦纳、布基纳法索、布隆迪、喀麦隆、佛得角、中非、乍得、科摩罗、刚果(金)、刚果(布)、科特迪瓦、吉布提、埃及、赤道几内亚、厄立特里亚、埃塞俄比亚、加蓬、冈比亚、加纳、几内亚、几内亚比绍、肯尼亚、莱索托、利比里亚、利比亚、马达加斯加、马拉维、马里、毛里塔尼亚、毛里求斯、莫桑比克、纳米比亚、尼日尔、尼日利亚、卢旺达、圣多美和普林西比、塞内加尔、塞舌尔、塞拉里昂、索马里、南非、南苏丹、苏丹、斯威士兰、多哥、突尼斯、乌干达、坦桑尼亚、赞比亚、津巴布韦等。

6. 近东植物保护组织

全称 Near East Plant Protection Organization,简称 NEPPO。成立于2009年,总部位于拉巴特。现有成员11个,包括：阿尔及利亚、埃及、伊拉克、约旦、利比亚、马耳他、摩洛哥、巴基斯坦、苏丹、叙利亚、突尼斯。

7. 北美洲植物保护组织

全称 North American Plant Protection Organization,简称 NAPPO。成立于1976年,总部位于渥太华。现有成员3个,包括：加拿大、墨西哥、美国。

8. 区域国际植物保护和家畜卫生组织

全称 Organismo Internacional Regional de Sanidad Agropecuaria,简称 OIRSA。成立于1953年,总部位于萨尔瓦多。现有成员9个,包括：伯里兹、哥斯达黎加、多米尼加、萨尔瓦多、危地马拉、洪都拉斯、墨西哥、尼加拉瓜、巴拿马。

9. 太平洋植物保护组织

全称 Pacific Plant Protection Organization,简称 PPPO。成立于1995年,总部设在斐济。现有成员26个,包括：美国、法国、澳大利亚、新西兰、汤加、萨摩亚、斐济、巴布亚新几内亚、基里巴斯、瓦努阿图、密克罗尼西亚联邦、帕劳、库克群岛、所罗门群岛、瑙鲁、图瓦卢、马绍尔群岛、美属萨摩亚、关岛、法属波利尼西亚、新喀里多尼亚、瓦利斯和富图纳群岛、纽埃、托克劳、皮特凯恩群岛、北马里亚纳群岛。